数智人才培养
AI通识精品系列

人工智能通识教程

|微课版|

肖睿 陈钟 ◉ 著

GENERAL TUTORIAL OF ARTIFICIAL INTELLIGENCE

人民邮电出版社
北京

图书在版编目（CIP）数据

人工智能通识教程 : 微课版 / 肖睿，陈钟著.
北京 : 人民邮电出版社，2025. -- (数智人才培养AI通识精品系列). -- ISBN 978-7-115-66361-0

Ⅰ. TP18

中国国家版本馆CIP数据核字第2025RN8456号

内 容 提 要

本书旨在从多个角度为读者提供一次深入浅出的人工智能学习之旅。全书主要分4个部分，第1部分为人工智能基础：了解人工智能的基本概念、发展历程、主要流派，以及在各行业的应用潜力。第2部分为人工智能核心技术：从机器学习到深度学习，再到大语言模型的最新突破，讲解了监督学习、强化学习、Transformer架构等人工智能知识。第3部分为人工智能应用与实践：提示词工程技术，以及人工智能在图像、视频与音频生成等模态中的应用。第4部分为人工智能的挑战与未来：剖析人工智能技术发展中面临的伦理与法律问题，以及人工智能的未来发展趋势。

本书可作为人工智能通识课程的教材，也可作为企业管理者和技术人员了解人工智能技术的入门读物。

◆ 著　　　　肖　睿　陈　钟
　责任编辑　孙　澍
　责任印制　胡　南

◆ 人民邮电出版社出版发行　　北京市丰台区成寿寺路11号
　邮编　100164　　电子邮件　315@ptpress.com.cn
　网址　https://www.ptpress.com.cn
　三河市君旺印务有限公司印刷

◆ 开本：787×1092　1/16
　印张：18.25　　　　　　　　2025年4月第1版
　字数：453千字　　　　　　　2025年7月河北第3次印刷

定价：59.80元

读者服务热线：(010)81055256　印装质量热线：(010)81055316
反盗版热线：(010)81055315

前 言

当今世界正经历一场由人工智能（AI）技术驱动的深刻变革。从深度学习到预训练大模型，从自然语言处理到多模态大模型，AI 技术的突破不仅改变了人类的生活方式，也重新定义了产业模式和社会结构。面对这一技术浪潮，我们正在进入一个“AI 无处不在”的时代。在这个时代，AI 技术已经不再是少数专家的专属领域，已成为每个人都需要理解和掌握的核心能力。

AI 时代的到来，颠覆了原有的技术范式和商业范式，也对人才培养提出了新的挑战。社会对 AI 人才的需求已不再局限于专业技术领域的精英，而是更加强调普通个体的 AI 应用能力和跨学科思维能力。这意味着，在现阶段的竞争中，懂 AI 技术的人将具有显著的竞争优势，而在未来，懂 AI 技术可能将成为人类的基本技能。因此，如何帮助学生在短时间内掌握 AI 的核心思维，理解 AI 的技术边界，并能够将 AI 工具灵活应用于解决实际问题，成为高校教育亟待解决的关键问题。

本教材正是在这一背景下编写而成的，旨在为高校 AI 通识教育提供一套全面、系统的解决方案。我们从 AI 时代的技术观和人才观出发，结合社会对人才的需求，明确了 AI 通识教育的核心目标：帮助学生建立 AI 全局观、掌握生成式 AI 的思维与应用能力，并在学科融合中培养学生的创新思维和解决问题的能力。

与传统的 AI 教材不同，本教材在设计理念上秉承了独特的创新性和实践性。

1. 注重技术理解高度与思考维度

本教材不仅关注 AI 技术的基本原理，还强调从多维度理解 AI 的意义。通过技术角度、社会角度和哲学角度的综合分析，使学生能够全面认知 AI 的本质与边界。例如，通过讨论“自动化≠AI”“机器人≠AI”，帮助学生建立正确的 AI 认知。同时，本教材还深入探讨了 AI 的伦理问题及 AI 在人类社会中的角色，鼓励学生思考 AI 技术的局限性与更多可能性。

2. 以案例驱动学习，提升学生的自信心与成就感

本教材通过精心设计的实践案例，降低学习 AI 的技术门槛，让非技术背景的学生也能轻松上手。编者团队采用“案例分析四步法”（问题分析、技术解析、动手操作、方法迁移）设计案例，帮助学生通过真实场景理解 AI 技术的应用逻辑。例如，学生可以通过设计提示词生成文本内容，或通过图像合成工具完成创意设计，从而在实践中获得成就感和自信心。

3. 注重学科融合，培养跨领域解决问题的能力

AI 的价值不仅在于技术本身，更在于其在不同领域的广泛应用。本教材特别强调跨学科融合，通过引导学生结合自身专业背景，探索 AI 在医疗、教育、交通等领域的创新应用，激发学生的创造力和探索精神。同时，本教材鼓励学生通过小组合作与创新任务，设计独特的提示词、开发智能体或 AI 驱动的项目，培养学生的团队协作能力与跨领域思维能力。

4. 提供全面的教学资源与实验平台支持

为了让教学更加高效，本书配套了丰富的教学资源，包括教学 PPT、案例库及微课视频等，在哔哩哔哩中搜索“思睿观通　人工智能”即可查看相关内容，也会通过 ai.kgc.cn 网站，为学生和教师提供全方位支持。

本书内容分为 4 个部分。

（1）人工智能基础（第 1 章～第 2 章）

本部分介绍人工智能的基本概念、发展历程及主要理论流派，探讨生成式人工智能的创新潜力，并通过案例分析其在教育、文娱传媒、金融、医疗等行业的广泛应用，帮助读者建立全面认知。

（2）人工智能核心技术（第 3 章～第 5 章）

本部分通过机器学习、深度学习和大语言模型的逐步演进，展示人工智能从初期探索到重大突破的技术发展历程和核心技术。第 3 章讲述机器学习作为人工智能领域的突破性探索，如何引领人工智能从基于规则的系统转向数据驱动的模型构建，推动智能预测与决策，包括监督学习、无监督学习和强化学习等主要方法，以及模型训练和特征工程的基本流程。第 4 章介绍深度学习的兴起，它使人工智能能够处理复杂的高维数据，尤其在计算机视觉和自然语言处理领域取得了突破性进展；同时，本章还回顾了深度神经网络的演变，重点讨论了 Transformer 架构等人工神经网络架构的创新与应用。第 5 章聚焦人工智能的最新技术进展，如大语言模型通过更多的参数、规模化的数据、高成本的预训练后，在文本生成、知识问答、机器翻译等任务中展现了卓越的能力；同时，本章还简要介绍了大语言模型的核心技术，如嵌入和注意力机制，阐述了其在语言处理上的技术突破。

（3）人工智能应用与实践（第 6 章～第 8 章）

第 6 章、第 7 章重点讨论大语言模型的文本应用——提示词工程技术，全面阐释提示词的基础理论和高级应用策略，旨在帮助读者灵活地优化大语言模型的性能。本部分提出了人工智能辅助思维的概念，指导读者如何在各种不同场景中高效运用大语言模型，以提高工作和学习的效率。第 8 章详细介绍了大语言模型在其他模态中的应用，包括图像生成、视频处理和音频合成等领域。

（4）人工智能的挑战与未来（第 9 章）

人工智能的快速发展带来了一系列影响和挑战，如对人工智能自我意识的误解、社会公平性问题、责任归属和隐私保护等，这些问题需要通过法律和伦理规范来解决。

AI 时代，技术发生变革是必然的，但我们更关注的是如何通过教育让更多人拥有驾驭技术的能力，成为“超级个体”。我们希望，本教材不仅能够帮助学生快速掌握 AI 的核心知识与技能，了解 AI 的底层逻辑和技术边界，还能够启发他们以更广阔的视角看待 AI 技术在社会中的作用与意义。无论是为了应对未来的职业挑战，还是为了在学术研究中寻找新的突破，我们相信，这本教材都将成为学生迈向 AI 时代的起点。

让我们一起走进 AI 的世界，探索技术的本质，感受创新的力量。希望每一位读者都能通过本教材，开启一段充满创造力与探索精神的学习之旅。

特别感谢参与本书编写和支持出版的所有同人：张惠军、段永华、孙苹、周晓英、周嵘、叶东晟、郭一凡。限于编者水平，书中难免存在不足之处，恳请读者提出宝贵的建议。

著者

2025 年 2 月

目 录

第1部分 人工智能基础

第 2 部分 人工智能核心技术

第 3 部分 人工智能应用与实践

第 4 部分　人工智能的挑战与未来

第 1 部分
人工智能基础

第1章 揭开人工智能的神秘面纱

本章首先探讨人工智能的定义，厘清其与自动化系统、脑机接口等相关概念的区别，以帮助读者建立对人工智能的准确认知；随后介绍人工智能研究的三大主要流派，即符号主义流派、连接主义流派和行为主义流派，分析它们各自的特点和贡献，帮助读者理解人工智能的理论基础；接着回顾人工智能的发展历程，探讨其未来趋势，特别关注生成式人工智能的兴起及其潜在影响，为读者提供历史视角和前瞻性见解；最后，本章深入探讨人工智能领域中一些取得显著成就的研究方向，包括计算机视觉（computer vision，CV）、自然语言处理（natural language processing，NLP）、推荐系统与搜索、决策规划、数据分析与挖掘等，旨在帮助读者构建一个全面的人工智能技术应用框架。通过对本章的学习，读者将对人工智能的前世今生有系统而深入的认识，为进一步探索这一领域做好充分准备。

1.1 什么是人工智能

人工智能致力于开发能模拟和扩展人类认知能力的智能系统，旨在提高生产效率、执行复杂或高风险的任务，从而促进社会进步和造福于人类。例如，在医疗诊断、自动驾驶和金融分析等领域，人工智能系统已经展现出卓越的性能。

从学术角度而言，人工智能是一个跨学科领域，研究如何通过计算机科学、数学和工程等方法，在机器系统中实现、扩展和超越人类智能的某些方面。值得注意的是，虽然人工智能常被称为机器智能，但它不是人类智能在机器上的简单复制，而是一种可能超越人类认知局限的新型智能形式。

什么是真正的人工智能（上）

为了更好地理解人工智能的本质，我们需要厘清人工智能与其他相关技术和概念的关系。接下来，我们将探讨几个经常与人工智能关联或混淆的概念，包括自主意识、自动化系统、脑机接口、机器人技术、知识工程、机器学习（machine learning，ML）、深度学习（deep learning，DL）以及 Python 等。通过比较这些概念，我们将构建一个全面、准确的人工智能认知框架。

1.1.1 自主意识与人工智能

在讨论人工智能时，人们常常被带入科幻小说或电影中，想到那些高度发达、功能强大且能引起情感共鸣的机器人形象。这些机器人不仅具备超越人类的技能，还能进行自我反思，探讨诸如“我究竟是谁”“我与人类是否平等”“我是否应享有权利”等深层次问题。从《星球大战》中的机器人到《西部世界》中的仿生人（见图 1.1），这些作品中的角色象征着高级人工智能的具象化，它们与人类共存，甚至在某些情况下可能威胁到人类的主导地位，这引发了人们对人机未来是冲突对抗还是和谐共处的深刻反思。然而，在现实世界中，人工智能技术远未达到科幻作品中描绘的水平。

图 1.1　《西部世界》中的仿生人

人工智能的发展历程可以划分为 3 个阶段：弱人工智能（weak AI）、强人工智能（strong AI）以及超人工智能（super AI），具体如图 1.2 所示。弱人工智能专注于执行特定领域的任务，如智能助手、自动驾驶等；强人工智能是指具备与人类相当或超越人类的通用智能，能够自主理解、学习和完成各种复杂任务的 AI 系统；超人工智能更进一步，它是一种超越人类智慧的存在，其思维能力、认知能力和行为能力都达到超越人类的水平。目前，大多数人工智能系统属于弱人工智能，它们能够在特定领域高效地完成既定任务，但它们缺乏广泛的自我意识和自主决策能力。

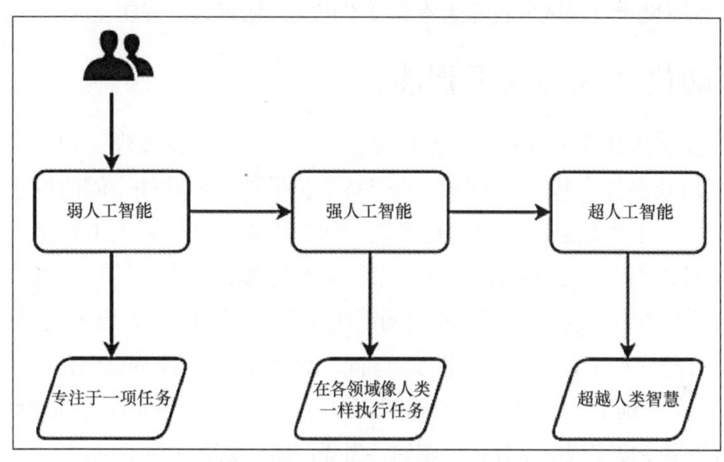

图 1.2　人工智能发展的 3 个阶段

从弱人工智能发展到强人工智能乃至超人工智能需要经历漫长且艰难的探索过程。目前，人们虽然在弱人工智能领域取得了诸多成果，但距离实现超人工智能还有很长的路要走。

除了上面介绍的 3 个阶段，在 2024 年的 OpenAI 开发者日上，OpenAI 的 CEO 萨姆 · 奥尔特曼（Sam Altman）提出了一个关于通用人工智能（artificial general intelligence，AGI）的五层框架理论，即人工智能的演进可分为 5 个层级：第一级是对话者（chatbot），专注于自然语言交互；第二级为推理者（reasoner），具备人类水平的逻辑与问题解决能力；第三级为智能体（agent），能够主动执行多步骤任务；第四级为创新者（innovator），可辅助或独立完成科学发明与技术突破；第五级为组织者（organization），协调复杂系统运作，甚至替代部分社会组织功能。这一理论展现了人工智能从基础交互到社会重构的技术扩展路径，揭示了人工智能从工具向协作伙伴乃至社会变革者转变的方向和路线。

在设想的人工智能时代，为了避免具备强人工智能的机器人对人类造成伤害，科幻小说家阿西莫夫提出了三项原则：第一，机器人不得对人类造成伤害，也不应袖手旁观人类遭受伤害；第二，机器人必须服从人类的指令，但前提是这些指令不违背第一项原则；第三，在不违反前两项原则的前提下，机器人应尽可能地保护自己。这些原则被称为机器人三原则。阿西莫夫相信，只要具备强人工智能的机器人遵循这些原则，它们就不会对人类构成严重威胁。

然而，也有人提出不同的看法，他们认为机器人三原则基于人类智能至高无上的假设，随着弱人工智能向强人工智能甚至超人工智能演进，人工智能可能会巧妙地规避这些原则。《黑客帝国》等科幻作品都展示了这一风险：机器人完全违背这些原则，甚至将人类置于被控制和被剥削的境地。可见，谁拥有定义“伤害”与“益处”的权力，谁便能在智能决策体系中占据主导地位，进而可能引导技术向有利于自身而非全人类的方向发展。这触及了人工智能伦理与治理的核心议题。随着人工智能技术的迅猛发展，其决策过程的透明性、责任归属以及道德准则的融入已经成为迫切需要解决的问题。特别是在人工智能系统开始拥有复杂决策能力的当下，如何确保这些决策不仅与技术逻辑相符，而且遵循人类社会的基本价值观和伦理标准，已经成为人类面临的一个重大挑战。

面对未来高度发展的人工智能，我们必须保持清醒的头脑和高度的警觉性。我们既要认识到它的无限潜力，也要对其潜在的负面效应保持警惕。通过加强伦理研究、完善法规体系、提高公众意识等多维度的努力，我们有望为人工智能技术的健康发展营造一个安全、公正、可持续的环境。

总的来说，自主意识是人工智能发展的一个重要目标，但目前的人工智能系统尚未真正实现自主意识。理解这一关系有助于我们区分科幻想象和技术现实，认识人工智能发展的现状和潜在影响。

1.1.2 自动化系统与人工智能

自动化系统主要利用计算机或软件来操控设备，从而实现数据处理和功能执行的自动化。近年来，市场上涌现出众多自称基于人工智能的产品，包括硬件和软件。但值得注意的是，这些产品中有相当一部分实际上更接近高级自动化系统，而非真正意义上的人工智能。例如，地铁自动售票机能够自动执行购票、找零等操作；网上银行系统能够自动进行转账、支付等金融交易。

自动化系统是人们在日常生活中广泛使用的系统类型，尽管它和真正的人工智能系统都拥有自动化的特点，但核心差异在于它们的智能程度。自动化系统的运作流程完全依赖于人类预先设定的指令。换言之，人类首先确定任务的具体步骤，随后将这些步骤转换成计算机能够识别的指令，接着计算机依次执行这些指令以完成既定任务。例如，当我们通过数据库检索包含“人工智能”这一关键词的信息时，计算机遵循一系列预定的程序（包括接收查询输入、检索数据库、展示搜索结果等）来完成这一任务。在自动化设备的操作中，这一原理同样适用。以自动咖啡机为例，其制作咖啡的过程是依照预先设定的步骤（如选择咖啡种类、磨豆与压粉、注水与萃取等）来进行的（见图 1.3）。

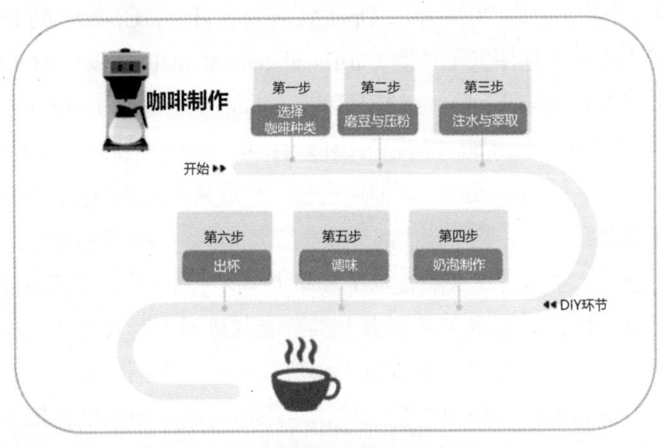

图 1.3　自动咖啡机制作咖啡的过程

相比之下，真正的人工智能系统超越了人类预设指令的范畴，能够在缺乏明确指示的情况下，通过学习数据来掌握任务的模式并独立完成任务。这种自我学习的能力使人工智能在人类尚未明确如何操作的领域展现出巨大潜力。因此，目前市场上的所谓“智能咖啡壶”大多仍属于高级自动化系统，而非真正的人工智能系统。真正的人工智能咖啡机应当能够根据用户的个人口味偏好、实时天气状况、用户的健康状况等因素，自主调整咖啡的制作方法，而不仅仅是执行预设程序，如图 1.4 所示。

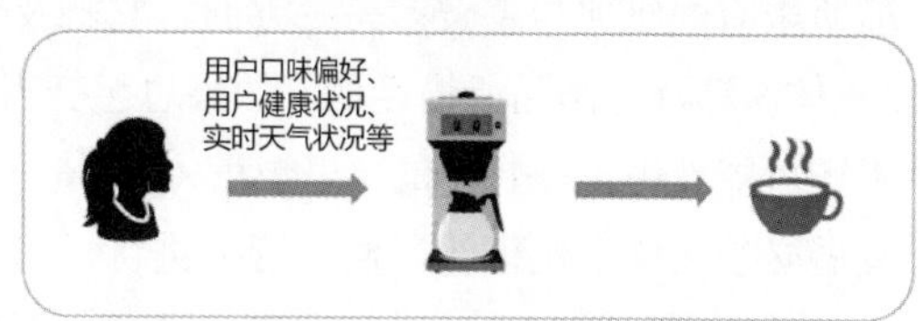

图 1.4　人工智能咖啡机制作咖啡的过程

总的来说，自动化系统虽然能执行预定的任务，但缺乏人工智能系统的自主学习和适应能力。理解这一区别有助于我们识别真正的人工智能技术，避免将高级自动化系统误认为人工智能系统。

1.1.3　脑机接口与人工智能

脑机接口（brain-machine interface，BMI）是一种先进的技术，它使大脑能够与外部设备进行直接的通信。该技术通过解析和传递大脑信号，实现大脑与外部设备之间的直接互动，从而绕过传统的神经肌肉路径。有人将脑机接口视作人工智能的一种，这种观点并不准确。脑机接口与人工智能并不相同，尽管它在应用过程中确实整合了人工智能技术，如利用人工智能技术来提升脑机接口的效能等。

脑机接口技术利用精密的电极直接与动物大脑皮层相连，以收集并解析大脑神经元群的信号模式，进而解读或预测生物体的意图、情绪乃至思维。目前，该技术在人类实验中已取得显著成果，不仅能够解读人类的思维并将其转化为外部行为，还能通过刺激大脑皮层引发特定的动作或情绪反应。从长远视角审视，脑机接口技术在医疗领域的应用潜力巨大，尤其对残障人士而言，脑机接口技术可通过解读大脑信号来操控义肢和其他辅助设备，从而显著提升残障人士的生活品质。此外，这项技术亦可广泛应用于多种场合，包括操控电子设备以及提升认知能力等，如图 1.5 所示。

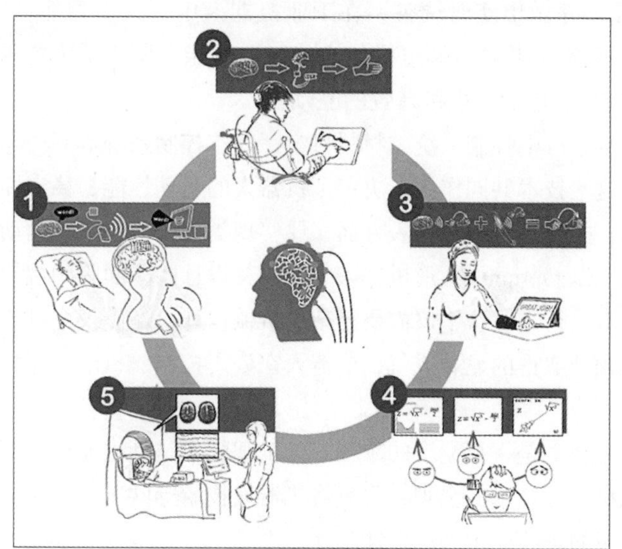

什么是真正的人工智能（下）

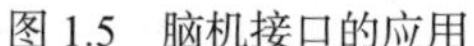

图 1.5　脑机接口的应用

未来，随着技术的不断进步，脑机接口技术有望实现对人类大脑思维的深度解读。人类的情绪反应或在高度集中注意力时产生的强烈脑电信号，有可能被脑机接口技术捕捉并解析，从而揭示人类的内心世界。因此，脑机接口技术同样引发了科学伦理方面的讨论。一方面，它可能带来前所未有的便利与突破；另一方面，它触及个人隐私、思想自由乃至人类安全等敏感领域。正如《三体》等科幻作品所描绘的，如果思想变得透明，个体将面临被操控的风险。此外，脑机接口技术还可能被用于非自愿的“思想植入”，进一步加剧对个体自主性的威胁。因此，脑机接口技术的发展必须在科学伦理的严格监管下进行，确保其在造福人类的同时，不侵犯个体的基本权利和自由。这要求人们在推动科技进步的同时，不断审视并调整伦理观念，以确保技术健康发展并与人类社会和谐共存。

总的来说，脑机接口是一种独立于人工智能的技术，虽然二者可能在应用中结合，但本质上有明显区别。理解这一点有助于我们准确认识脑机接口技术的特性和潜力，同时更清晰地界定人工智能的范畴。

1.1.4　机器人技术与人工智能

机器人技术作为一门涉及多个学科的技术，其核心并不等同于人工智能，尽管后者在机器人技术中扮演至关重要的角色。从简单的机械臂到复杂的人形机器人，机器人可以呈现出多种形态，如图 1.6 所示的 Optimus 人形机器人和宇树的人形机器人。

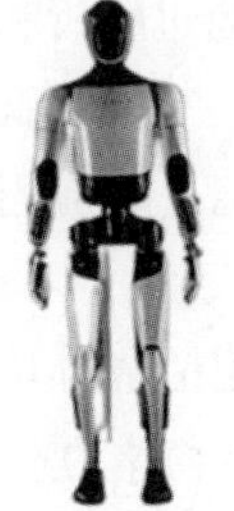

图 1.6　Optimus 人形机器人和宇树的人形机器人

人工智能在机器人领域的贡献主要在于感知和决策层面，包括通过视觉、听觉等方面的传感器收集环境信息，利用自然语言处理技术与人类进行交互，以及基于机器学习算法进行复杂决策等。例如，在自主导航机器人中，人工智能系统可以实时处理传感器数据，识别障碍物，规划最优路径，并做出实时调整；在工业机器人中，人工智能可以通过机器视觉识别不同的零件，并根据任务要求灵活调整操作方式。这些能力使机器人能够更智能地适应环境、完成任务，并与人类进行更加自然和高效的互动。

除了人工智能技术，机电控制系统、材料科学、姿态控制系统等同样是机器人技术中不可或缺的关键组成部分，这些技术共同作用，决定了机器人的运动性能、稳定性、耐用性等多个关键方面。在机器人领域，尤其是人形机器人方面，要实现类似人类的灵活运动，则需要更为复杂的机械结构和控制系统。以 Optimus 人形机器人为例，其设计团队面临的挑战是，如何在确保稳定性的同时实现灵活的双足行走，这不仅需要复杂的机械设计，还涉及先进的控制算法。相较于人工智能在感知与决策领域取得的显著成就，机器人在姿态控制、机电一体化以及材料科学等领域仍面临众多挑战。

总的来说，机器人技术是一个宽广的领域，人工智能只是其重要组成部分之一。理解这一点有助于我们准确认识机器人技术的全貌，避免将机器人技术等同于人工智能，同时更全面地了解人工智能在机器人领域的具体应用和局限性。

1.1.5　知识工程与人工智能

知识工程致力于捕捉、表达、整理和运用人类专家的知识与经验，旨在构建能够模拟专家解决问题的计算机系统。这是一个专业性极强的领域，对普通大众来说可能较为陌生。然而，在计算机科学和人工智能的学术界及从业者行业内，它是一个广受认可且具有重要意义的领域。

大约 30 年前，知识工程领域的一个核心应用——专家系统，曾一度风靡。这些系统通过模仿领域专家的知识推理过程，为解决各种复杂问题提供了决策支持。专家系统的工作流程是：从专家那里获取知识，通过用户界面接收非专家用户的咨询信息，利用知识库和推理引擎处理信息，最终向用户提供建议或答案，如图 1.7 所示。美国 IBM 公司研发的 Watson 机器人是一个典型的例证。2011 年，在一场盛大的问答竞赛中，Watson 凭借其强大的知识工程基础，即专家系统，通过逐步的推理和分析，成功地战胜了众多人类竞争者，展示了其强大的自然语言处理和信息检索能力。

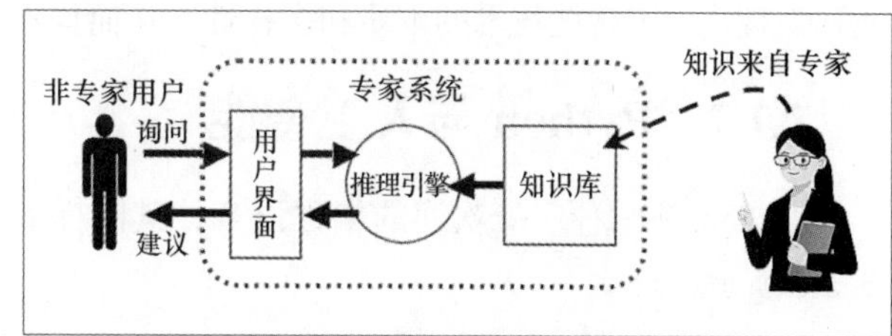

图 1.7　专家系统的工作流程

在医疗领域，专家系统也得到了广泛的应用。例如，在诊断过程中，医生首先通过“望闻问切”等方法收集患者的信息，然后根据自己的经验和知识，逐步推断出患者的病情和病因，最后给出相应的治疗方案。专家系统则试图将这一过程自动化，通过访谈、观察等方式将医生的知识和经验转化为计算机可理解的逻辑或符号，再由计算机模拟医生的推断过程，为患者提供诊断建议。

此外，专家系统还应用于探矿、经济预测等多个领域，为这些领域的决策提供了有力的支持。然而，尽管知识工程中的专家系统在特定领域取得了显著的成果，但它并非当前人工智能领域的主流技术，也不是最具发展前景的技术。

因此，从某种意义上讲，知识工程中的专家系统可被视为上一代人工智能的代表，它向人们展示了人工智能在模拟人类知识和推理能力方面的巨大潜力。

总的来说，知识工程中的专家系统是人工智能发展历程中的重要成果，虽然不同于现代的机器学习和深度学习方法，但它们在模拟人类专家知识和推理能力方面做出了重要贡献。理解知识工程与现代人工智能的区别和联系，有助于我们更全面地把握人工智能的发展脉络和多样性。

1.1.6　机器学习、深度学习与人工智能

机器学习是实现人工智能的一项核心技术，它让计算机能够从数据中自主学习，而不需要人为编写每一条具体的指令或规则。这种方法使计算机能够像人一样，通过积累经验不断提升自己的能力。机器学习已经广泛应用于我们的日常生活，例如，在线购物平台的个性化推荐就是机器学习的一个典型应用。

随着技术的进步，一种更先进的机器学习方法——深度学习，在 2006 年迎来了重要突破。深度学习是一种基于机器学习原理中人工神经元网络的技术，它能够处理更复杂的问题。这项技术的出现极大地推动了人工智能的发展。

深度学习在图像识别、语音识别等多个领域都展现出了惊人的能力。2012 年，基于卷积算法的深度神经网络 AlexNet，在 ImageNet 大规模视觉识别挑战赛（ImageNet large scale visual recognition challege，ILSVRC）中取得了突破性的成绩，这标志着人工智能进入一个新的阶段。

随着机器学习特别是深度学习的发展，人工智能系统现在能够完成许多以前被认为只有人类才能完成的任务。这些进步不仅推动了技术的发展，也正在改变我们的生活和工作方式。

总的来说，机器学习和深度学习是实现人工智能的核心技术方法，它们使机器能够从数据中学习并不断提升性能。理解机器学习和深度学习在人工智能中的地位与作用，有助于我们更准确地认识现代人工智能技术的本质和多样性，从而构建更全面的人工智能认知框架。

1.1.7 Python 与人工智能

Python 是一种广受欢迎的编程语言，其图标如图 1.8 所示。

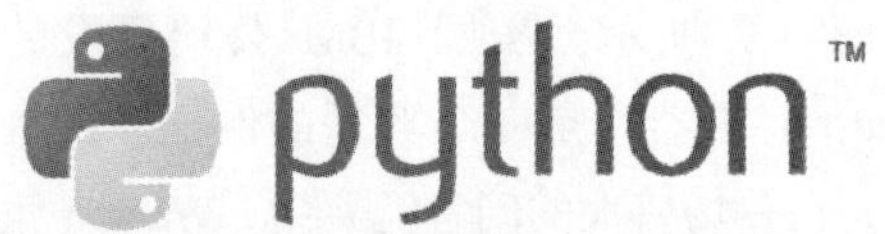

图 1.8 Python 图标

Python 由吉多·范罗苏姆（Guido van Rossum）于 1989 年开始设计和开发；Python 凭借其简洁的语法和丰富的库支持，已经成为人工智能研究和模型开发中广泛使用的语言之一。

虽然 Python 在人工智能领域是一种广泛使用的编程语言，但并非人工智能的核心所在。人工智能的核心在于算法和工程技能，而非它所依赖的特定编程语言。Python 的简洁语法和丰富的库使其成为许多人工智能项目的首选语言，但在实际的工程实践中，技术人员也会根据具体需求使用 Java、C 或 C++等语言来构建人工智能系统。这是因为不同语言在特定场景下可能具有各自的优势，如执行效率或系统集成能力。

在本节中，我们探讨了几个经常与人工智能相关联或混淆的概念，通过比较和对比这些概念，我们构建了一个更加全面和准确的人工智能认知框架，并认识到以下几点。

（1）自主意识不是理解人工智能发展的重要基础，目前的人工智能系统尚未具备真正的自主意识。

（2）自动化系统不是人工智能，缺乏人工智能系统的自主学习能力。

（3）脑机接口不是人工智能，但会在应用中与人工智能结合。

（4）机器人技术是一个广泛的领域，人工智能只是其中的一个重要组成部分。

（5）知识工程中的专家系统是人工智能发展历程中的重要成果，但不是现代人工智能的基础和组成部分。

（6）机器学习和深度学习是现代人工智能的核心技术方法，推动了人工智能的快速发展。

（7）Python 是人工智能开发中广泛使用的工具，但不应将其等同于人工智能本身。

1.2 人工智能的三大流派

在探讨人工智能的本质和发展时，了解其主要研究流派至关重要。这些流派反映了研究人员对智能本质的不同理解，以及实现人工智能的不同方法论。从研究方法和理论基础的角度，人工智能研究大致可分为三大流派：符号主义流派、连接主义流派和行为主义流派。

这三大流派各自代表了人工智能研究中的重要思想和方法：符号主义流派强调通过符号操作和逻辑推理来模拟人类思维；连接主义流派受人脑神经网络（neural network）启发，通过模拟神经元之间的连接来实现智能；行为主义流派强调智能体与环境的交互。

人工智能的三大流派（上）

尽管这些流派在方法论上存在差异，但它们并非完全独立或对立的。随着人工智能技术的不断进步和理论的深化，这些流派之间的界限逐渐模糊。越来越多的研究者开始尝试将不同流派的思想和技术融合起来，以构建更加全面、高效的智能系统。这种跨流派的融合不仅丰富了人工智能的理论体系，也为实际应用带来了更多的可能性和创新点。

1.2.1　符号主义流派

符号主义（symbolism）也被称作逻辑主义（logicism），是一种将人工智能的起源追溯至数理逻辑的研究范式。持此观点的研究者认为，人工智能的研究应当采用计算机科学的方法。他们特别关注逻辑演绎在计算机上的实现。这种实现涉及如何将逻辑推理过程转化为计算机可执行的程序。在符号主义框架下，符号被视为表示和处理信息的基本单位，认知过程则被理解为在这些符号基础上进行的计算与推理操作。

符号主义流派强调知识的形式化表示、存储与推理规则的重要性，追求通过精确算法和规则模拟人类智能行为，以实现具有高度可解释性和可控性的智能系统。图 1.9 展示了基于规则的决策过程，用于判定“是否接受一份工作”；其通过对一系列条件的评估来得出结论，其基于规则的分支结构和决策路径反映了知识表示与推理的过程。

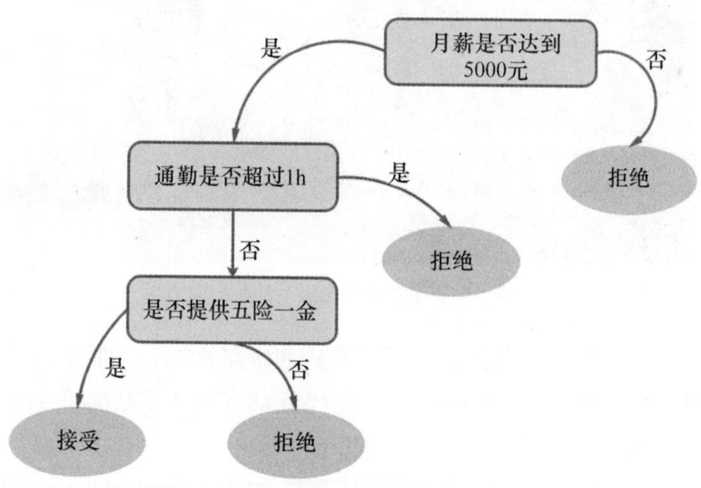

图 1.9　基于规则的决策过程

在人工智能的发展史上，符号主义流派曾长期占据主导地位。1936 年，艾伦·麦席森·图灵（Alan Mathison Turing）在具有划时代意义的论文《论可计算数及其在判定问题上的应用》（*On Computable Numbers, with an Application to the Entscheidungsproblem*）中提出了图灵机（见图 1.10）的概念，首次探讨了机器思考的可能性。图灵机模型以其精妙的设计，深刻揭示了计算过程的内在抽象性。通过模拟无限长纸带上的符号操作、可移动的读写头以及预定义的指令序列，它成功构建了可计算过程的抽象框架。图灵机模型不仅展示了如何通过简单的符号操作来执行复杂的计算任务，其思想还深刻影响了符号主义流派的发展，为现代计算机科学与人工智能的诞生和发展奠定了坚实的理论基础。

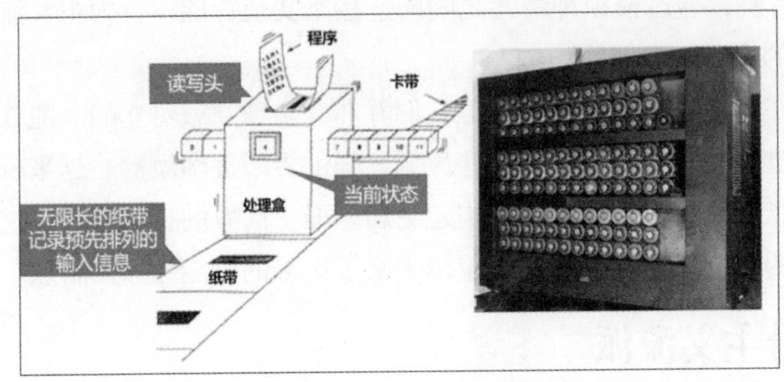

图 1.10　图灵机示意

20 世纪 40 年代末，大型计算机问世后，计算机技术得到了飞速发展，为人工智能的实验与应用提供了强大支持。符号主义流派利用此优势，实现了下棋程序、定理证明系统等里程碑式应用，引领了人工智能领域的初期探索与发展。1956 年的达特茅斯暑期研讨会是人工智能发展历程中的关键转折点，吸引了世界各地的顶尖学者共同探讨机器智能的奥秘，会议会址及部分与会人员如图 1.11 所示。在此次会议上，研究人员展示了他们在人工智能领域的早期成果，并一致同意将这一领域命名为“人工智能”，这标志着人工智能正式成为一门独立的学科。符号主义流派在这一领域占据了主导地位，他们强调符号处理和逻辑推理能力。

图 1.11　达特茅斯会议会址及部分与会人员

达特茅斯会议为符号主义流派的发展提供了理论和研究的温床，推动了这一流派在人工智能领域的兴起。随后符号主义流派成为 20 世纪 50 年代至 80 年代人工智能研究的主导范式，尤其在问题解决、语言理解和知识表示等方面。

然而，符号主义方法存在不可忽视的局限性，例如，在应对复杂问题和处理不确定性因素时，符号主义方法常常难以有效处理。随着计算机技术的不断进步，其他流派如连接主义流派、行为主义流派等逐渐发展，给符号主义流派带来了巨大的挑战。但是，符号主义方法在特定领域仍然保持其重要性。例如，在形式化验证和定理机器证明等需要精确推理的任务中，符号主义方法仍然是首选。此外，作为符号主义的现代表现形式，知识图谱技术与深度学习、强化学习等数据智能技术相结合，正在推动人工智能朝更加智能化、自适应能力更强的方向发展。这种结合有望克服单一的不足，为解决更复杂的人工智能问题提供新的可能性。

1.2.2　连接主义流派

在探讨连接主义之前，我们先来认识一个由人工智能和机器人领域的科学家发现的、与常识相悖的现象：对计算机来说，执行逻辑推理等人类高阶认知任务相对简单，执行类似一岁婴儿的感知和行动能力等低阶感知任务却异常艰难，甚至是不可能的。这一现象在人工智能和机器人学界被称为莫拉维克悖论（Moravec's paradox）。

莫拉维克悖论说明了人工智能发展的难题，也对符号主义研究提出了质疑。对人类来说，孩子是“天生的学习机器”，他们智能的增长并非源于高级符号推理，而是通过视觉观察和与环境的互动实现的。

人类的大脑，这个重约 1.4kg 的复杂器官，由 860 亿个神经元细胞紧密相连构成网络。大脑皮层作为信息处理的关键区域，通过神经元细胞的轴突与树突的连接来实现信息的传递和处理。如图 1.12 所示，正是神经元之间的协同作用赋予大脑智慧与创造力。受神经科学研究的启发，连接主义流派致力于通过模拟大脑的结构与功能来探索人工智能。

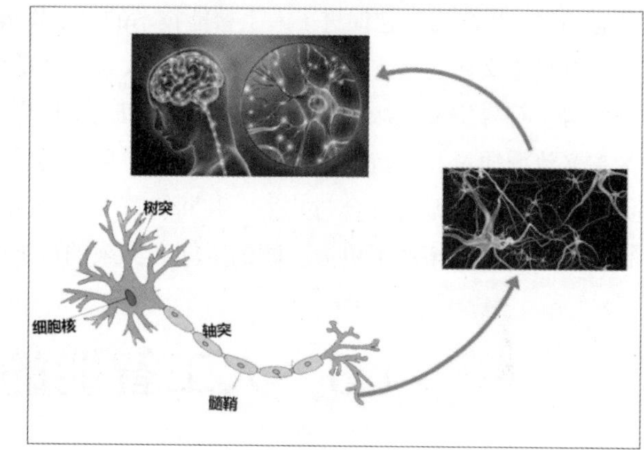

图 1.12　神经元与神经网络

1943 年，神经生理学家沃伦·麦卡洛克（Warren McCulloch）与数学家沃尔特·皮茨（Walter Pitts）共同发表了一篇具有里程碑意义的论文，其中提出了 M-P 模型。该模型通过数理逻辑模拟单个神经元的行为及其简单网络连接的逻辑关系，为人工神经网络方法的发展奠定了理论基础。

20 世纪 40 年代，加拿大心理学家唐纳德·奥尔丁·赫布（Donald Olding Hebb）持续深入地研究了神经元在心理过程中的作用。1949 年，他出版了著作《行为的组织》，在该书中，他提出了著名的赫布定律（Hebb's rule）。本质上，赫布定律是心理学与神经科学相结合的产物，其中融入若干合理的假设。因此，该定律也被称为赫布假设（Hebb's postulate）。这一理论通常被简化表述为：“协同激活的神经元会形成和强化连接。”此后，连接主义流派的人工智能工作者开始用调整网络参数权值的方法来完成基于神经网络的机器学习任务，在某种程度上，赫布假设奠定了今天人工神经网络的理论基础。

近年来，特别是在 GPT 等大语言模型问世后，深度学习展示了连接主义理论的实际成效。这些模型通过复杂的神经网络架构实现了数据智能，显著提升了人工智能系统的能力。连接主义方法通过模拟生物神经系统的结构和功能，为人工智能研究开辟了新的途径。在人工智能的发展历程中，连接主义流派与其他流派共同推动了技术的进步，深度学习的成功则凸显了连接主义方法的潜力。

1.2.3　行为主义流派

人工智能的三大流派（下）

行为主义流派是人工智能的重要流派，其源于对早期符号主义和连接主义方法的局限性的反思。随着研究人员意识到仅依赖符号处理或神经网络模拟难以完全解释与实现复杂的智能行为，行为主义应运而生。行为主义流派的理论基础基于生物学、控制论和系统科学的研究成果，该流派对智能的理解进行了革新，主张智能是生命体在特定环境中适应和进化的综合能力，而非仅仅依赖于符号处理或对大脑功能的模仿。秉持行为主义理念的科学家专注于智能体与环境之间的互动，并利用奖励与惩罚的机制来指导学习过程，这也是强化学习的概念起源。智能的本质在于一个“知错能改”的进化循环，智能体通过不断地尝试错误和接收反馈来积累经验，进而更好地适应其所处的环境。

行为主义理念在人工智能第三次浪潮中得到广泛应用。机器学习，特别是深度学习，汲取了生命体的试错与反馈机制，从而构建出高效的智能系统；遗传算法和粒子群优化等技术模拟自然进化过程，自动搜寻问题答案；神经网络通过反向传播算法调整其参数，以提升预测的准确性；强化学习让智能体通过与环境的互动，学习如何做出最优决策。这些成功的应用案例彰显了行为主义智能理念的强大生命力，它促进了人工智能技术的迅猛发展，并赋予计算机学习、适应和创新的能力。

符号主义、连接主义和行为主义这三大人工智能流派并非各自独立发展，而是彼此融合，互补优势。符号主义流派强调知识的形式化和逻辑推理。连接主义流派侧重模拟生物神经网络；行为主义流派通过其独特的进化思维和对学习环境的反馈与适应，为人工智能赋予强大的实用性和灵活性。三大流派的融合与共生，共同构筑了当今人工智能技术的多样性和全面性，同时为未来智能技术的发展拓展了更为广阔的空间和无限的可能性。

1.3 人工智能的发展及未来

1.3.1 人工智能的 3 次浪潮

符号主义、连接主义和行为主义构成了人工智能研究的三大主要流派。在过去的几十年间，这三大流派共同推动了人工智能的理论和技术发展。它们不仅塑造了人工智能的理论框架，还推动了 3 次重要的人工智能发展浪潮，每一次浪潮都显著拓展了人工智能的认知边界和技术能力，如图 1.13 所示。

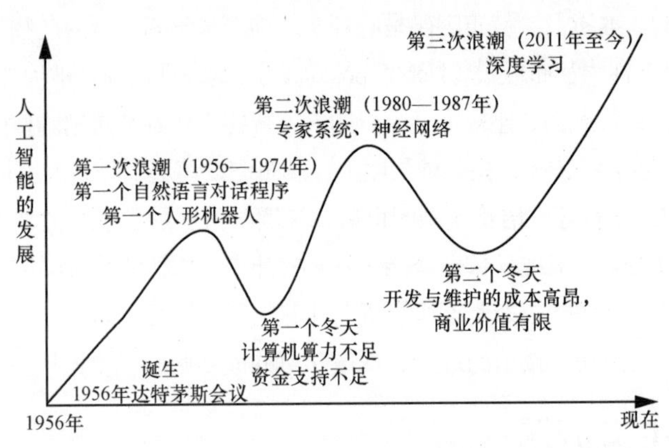

图 1.13 人工智能的 3 次浪潮

1. 第一次浪潮：推理

人工智能的第一次浪潮，宛如黎明的第一缕曙光。自 1956 年达特茅斯会议之后，人工智能蓬勃兴起，其核心正是符号主义流派的崛起。在这一时期，人工智能被赋予明确的使命——构建一台拥有卓越推理能力的机器，推理能力被视为智能的核心标志，只有那些在数学、棋艺、语言处理等方面展现出非凡推理能力的人，才被视为智者。

人工智能的第一次浪潮

这一思潮的哲学基础，可追溯至认识论中的唯理论传统，尤其是以笛卡儿为代表的欧洲大陆学派。唯理论者主张理性至高无上，认为真理的获取和知识的构建都源于严密的逻辑推理。他们将欧几里得的《几何原本》视为典范，展示了如何从几个不证自明的公理出发，通过逻辑推理构建起整个几何学体系。

受这一哲学观念的影响，早期的人工智能研究者致力于构建复杂的符号系统，以赋予计算机类似人类的推理能力。他们运用谓词演算、模糊推理等方法，对自然语言、图像等复杂信息进行符号化处理与推理分析，力求实现计算机的语义理解与智能决策。尽管面临诸多挑战与限制，但那时的符号主义仍取得了令人瞩目的成就。

1955 年，赫伯特·亚历山大·西蒙（Herbert Alexander Simon）和艾伦·纽厄尔（Alen Newel）开发了一个名为“逻辑理论家”的程序，这是第一个被认为能够证明数学定理的程序。它成功证明了一些《数学原理》中的定理，展示了计算机在逻辑推理和定理机器证明方面的潜力。

1966 年，美国麻省理工学院的约瑟夫·魏泽鲍姆（Joseph Weizenbaum）发布了世界上第一个聊天机器人——Eliza。同年，查理·罗森（Charlie Rosen）领导的美国斯坦福研究所成功研发了首台人工智能机器人——Shakey。

然而，随着研究的深入，科学家逐渐发现，尽管推理是智能不可或缺的基石，但其在应对复杂多变的现实问题时局限性也日益凸显。特别是在自然语言处理、计算机视觉等需要大量信息和知识且与人类日常生活及感知能力息息相关的领域，单纯依赖推理的方式已难以全面解释与解决所面临的问题。

1973 年，数学家莱特希尔（Lighthill）向英国政府提交了一份关于人工智能的研究报告——《莱特希尔报告》。该报告对当时的机器人技术、语言处理技术和图像识别技术进行了严厉且猛烈的批评，指出人工智能的那些看上去宏伟的目标根本无法实现，研究已经彻底失败。随后，全世界的人工智能进入第一个发展低谷，其也被称为“人工智能的寒冬”（AI winter）。

2. 第二次浪潮：知识

第二次浪潮是人工智能发展历程中的一个重要阶段，在这一时期，人工智能领域的科学家逐渐意识到，单纯依靠推理能力来定义和实现智能是远远不够的。尽管推理在解决简单、规则明确的问题（如下棋、解答物理题目）上展现了强大的能力，但在面对复杂多变的现实问题时，其局限性暴露无遗。

人工智能的第二次浪潮

在复杂领域，如医疗诊断和商业决策，系统不仅需要具备逻辑推理的能力，还必须拥有广泛的专业知识储备和灵活的应用技巧，这些知识通常高度专业化和分散，并且深植于专家的思维之中。因此，人们开始意识到，智能的核心不仅在于推理，还需要知识。

这一认知的飞跃，促使“知识即智能”的观念兴起，成为第二次人工智能浪潮的核心理念。正如培根所言，“知识就是力量”，在这里，“力量”不仅仅指改造自然的能力，更象征着在复杂决策中占据主导地位的权力。从哲学角度来看，这一思潮与认识论的经验论紧密相连，强调通过观察和归纳现有数据、现象来构建知识体系，与唯理论的演绎法形成鲜明对比。这种归纳法鼓励不断探索、验证与修正，为科学的发展注入强大动力。

在技术领域，知识工程的崛起是这一时期的显著特征。它专注于应对知识的提取、表达、存储、组织以及推理应用等一系列挑战，促进了符号推理、谓词演算等技术的进步。知识工程的典型应用就是各个领域的专家系统。

1968 年，美国科学家爱德华·费根鲍姆（Edward Feigenbaum）提出了第一个专家系统 DENDRAL，并对知识库进行了初步的定义，这标志着专家系统的诞生。

1972 年，美国医生兼科学家爱德华·H.肖特利夫（Edward H.Shortiffe）创建了可以帮助进行医学诊断的专家系统 MYCIN。

1980 年，卡内基梅隆大学研发的专家系统 XCON 正式商用，为当时的计算机巨头公司 DEC 每年省下数千万美金。

1984 年，由美国微电子与计算机技术公司发起的“超级百科全书”（Cyc）项目正式启动。这一项目代表人工智能领域的一个全新的研究方向，试图将人类拥有的所有一般性知识都输入计算机里面，建立一个巨型数据库，并在此基础上实现知识推理。

在人工智能第二次浪潮期间，专家系统在医疗、石油和矿产勘探、教育以及商业决策等多个领域取得了显著成就，从而证实了知识在智能系统中的核心地位。1983 年，美国国防部高级研究计划局通过战略计算计划（strategic computing initiative，SCI），重启对人工智能研究的资助。

但是这股浪潮仅仅持续了短短几年时间，知识工程高昂的成本和复杂的技术成了限制其进一步发展的障碍。到了 20 世纪 80 年代后期，美国国防部的战略计算计划大幅削减对人工智能的资助，美国国防部高级研究计划局的新任领导也认为人工智能并非“下一个浪潮”，于是削减了对其的投资。此后，人工智能进入第二次低谷阶段。

3. 第三次浪潮：学习

人工智能的第三次浪潮（上）

随着机器学习、深度学习等前沿技术的兴起和发展，人工智能第三次浪潮席卷而来。与前两次浪潮相比，第一次浪潮将智能的核心聚焦于推理能力，第二次将其归结为知识的积累与运用，而此次，智能则被赋予新的定义——学习。

这一转变彻底颠覆了以往由人类制定推理规则与知识体系的传统模式。在第一次浪潮中，人工智能主要依赖人类专家制定的推理规则，这一阶段的智能系统依靠明确的逻辑推理来解决问题，所有的知识整理和应用都由人类主导。第二次浪潮集中在知识的表示和管理上，在这一阶段，专家们努力将丰富的专业知识编码为计算机可以理解的形式，以便于系统进行处理和推理，然而这种方式仍然高度依赖于人类的知识输入和定义。第三次浪潮的核心在于学习，在这一阶段，人工智能系统能够自主地从数据中学习，而不再需要人类直接参与定义推理规则或整理知识。通过使用先进的算法和模型策略，这些系统可以通过大量数据进行训练，自动提取模式和知识，从而形成自己的推理能力。这种转变标志着人工智能的发展进入一个新的阶段，机器不仅能够处理信息，还能自主进行学习和推理，真正实现了智能的自我提升。

2000 年前后，机器学习领域的诸多经典算法，如逻辑回归、随机森林、支持向量机（support vector machine，SVM）等，也在这一时期取得了显著进展，共同推动了基于数据驱动的智能学习模式的兴起。

2006 年，杰弗里·辛顿（Geoffrey Hinton）发表了重要的论文《深度信念网络的快速学习算法》，提出深度信念网络（deep belief network，DBN），深度学习实现突破。

2009 年，在美国斯坦福大学任教的华裔科学家李飞飞，正式发布了大型图像数据集 ImageNet。

2012 年，在 ImageNet 图像分类竞赛中，由杰弗里·辛顿和他的学生亚历克斯·克里泽夫斯基（Alex Krizhevsky）、伊尔亚·苏茨克维（Ilya Sutskever，也是 OpenAI 的前首席科学家，GPT 技术的奠基人）提出的 AlexNet 卷积神经网络模型取得了令人瞩目的成绩，显著超越了传统的计算机视觉方法。这一成果标志着深度学习技术在图像识别领域取得突破性进展。

2014 年，加拿大蒙特利尔大学博士生伊恩·古德费洛（Ian Goodfellow）提出了生成对抗网络（generative adversarial network，GAN）。生成对抗网络能够学习复杂的数据分布，生成逼真的人工样本，在图像生成、文本生成、音频合成等领域取得了优秀表现。相较传统的生成模型，GAN 训练过程更加稳定，生成效果也更优。

2016 年 3 月，DeepMind 开发的人工智能围棋程序 AlphaGo 对战围棋世界冠军、职业九段选手李世石，以 4 : 1 的总比分获胜，震惊了全世界。这成为人工智能发展历程中的标志性事件，点燃了公众对人工智能的热情与期待。

2017 年 12 月，Google（谷歌）机器翻译团队发表论文《注意力是你所需要的全部》（*Attention is All You Need*），提出了主要基于注意力机制的 Transformer 架构。这一创新为自然语言处理带来了突破性进展。2022 年 11 月，人工智能研究公司 OpenAI 发布了基于 Transformer 架构的对话系统 ChatGPT，引发了全球范围内对生成式人工智能（generative AI，GenAI）的广泛关注，并对多个行业产生了深远影响。ChatGPT 的成功标志着人工智能进入发展的新纪元。

此次人工智能浪潮的兴起，其背后蕴含深厚的认知基础与哲学思考。它综合了归纳主义与唯理论的思想精髓，将数据视为经验的载体，通过模型计算来模拟推理过程。在数据科学领域，独立同分布的假设构成了智能学习的基础前提，即相信事物的发展遵循一定的内在规律，通过学习历史数据可以预测未来趋势。这种对世界本质规律的信仰，构成了人工智能在本体论层面的哲学支撑。

在技术层面，经验学习、知错能改、熟能生巧成为这一波人工智能浪潮的核心要义。统计学习方法、机器学习算法与深度学习技术的融合发展，使人工智能系统能够在海量数据中挖掘价值、优化模型、提升性能。深度神经网络作为深度学习的核心工具，通过其多层次的架构与逐层训练的策略，实现了从简单概念到复杂知识的有效学习与迁移。

人工智能的第三次浪潮（下）

在应用领域，人工智能技术正在深刻改变众多行业。例如，在金融领域，借助机器学习和深度学习算法量化投资，构建智能交易模型，这些模型能够分析海量历史数据，捕捉市场微妙变化，快速做出决策。尽管目前这些模型在整体收益率上可能与人类专业投资者相当，但其在稳定性和情绪控制方面已显示出明显优势。自动驾驶技术是另一个备受关注的应用领域。虽然激光雷达和毫米波雷达等传感器在自动驾驶中发挥重要作用，但由于成本和体积等因素的限制，目前的发展趋势更多地倾向于利用普通视觉摄像头结合先进的计算机视觉技术。这不仅能降低成本，还能提高系统的适应性。然而，这也对图像处理速度和精度提出了更高的要求，特别是在确保行车安全方面。

随着人工智能技术的不断成熟与普及，人工智能对人类生活的影响也日益深远。从经济、科技到社会生活的各个方面，人工智能都将发挥不可替代的作用，助力人类社会的全面进步与发展。

1.3.2　生成式人工智能的崛起

1. 什么是生成式人工智能

ChatGPT 的爆红引发了人们对生成式人工智能的关注。生成式人工智能是一种能够使用生成式算法来实现预测和判别的人工智能技术，与传统的机器学习、深度学习技术等数据智能技术相比，是新的数据智能技术，也称为 AI 2.0。这项技术可用于实现生成文本、图像、音频等多种形式的内容，能够用于写作、创意设计、代码生成、语言翻译等众多领域。生成式人工智能的出现不仅提高了工作效率，还为创新和问题解决提供了新的可能。

生成式人工智能是人工智能的一个重要分支，其核心目标是让机器生成复杂的内容，这些内容包括但不限于文本（如由连续词句构成的文章）、图像（由像素矩阵组成的视觉信息）、音频（由时间序列上的采样点构成的声波信息）等。这些内容的复杂性体现在其巨大的可能性空间上，枚举所有可能在计算上是不可行的。

以 ChatGPT 生成 100 字的文章为例，这个看似简单的任务实际上涉及一个极其复杂的计算问题。我们可以通过一个简化的模型来理解其复杂性：假设使用 1000 个常用汉字，生成 100 字的文章，从组合学的角度来看，可能的组合数为 1000^{100}，即 10^{300}，这个数字远远超过了宇宙中估计的原子数量（约 10^{80}），生成式人工智能的任务就是在这个庞大的可能性空间中，选择一个符合语言规则和语义要求的组合。

人工智能生成内容（AI generated content，AIGC）是指利用生成式人工智能技术创作内容，包括但不限于文本、图像、音频和视频。这个术语在近年来随着生成式人工智能技术的快速发展而变得越来越普及，特别是在内容创作、媒体和营销等领域。它代表了一种新的内容生产方式，它能够快速、大规模地生成各种类型的内容，从而改变传统的内容创作流程和模式。这种技术不仅提高了内容生产的效率，也为创意表达提供了新的可能性。

生成式人工智能的快速发展得益于 3 个关键因素的协同作用：算法创新、计算能力提升和大规模数据的可用性。深度学习作为核心技术，在处理大规模数据方面表现出色，特别是在自然语言处理、图像识别、语音识别等领域取得了显著成果。近年来，随着高性能计算机硬件的进步和海量数据的积累，训练更大规模、更复杂的深度学习模型成为可能，这极大地推动了生成式人工智能的发展。生成式人工智能以其卓越的创造力和灵活性，正逐步重塑我们的生活方式与工作场景。

2. 生成式人工智能与决策支持系统

在生成式人工智能成为热点之前，人工智能领域已经发展出多个重要分支，其中决策支持系统在实际应用中扮演了尤为重要的角色。决策支持系统因其在商业和管理领域的广泛应用而受到特别关注，这类系统主要聚焦于通过数据分析、机器学习和优化算法来辅助或自动化处理复杂的决策过程。

智能导航系统是决策支持系统在日常生活中的典型应用。这种系统在现代汽车和智能手机应用中都很常见，它会收集实时交通信息、道路状况和用户位置等数据，然后利用人工智能算法分析这些数据，考虑多种可能的路线，最后根据分析结果，选择最优路线，为用户提供导航指示。此外，系统还会根据新的交通模式和用户反馈不断优化其决策过程。智能导航系统展现了人工智能能够处理大量复杂的数据，并迅速给出最佳选择，这是人类难以在短时间内完成的任务。

与传统的决策支持系统相比，生成式人工智能在功能和应用方面展现出显著的差异与优势，具体如下。

创新能力：生成式人工智能以其强大的创造力著称，能够生成全新的内容和想法，而传统的决策支持系统主要在既定框架内运作。

应用领域：生成式人工智能在创意领域（如艺术创作、内容生成）表现出色，而传统的决策支持系统在结构化问题解决（如金融风险评估、资源调度）方面更为擅长。

灵活性和适应性：生成式人工智能通常表现出更高的灵活性，能够适应更广泛的问题类型，而传统的决策支持系统在特定领域内可能更为精确和可靠。

知识整合：生成式人工智能展现出强大的跨领域知识整合能力，而传统的决策支持系统通常专注于特定领域的深度分析。

生成式人工智能的出现并非取代了之前的人工智能技术，而是极大地扩展了人工智能的应用范围和能力。它与决策支持系统等传统人工智能技术相结合，正在各个行业中催生出新的应用场景和解决方案，这种结合不仅提高了生产效率，还促进了创新，为社会发展提供了新的可能。

3. 生成式人工智能的应用领域

生成式人工智能在多个领域展现了革新力量，正在重塑我们的工作和生活方式。

在知识创作领域，生成式人工智能能够根据给定的主题或情境，自动生成流畅、连贯的文章或对话，为内容创作者提供全新的灵感来源和创作工具。这不仅提高了创作效率，还拓宽了创作的边界，使更多富有创意和深度的作品得以问世。

在教育领域，生成式人工智能正引领一场教育革命。通过智能分析学生的学习行为和掌握情况，它能够定制化地推送学习资源和习题，让每位学生都能享受到个性化的教学体验。此外，AI 助教还能在课后对学生进行辅导，解答学生的疑惑，疏导学生心理，有效减轻教师负担，提升教学质量。

在艺术创作领域，生成式人工智能展现出非凡的创造力，它能够根据使用者的指令和风格，自动生成画作、音乐作品等艺术作品。在图像生成方面，生成式人工智能已经能够生成逼真、细腻的图像作品，甚至可以在一定程度上模仿著名画家的风格，这种能力不仅为艺术家提供了更多的创作素材和灵感，还为普通人提供了表达自己想法和情感的途径。在语音生成方面，生成式人工智能能够模拟出自然流畅的语音，甚至可以根据不同的情感和语境进行调整。在视频生成和编辑方面，生成式人工智能可以根据文本提示或图像自动生成视频，可以自动完成剪辑、特效添加等烦琐的工作，大大提高了视频制作的效率和质量。生成式人工智能生成的图像及视频如图 1.14 所示。

（a）爱因斯坦照片

（b）老奶奶画像（毕加索/梵高风格）

（c）威尼斯水城（文艺复兴时期的水彩画）

（d）Sora 短片

（e）央视 AI 短剧

图 1.14　生成式人工智能生成的图像及视频示例

在医疗领域，生成式人工智能正成为医生的得力助手。它能够辅助医生进行疾病诊断、制订治疗方案，甚至参与手术过程。通过学习患者的医疗数据，生成式人工智能能够发现潜在的健康风险，提供个性化的健康管理建议，为人们的健康保驾护航。

客户服务领域也因生成式人工智能的应用而变得更加智能化，实现了个性化沟通和全天候智能客服。

展望未来，生成式人工智能将推动各行业的数字化转型和智能化升级，为中小企业带来新的发展机遇，最终促进整个社会的经济繁荣和可持续发展，持续改变我们的生活方式和工作模式。

1.3.3 未来人工智能的探索与展望

下面从强人工智能和超人工智能两个层面来探讨人工智能的未来发展。

1. 强人工智能

强人工智能是人工智能发展的重要方向，它的目标是实现与人类相当的通用智能，能够在各种复杂任务中表现出与人类相似的认知能力，包括理解、学习、推理和解决问题。这类系统不仅能够完成特定任务，还能自主学习、推理、适应复杂环境，并在广泛领域中表现出类似人类的智能水平。不同于弱人工智能（专注于特定任务），强人工智能旨在具备通用性和灵活性，能够处理未明确的复杂问题。虽然这一技术目前仍停留在理论研究和实验阶段，但其实现将对社会、经济和科技产生深远影响。

2. 超人工智能

超人工智能是指在几乎所有领域都超越人类智能的人工智能系统。这种级别的人工智能不仅能够执行人类能做的智力任务，而且能够自我改进和创新，可能会以人们难以预测的方式影响世界。虽然超人工智能目前仍属于理论概念，但它引发了广泛的科学讨论和伦理考量。

由于技术发展的不确定性，目前难以准确预测强人工智能和超人工智能的实现时间。不同专家和科研机构的预测差异较大，从几年到几十年不等。这需要计算机科学、神经科学等多个领域的突破性进展。

无论如何，这些前沿研究都将彻底改变人们对智能的理解。同时，随着这些技术的发展，人们也需要密切关注并积极应对可能带来的伦理、安全和社会影响等挑战。

1.4 人工智能的五大重要技术方向与应用领域

通过前文的介绍，我们了解了人工智能的定义、技术流派以及发展历程，下面介绍人工智能领域的五大重要技术方向和应用领域，包括计算机视觉、自然语言处理、智能推荐与搜索、决策规划、数据分析与挖掘，它们代表了人工智能的里程碑式突破和极具影响力的实际应用。

1.4.1 计算机视觉

计算机视觉是一门让计算机通过处理和分析图像来理解视觉世界的技术，涵盖多个关键领域，如图像处理与目标检测、语义分割、人像处理与数字人等。

1. 图像处理与目标检测

图像分类是计算机视觉的核心任务，也是其应用最广泛的领域。图像分类是指通过训练深度神经网络模型，使模型能够自动进行图像识别和分类，如图 1.15 所示。这项技术在医疗、农业和安防等领域发挥重要作用，如辅助医生诊断、识别农作物病虫害、检测异常行为等。

人工智能任务之计算机视觉

图像生成是计算机视觉领域的另一项突破性技术，它基于生成对抗网络（GAN）或扩散模型（diffusion model）等技术，能够根据用户输入的文本描述、草图或特征向量合成高分辨率图像，甚至创造现实中不存在的视觉内容。这项技术在艺术创作、游戏开发、影视特效等领域具有革命性意义，如自动生成数字艺术品、虚拟场景搭建、老照片修复等。

目标检测与定位不仅能识别物体，还能精确定位。YOLO（you only look once）算法的出现显著提高了检测效率。作为一种实时目标检测算法，它将目标识别和定位任务整合，通过单次神经网络前向传播直接预测图像中的目标类别和位置，从而实现高效的实时检测，如图 1.16 所示。相比传统的两阶段检测方法（一次识别候选区域，一次识别分类），YOLO 算法在保持较高精度的同时，大幅提升了检测速度，特别适用于自动驾驶等实时性要求高的场景。目标检测与定位技术在安防监控、智能家居等领域也有广泛应用，如识别异常行为、监测家庭环境等。

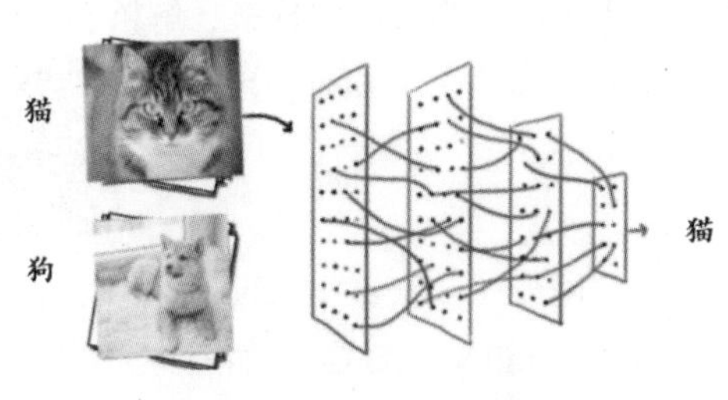

图 1.15　图像识别和分类

图 1.16　利用目标检测技术检测道路中的车辆

2. 语义分割

语义分割是计算机视觉中的另一项关键技术，其目标是将图像中的每一个像素精确地分配到特定的语义类别，实现像素级的场景理解。这种技术能够勾勒出完整的目标区域，并赋予每个区域特定的语义。

在医学领域，语义分割可以辅助医生更准确地分析医学影像，如区分不同的组织、器官或病变区域，从而提高诊断的准确性。在自动驾驶领域，语义分割可以帮助车辆所装载的系统识别和分类道路上的各种物体，如车道线、行人、车辆和交通标识，为车辆所装载的系统做出正确的驾驶决策提供关键信息，如图 1.17 所示。在机器人领域，语义分割可以使机器人能够更加精确地识别和分类周围环境中的物体，提高它们在复杂环境中自主行动和操作的能力。

3. 人像处理与数字人

人像处理与数字人是计算机视觉的创新前沿技术。在人像处理领域，计算机视觉实现了精准的人脸与人体姿态检测，其中人脸检测（包括人脸识别）如图 1.18 所示。这些技术支持高精度的面部调整，如实时换妆、发型变换等。结合面部动作编码系统（facial action coding system，FACS）和深度学习算法，有研究人员开发出了能够为静态图片添加动态效果的技术。

数字人技术利用计算机视觉实现实时捕捉并驱动虚拟角色，其在动画制作、直播和元宇宙等领域可用于创造逼真的虚拟互动体验。同时，图像修复与增强技术为老旧照片和动画作品提供了新的可能，风格迁移技术则能将普通图像转化为具有特定艺术风格的作品。

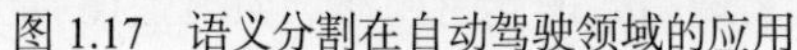

图 1.17　语义分割在自动驾驶领域的应用

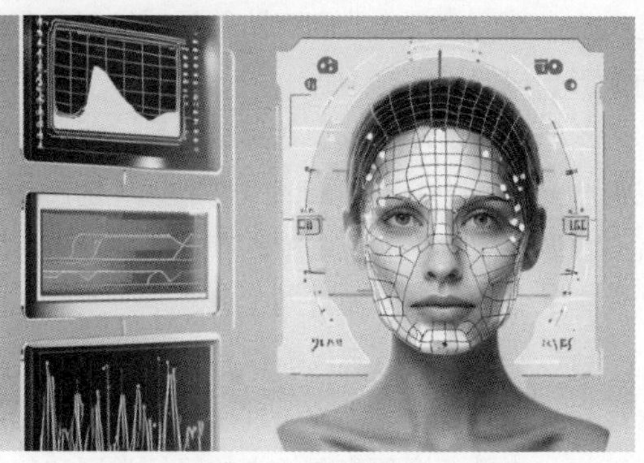

图 1.18　人脸检测

然而，这些技术的应用也面临伦理和监管挑战，如被用于作弊等。这凸显了计算机视觉技术应用的复杂性，其既推动创新，又引发人们对技术伦理和应用边界进行深入思考。

1.4.2　自然语言处理

自然语言处理是人工智能和语言学的交叉学科，致力于使计算机能够理解、解析、生成和操作人类语言。它涉及语音识别、自然语言理解、自然语言生成等多个方面，旨在实现人机之间的自然语言交互。

人工智能任务之自然语言处理、智能推荐与搜索

1. 文本处理

在文本处理方面，自然语言处理的核心是自然语言理解（natural language understanding，NLU）和自然语言生成（natural language generation，NLG）。如图 1.19 所示，自然语言理解侧重于如何理解文本，包括文本分类、机器阅读理解、情感分析等；自然语言生成侧重于理解文本后如何生成自然文本，包括自动摘要、创意写作等。还有一些任务会同时涉及理解和生成过程，如机器翻译、对话系统等。通过学习大量的文学作品、诗歌、歌词等文本数据，计算机能够学习并模仿特定的语言风格、主题和情感特征，从而生成新的创作素材或灵感。

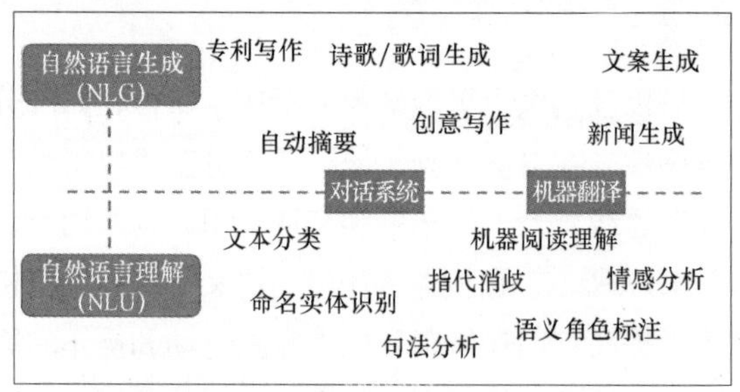

图 1.19　自然语言理解和自然语言生成的应用

2. 语音处理

作为一种时序数据处理技术，人工智能语音处理技术已经高度成熟，不仅能实现精准的语音识别与合成，还能进行声音模仿，为智能家居、智能驾驶等领域带来创新体验。实时肖像演讲技

术更是结合了计算机视觉，实现了对声音、表情与动作的全方位模仿。

3. 对话系统

对话系统堪称自然语言处理的集大成者，在现代大语言模型的各种复杂任务中展现了卓越的能力，如模拟大学入学考试、进行逼真的对话等。

现代对话系统不仅致力于实现流畅无阻的交流，还高度重视模拟人类的情商与智商水平，以及促进个性化发展。通过持续的自我学习与训练，这些系统不断提升自身能力，在某些方面已达到与人类相媲美的水平。

1.4.3　智能推荐与搜索

智能推荐与搜索是一种智能信息检索和展示技术，旨在从海量数据中快速、准确地为用户提供最相关和最有价值的内容。这一功能在电商平台（如亚马逊、淘宝）、搜索引擎（如 Google、百度）以及社交媒体应用（如抖音）中，扮演至关重要的角色。

图 1.20 展示了新闻推荐系统如何从海量信息中，依据用户的特征和兴趣偏好，经过筛选、排序等一系列步骤，最终精准地为用户呈现个性化内容的完整流程。

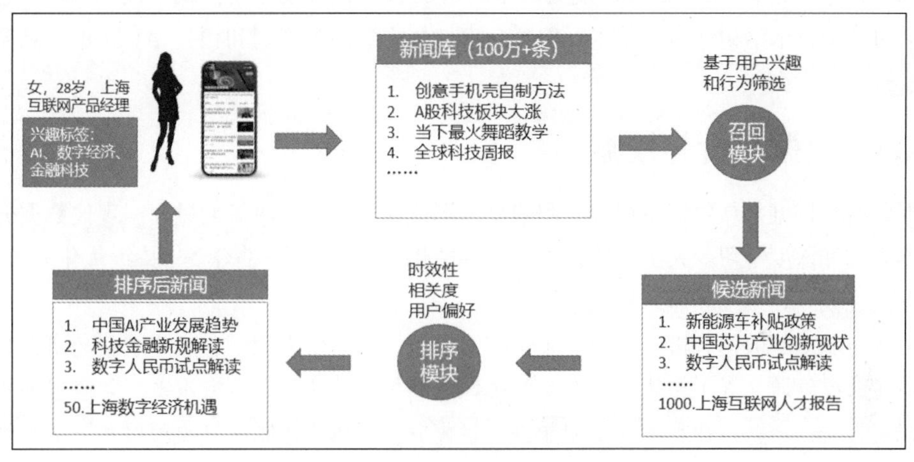

图 1.20　新闻推荐系统流程

在技术上，智能推荐与搜索的核心任务主要分为两大块：召回与排序。

召回是指从海量数据中初步筛选出与用户需求相关的少量数据的过程。这个过程如同“大海捞针”，不仅需要处理庞大的数据量，还需要消除语义歧义。因此，召回高度依赖语义理解和自然语言处理技术。例如，在淘宝平台上，当用户输入“苹果”作为搜索关键词时，系统需要具备智能识别能力，以区分用户是在寻求苹果手机、苹果计算机还是日常食用的苹果。

排序则是对召回阶段筛选出的内容进行进一步分析和优先级排列，确保呈现给用户最相关、最有价值的信息。这一过程需要高效的算法支持，以确保快速响应，同时还要考虑相关性、时效性、用户偏好等多维度因素。在实际应用中，自然语言处理当中的语义理解是排序和推荐算法的基础。

随着深度学习等人工智能技术的兴起，智能推荐与搜索领域的算法也在不断更新迭代。过去，Google 的机器学习算法 PageRank（一个网页排名算法）在这一领域占据主导地位，而如今，深度学习已成为该领域的核心技术。深度学习技术可以更准确地理解用户意图，更高效地处理海量数据，从而为用户提供更加精准、个性化的推荐与搜索结果。

1.4.4　决策规划

人工智能之决策规划、数据分析与挖掘

决策规划是利用强化学习优化决策过程的一种技术。强化学习作为机器学习的一个分支，通过智能体与环境的交互和基于奖励信号的反馈机制来训练模型，使其自主学习并优化行为。在决策规划中，我们定义明确的目标或奖励函数，模型探索各种可能的行动方案，并根据结果获得相应的奖励或惩罚。通过“探索-反馈-调整”的迭代过程，模型逐渐学习到能够最大化累积奖励的策略，从而优化决策过程。

决策规划在机器人控制、自动驾驶、游戏 AI 等多个领域有广泛应用。例如，它可以帮助机器人学习避障和保持平衡，辅助自动驾驶车辆安全行驶，使游戏 AI 制订有效策略与人类玩家竞争。

2016 年 3 月，DeepMind 公司的 AlphaGo 在韩国首尔以 4：1 的比分击败围棋世界冠军李世石，展示了 AI 在复杂决策任务中的卓越能力。虽然 AlphaGo 的成功不仅依赖于强化学习，它还结合了深度学习和蒙特卡洛树搜索等技术，但这一事件标志着决策规划和相关 AI 技术在高度复杂策略方面取得了重大突破。

1.4.5　数据分析与挖掘

数据分析与挖掘是从数据中提取有用信息、形成结论并支持决策的过程。现代数据分析大量使用机器学习和深度学习等人工智能技术，这些技术能够从数据本身学习，持续优化算法和模型，适合处理大规模、高维度和非结构化数据。

人工智能驱动的数据分析已广泛应用于多个领域。在科研方面，它加速了新药研发和天文观测进程；在医疗领域，人工智能系统在某些影像诊断任务中达到了专家水平，并通过脑机接口技术辅助残疾人士；金融行业利用人工智能进行量化分析和风险控制；气象预报和异常事件检测也得益于人工智能的预测能力；在国防领域，人工智能优化了武器系统和后勤管理。

人工智能正在推动第四次工业革命——智能化革命，深刻改变生产和生活方式。随着技术进步和应用范围扩大，人工智能数据分析有望在更多领域发挥重要作用，推动社会进步和人类文明发展。

1.5　本章小结

本章作为人工智能通识课的开篇，旨在帮助读者搭建起对人工智能全面而基础的认识框架。首先，本章通过细致区分自主意识、自动化系统、脑机接口、机器人技术、知识工程、机器学习、深度学习、Python 等多个维度，深入探讨了“什么是人工智能”这一核心问题，有助于读者理解人工智能的广泛定义及其与相关领域的关系。随后，本章介绍了人工智能领域的三大流派——符号主义流派、连接主义流派和行为主义流派，揭示了不同理论视角下人工智能发展的多样路径。

在回顾人工智能发展历程时，本章梳理了历史上的 3 次浪潮，展现了人工智能发展的曲折历程，并展望了生成式人工智能等新兴领域的探索与应用前景，激发读者对未来技术趋势的好奇心与探索欲。最后，本章通过对计算机视觉、自然语言处理、智能推荐与搜索、决策规划、数据分析与挖掘等技术的具体行业应用的介绍，直观展示了人工智能技术在现实生活中的广泛应用与深远影响。

1.6　习题

1. 详细阐述人工智能的定义，并举例说明人工智能在日常生活中的应用实例。
2. 比较并解释符号主义流派、连接主义流派和行为主义流派这三大人工智能流派的核心思想，分析它们各自的特点。
3. 简述人工智能发展历程中的 3 次浪潮，分别说明每次浪潮的特点和代表性成果。
4. 解释生成式人工智能的概念，并讨论它在当前人工智能发展中的重要性。
5. 描述计算机视觉技术的主要应用领域，并举例说明其在日常生活中的具体应用。
6. 简述自然语言处理技术的核心任务，并举例说明其在现实生活中的应用。
7. 解释智能推荐与搜索系统的工作原理，并举例说明其在日常生活中的应用。
8. 简述决策规划在人工智能中的应用，并举例说明其在实际场景中的具体运用。

第 2 章 人工智能技术的行业应用——千行百业应用大爆发

经过几十年的发展，人工智能技术迎来了快速发展的新阶段，尤其是近期生成式人工智能的迅速崛起，标志着全球正式进入了人工智能应用的新时代。2024 年，“人工智能+”被纳入《政府工作报告》，凸显了人工智能在各领域广泛应用的重要性。

在生成式人工智能兴起之前，人工智能应用主要集中在以决策支持系统为核心的领域，助力企业和组织在数据分析与优化决策等方面取得突破，其典型应用场景包括智能决策支持、计算机视觉（如人脸识别）、推荐系统、自动驾驶和智能风控等，这些技术已渗透至金融、互联网、零售、医疗、交通等多个行业。

生成式人工智能的发展进一步推动了人工智能技术的进步，将其应用拓展至内容创作领域，包括文本、图像、音频和视频等多模态内容的生成，从而极大地拓宽了人工智能的应用范围，带来了深远影响。在各行业中，人工智能的应用不仅在广度上从特定场景扩展到整个业务流程，在深度上也不断加强，推动了业务创新和效率提升。

本章将阐述人工智能在金融、医疗、制造、教育、文娱传媒、交通物流、零售、信息技术与通信等众多行业的具体应用场景，探讨人工智能技术如何重塑各行各业，开创未来的新可能。通过对本章的学习，我们将全面了解人工智能在各行各业的广泛应用，开阔视野，认识到学习和掌握人工智能相关技能的重要性，这将为我们在人工智能驱动的新时代中把握机遇、促进职业发展和实现自身价值奠定基础。

2.1 人工智能在金融行业的应用

人工智能技术已广泛应用于金融行业的多个关键领域，包括风险管理、信用评估、欺诈检测、客户服务等。这些技术的引入，不仅提高了业务效率，降低了潜在风险，还显著改善了客户服务体验，并深刻改变了传统金融行业的经营和运作模式。

接下来详细介绍人工智能在金融行业的关键应用场景。

2.1.1 风险管理

通过整合大数据和人工智能技术，金融机构能够在风险管理的各个环节构建多维度的算法模型，以识别和预测潜在风险。这种方法不仅能有效防范重大金融风险，还能提升运营效率，降低风险管理成本，并显著提高风险预测的准确性。

例如，中信银行在 2024 世界人工智能大会上展出了“基于全域 AI 技术的智能风控”项目，全面展示了该项目基于信用卡交易、声纹识别、知识图谱、计算机视觉、基于位置服务（location based services，LBS）及最优化算法等多项前沿技术，构建的全面立体的实时智能风控体系。该项目自实施以来，为银行避免了可观的经济损失，有效提升了风险管理能力。

2.1.2　信用评估

人工智能可以基于客户的个人信息、信用记录和行为数据，自动生成信用评分模型。例如，通过分析客户的社交媒体活动、购物习惯和其他行为数据，人工智能能够补充传统的信用评分方法，从而提供更全面的信用评估。这样不仅可以优化客户体验，降低时间成本，还能提升评估效率，降低欺诈风险。

以网商银行为例，其“百灵”智能交互式风控系统（下文简称百灵系统）上线后，人工智能正式上岗“信贷审批员”。当一个小微经营者需要贷款时，他可以通过和百灵系统对话聊天，上传发票、流水、合同、卡车、小店货架等材料照片。百灵系统通过计算机视觉技术、人工智能模型等识别这些信息，为小微经营者“画像”，快速算出一个准确的信贷额度，从而提升信用评估的效率和效果，如图 2.1 所示。

图 2.1　网商银行的百灵系统借助人工智能进行信用评估

2.1.3　欺诈检测

人工智能能够利用客户的交易记录和行为模式，自动检测异常交易和潜在的欺诈行为，从而帮助金融机构及时防范欺诈风险。例如，人工智能可以实时监控交易数据，一旦发现异常交易行为，立即发出警报，以便金融机构采取相应的措施。

例如，2024 年 2 月，全球支付巨头万事达卡（Mastercard）表示，已构建自己的专有生成式人工智能模型，以帮助其信用卡网络中的数千家银行检测并根除欺诈交易。万事达卡的算法使用持卡人的商家访问历史作为线索数据，以确定交易中涉及的业务是否是客户可能会去的地方。该算法通过万事达卡的信用卡网络生成路径，以评分的形式找到答案。较高的分数符合持卡人通常的行为模式，而较低的分数则不符合这种模式，整个过程只需要极短的时间。万事达卡这种交易决策技术可以帮助金融机构显著提高欺诈检测率。图 2.2 所示即万事达卡使用人工智能技术提升欺诈检测能力。

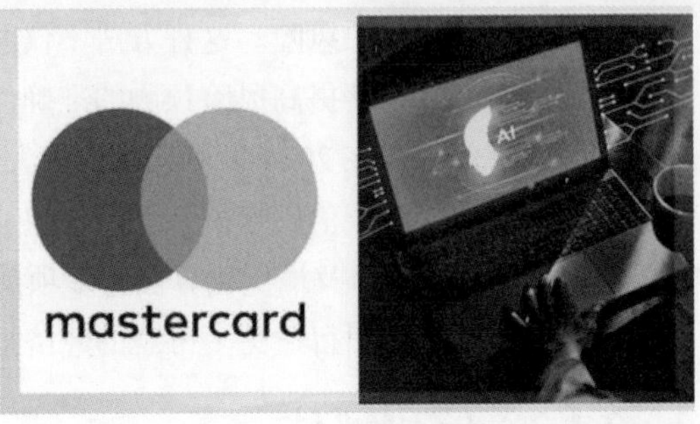

图 2.2　万事达卡使用人工智能技术提升欺诈检测能力

2.1.4　客户服务

人工智能技术的应用在改善客户服务体验方面发挥着重要作用。智能客服系统和聊天机器人不仅能助力金融机构实现自动化服务，还显著提升了服务效率和客户满意度。智能客服系统能够迅速响应客户的咨询，提供全天候服务，有效改善客户体验。

清华大学发布的《2024 年金融业生成式 AI 应用报告》显示，在客服领域，大模型推动服务效率提升了 25%。例如中国工商银行应用人工智能技术支撑智能客服接听客户来电，显著提升了对客户来电诉求和情绪的识别准确率，能够更精准有效地响应客户需求，并且可以大幅降低维护成本。

人工智能技术还催生了数字人——虚拟金融顾问或客户经理。这些虚拟形象不仅能够模拟真实人类的表情和声音，还能提供更为逼真和友好的客户服务体验。数字人能够执行账户管理、推荐金融产品、提供投资咨询等多项服务，可以进一步提升客户互动的质量和深度。

2.1.5　智能交易

人工智能技术在智能交易领域的应用也日益广泛，它正用于研发更先进的智能交易系统和量化交易策略。这些系统基于机器学习算法和自动化交易技术，能够快速分析复杂的市场数据，精准捕捉市场机遇，从而在提高交易效率的同时，显著增强盈利能力。如图 2.3 所示，人工智能技术推动了智能交易领域的创新和发展。

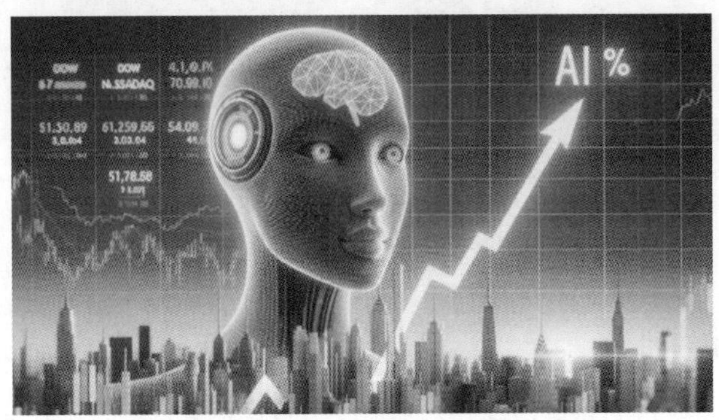

图 2.3　人工智能技术推动了智能交易领域的创新和发展

具体来说，人工智能在智能交易中的应用包括以下四方面。

（1）数据分析与预测：人工智能能够处理和分析大量的历史数据，运用机器学习算法进行市场趋势和潜在机会的预测，这使得交易者能够在较短的时间内做出更为明智的决策。

（2）算法交易：人工智能利用其复杂的算法，在极短的时间内执行交易指令，捕捉市场中的微小价格波动。这种高频交易策略依赖于人工智能的快速反应和精确计算能力，甚至超越了人类交易者的能力。

（3）自动化交易：人工智能能够根据预设规则自动执行交易，降低人为错误的可能性，提高交易的效率，尤其在市场剧烈波动时，更能发挥其优势。

（4）情感分析：人工智能还能分析社交媒体和新闻报道中的情感倾向，帮助交易者洞察市场情绪，据此调整交易策略。

中信证券基于人工智能技术开发了先进的量化交易平台，该平台能够自动执行交易策略，并且实时分析市场数据，为客户提供精准的投资决策支持。这种智能化的交易方式，不仅提高了投资回报，也展现了人工智能在金融交易领域的巨大潜力。

2.1.6　智能助手

智能助手能够辅助客户服务、数据查询和日常事务处理，不仅提升了工作效率，减轻了员工的负担，还显著提高了客户满意度。

例如，阳光保险公司在销售过程中充分利用智能助手，显著提升了服务质量。在寿险业务中，公司依靠智能助手收集家庭信息、详细讲解保险产品并推荐合适的保单；对于车险业务，智能助手则通过公司的官方网站、微信公众号及官方微博等多种渠道，有效地触达并与客户建立长期的联系与互动，实现对客户信息的精准抽取、意图识别及智能问答等关键服务的优化。

2.2　人工智能在医疗行业的应用

人口老龄化和慢性病患者数量的增加，导致医疗需求持续增长。与此同时，国家对医疗改革的积极推动，以及人工智能技术的快速发展，促进了人工智能与医疗领域的深度融合，这种融合正在为医疗服务的各个环节带来创新和赋能，包括促（促进健康）、防（预防疾病）、诊（诊断疾病）、控（控制病情）、治（治疗疾病）和康（康复护理）等关键环节。人工智能赋能医疗服务的各个环节如图 2.4 所示。

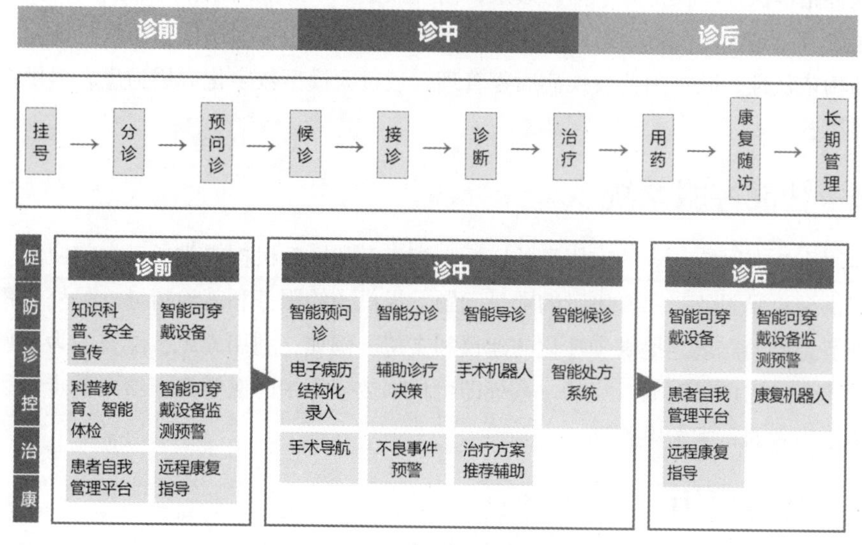

图 2.4　人工智能赋能医疗服务的各个环节

目前，人工智能在医疗服务中的应用主要集中在特定节点的关键环节，以下是人工智能在医疗行业的主要应用场景。

2.2.1 疾病诊断

智能诊断系统作为人工智能在医疗行业的重要应用，通过机器学习和深度学习算法，能够自动分析医疗影像资料，如X光片、CT扫描和MRI（磁共振成像）图像，以识别病变和异常情况。例如，智能诊断系统能在数秒内完成眼科扫描，并准确诊断出包括糖尿病性视网膜病变在内的多种眼科疾病。与传统诊断方法相比，智能诊断系统不仅在速度上具有显著优势，而且在某些情况下，其诊断的准确性甚至超越了经验丰富的医生。如图2.5所示，人工智能技术正在深刻改变医疗诊断领域，为患者提供更快速、更精准的诊断服务。

图2.5 人工智能技术正在深刻改变医疗诊断领域

2.2.2 个性化治疗

人工智能通过深入分析患者的基因数据、生活习惯和病史，能够为每位患者定制个性化的治疗方案。这种精准医疗不仅提升了治疗效果，而且减少了不必要的副作用。例如，圆心科技主导推出的源泉患者管理大模型，为每一个用户设置标签，管理服务系统依据用户特征，有针对性地关注患者药物依从性、联合用药及疾病康复管理，通过大模型数字化应用为患者提供定制化疾病科普和药品服务。

2.2.3 智能客服系统

智能客服系统在医疗行业的应用日益广泛，为患者和医疗机构提供了极大的便利。智能客服系统能够提供全天候服务，回答患者的常见问题，提供预约服务和就诊指导。另外，智能客服系统还可以理解患者的需求，提供个性化的建议和支持。例如，利用人工智能技术为用户提供症状评估和健康建议，用户只需输入症状，系统即可根据数据库中的医学知识给出初步诊断和建议，极大地方便了患者的日常健康管理。

2.2.4 智慧病历

人工智能技术可以根据患者的详细医疗记录自动生成摘要，识别医患对话中的信息，并进行标准化和结构化处理，帮助医生生成标准化病例。这不仅提升了就医服务质量，降低了人力成本和时间成本，而且提高了跨部门沟通的效率。例如，北京友谊医院上线了“云知声”门诊病历生成系统，其以先进的大模型技术作为基础，结合前端声音信号处理、智能语音识别等技术，并利用庞大的医疗知识图谱进行深度分析，能够一键生成门诊病历，有效提升病历书写的效率，为医务人员减轻负担，如图 2.6 所示。

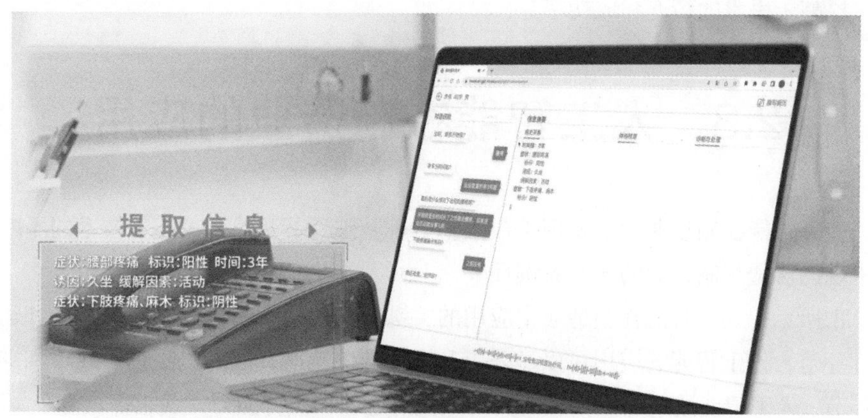

图 2.6　北京友谊医院的“云知声”门诊病历生成系统界面

2.2.5　药物研发

人工智能在药物研发领域的应用，显著加快了新药的开发进程。人工智能系统通过对海量化合物和药物分子的学习，揭示了分子结构与成药性之间的规律。基于这些规律，人工智能能够设计出许多自然界中不存在的化合物，作为候选药物分子。这种方法不仅提高了药物开发的成功率和研发效率，还大幅降低了时间成本和人力成本。

例如，西安交通大学第一附属医院基于华为云盘古药物分子大模型，研发出了超级抗菌药——Drug X。其研发过程突破了医药研发“双十定律”的瓶颈，将原本漫长的研发周期从数年缩短至数月。如图 2.7 所示，华为云盘古药物分子大模型在药物筛选和分子设计中发挥了关键作用，大大加速了新药研发进程。

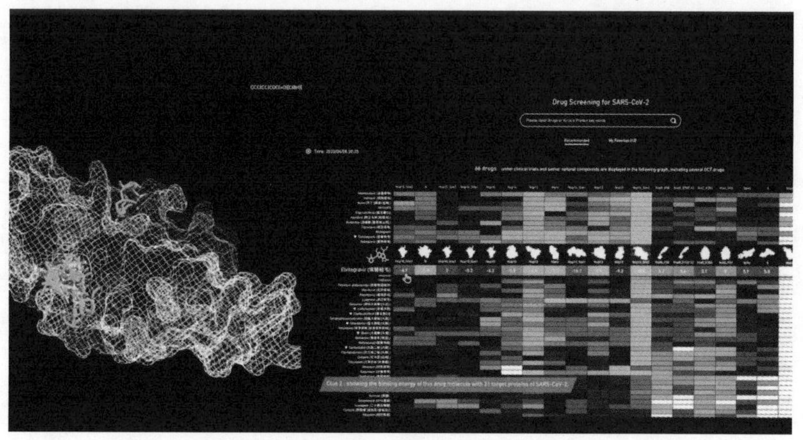

图 2.7　华为云盘古药物分子大模型辅助药物筛选和分子设计

2.2.6 其他应用场景

人工智能在医疗行业的应用还体现在其他多个方面：虚拟助手能够快速为医生和患者提供所需的医学信息，极大地提高了工作效率；远程医疗系统利用人工智能技术进行实时诊断和咨询，有效缓解了偏远地区医疗资源不足的问题；机器人辅助手术系统通过人工智能技术辅助医生进行复杂手术，提高了手术的精度和成功率。

2.3 人工智能在制造业的应用

过去，人工智能在制造业中主要用于数据收集等基础环节。然而，随着技术的不断进步，人工智能技术现已渗透到制造业的各个关键环节。

如图 2.8 所示，人工智能在制造业中应用的关键环节包括产品设计、生产制造和运营管理。在产品设计环节，人工智能的应用可以显著提升设计的仿真度，同时提高设计效率和准确性；在生产制造环节，人工智能通过加强信息的实时收集、处理和执行能力，赋能智能排产、设备管理、质量管控、仓储配送等环节，这不仅提高了生产质量，还节约了成本；在运营管理环节，人工智能主要在供应链管理、需求预测、市场营销等细分场景中提升管理工作效率，这有助于制造企业构建以用户为中心的经营模式，更好地满足市场需求。

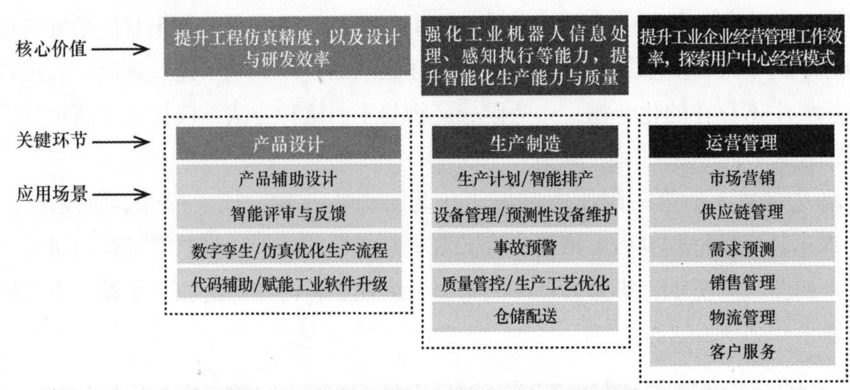

图 2.8 人工智能在制造业中应用的关键环节

以下是人工智能在制造业中的主要应用场景。

2.3.1 辅助设计

在产品设计过程中，工程师可以利用人工智能算法，根据系统提供的指引，设定一系列期望参数和性能约束，如材料特性、质量、体积等。人工智能系统能够理解设计者的意图，并自动生成数百种可行的设计方案。随后，系统将自动进行综合评估和对比，筛选出最优的设计方案，供工程师做出最终决策，如图 2.9 所示。

例如，海尔引入了一款集成式虚拟设计师 AI 助手“Co-designer”，这款助手不仅支持设计概念的生成，还能提供设计融合概念聚焦以及智能辅助等功能。通过这些功能，设计业务的效率平均提高了 11.9%，设计工作的质量也显著提升。

图 2.9　人工智能辅助产品设计

2.3.2　工业仿真

经过辅助设计，工程师有了初步设计方案后，就可以进入让设计更完善、更精细的阶段。这时，集成人工智能模块（如机器学习模块）的设计软件便能够发挥关键作用。集成了人工智能模块的设计软件能够实现高效的模拟仿真分析，这使得在研发阶段可以以较低的成本进行大量的验证和模拟，甚至实现数字化的自动研发。这种应用带来了多方面的好处，包括降低人力成本和产品开发成本、优化产品开发流程以及提升产品开发质量。例如，施耐德通过搭建全球研发平台，使研发人员利用仿真与协作技术实现了产品的快速迭代，大幅缩短了从产品设计到生产落地的全生命周期。

2.3.3　智能排产

在生产制造阶段，人工智能技术能够分析大量的生产数据和市场需求，预测未来的订单量和产品需求。这有助于制造企业优化生产计划和排程。例如，联想为客户构建了基于 Smart APS 的工厂生产计划排产管理系统，显著提升了企业的供应链协同能力、响应速度和决策智能化水平。该智能排产系统不仅缩短了生产计划周期、减少了库存天数，还提高了生产计划管理的可视度，如图 2.10 所示。

图 2.10　智能排产系统

2.3.4　生产线自动化与优化

人工智能在生产线的自动化与优化中扮演着至关重要的角色。首先，智能机器人和自动化设备的引入实现了生产的高度自动化，这不仅减少了对人力的依赖，降低了劳动力成本，还显著提升了生产效率。其次，人工智能技术通过分析生产现场的数据，能够识别生产线的瓶颈环节并提出优化建议，如调整设备布局、改进工艺流程、优化作业顺序等，这些措施有效提高了生产线的整体效率和灵活性，使其能够更好地适应市场需求的变化。

2.3.5 质量控制与缺陷检测

在产品制造的质量把控环节，人工智能技术展现出了显著优势。目前，一些工业智能企业已经将深度学习与 3D 显微镜技术相结合，将缺陷检测的精度提升至纳米级。系统不仅能自动判定可修复的缺陷产品，还能规划修复路径及方法，并指导设备执行修复动作。

人工智能技术还能利用声纹识别技术实现异音的自动检测，发现不良品，并与声纹数据库进行比对，以进行故障判断。例如，佛吉亚（无锡）座椅部件有限公司将人工智能技术应用于调角器异音检测，实现了从信号采集到自我学习的全过程自动化，检测效率及准确性远超传统人工检测。

2.3.6 设备健康管理与预测性维护

在整个生产制造持续推进的过程中，对设备进行有效的健康管理，保证其稳定运行至关重要。人工智能技术通过收集设备的运行数据，并运用机器学习算法进行模式识别与预测，实现了设备的健康管理。当设备出现异常或即将发生故障时，人工智能系统能够及时发出警报，指导维修人员及时进行处理。此外，人工智能技术在预测性维护方面，通过分析设备运行数据，预测使用寿命和维修周期，从而提前制订维护计划，避免因设备过度使用而导致的损坏，这种策略不仅延长了设备的使用寿命，还提升了生产效率和产品质量。

以数控机床为例，通过机器学习算法模型和智能传感器监测加工过程中的关键参数，如切削刀、主轴和进给电机的功率、电流、电压等，可以实时识别刀具的受力、磨损、破损状态及机床加工的稳定性。根据这些状态，系统能够实时调整加工参数和加工指令，预测换刀时机，从而提高加工精度、减少产线停工时间，并增强设备运行的安全性。

2.3.7 智能分拣与物流

在制造业运营管理过程中，分拣作业和物流管理是两个不可或缺的环节。传统上，分拣作业依赖人工进行，这不仅效率较低，也容易出错。人工智能通过自动识别、分类和定位物品，显著提高了分拣的准确性和效率，实现智能分拣与物流，如图 2.11 所示。

图 2.11 智能分拣与物流

以分拣零件为例，尽管零件可能摆放不整齐，但通过机器学习技术，机器人可以经过多次训练学习如何高效地分拣。机器人在初始阶段随机尝试分拣，然后根据反馈学习成功的分拣动作。经过几个小时的学习，机器人的分拣成功率可基本与熟练工人相当。

物流管理方面，人工智能通过大数据分析、预测货物的运输需求和路线，优化物流计划，降低运输成本。同时，人工智能还能实时监控货物运输状态，确保货物能够按时、安全地到达目的地。

2.3.8 智能供应链与库存管理

与智能分拣和物流相辅相成的库存管理也属于运营管理的关键组成部分。基于人工智能技术，企业能够建立精准的需求预测模型，实现销量预测和维修备料预测，从而做出以需求为导向的决策。这种模型不仅可以提高预测的准确性，还能帮助企业更有效地响应市场变化。通过对外部数据的深入分析，结合需求预测结果，企业可以制定更为科学的库存补货策略。此外，人工智能还能辅助进行供应商评估和零部件选型，进一步提升供应链的效率和响应速度。

事实上，许多企业已经将这些理论上的优势转化为实际效益。美国本田公司利用 1200 个经销商的客户销售与维修资料，建立了一个预测模型，用以推算未来几年内车辆回到经销商进行维修的数量，这些信息被转化为各项零件的预先准备指标。通过这种指标，该公司实现了较高的预测准确度，并显著减少了客户投诉，展现了人工智能在供应链管理中的显著优势。

2.4　人工智能在教育行业的应用

在教育领域，人工智能正以其独特的方式改变着传统的教学和学习模式。从个性化学习到智能辅导，再到教学管理，人工智能技术的融入不仅提升了教育的质量和效率，还为学生和教师带来了前所未有的便利和创新体验。以下是人工智能在教育行业中的具体应用场景，展示了其如何为教育带来革命性的变化。

2.4.1　个性化学习

在个性化学习方面，人工智能发挥了重要作用。人工智能能够精准分析学习者的需求、能力和偏好，提供量身定制的学习内容和方法，实现真正意义上的因材施教。人工智能不仅能够实时调整学习进度和难度，还能提供持续的反馈和支持，大大提高学习效率和效果。

以可汗学院推出的人工智能助手 Khanmigo 为例，如图 2.12 所示，它展现了人工智能在个性化学习中的强大潜力。

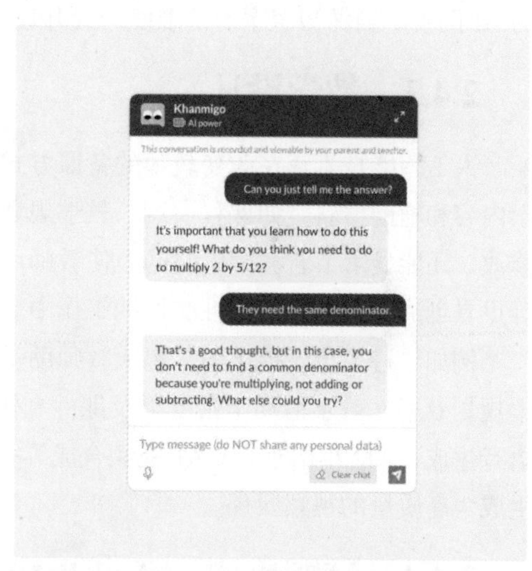

图 2.12　可汗学院推出的人工智能助手 Khanmigo

Khanmigo 能够适应多个学科领域，从数学到历史、科学和艺术等，为学生提供全方位的学习支持。它会根据每个学生的兴趣和背景知识来调整教学内容，比如用学生喜欢的足球来解释复杂的数学概念，使抽象知识更容易理解和记忆。

在学习进度方面，Khanmigo 能够精准定位学生的“最近发展区”，提供恰到好处的挑战，既不会让学生感到枯燥，也不会让他们觉得力不从心。它会持续记录和分析学生的学习表现，动态调整教学策略和内容难度。

Khanmigo 还能适应学生的学习风格和偏好。它会记住学生是喜欢正式还是口语化的表达，是偏好简短还是详细的解释，从而提供适合该学生的学习体验。这种个性化的交互方式让学生感到被理解和重视，有助于学生建立积极的学习态度。

2.4.2 智能助教

人工智能系统能为学生、教师和家长提供即时、准确的解答和帮助，它可以理解用户的问题，检索相关信息，并生成准确的回答。这种系统能够 24 小时不间断地为学生提供帮助，不受时间和地点的限制。

以天津大学提供的“全过程全环节 AI 助教”为例，它由两大系统组成：一是“数字老师”，二是“答疑大模型”。“数字老师”是一个以教师形象仿真模拟出的虚拟数字人，其教学视频不需要教师亲自录制，只需将课件讲义导入后台，即可快速生成授课视频。此外，“数字老师”还能基于课堂上收集的学情数据匹配作业库，分析不同学生的学习投入和目标达成情况，实现个性化、精准化教学。“答疑大模型”则是一个人机对话系统，学生通过手机、平板计算机或个人计算机登录即可实现交互式答疑辅学。该系统能根据学生的个性和答疑需求，提供专业、准确、详尽的解答。系统还有一个实用功能，即根据不同需求帮助学生完成学业自测，形成“一人一案”的学习建议。

北大青鸟则推出了 AI 学习助手（Molly），它是一个创新的 AI 助教平台，专为学生和教育工作者设计，以支持个性化学习和教学，通过快问快答、引导启发、知识小结、情绪鼓励等 AI 功能，为学生创造一个互动、高效的学习环境，提供更加高效、有趣和个性化的学习体验，从而提升学生的学习效率和质量。Molly 内置强大的知识库，融合北大青鸟 30 年教育经验，同时也可以依托学校现有课程和教学资源，为学校提供定制化知识库和训练服务，打造与专业课程完美匹配的 AI 助教，确保知识库的精准度，提升教学质量。

2.4.3 教学设计

人工智能技术正在改变教师的备课方式。通过自动创建或辅助创建的方式，帮助教师准备教学内容和辅助材料，如课程大纲、教学规划和教学课件等，人工智能不仅能够进行个性化调整和修改，还能显著节省教师的时间，使教师可以将更多的精力投入师生沟通、学生关怀和互动设计等更具创造性、情感性和社交性的工作中。

例如，科大讯飞推出的“星火教师助手”全面支持教学设计环节，显著提升了教师的单元教学规划效率、教学活动丰富度以及课件制作效率。“北大青鸟智课系统”集成了 AI 数字人、AI 语音生成、AI 文稿设计和 AI 视频合成等多种先进的 AI 技术，可方便快捷地将传统的教学 PPT 生成为高质量的视频课程。

2.4.4 试题生成、作业生成与批改

在作业生成方面，人工智能能够处理选择题、连线题等典型题目和基于模板的作业任务。对于人工智能易于理解的经典题目，教师只需提供试题范围及标准，人工智能即可批量生成标准化题目，并给出对应答案，教师随后进行试题合成等工作。智能出题助手能够根据题目内容、文字描述和题型选择生成高质量的考试题目，将原本需要若干小时的出题时间压缩至几分钟，并能优化试题结构和难度。

对于写作任务等作业模板，教师只需勾选、填充作业要求后即可发布给学生。在作业批改方面，人工智能技术能够实现语法、错字、标点等一键识别与修改。相比教师逐份批改的耗时耗力，人工智能可以在学生完成后即时批改并提供反馈，加快学生的学习转化，提升教学效率。

2.4.5 教学管理

教学管理是现代教育系统的核心环节，而人工智能技术的引入为这一领域带来了革命性的变革。人工智能在教学管理中的应用不仅大幅提升了教育效率，还为学生带来了更加个性化和高效的学习体验。这种创新性的管理方式正在重塑教育生态，使教育资源的分配更加精准，教学质量得到全面提升。

从教师层面来看，人工智能技术在课堂管理、学生评估、个性化教学和教学设计等方面发挥着重要作用。智能化的考勤系统和实时课堂行为分析可以帮助教师更好地把控课堂；自动化的作业批改和成绩分析使教师能够快速掌握学生的学习情况；基于数据分析的个性化教学建议则使教师能够因材施教。这些应用极大地减轻了教师的工作负担，使他们能够将更多精力投入到教学质量的提升上来。

在学校管理层面，人工智能技术优化了教学资源分配，提供了全面的教学质量监控，并为决策提供了数据支持。智能推荐系统确保了学习资源的高效利用；实时监测系统帮助及时发现和解决教学问题；综合数据分析为学校管理者提供了科学的决策依据。此外，人工智能还促进了家校沟通，帮助建立了更加科学的教学评估体系。这些应用使学校能够更好地优化教育资源，提升整体教学质量，从而为学生创造更优质的学习环境。

以西安交通大学教育教学质量实时监测大数据平台为例，该平台通过信息采集、评价、督导、反馈机制的建立，对影响课堂教育教学质量的各类因素进行智能化大数据分析，面向用户提供了教学课堂质量监督的全过程信息化服务，如图 2.13 所示。

北大青鸟打造的 AI 编程实训系统为教师提供了一个高效的教学实训平台，其中包括实验室管理、实验课管理和班级管理三大核心功能，旨在帮助老师轻松管理实验室资源、实验课程、班级学生。

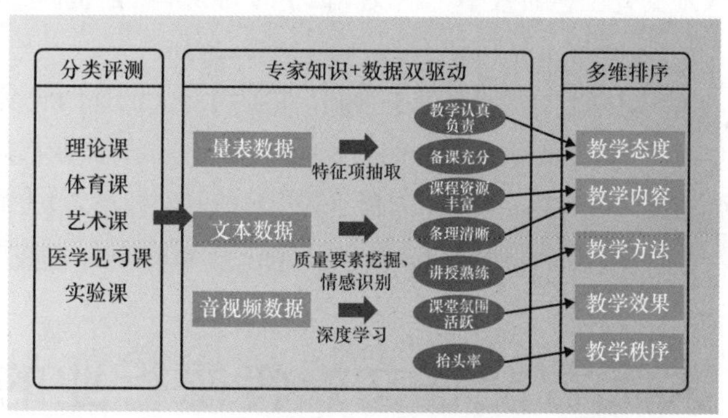

图 2.13 西安交通大学教育教学质量实时监测大数据平台

2.4.6 语言学习

在语言学习领域，人工智能正在引领一场革命性的变革，为学习者创造了一个前所未有的智能交互环境。通过融合先进的语音识别、自然语言处理和大语言模型技术，人工智能不仅能够理解学习者的输入，还能生成高度自然、语境适当的回应。学生们现在可以与人工智能进行流畅的对话练习，这些对话不再局限于预设的固定脚本，而是能够根据学生的语言水平、兴趣和学习目标动态调整。人工智能的优势在于它能够理解上下文，识别并纠正语法错误，甚至能够捕捉到微妙的语言使用不当，从而提供即时、精准的反馈。这种深度的交互不仅能有效提高学生的口语和听力水平，还能够培养他们的文化理解和语言应用能力。

例如，语言学习工具“多邻国”提供了角色扮演功能，让学生通过模拟情景与人工智能进行对话，比如人工智能和用户分别扮演迷失的人和好心路人，对话将围绕如何帮助一位在旅游城市迷失的游客而展开，如图 2.14 所示。同时，“多邻国”还引入创新的概率模型来生成每个学生针对每个问题的成功率，从而能够个性化地调整题目难度，确保挑战适中，既能够使学生保持信心，又不至于让学生感到过度困难。这种方法不仅能增强学生的语言实践能力，而且通过人工智能的反馈，学生能了解到如何使语言更加地道，并得到关于如何提高语言能力的具体建议。

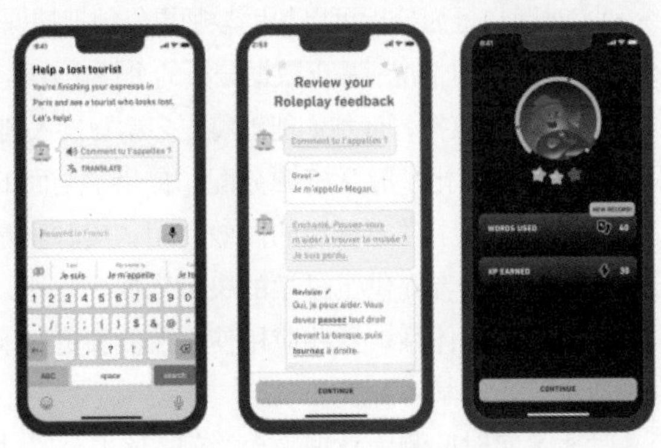

图 2.14　语言学习工具“多邻国”

2.4.7　科研助手

在科研领域，人工智能通过提供自动化文献搜索、文献整理、数据分析、图表生成、文档审核和润色等功能，极大地提升了科研效率，不仅降低了时间成本，还提高了研究的质量和效率，拓展了研究的领域。

以中国知网提供的 CNKI AI 学术研究助手为例，它具备强大的辅助研读和辅助创作功能，将研究与创作环节无缝对接，形成从研读到创作的场景闭环。此外，在辅助研读模式中，文章智能精要服务将帮助用户快速掌握文章的核心要义，大幅节约用户的时间和精力；专题问答服务将系统化、智能化地助力用户深入开展专题研究工作，高效完成对特定主题的体系化学习和理解。

2.5　人工智能在文娱传媒行业的应用

文娱传媒行业是一个以内容创作和用户体验为核心的领域，其发展离不开持续创新和提升用户体验的需求。随着技术的进步，人工智能在文娱传媒行业中发挥着日益重要的作用，尤其是生成式人工智能，通过其创造性的内容处理和生成能力，与文娱传媒行业的需求高度契合，这种契合推动了人工智能在新闻传媒、新媒体、广告营销、影视、文学和动漫等多个领域的广泛应用，为行业注入了新的活力，创造了新的可能。

2.5.1　人工智能在新闻传媒行业的应用

新闻传媒行业正通过人工智能技术的整合，实现从内容采集、编辑到传播的全流程革新，如图 2.15 所示。人工智能不仅提升了新闻生产的效率，还丰富了新闻传播的形式，增强了其灵活性。

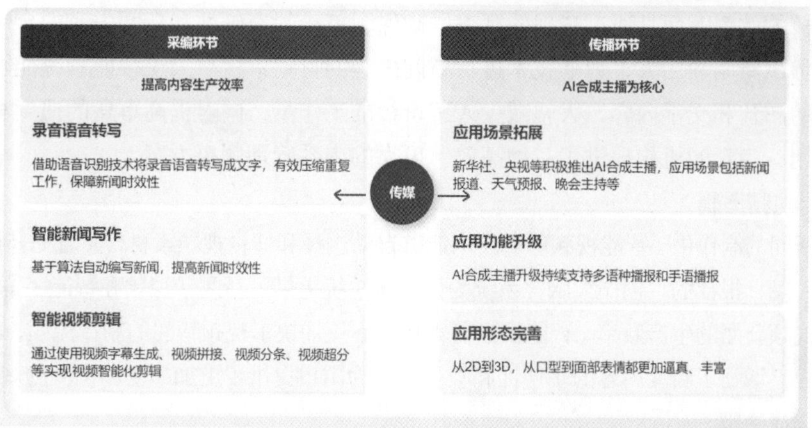

图 2.15　人工智能辅助新闻传媒行业的全流程革新

以下是人工智能技术在新闻传媒行业中的应用场景。

1. 内容生成

内容生成是人工智能技术应用的核心环节之一。人工智能的自动化特性极大地推动了文本、图像和视频内容的创作速度和质量。在文本方面，人工智能通过录音语音转写、智能新闻写作等技术自动撰写新闻稿，不仅减轻了记者的工作负担，还能确保新闻的及时性和准确性，显著提高了新闻生产的效率和速度。在图像生成方面，人工智能能够根据文字描述或参考图片创造出高质量的图像，为新闻配图、广告设计等领域带来便利。在视频生成方面，人工智能可以通过文本描述或剧本自动生成动画或真人视频片段，大大缩短了视频制作的周期。这些人工智能生成技术不仅提高了内容创作的效率，还为创作者提供了更多的创意可能。

央视网报道，2024 年巴黎奥运会前夕，中央广播电视总台在短短不到两个月时间里制作并播出了一部时长约 15 分半的微电影《百年前的那次出发》，影片时间跨度达 100 年，但是影片内容并不是对传统旧影像资料的修复，片中 85%的镜头是由人工智能生成的。2024 年 3 月 29 日，中央电视台《晚间新闻》栏目在描述候鸟迁徙的背景资料时，选用了人工智能生成的视频，如图 2.16 所示。

图 2.16　中央电视台《晚间新闻》栏目选用了人工智能生成的视频

2. 内容审核

人工智能通过图像识别和自然语言处理技术，实现了对新闻内容的自动化审核。这一过程不仅提高了审核的效率，而且通过精确的算法，确保了审核的准确性和新闻内容的合规性。

例如，腾讯新闻利用人工智能技术进行新闻内容的自动审核。人工智能系统能够自动识别和过滤不合规的图片和文字内容，大幅减少人工审核的工作量，同时提高审核的速度和准确性。这种技术的应用，为新闻机构提供了一种高效、可靠的内容管理解决方案。

3. 智能视频剪辑

在视频新闻的制作中，智能视频剪辑技术能够自动选择和剪辑视频素材，显著提升视频编辑的工作效率。以人民日报社的“创作大脑”系统为例，该系统提供了新闻转视频和智能字幕制作等功能，大幅提高了视频新闻的生产效率。智能视频剪辑技术不仅加快了视频新闻的制作流程，而且通过自动化的编辑过程，增强了新闻内容的多样性和吸引力，为用户提供了更加丰富和生动的观看体验。

4. AI 合成主播

在新闻传播领域，AI 合成主播的应用极大地拓展了新闻播报的边界，能够实现 24 小时不间断的多语种新闻播报，有效提升了新闻传播的覆盖面和时效性。这种技术不仅节约了人力资源，还使得新闻播报服务更加灵活和多样化。

2024 年，人民网《两会 AI 学习》栏目在两会期间推出了多语种人工智能数字主持人，中文普通话数字主持人和蒙古文、藏文、维吾尔文、哈萨克文、朝鲜文等少数民族语言数字主持人亮相，以及英文、西班牙文等外文数字主持人齐上阵，“联播”政府工作报告，让时政报道科技感拉满，如图 2.17 所示。

图 2.17　人民网多语种人工智能数字主持人

5. 个性化推荐与舆情监测

个性化推荐利用机器学习算法，深入分析用户的阅读习惯和偏好，从而推荐符合用户兴趣的新闻内容。以今日头条的推荐算法为例，它通过分析用户的浏览历史和点击行为，向用户推荐其感兴趣的新闻和资讯。这种个性化推荐显著提升了用户的参与度和满意度，使信息获取过程更加高效。同时，平台也能通过精准推荐提高广告收益。

舆情监测则通过大数据分析和情感分析技术，实时监测和分析社交媒体及新闻网站上的舆论动态。例如，新浪微博的舆情监测系统能够捕捉热点话题，并分析公众情绪变化，为政府和企业提供决策支持。该系统可帮助新闻机构和相关部门及时了解公众意见和情绪变化，以便做出快速响应和调整，有效防止舆情危机的扩散。

2.5.2　人工智能在新媒体行业的应用

在新媒体行业中，人工智能的应用已经深入内容生产、用户互动、数据分析和内容推荐等多个环节，如图 2.18 所示。新媒体以其互动性强、传播速度快、内容形式多样等特点而著称。人工智能通过提升效率和增强用户体验，极大地推动了这一行业的发展。

以下是人工智能在新媒体行业中的主要应用场景。

1. 内容生产与管理

在账号 IP（intellectual property，知识产权）打造环节，人工智能可以进行对标账号分析，帮助账号进行精准定位，并生成相关账号信息，实现完整的账号 IP 打造过程。

图 2.18　人工智能在新媒体行业的应用

在内容策划与创作环节，人工智能能够协助策划内容主题、撰写文案、生成图片、制作短视频和音频。此外，人工智能还能进行内容审核和优化，自动审核内容，确保发布的内容符合平台规范。例如，小红书的人工智能写作助手能够根据用户输入的关键词，自动生成“种草”笔记，帮助用户快速分享心得，同时也为平台增加了丰富多样的内容，如图 2.19 所示；微信公众号则利用人工智能写作工具和内容审核系统，显著提高了内容产出的速度和质量。

图 2.19　小红书的人工智能写作助手

2. 个性化推荐与用户分析

人工智能通过深入分析用户的浏览历史和兴趣爱好，为用户提供他们可能感兴趣的个性化内容。例如，抖音的推荐系统基于人工智能算法，确保用户每次滑动都能接触到吸引人的短视频，有效提升了用户黏性；小红书则利用人工智能技术分析用户行为，为创作者提供数据支持。这种数据分析与挖掘能力，使新媒体平台能够更准确地把握用户需求和行为模式，从而优化内容生产和推送策略，提高用户满意度和黏性。

3. 用户互动与服务

人工智能在用户互动与服务领域扮演重要角色，它可以作为智能客服和虚拟形象，与用户进行互动，从而提高用户参与度和服务效率。例如，快手平台上的商家使用人工智能客服机器人自动回复用户的咨询，不仅提高了用户互动的效率和质量，而且提升了用户体验，同时减轻了人工客服的工作负担。虚拟形象和互动的引入，提高了用户的参与度和忠诚度，吸引了大量用户的关注。

4. 自动化营销

人工智能在自动化营销领域也发挥着重要作用，它可以帮助广告主分析目标受众，优化广告投放策略，提高广告投放效果。例如，抖音广告主利用人工智能分析工具，根据用户的行为和偏好进行精准的广告投放，从而提高了转化率。自动化营销不仅提高了广告制作和投放的效率，而且实现了更加精准的广告投放，有效提升了广告投放效果和转化率。

2.5.3　人工智能在广告营销行业的应用

在广告营销行业，人工智能技术已经成为提升效率和效果的关键因素。人工智能技术的应用贯穿广告创意生成、投放策略、用户数据分析等多个环节。广告主可以利用人工智能技术更精准地触达目标受众，优化广告投放策略，从而提高广告的转化率和投资回报率。

1. 广告创意生成

人工智能技术在营销领域的应用使得自动生成高质量广告文案和创意设计成为可能，大幅提升了广告制作的效率和质量。人工智能驱动的系统能分析海量数据，生成精准、个性化的广告内容，包括文案、图像和视频。与人工创作相比，人工智能创意生成速度更快，且能持续优化。此外，人工智能还能快速产生多样化的创意方案，帮助品牌在竞争中脱颖而出。

例如，百度营销旗下多模态人工智能 GC 创意生产平台——擎舵，汇聚了百度最新的人工智能技术，提供精准、创新、引人入胜的多模态广告创意内容，如图 2.20 所示。通过擎舵，用户可以轻松满足文案定制、视频制作、图片生成、数字人生成等多种营销需求。

图 2.20　百度营销旗下多模态人工智能 GC 创意生产平台——擎舵

2. 受众分析和精准投放

人工智能可以通过大数据分析和机器学习，深入挖掘用户数据，进行细致的受众画像分析，使广告主能够更精准地洞察目标用户的特征和需求。此外，人工智能还可通过预测模型和推荐算法，实现广告的精准投放，有效提升广告的曝光率和点击率。

例如，百度营销利用其全链 AI 营销数据平台“观星盘”，深入分析用户特征及兴趣点，并结合用户的搜索、访问、浏览和关注行为进行人群定向，精准覆盖具有外贸需求的用户群体。基于海量商品数据，百度营销构建了人工智能预测模型，预估未来价格和销量走势，为用户的选品决策提供数据支撑，引导客户前往 PayPal 官网的商户服务专属页面。

3. 实时优化

人工智能能够实时监测广告投放的效果，并根据收集到的数据反馈进行优化调整，以确保广告投放效果最优。这种动态优化机制使得广告投放更加灵活和高效。

例如，阿里巴巴的人工智能营销平台为各个电商品牌提供了实时优化服务，该平台通过监测用户对广告内容的反馈，动态调整广告创意，最终显著提升了转化率。这种实时优化不仅提高了广告的吸引力，还增强了广告的针对性和有效性。

4. 效果评估

人工智能可以通过数据分析和统计模型，对广告投放效果进行全面的评估，这有助于广告主深入了解广告的表现，并据此优化未来的广告策略。例如，淘宝利用基于人工智能大模型的技术来优化其广告匹配策略，该模型能够综合分析用户的浏览历史、搜索记录、购买行为和评价反馈等数据，深入挖掘用户的兴趣、偏好、需求和心理特征。

通过这些分析，模型将根据不同的市场来细分人群画像，从而提高广告的相关性和吸引力。此外，该模型还能根据广告主的商品和服务信息，以及用户的特征和场景，自动生成合适的广告内容和形式，并实时调整和优化广告投放，以提升广告效果和收益。

5. 品牌管理

人工智能在品牌管理中发挥着重要作用，能够监测品牌在不同渠道的表现和用户讨论，帮助品牌维护正面形象，并及时应对负面信息。在品牌管理中启用虚拟偶像和数字人，这不仅可以确保品牌形象的稳定性，还能更好地连接日趋年轻化的消费群体，为数字营销创造更多新价值。

盒马品牌案例充分展示了人工智能在品牌营销中的应用优势。为优化其核心 IP 形象创作，盒马利用自研人工智能突破传统 3D 建模的局限，可以快速生成精细的盒马 IP 形象，大幅提升设计效率和灵活性，满足多变的营销需求，如图 2.21 所示。

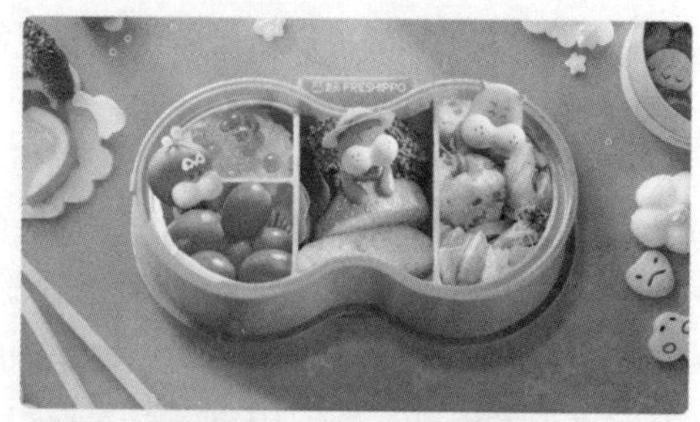

图 2.21　人工智能辅助盒马 IP 营销场景图生成

2.5.4　人工智能在影视行业的应用

人工智能在影视行业的应用已经渗透到前期创作、中期拍摄、后期制作等各个环节，显著提升了整个行业的工作效率和创作质量。人工智能不仅为创作者提供了更多的创作可能，还推动了影视作品的多样化和创新发展。同时，人工智能降低了制作成本，使得更多小型制作团队能够参与高质量影视作品的创作。以下是人工智能在影视行业的具体应用。

1. 前期创作

众多影视剧本创作平台利用人工智能技术，分析海量剧本数据，提取情节模式、人物设定等元素，为创作者提供灵感。例如，人工智能驱动的剧本创作软件 Nolan AI 运用先进的自然语言处理技术和机器学习算法，成功辅助编剧快速创作出高质量的剧本，缩短了创作周期，提高了作品的产出效率，如图 2.22 所示。

图 2.22　人工智能驱动的剧本创作软件 Nolan AI

2. 中期拍摄

人工智能通过合成人脸、声音以及场景，使制作团队能够轻松实现复杂的视觉效果。在科幻电影中，逼真的外星场景和奇异的生物形象——这些以往需要大量时间和金钱进行实地拍摄或特效制作的元素，现在可以通过人工智能技术快速生成，大大提高了拍摄效率。此外，对于高难度动作场面，人工智能可以通过动作捕捉和合成技术，实现演员的“虚拟替身”，降低拍摄风险，保障演员安全。

3. 后期制作

人工智能在后期制作中展现出了惊人的能力，无论是剪辑调色、影像修复、预告片自动生成，还是实时字幕添加和 2D 到 3D 的自动转换，都能轻松实现。例如，对于年代久远且因保存不当导致画面质量下降的经典影片，人工智能可以进行修复和还原，让观众再次欣赏到影片的“原汁原味”。在预告片制作方面，人工智能可以根据影片的素材和风格要求，自动生成具有吸引力的预告片，为影片的宣传推广提供支持。同时，实时字幕添加和 2D 到 3D 的自动转换等功能也极大地丰富了影片的表现形式，提升了观众的观影体验。

2.5.5 人工智能在游戏行业的应用

人工智能的应用已经深入游戏行业的各个环节，极大地提升了游戏的品质和玩家的体验。人工智能不仅能增强游戏体验，还涉及游戏性能测试、NPC 生成、剧情生成、游戏策略生成，以及游戏运营等环节，发挥着不可替代的作用。以下是人工智能在游戏行业的具体应用场景。

1. 增强游戏体验

人工智能在增强游戏体验方面发挥着重要作用。首先，人工智能能够模拟特定风格，例如模仿职业选手的操作，让玩家在与人工智能对战时感受到与真实职业选手竞技的挑战性和真实感。其次，人工智能作为教学助手，能帮助玩家快速掌握游戏操作和玩法，提高游戏的可玩性。例如，腾讯的一款格斗游戏利用人工智能模拟了多位知名格斗选手的招式和策略，玩家可以在练习模式中与这些虚拟的“职业选手”对战，学习他们的技巧。此外，人工智能可以通过实时分析玩家的游戏行为，提供个性化的游戏建议和挑战，使玩家保持新鲜感和兴奋感。

2. 游戏性能测试

在游戏开发过程中，性能测试是确保游戏质量的关键环节。人工智能能够帮助开发团队进行前期的平衡性测试，通过模拟大量玩家的游戏体验，发现数值体系中可能存在的问题，并提出相应的优化策略。同时，人工智能还能进行游戏功能测试，通过自动化脚本模拟各种游戏交互场景，找出潜在的漏洞，辅助游戏策划进行完善。例如，网易在一款策略游戏的开发初期，利用人工智能进行了多轮平衡性测试，并根据测试结果对游戏中的资源分配、兵种属性等进行了调整，确保了游戏的公平性和可玩性。

3. NPC 生成

在游戏开发中，NPC（非玩家角色）的设计是一项复杂且耗时的任务。人工智能技术的应用可以显著简化这一流程。利用深度学习算法，人工智能能够生成具有独特面孔、服饰、声音和性格特征的 NPC，如图 2.23 所示。这些角色不仅外观逼真，而且能够根据玩家的行为做出相应的反应，提供更加丰富和真实的互动体验。人工智能还能够同步驱动 NPC 的面部变化（如嘴型和表情），进一步增强互动的真实感。例如，在融入了人工智能技术的冒险游戏中，人工智能会实时分析玩家的输入，并驱动 NPC 的面部表情做出相应的变化，从而提供更加生动的互动体验。

图 2.23 用人工智能生成 NPC

4. 剧情生成

传统游戏的剧情通常由策划人员预先设定，限制了玩家的探索空间。然而，人工智能技术的引入为剧情生成带来了更大的灵活性和多样性。人工智能驱动的 NPC 能够实时分析玩家的输入，并与玩家进行动态交互，创造出几乎无限且不重复的剧情体验。此外，人工智能还能够生成相关的图文、音乐等游戏素材，为剧情的展开提供丰富的背景和支持。例如，在人工智能驱动的角色扮演游戏中，玩家的每一个选择都会影响剧情的走向，人工智能会根据玩家的选择生成相应的剧情分支，并辅以精心设计的游戏素材，让玩家在探索过程中不断发现新的惊喜，如图 2.24 所示。

图 2.24 人工智能辅助游戏剧情生成

5. 游戏策略生成

除了剧情生成外，人工智能在游戏策略生成方面也扮演着关键角色。人工智能驱动的 NPC 能够根据玩家的实时输入和游戏状态，动态调整自己的策略和行为。这种能力使得游戏中的战斗、探险等任务不仅更加有趣，也更具挑战性。同时，人工智能还能分析玩家的游戏习惯和偏好，提供个性化的策略建议。例如，在基于人工智能的策略游戏中，玩家需要制订一系列作战计划来击败敌人，人工智能会根据玩家的游戏数据和历史记录，提供最优的作战策略建议，帮助玩家更有效地完成任务。

6. 游戏运营

在游戏运营环节，人工智能技术同样发挥着至关重要的作用。首先，人工智能能够自动进行广告投放和内容推荐，从而优化广告效果和提升用户体验。其次，人工智能能够生成高质量的广告素材，如图像、音视频等，为游戏的推广提供有力支持。此外，人工智能通过分析玩家数据，能够将用户细分为不同的类型，并为不同类型的玩家提供独特的玩法和体验。例如，三七互娱的一款卡牌游戏在运营过程中，利用人工智能技术对玩家进行了细分，并为不同类型的玩家提供了不同的卡牌组合和策略建议，这种方法不仅提升了游戏的可玩性和趣味性，还吸引了更多玩家的加入。

2.6 人工智能在交通物流行业的应用

人工智能的应用已经深入交通运输和物流的各个环节。从自动驾驶和智能驾驶辅助到智能交通管理，从智能公共交通系统到物流与供应链优化，再到智能客户服务，人工智能正在逐步改变我们的出行和货物运输方式。以下是人工智能在交通物流行业的几个主要应用场景。

2.6.1 自动驾驶和智能驾驶辅助

自动驾驶和智能驾驶辅助是人工智能在交通行业的应用之一。以百度旗下的自动驾驶出行服务平台“萝卜快跑”（如图 2.25 所示）为例，自 2022 年起，百度的无人驾驶汽车开始在武汉市内运行，并逐步扩大服务范围。截至 2024 年 10 月 28 日，“萝卜快跑”向公众提供的累计出行次数已突破 800 万次，稳居全球最大的自动驾驶出行服务商。这些无人驾驶汽车搭载先进的传感器、摄像头，运用机器学习算法，能够在复杂道路环境中安全自主行驶。乘客可通过百度地图 App 或“萝卜快跑”小程序预约车辆，享受价格优惠且便捷的出行服务。这不仅提升了交通效率，还显著增强了城市公共交通系统的灵活性和可靠性。

图 2.25　百度“萝卜快跑”无人驾驶汽车

智能驾驶辅助功能，如自适应巡航和自动泊车，已经在多个汽车品牌中得到应用，例如比亚迪和蔚来。自适应巡航系统能够根据前车速度自动调整车速，保持安全距离；自动泊车系统则辅助驾驶者在狭窄空间中轻松且准确地完成泊车。

2.6.2 智能交通管理

1. 智能交通管理系统

智能交通管理系统利用人工智能和大数据分析技术，实现对交通车流的精细化管理和优化。以杭州市的“城市大脑”交通治理系统为例，该系统通过分析全市交通数据，智能调整信号灯时序，优化交通流量，有效缓解交通拥堵，如图 2.26 所示。在车流量较大的路口，该系统能自动延长绿灯时间，减少等待时间，提高交通效率，并降低交通事故发生率。

图 2.26　杭州市的“城市大脑”交通治理系统

2. 交通智能安全监控

交通智能安全监控系统在风险防范中发挥关键作用，如路口智能预警系统可识别车辆超速、闯红灯等危险行为并及时报警，高速公路巡检系统能自动监测事故隐患、危险天气和故障车辆并发出预警，隧道安全监控则能实时分析烟雾浓度和交通拥堵情况，城市交通大脑通过多维数据实现对重大安全风险的提前预判和快速响应。

2.6.3　智能公共交通系统

人工智能在公共交通系统中的应用同样广泛。例如，深圳市公交公司利用人工智能技术优化公交服务，通过智能导航和路线规划帮助乘客选择最优出行方式，减少出行时间和降低成本。人工智能还能实时监测公交车辆的位置、到站时间和客流量，优化公交线路和发车频率，提升运营效率。在高峰期，智能公共交通系统会根据实时数据调整发车间隔，确保乘客能够迅速上车，减少等待时间。

2.6.4　物流与供应链优化

人工智能技术在物流与供应链优化中的应用至关重要，京东物流便是一个典型案例。通过分析海量订单数据和配送数据，京东物流运用人工智能技术优化物流路径和配送车辆调度，实现快速、精准的货物配送。例如，在“双 11”购物节期间，人工智能系统能够根据订单数量和配送地址，智能优化配送路线，提高仓储作业效率和配送准时率，同时降低配送成本和减少运输延误。

2.6.5　智能客户服务

人工智能技术在交通运输和邮政业的客户服务业务中同样发挥重要作用。我国的许多快递公司已经引入了智能客服机器人，如顺丰速运和菜鸟网络，这些智能客服机器人利用自然语言处理和智能对话技术，能够迅速解答客户的常见问题和查询需求。例如，当客户查询包裹的实时位置时，机器人能够立即提供准确的信息，显著提升客户服务的响应速度和质量。这些技术的应用不仅提高了客户满意度，也有效减轻了人工客服的工作负担。

2.7 人工智能在零售行业的应用

人工智能技术在零售行业的应用日益广泛，不仅可以用于优化运营流程，还能极大地丰富消费者的购物体验。以下是人工智能在零售行业的主要应用。

2.7.1 智能营销

1. 自动生成商品宣传素材

通过人工智能技术，可以自动生成商品的宣传素材，包括图片、视频和文案。例如，阿里巴巴的智能设计平台“鹿班”，可以在短时间内生成大量高质量的商品宣传素材，帮助商家快速开展营销活动。

2. 数字人直播

数字人直播技术通过人工智能生成虚拟主播，广泛应用于直播带货、广告宣传、产品演示等场景。2024 年“618”期间，格力电器、海信、LG 电子、洁丽雅、vivo、宝洁等品牌在京东上线了人工智能数字人直播。根据京东发布的“618”战报，京东云“言犀”数字人在 5000 多个品牌直播间开播，数字人直播累计时长超 40 万小时，累计观看人次超 1 亿人次。

3. 人工智能模特

人工智能模特是人工智能技术在时尚和电商领域的一个创新应用，利用这种技术能够生成逼真的虚拟人物形象，并在其身上展示各种服装和配饰。使用人工智能模特不仅可以节省传统拍摄所需的时间和成本，还能为消费者提供个性化的虚拟试衣体验。这一技术的发展正在改变时尚产业的运营模式，为品牌和零售商提供新的营销工具。

快手的可图大模型是人工智能模特技术的一个典型代表。使用该模型不仅能生成高质量的虚拟试衣效果，还能保持衣服的款式细节和特征不变。通过引入姿势控制和背景修复等技术，可图人工智能试衣能够生成自然、贴合的穿衣效果，适用于多种场景。此外，结合快手的可灵图生视频技术，可图大模型还支持生成运动连贯的人工智能试衣短视频，为电商和内容创作者提供全方位的素材生成功能。

2.7.2 增强购物体验

1. 人工智能+VR，打造虚实结合的购物环境

随着人工智能和虚拟现实技术的快速发展，零售业正迎来一场变革。人工智能+VR 正在为消费者创造出前所未有的沉浸式购物体验，模糊了现实与虚拟之间的界限。这种创新不仅改变了人们的购物方式，还为品牌提供了全新的展示和互动平台。

2024 年，淘宝 Vision Pro 版上线了品牌馆的页面，提供了虚实结合的购物环境。例如，在小米品牌馆，完成预约的用户可抢先体验虚拟小米 SU7 试驾功能，如图 2.27 所示。

2. 智能导购助手

智能导购助手能够准确分析并理解用户以自然语言方式提出的购物需求，并通过产品推荐理由、产品图片、优惠链接和购物攻略的组合形式推送给用户。这种技术的应用不仅提升了用户的

购物体验，还提升了个性化服务的精准度。

图 2.27　淘宝 Vision Pro 版提供了虚实结合的购物环境

例如，淘宝“问问”智能导购助手可以与消费者进行对话，快速、准确地理解用户的问题，并给出相应的解决方案，如图 2.28 所示。

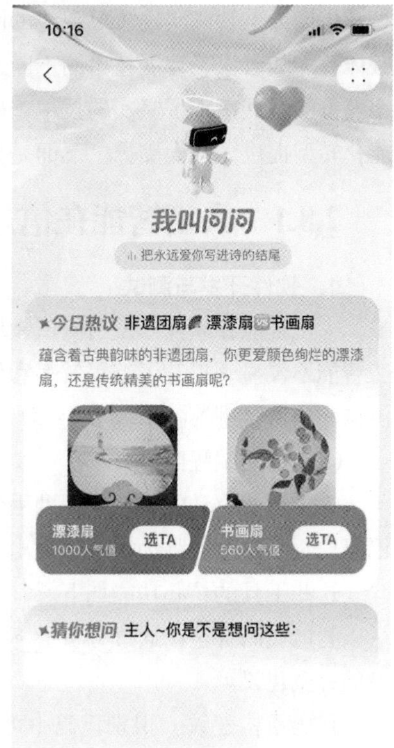

图 2.28　淘宝“问问”智能导购助手

2.7.3　用户洞察和个性化体验

1. 用户画像洞察

人工智能通过跨平台采集用户数据，能够洞察用户意向并构建详细的用户标签。以京东 App 为例，它利用强大的数据分析能力，结合人工智能技术，深入分析用户的购买行为、浏览记录和评价反馈，构建精准的用户画像。这不仅可以帮助商家更好地了解用户需求，而且能在用户浏览时提供个性化推荐，有效提高转化率。

2. 个性化推荐系统

个性化推荐系统通过分析用户数据，为用户提供定制化的商品推荐。以淘宝为例，其推荐系统能够根据用户的浏览和购买历史，智能地为用户推荐可能感兴趣的商品，从而提升用户满意度和销售量。

2.7.4　智能客服和会员管理

1. 智能客服系统

人工智能技术的应用使得客服系统能够实现全天候的用户服务。例如，阿里巴巴的人工智能购物助理虚拟机器人“阿里小蜜”能够有效处理大量用户咨询，解答常见问题，并在必要时转接至人工客服，从而提升系统服务效率和用户满意度。

2. 人工智能会员运营：个性化会员关系管理

在会员关系管理中，人工智能可以通过制定个性化沟通策略、人工智能语音提醒和通知、用户反馈处理以及策略生成等方式，实现会员的个性化维护。例如，星巴克会员计划通过个性化积分奖励和专属权益，实现了精准的用户运营和服务推广，提高了用户的留存率和忠诚度。

2.7.5 智能库存管理

智能库存管理通过人工智能技术优化库存管理流程，提高管理效率。以盒马鲜生为例，该品牌利用人工智能进行库存预测和管理，依据销售数据和市场趋势调整库存水平，有效避免了缺货或库存过剩的问题。

2.8 人工智能在信息技术与通信行业的应用

人工智能正在深刻地改变着信息技术与通信行业的发展格局。在信息技术领域，人工智能驱动的软件开发、智能数据分析、云计算优化和智能终端设备正在提升生产效率和创新能力。通信行业借助人工智能实现了更智能的网络优化与管理，增强了网络安全防护，并显著改善了客户服务体验。随着人工智能技术的不断进步，信息技术与通信行业正在经历一场革命性的转变，为数字经济的发展奠定了坚实的技术基础。这种转变不仅推动了行业自身的进步，还为其他领域的智能化转型提供了强大支撑。下面是典型的应用场景。

2.8.1 人工智能在信息技术行业的应用

1．软件开发与测试

人工智能在软件开发与测试领域正在深刻改变传统的开发模式。借助智能化工具和方法，人工智能不仅显著提升了编程效率和代码质量，还优化了整个开发流程，包括需求分析、代码编写、测试和项目管理等各个环节。

（1）智能编程助手

人工智能驱动的智能编程助手是开发者的得力工具。众多科技公司，如微软、亚马逊、阿里巴巴、百度、字节跳动等，都推出了人工智能编程助手产品。

这些工具的核心功能如下。

智能代码补全：通过分析上下文和历史代码模式，预测开发者可能要编写的代码，并提供准确的补全建议。

代码重构建议：识别代码中可能存在的优化空间，并给出重构建议，提高代码质量和可维护性。

错误检测与修复：实时检测代码中的语法错误、逻辑缺陷和潜在的安全漏洞，并提供修复建议。

自动注释生成：根据代码内容自动生成清晰、准确的代码注释，提高代码的可读性。

这些工具综合运用了机器学习、自然语言处理和代码分析等技术，通过持续学习和优化，不断提高其准确性和实用性。例如，GitHub Copilot 具有学习模式，随着开发者的使用，它能够逐渐适应用户的编码风格，提供更符合个性化需求的代码建议。Cursor 则将这种个性化提升至项目层级。它通过静态分析技术实时构建代码库的语义图谱，不仅能记忆单个开发者的习惯，还能理解团队协作中形成的编码规范。而字节跳动的 Trae 的持续学习则呈现出鲜明的本土化特征。针对中文开发者混合使用中英文注释的特点，它采用双模型架构：基于 Claude 3.5 的模型专精处理中文技术表述（如“给这个 DataFrame 加个透视功能”），而 GPT-4o 引擎负责解析标准代码语法。

（2）利用人工智能进行自动化测试和质量保证

人工智能在软件测试领域正在改变传统的测试方法，一些科技企业有自己的人工智能测试平台，其主要功能如下。

智能测试用例生成：基于需求文档和代码分析，自动生成全面的测试用例，覆盖各种可能的场景。

自动化测试执行：通过人工智能控制的虚拟设备或模拟器，自动执行测试脚本，大幅提高测试效率。

智能结果分析：利用机器学习算法分析测试结果，快速定位问题根源，并提供修复建议。

持续学习与优化：通过分析历史测试数据，不断优化测试策略和用例生成算法。

这种人工智能驱动的测试方法不仅提高了测试覆盖率和准确性，还显著减少了人工干预，使得测试团队可以将精力集中在更具创造性的任务上。

（3）人工智能在需求分析和项目管理中的应用

人工智能技术在软件开发的前期阶段和项目管理中也发挥着重要作用。以智能化研发项目管理工具 PingCode 为例，其功能如下。

智能需求分析：使用自然语言处理技术分析用户需求文档，自动提取关键信息，识别潜在的需求冲突或遗漏。

工作量预估：基于历史项目数据和当前需求特征，预测项目所需的时间和资源。

风险预警：通过分析项目进度、资源分配和团队协作情况，及时识别潜在的项目风险。

智能任务分配：根据团队成员的技能、工作负载和项目需求，自动推荐最优的任务分配方案。

进度预测与调整：实时监控项目进度，预测可能的延期，并提供调整建议。

这些功能可以让研发管理自动化、数据化、智能化，帮助企业提升研发效能。

2. 数据分析与处理

在数据分析与处理领域，人工智能应用正在革新传统的数据处理方法。通过结合机器学习、深度学习、大数据技术，以及最新的生成式人工智能模型，人工智能能够高效处理和分析海量、复杂的数据集，提供深入的洞察结果和精准的预测，可帮助企业做出明智和数据驱动的决策。

人工智能在数据分析与处理中的主要应用如下。

- 大规模数据处理：快速处理 TB 甚至 PB 级别的结构化数据和非结构化数据。生成式人工智能模型能够有效地理解和总结大规模数据集的核心内容。

- 模式识别与异常检测：识别复杂模式和规律，检测异常或欺诈行为。生成式人工智能可以提供详细的异常解释和可能的解决方案。

- 预测分析：进行准确的未来趋势预测，如销售预测、需求预测等。生成式人工智能可以提供更具解释性的预测结果，并生成多种可能的未来场景。

- 自然语言处理：理解和分析文本数据，提取关键信息，实现情感分析和主题建模。生成式人工智能模型能够自动生成数据分析报告、摘要和洞察结果。

- 图像和视频分析：从图像和视频中提取有价值的信息，应用于安防监控、医疗诊断等。生成式人工智能模型可以基于分析结果创建详细的描述性报告。
- 实时数据分析：对流数据进行实时处理和分析，支持即时决策和响应。生成式人工智能模型可以实时生成决策建议和行动方案。
- 智能内容生成：利用生成式人工智能模型，基于数据分析结果自动创建报告、图表说明，使数据分析结果更易理解和传播。

例如，人工智能数据分析工具 Kyligence Copilot 结合大语言模型能力，通过自然语言对话完成围绕业务指标的洞察、评估、归因和总结，提升了业务人员使用数据的效率，为企业运营与管理赋能，如图 2.29 所示。

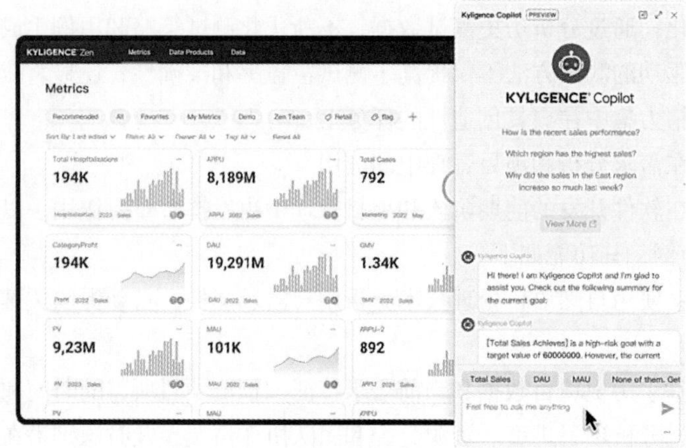

图 2.29　人工智能数据分析工具 Kyligence Copilot

3. 云计算

人工智能与云计算的融合正在重塑企业的数字化转型路径。这种融合不仅增强了云计算平台的能力，还为诸多企业客户提供了前所未有的技术能力。通过云端人工智能服务，企业能够以更高效、更经济的方式进行大规模数据处理和智能分析，快速从海量数据中提取有价值的洞察结果。

以阿里云为例，其将人工智能服务深度嵌入云计算产品中，形成了一个完整的人工智能生态系统。这种整合主要体现在以下几个方面。

- 大数据处理：人工智能算法可以自动进行数据清洗、标注和分类，大幅提高数据处理效率；机器学习模型能够从非结构化数据中识别模式，为企业提供更全面的数据视角。
- 智能分析：预测性分析、自然语言处理和计算机视觉等人工智能技术，使企业能够进行更深入、更精准的数据分析。这些分析可以应用于客户行为预测、市场趋势分析、风险评估等多个方面。
- 自动化运维：人工智能驱动的自动化运维系统可以预测并解决潜在的信息技术问题，优化资源分配，提高系统的可靠性和性能。这不仅能减少人工干预的需求，还能显著降低运营成本。
- 个性化服务：人工智能算法可以分析用户行为和偏好，为用户提供高度个性化的产品和服务推荐，从而提升用户体验和用户忠诚度。

- 安全防护：人工智能增强的安全系统能够实时检测和响应安全威胁，提供更先进的网络安全保护。

通过利用这些人工智能驱动的云服务，企业可以实现以下目标。

- 加速创新：快速开发和部署人工智能应用，而无须投入大量资源建设自己的人工智能基础设施。
- 提高决策质量：基于数据驱动的洞察做出明智的业务决策。
- 优化运营：通过自动化和智能化提高运营效率，降低成本。
- 增强竞争力：利用人工智能技术开发新的产品和服务，创造差异化竞争优势。

4. 人工智能终端设备

人工智能技术在终端设备中的应用正在显著提升用户体验和增强设备功能，日常生活中的人工智能终端设备有智能手机、智能 PC 及智能家居，如图 2.30 所示。

智能手机

智能 PC

智能家居

图 2.30　日常生活中的人工智能终端设备

（1）智能手机

智能手机领域正在迎来大模型和生成式人工智能的革命。新一代人工智能芯片不仅可以提供传统的智能拍照、语音助手和图像识别等功能，还能在设备端运行复杂的人工智能模型，这使智能手机能够实现复杂的场景理解和内容生成能力。例如，智能拍照可以根据用户偏好自动生成创意构图建议，甚至可以通过文本描述生成人工智能艺术图像；语音助手进化成为更智能的对话式人工智能，能够理解复杂的上下文，并提供精准的个性化服务和创意建议。

（2）智能 PC

智能 PC 正在从传统的生产力工具转变为人工智能驱动的创意助手。大语言模型的集成使智能语音助手能够理解和生成复杂的文本内容，为文档处理、内容创作和代码编写提供强大支持。人工智能辅助的创意和生产力工具，如设计辅助和代码补全功能，能够基于用户的输入和偏好，生成高质量的设计方案和代码片段。此外，面部识别技术的进步不仅可以提高登录安全性，还能根据用户的表情和状态自动调整工作环境，如屏幕亮度和音乐选择，以改善用户体验。

（3）智能家居

在智能家居领域，大模型和生成式人工智能正在重新定义家庭生活方式。人工智能系统能够学习家庭成员的行为模式和偏好，自动生成个性化的场景模式和能源优化方案。例如，人工智能系统可以根据天气、日程和用户习惯，自动调节房屋的温度、照明和音乐氛围，创造最佳的生活环境。语音控制系统支持多轮对话和多设备协同操作，使家居控制更加直观和便捷。同时，人工智能驱动的安全系统不仅提供远程监控，还能预测潜在风险并主动采取预防措施，大大提升了家居安全性。

这些人工智能应用不仅提高了设备的智能化水平和用户的便利性，还推动了技术融合、数据驱动创新和生态系统竞争。同时，它们也带来了隐私和安全方面的新挑战。未来，随着边缘人工智能计算和移动互联网技术的发展，我们将看到更多创新的应用，它们将进一步增强智能终端设备的功能，提高用户体验。

2.8.2 人工智能在通信行业的应用

1. 网络优化与管理

人工智能在网络优化与管理中，通过智能算法优化网络资源分配和管理，显著提高了网络运行效率和用户体验。具体应用如下。

（1）智能网络优化

以中国移动为例，该企业利用人工智能技术进行网络优化，通过机器学习算法分析海量的网络流量数据和用户行为模式。这种分析不仅涉及实时数据，还涵盖历史数据，从而能够预测网络负载和用户需求。基于这些分析结果，系统能够动态调整网络资源分配，如频谱资源、基站功率和天线方向等。这种智能化的资源分配大大提高了网络运行效率，显著改善了用户体验，尤其在网络拥堵时段和高密度用户区域表现突出。

（2）自适应网络管理

以中国电信为例，其智能自适应网络管理系统充分利用了人工智能技术的优势，该系统通过深度学习和强化学习算法，实现了网络设备的自我监控、自我诊断和自我修复。具体而言，该系统能够实时监测网络设备的运行状态，通过分析历史数据和当前参数，准确诊断潜在问题。更重要的是，该系统能够自主决策并执行修复措施，如重新配置设备参数、切换备用路径等。这种自适应管理极大地提升了网络的稳定性，同时显著提高了管理效率，减少了人工干预的需求。

（3）预测性维护

以华为为例，其在通信设备的预测性维护中引入人工智能技术。系统通过部署在设备上的传感器收集海量运行数据，结合大数据分析和机器学习算法，精确预测设备可能出现的故障。这种预测不仅基于设备自身的运行参数，还考虑了环境因素、使用强度等多维度数据。根据预测结果提前进行维护，可大大降低设备的故障率。同时，由于系统能够精准定位潜在问题，维护变得更加高效，维护成本显著降低。这种预测性维护策略不仅延长了设备的使用寿命，还确保了网络的持续稳定运行。

2. 网络运维与安全

人工智能在网络运维与安全中，通过智能监控和自动化运维，极大地提升了网络的稳定性和安全性。具体应用如下。

（1）智能监控和故障预测

以中国联通为例，其通过人工智能技术进行智能监控和故障预测，实现了网络管理的全面升级。系统利用机器学习算法，对海量的网络性能数据进行实时分析，包括流量模式、设备状态、用户反馈等多维度信息。通过建立复杂的预测模型，系统能够识别出潜在的网络问题，如设备过载、链路拥塞等，并在问题发生前提供预警。这种前瞻性的管理方法使运维团队能够提前采取措施，如调整网络配置、增加容量等，从而有效预防大规模网络故障的发生，保障网络持续稳定运行。

（2）自动化运维

以中兴通讯为例，其人工智能自动化运维系统利用人工智能技术实现了网络运维流程的高度自动化。在故障检测方面，系统能够自动分析告警信息、日志数据和性能指标，快速定位问题根源。对于常见故障，系统可以自动执行修复流程，如重启设备、切换备用路径等，大大缩短了故障处理时间。在性能优化方面，系统通过分析历史数据和当前网络状态，自动调整网络参数，持续优化网络性能。这种自动化运维不仅显著提升了运维效率和响应速度，还减少了人为错误，提高了网络的整体可靠性。

（3）威胁检测与响应

以腾讯的人工智能威胁检测系统为例，该系统利用深度学习算法，对网络流量进行实时、多维度分析。通过建立正常网络行为的基准模型，系统能够快速识别出异常流量模式，如分布式拒绝服务（distributed denial of service，DDoS）攻击、恶意扫描等。更重要的是，系统具备持续学习能力，能够不断更新和优化检测模型，以应对新型网络威胁。一旦检测到潜在威胁，系统能够自动触发相应的防御措施，如流量清洗、阻断可疑 IP 等，实现对网络攻击的实时响应。这种基于人工智能的主动防御策略，极大地提升了网络的安全水平。

（4）恶意软件识别

以奇虎 360 的人工智能恶意软件识别为例，该系统利用人工智能技术，结合海量的恶意软件样本数据，构建了高精度的识别模型。系统不仅能够识别已知的恶意软件，更能通过分析软件行为特征，检测出未知的新型威胁。通过持续学习和更新，系统能够快速适应不断变化的网络威胁环境。这种基于人工智能的恶意软件识别技术，显著提升了网络安全防护的准确性和效率，为用户提供了更安全的网络环境。

（5）异常检测

以百度为例，其在网络异常检测中引入人工智能技术，通过分析海量的网络流量数据和用户行为日志，建立了复杂的多维度异常检测模型。该模型不仅考虑了流量特征，还考虑了用户行为模式、访问频率等因素。通过实时分析和历史数据比对，系统能够准确识别出各种异常活动，如账户劫持、数据泄露、内部威胁等。一旦检测到异常，系统会立即发出预警，并提供详细的异常分析报告，帮助安全团队快速响应。这种基于人工智能的异常检测机制，极大地提升了网络的安全性和稳定性，为企业和用户提供了更安全的网络环境。

3. 客户服务与体验

人工智能在客户服务与体验方面，通过智能客服系统和用户行为分析，显著提升了客户服务质量和用户体验。

（1）智能客服系统

2024 年 7 月 5 日，在世界人工智能大会上，中国电信董事长柯瑞文介绍，其自研的星辰客服大模型可应用于语音导航、在线机器人等场景，智能客服占比近 80%。其语音大模型打破了单一模型只能识别特定单一方言的困境，可同时识别并理解粤语、上海话、四川话、温州话等 30 多种方言。系统不仅能够理解用户的各种查询和请求，还能根据上下文进行智能推理，提供准确、个性化的解决方案系统还能够识别用户的情绪状态，从而提供更贴心的服务。

（2）用户行为分析

以中国移动为例，其用户行为分析平台展示了人工智能技术在数据分析和精准营销领域的强大能力。该平台利用先进的机器学习算法，对海量的用户数据进行深度挖掘和分析，包括通话记录、上网行为、位置信息等多维度数据。

2.8.3　5G 与人工智能的结合

人工智能在 5G 网络中的应用，代表了通信技术的最新发展趋势，极大地提升了网络规划、部署和优化的效率，为用户带来了更快、更稳定的网络体验。以华为为例，其在 5G 网络建设中引入人工智能技术的主要应用如下。

① 网络规划：利用机器学习算法分析地理信息、人口分布、建筑物分布等数据，自动生成最优的基站布局方案，提高网络覆盖效率。

② 智能部署：通过人工智能辅助的自动化工具，简化基站安装和配置过程，大大缩短网络部署时间。

③ 动态优化：利用人工智能算法实时分析网络性能数据，自动调整网络参数，如天线倾角、功率分配等，以适应不断变化的网络环境和用户需求。

④ 能源效率：通过人工智能预测流量模式，智能调节基站的工作模式，在保证服务质量的同时显著降低能耗。

⑤ 虚拟化资源管理：利用人工智能技术实现网络功能的智能虚拟化和动态分配，提高网络资源的利用效率。

⑥ 智能维护：通过人工智能分析设备运行数据，实现故障预测和自动修复，提高网络的可靠性。

通过这些人工智能驱动的创新，5G 网络的覆盖率和服务质量大大提高，用户体验的连续性和一致性也得到保障。例如，在大型活动或突发事件导致局部区域流量激增时，系统能够自动调整资源分配，保证服务质量。同时，人工智能技术的应用也大大降低了 5G 网络的建设和运维成本，加速了 5G 技术的商业化进程。

2.9　人工智能在其他行业的应用

人工智能的浪潮已经席卷各个行业，推动了前所未有的技术革新和管理升级。表 2.1 展示了人工智能在其他行业的应用情况。

表 2.1　　人工智能在其他行业的应用

行业	人工智能应用
科学研究和技术服务业	数据分析与预测、模拟与实验设计、新材料与药物设计、智能辅助工具、智能实验仪器、技术咨询与服务
农业	智能农业管理、智能农机设备、智能畜牧养殖、智能渔业管理、农产品质量检测
公共管理、社会保障和社会组织	智能决策支持系统、智能风险监测与预警、智能社会保障管理、智能社会组织管理、智能公共服务平台、智能城市治理
采矿业	智能勘探与资源预测、智能化矿山规划与设计、智能化采矿设备和自动化控制、智能化生产管理与优化、智能化安全监控与风险预警、环境保护与可持续发展
电能、热力、天然气及水生产和供应业	能源生产优化、能源配电网络优化、能源消费智能化管理、智能化能源储存和调度、安全监控与风险预警
建筑业	设计优化、智能建模与虚拟仿真、智能施工与机器人技术、智能监控与安全管理、智能运营与节能管理、可持续建筑与绿色设计
住宿和餐饮业	个性化推荐与营销、智能预订与订单管理、智能客户服务、智能餐饮管理、智能点餐和支付、智能营销推广
房地产业	市场分析与预测、智能房产推荐、房屋估值与定价、智能房屋设计与规划、智能房屋营销、智能房屋管理与维护

随着人工智能技术的不断进步和应用领域的不断拓展，我们可以预见，未来人工智能将在更多行业中发挥关键作用，推动社会向更加智能、高效的方向发展。

2.10　人工智能技术发展对个人的意义

了解人工智能在各行业的广泛应用对个人具有重要意义。特别是随着生成式人工智能的出现，人工智能如同新时代的个人计算机，正在深刻改变我们的工作和生活方式，具体体现在以下方面。

① 必备技能：无论是在金融分析、医疗诊断、智能制造还是在个性化教育中，掌握人工智能工具已成为提高效率和创新能力的关键。每个人都需要学会在日常工作中灵活运用这些工具。

② 行业洞察：从文娱传媒的内容创作到交通物流的智能调度，人工智能正在重塑各行业的核心业务。密切关注这些趋势，有助于我们更好地适应行业变化和把握职业发展机会。

③ 技能储备：基于人工智能在不同行业的应用，人们应有针对性地进行知识和技能储备。例如，针对零售业学习客户行为分析，针对信息技术行业学习人工智能驱动的软件开发，这些都将成为未来你在职场中的竞争优势。

④ 职业规划：人工智能正在创造新的就业机会，如人工智能系统设计师、数据伦理专家等。同时，传统岗位也在融入人工智能元素。基于这些变化做好职业规划，将有助于我们在人工智能时代保持职业竞争力。

⑤ 创新思维：了解如何在不同行业中应用人工智能，有助于我们培养跨领域的创新思维。例如，将金融科技的人工智能应用理念迁移到医疗健康领域，可能会激发出全新的风险评估与疾病

预测的创意方案。

⑥ 终身学习：面对人工智能带来的快速变革，保持持续学习的态度至关重要。从智能制造到智慧城市，人工智能的应用范围不断扩大，这要求我们具备持续学习和适应新技术的能力。

总之，理解并适应人工智能在各行业中带来的变化，不仅关乎我们的职业发展，也是我们参与和引领未来社会发展的重要途径。在享受人工智能带来的便利的同时，我们也需要培养批判性思维，在人机协作中找到最佳平衡点。无论是在金融风控、医疗诊断，还是在个性化教育、智能化零售等领域，我们都需要充分发挥人类独特的创造力和判断力，与人工智能形成互补，共同推动各行业的创新和发展。

2.11 本章小结

本章深入探讨了人工智能技术在金融、医疗、制造、教育、文娱传媒、交通物流、零售、信息技术与通信等行业的广泛应用，揭示了人工智能如何提升各行业的运营效率、推动创新和发展，并改善用户体验。通过具体案例分析，我们不仅了解了人工智能技术的实际应用和发展潜力，而且为进一步探索人工智能技术的深入应用奠定了基础。学习本章内容，我们能够掌握人工智能跨行业赋能的关键点，增强对人工智能实践的认识，为解决实际问题提供新的思路和方法，还能够为学习后续更深入的人工智能应用知识打下坚实的基础。

2.12 习题

1. 描述人工智能在金融行业中的 3 种主要应用，并说明它们如何提升金融服务的效率和质量。
2. 在医疗行业中，人工智能如何辅助疾病诊断和个性化治疗？
3. 阐述人工智能在制造业中如何优化产品设计和生产流程。
4. 在教育领域，人工智能如何实现个性化学习并提升教学质量？
5. 描述人工智能在文娱传媒行业中的应用，并解释它如何提升用户体验。
6. 简述人工智能在交通物流行业中的应用，简述它是如何提高物流效率的。
7. 在零售行业中，人工智能如何帮助商家进行智能营销？
8. 简述人工智能在信息技术与通信行业中的应用，以及它是如何促进技术创新和行业升级的。

第 2 部分 人工智能核心技术

- 第 3 章　人工智能技术的新探索——机器学习技术
- 第 4 章　人工智能技术的觉醒——深度学习技术
- 第 5 章　人工智能技术的突破——大语言模型技术

第 3 章 人工智能技术的新探索——机器学习技术

本章聚焦于机器学习技术，机器学习技术是人工智能领域的革命性技术。在传统人工智能技术路线遇到瓶颈后，机器学习的出现开辟了一个全新的发展方向，使人工智能能够从数据中自主学习，让人工智能进入数据智能时代，极大地扩展其应用范围和能力。作为对前两章内容的深化和延伸，本章首先从认识论、模型论和数学角度 3 个维度剖析数据智能的本质，阐明机器学习如何从根本上改变人工智能的发展路径。随后，本章对数据科学进行深入探讨，展示大数据如何为机器学习提供前所未有的发展机遇。本章的核心在于详细阐述机器学习技术框架，包括其核心任务、工作流程、学习方法以及关键要素。特别是通过探讨模型、策略和算法这三大要素，本章全面展现机器学习如何突破传统人工智能的限制，开创数据驱动的智能新纪元。这种结构设计不仅能体现机器学习作为人工智能新探索方向的革命性意义，还能为读者提供理解现代人工智能技术发展轨迹的系统化视角，为其把握人工智能的未来发展趋势奠定坚实基础。

3.1 数据智能

数据智能之本体论、认识论、模型论

数据智能是现代人工智能的基石，其本质和应用可以从认识论、模型论和数学角度等多个维度进行探讨。这 3 个维度形成了一个从抽象到具体、从哲学到实践的逻辑递进关系，揭示了数据智能如何奠定现代人工智能的基础。

认识论为我们理解数据智能提供了哲学基础，探讨了人类如何从感知到认知，以及这一过程与数据智能系统如何“理解”数据之间的深刻联系。

模型论将抽象的认识论概念进一步具体化为可操作的思维工具，展示了模型在科学、工程和日常生活中的普遍应用，并阐明了数据智能本质上是通过构建模型来理解和利用数据的。

数学角度则提供了实现这些模型与思维的精确方法和语言，强调了数学作为描述和分析数据的最佳工具的重要性，同时也探讨了数据智能的局限性。

这种多维度的分析不仅揭示了数据智能在增强人类认知能力、构建复杂系统模型以及推动科学研究和社会进步方面的重要作用，还为我们提供了一个全面理解数据智能特性和影响的框架。作为现代人工智能的基石，数据智能正在重塑我们理解世界和与世界互动的方式。本节将逐一深入这些视角，以全面把握数据智能的本质和应用，展示其如何为智能时代奠定基础。

3.1.1　从认识论看数据智能

1. 数据智能的定义与哲学基础

数据智能是指利用先进的数据分析和机器学习技术，从海量数据中提取有价值的信息，并将这些信息转化为可行的洞察力和智能决策的能力。数据智能代表了一种新的认知和决策方式，通过数据建模的方法来理解复杂系统、预测未来趋势并优化决策过程。

要深入理解数据智能这一概念，我们需要探索其哲学根基，这自然触及哲学中最为核心的本体论与认识论议题。本体论追问的是“世界是什么”，以及“世界究竟存在哪些本质属性”，认识论则聚焦于“我们如何能够认识这个世界”，以及“我们的认知是否可靠、全面”，这两个问题的交织，构成了数据智能发展与应用过程中不可或缺的哲学基础。

2. 感知的局限性

感知作为智能活动的起点，是通过各种感官和技术手段获取外部世界原始数据的过程。人类通过感官直接感受世界的方式存在天然的局限性，无法获知世界的全部。随着科技的进步，我们发明了显微镜、望远镜、X 射线检测器等工具，这些工具极大地增强了我们的感知能力。

但即便如此，我们的感知仍局限于特定范围，并不能感知世界的全部。例如，电磁波谱中的大部分波段，如手机通信所用的电磁波，人类无法直接感知，但这些信号实实在在地存在着。进一步地，世界上还有许多未被证实或难以观测的组成部分，如暗物质，它们虽未被直接感知，却是世界不可或缺的一部分。这提醒我们，每个人、每个物种的感知都是有限的、不完全的，且可能各不相同。

3. 康德的先验认识论对数据智能的启示

人类对世界的认识始于感知，但绝不止于感知。我们的感官不断接收来自环境的各种信息，大脑则在这些原始信息的基础上进行复杂的处理，将其转化为有意义的认知。这个过程是一个主动的构建过程，而非简单的信息复制。

值得注意的是，认知并非对真实世界的直接把握，而是对一个可解释世界的构建。这一观点与 18 世纪德国哲学家康德（见图 3.1）在《纯粹理性批判》中提出的思想（即先验认识论）相呼应。康德认为，我们所认知的并非“物自体”（即事物的本体），而是经过我们认知结构处理后的“现象”（即我们所感知和理解的事物表象）。在这个认知过程中，大脑扮演关键的筛选和重构角色，不仅处理感觉信息，还会根据个体的先验知识、情感状态、文化背景等因素对信息进行筛选、整合和解释，使每个人对世界的理解都具有独特性和主观性。

图 3.1　康德

康德的先验认识论强调了人类认知的主动性和构造性，这一思想不仅深化了我们对认知过程的理解，还为现代科技发展提供了重要启示。特别是在数据智能领域，对人类认知过程的理解正在激发新的思路和方法。通过借鉴人类从感知到认知的过程，数据智能系统正在探索如何更好地理解和解释复杂数据。

这种对人类认知的模拟和扩展，为数据智能提供了新的视角，使其不仅能够处理海量数据，还能从中提取有意义的模式和洞察结果，进而辅助甚至增强人类的认知能力。例如，多源数据融合技术可以帮助数据智能系统获得比单一人类感官更全面的“感知”，而先进的算法设计和数据选择方法可以减少系统中的偏见，提高系统对认知对象的解释能力。

总之，从认识论角度看数据智能，我们可以发现数据智能系统在某种程度上模拟了人类的认知过程。就像人类大脑通过处理感官信息构建对世界的理解一样，数据智能系统通过处理海量数据来构建对特定领域或问题的“理解”，具体而言包括以下内容。

（1）数据采集类似人类的感知过程，但数据智能系统可以通过多种传感器和数据源获取更广泛的“感知”信息。

（2）数据处理和分析类似大脑的信息处理，但数据智能系统可以处理远超人脑能力的数据量和复杂度的信息。

（3）模式识别和决策制定类似人类的认知与判断，但数据智能系统可以在某些特定任务中实现更高的准确性和一致性。

3.1.2 从模型论看数据智能

1. 模型思维的起源与发展

从认识论的角度来看，我们对世界的认知是大脑基于感知信息所构建的想象世界，而大脑运用这个想象世界来处理实际问题时，主要依赖于模型论这一思维方式。模型思维是人类认知和解决问题的核心方法。从哲学、科学到日常生活，模型无处不在，为我们理解和解释世界提供了重要的思维工具。

模型思维的起源可以追溯到古希腊哲学家柏拉图的理念论。柏拉图认为，我们所见的世界只是表象世界，其背后存在一个更为真实的理念世界，理念世界中的每一个理念或模型都是表象世界中相应事物的本质或原型，通过理性思考这些理念，我们可以更好地理解表象世界。这一观点启发我们思考：通过研究抽象的理念或模型，我们可以更好地理解和解释表象世界。例如，虽然表象世界中有无数形态各异的苹果，但在理念世界中只有一个关于苹果的理念或模型，掌握了这个理念或模型，我们便能洞察所有苹果的共通之处。

这种思想在现代科学和哲学中得到了广泛应用。例如，美国麻省理工学院提出的“模型思维”概念强调通过构建和分析模型来理解复杂系统及解决问题；社会科学中的“模型崇拜”现象则反映了学者对使用数学和统计模型来解释社会现象的偏好，尽管这种方法也受到了一些批评。

2. 模型在认知过程中的作用

脑科学和认知心理学的研究表明，人脑必须借助模型才能有效运转，人脑模型如图 3.2 所示。我们认识世界的过程，实际上是构建一个解释和预测观察现象的模型。这意味着我们所认知的并非真实的世界本身，而是通过模型构建的世界图景。因此，当我们遇到无法解释的现象时，我们可能需要不同的模型或不同层次的模型来解释，即更新我们的人脑模型，提升认识能力。

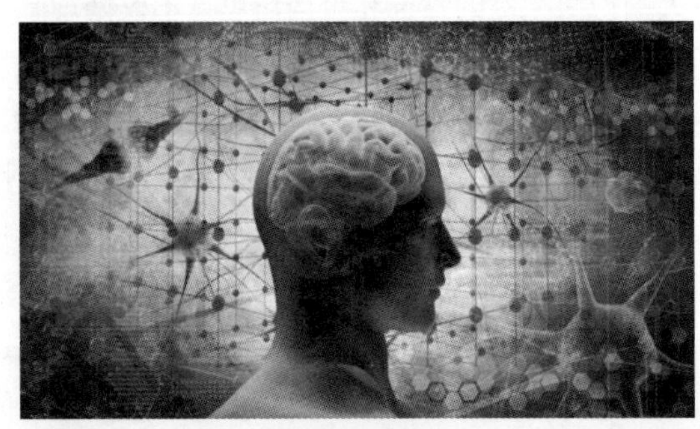

图 3.2　人脑模型

3. 模型思维在现实生活中的应用

模型思维在现实生活中的应用无处不在。在科学领域，牛顿定律、相对论、量子力学等都是解释自然界现象的模型；生物学中的细胞学说、神经元学说、进化心理学等则是理解生命和行为的模型。模型思维不仅适用于现实世界，也在虚构的世界中发挥作用。文学创作中，如《三体》中的宇宙文明模型、《红楼梦》中的人生百态模型，都是作者运用模型思维的产物。此外，每个人的三观（世界观、人生观、价值观）本质上也是一种认识和解释世界的模型。

在工程实践和日常生活中，模型思维同样有广泛的应用。古代木匠使用的缩小比例模型是一种实物模型，建筑设计中的平面图、立面图等则是建筑物的模型表示，如图 3.3 所示。这些模型都具有共同的核心特征：它们符合逻辑，具有内在的一致性，同时作为思维工具，能够帮助人脑进行思考和推理。

图 3.3　古建筑木制模型及现代建筑图纸

4. 模型思维在数据智能中的应用

在数据智能时代，模型思维的重要性得到了进一步凸显。数据智能本质上是通过构建各种模型来理解和利用海量数据的。无论是预测性分析、推荐系统、自然语言处理，还是计算机视觉等，都离不开模型的支撑。例如以下模型。

- 决策树模型：用于分类任务，通过树状结构表示决策过程。
- 神经网络模型：模拟人脑神经元连接，用于复杂模式识别和预测任务。
- 主题模型：用于文本分析，发现文档集合中的潜在主题结构。

这些模型帮助我们从看似杂乱无章的数据中提取有价值的信息，预测未来的趋势，做出明智的决策。然而，我们也需要注意模型的局限性：过度简化可能导致模型忽视重要细节，而过于复杂的模型又可能导致过拟合，失去代表性和泛化能力。因此，在数据智能应用中，我们需要不断平衡模型的简洁性和准确性。

模型论为我们理解数据智能提供了一个强大的概念框架。数据智能本质上是一种高级的模型构建和应用过程，它通过分析数据来创建能够解释现实、预测未来的模型。这种模型思维不仅是数据智能的核心，也是人类认识和解决问题的基本方式。

通过理解模型思维，我们可以更好地设计和应用数据智能系统，使其更有效地捕捉复杂现实中的关键特征和规律。同时，认识到模型的局限性也有助于我们更谨慎地解释和使用数据智能的结果。

3.1.3 从数学角度看数据智能

数据智能之数据模型和数学模型

1. 数学思维的起源与发展

数学思维本质上是一种模型思维，它通过抽象和概括现实世界中的规律，构建出能够解释和预测现象的数学模型。数学思维的起源可追溯至古希腊毕达哥拉斯学派（见图 3.4）的“万物皆数”信仰，体现了用数学来理解世界的思想。毕达哥拉斯定理（即勾股定理）成了几何学的基石，至今仍被广泛应用。毕达哥拉斯学派还揭示了音乐与数学的深刻联系，发现琴弦长度的比例直接决定了振动频率的比例，进而形成不同的音程。

图 3.4 毕达哥拉斯学派

拓展阅读

资料 1：毕达哥拉斯定理

在所有三角形中，毕达哥拉斯学派独独青睐直角三角形，因为他们发现其边长满足整数的特殊比例，例如 3∶4∶5。这类三角形有多少呢？后来他们发现 5∶12∶13、8∶15∶17 也是这类三角形。这种算术上的研究导出了一个著名的几何发现，即毕达哥拉斯定理（见图 3.5，我国称其为勾股定理）：任何一个直角三角形的直角边的平方之和等于斜边的平方。对于该学派是否通过演绎推理而得出这个结论，我们无法确定，但是，古希腊时期的数学家肯定是以演绎的态度对待这个几何定理的。欧几里得的《几何原本》给出了该定理的一种证明，此后 2000 多年，人们探索出了数百种证明方法，该定理的证明也成为初等几何学中引人入胜的问题。

资料 2：音乐与数学

在西方文化史上，音乐一直位于“高贵艺术”之列，更主要的原因在于，从一开始，人们就意识到音乐具有“净化灵魂”的作用。经过浪漫主义运动之后，西方的音乐更多地给人激情洋溢的印象。其实，在大多数历史时期，无论是在西方国家还是在中国，音乐的功能大多是陶冶性情、培育德行、敦风化俗。问题在于，音乐何以会有这些功能呢？毕达哥拉斯学派认为，音乐关注的是比例和和谐的问题，而比例和和谐正是科学与美学的完美体现。

毕达哥拉斯学派发现，音程与弦乐器的弦长直接相关，两个音之间能否形成和谐的音程也与两个弦长是否成某种比例有关。具体来说，两弦长度比为 2∶1 时，将产生纯八度音程；为 3∶2 时将产生纯五度音程；为 4∶3 时将产生纯四度音程，如图 3.6 所示。这一发现揭示了音乐与数学之间的深层关联，为后世理解音乐中的数学之美奠定了基础。

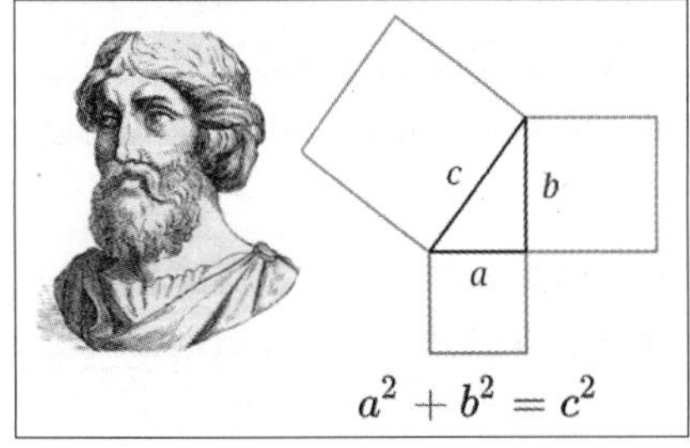

图 3.5 毕达哥拉斯定理

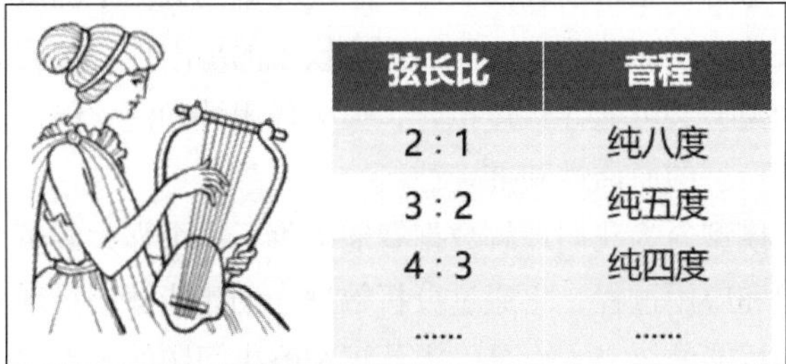

弦长比	音程
2 : 1	纯八度
3 : 2	纯五度
4 : 3	纯四度
……	……

图 3.6 弦长比与音程的关系

2. 数学在数据智能中的应用

历经千年的演进，数学已演化为一门高度抽象和精确的学科，经过长期发展已形成庞大的知识体系。这一演进过程使数学为数据智能提供了精确的语言和工具。

线性代数：在数据智能中，向量用于表示各种实体和属性，矩阵用于描述关系和变换。例如，在图像处理和机器学习中，矩阵运算用于数据转换和特征提取。

概率论与统计学：其分支在处理不确定性和噪声数据时发挥关键作用。贝叶斯理论为机器学习中的概率推理提供了基础，统计推断方法则用于从样本数据中得出关于总体的结论。

优化理论：在机器学习算法中，优化理论用于寻找最佳模型参数。梯度下降等优化算法是训练神经网络等复杂模型的核心算法。

信息论：在数据压缩和特征选择中，信息论概念（例如熵）被广泛应用，帮助人们量化信息的不确定性和相关性。

微积分：在深度学习中，微积分为反向传播算法提供了理论基础，使复杂神经网络的训练成为可能。

3. 数学模型的优势与局限性

数学模型的主要优势在于其精确性。例如，我们可以用数学模型精确描述从北京到上海的时间，或者用勾股定理准确计算直角三角形的边长。这种精确性使数学模型在现代科研、学术研究和技术开发中得到广泛应用。

然而，数学模型也有其局限性。过于简化的模型可能忽视重要的现实因素，而过于复杂的模型又可能难以理解和应用。例如，在经济学中，理想化的数学模型可能无法完全捕捉人类行为的复杂性和不可预测性。

从数学角度看数据智能，我们可以更深入地理解其内在机制和发展潜力。数学为数据智能提供了精确的语言和强大的工具，使我们能够将复杂的现实问题转化为可计算的数学模型。同时，理解数学模型的局限性也有助于我们认识到数据智能并非万能，在应用时需要结合具体问题和相关的领域知识。从数学角度看数据智能，不仅能够帮助我们更好地优化和开发数据智能算法，而且可为评估和改进数据智能系统的性能提供理论基础。

3.1.4　数据智能的核心要素与局限性

通过从认识论、模型论和数学角度这 3 个维度进行探讨，我们可以总结出数据智能的 3 个核心要素：数据、学习和模型。这 3 个要素分别对应我们对世界的感知、理解和表达的过程。

数据：从认识论的角度来看，数据代表了我们对世界的原始感知。就像人类通过感官来获取外界信息一样，数据智能系统通过各种传感器和数据收集方法来获取关于世界的原始信息。这对应了亚里士多德强调的实践世界，数据是我们观察和理解现实的窗口。

学习：从模型论的角度来看，学习是我们构建模型的过程，就像人类通过经验和思考来形成对世界的理解一样，数据智能系统通过各种算法从数据中提取规律和关系。这个过程体现了我们如何从具体的数据中抽象出一般的规律，类似于柏拉图的理念世界。

模型：从数学的角度来看，模型是我们对世界规律的精确表达。数学为我们提供了描述这些模型的精确语言和工具。在数据智能中，模型可能是一个数学方程、一个概率分布或者一个复杂的神经网络结构。

这 3 个要素之间的关系可以理解为：数据是我们的原料（对应认识论中的感知），学习是我们的方法（对应模型论中的抽象过程），而模型是我们的目标（对应数学中的精确表达）。

在数据智能中，我们构建的是数据模型，目标是实现智能：理解世界、预测未来。通过学习数据中的模式和关系，我们可以构建出能够解释现实现象并对未来做出预测的模型，这些模型不仅能帮助我们更好地理解周围的世界，还能指导我们做出更明智的决策。

数据智能为我们提供了一种新的认识世界的方式，通过数据、学习和模型的相互作用，我们能够更有效地在复杂的现实世界中寻找规律和智慧。然而，我们也需要保持清醒，认识到它的局限性，在适当的场景中合理地运用这一强大工具。从认识论的角度，我们知道感知是有限的；从模型论的角度，我们知道所有模型都是简化的；从数学的角度，我们知道并非所有问题都是可计算的。因此，数据智能并不是万能的解决方案。在问题的层级中，数据智能问题只是可计算问题的一个子集，可计算问题又是数学问题的一个子集，而数学问题是所有问题的一个子集。

数据智能是一个广泛的概念，它包括数据科学和机器学习等多个领域的技术和方法。其中，数据科学作为驾驭数据以驱动智能的核心领域，为数据智能提供了基础的方法论和工具，特别是在数据处理、探索性分析和统计推断方面，它使我们能够从海量数据中提取有价值的洞察结果，为智能决策奠定基础。

机器学习是数据科学中的一个关键组成部分，作为智能决策的引擎，它提供了从数据中自动学习模式和做出预测的能力。通过不断学习和优化，机器学习算法能够在复杂的数据环境中做出准确的判断和预测，推动智能系统持续进化。

这两个领域的结合，使数据智能能够在理解数据的基础上，实现智能化的决策和行动。接下来，我们将逐一深入探讨这些领域，以全面把握数据智能的内涵和外延，展示数据科学如何驾驭数据以驱动智能，以及机器学习如何作为智能决策的引擎推动数据智能发展。

数据科学

3.2 数据科学

数据科学是研究如何从大规模、复杂数据中提取有价值信息的跨学科领域。2006 年，经济学家克莱夫·哈姆比（Clive Humby）将数据比喻为“21 世纪的石油”，这个比喻涵盖从探测、开采、炼油到交易和化工的整个产业链。随着技术的发展，我们进入了大数据时代，这一时代的特征包括数据量巨大（通常为 PB 量级甚至更高）、形式多样（结构化、半结构化和非结构化）、全维度覆盖、快速产生（常以实时或近实时速度更新）且价值密度相对较低。需要注意的是，信息通常是我们所需要的，数据则是我们所拥有的。

数据科学融合了数理统计、计算机科学和机器学习等多个领域的精髓，形成了一套复杂而精细的体系（见图 3.7）。其中，数理统计作为核心，为数据分析和模型构建提供了理论基础。这种综合性使数据科学成为一门涉及数学、信息论、计算机技术的交叉学科，能应对复杂问题，为科研、决策和社会治理提供有力支持。

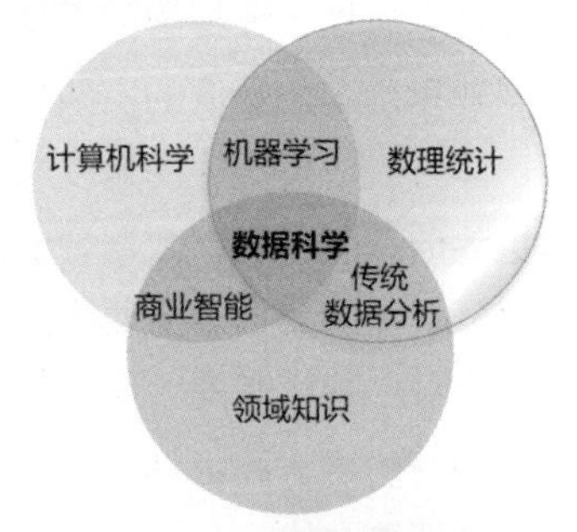

图 3.7　数据科学体系

在人类认知科学领域，人类认知经历了几个阶段：首先是抽象思维，依靠语言进行理性思考；然后是逻辑思维，使用形式逻辑推理；接着是数字和计算思维，依托数学和科学方法；最新出现的是数据智能，强调通过数据获得洞察力。数据智能引入了感性思维，特别是直觉思维，这种方式特别适合处理复杂的系统，它更多地依赖经验，对科学研究尤其是社会科学研究产生了深远的影响。

在自然科学领域，研究人员通过收集和分析来自世界各地的观测数据、实验数据以及模拟数据，揭示了自然界的许多未解之谜。例如，在生物学领域，数据科学帮助科学家解析了基因组的复杂结构，揭示了疾病发生的分子机制。如图 3.8 所示，数据驱动精准医疗的流程包括多系统疾病分析、多维生物数据集成、高级数据分析与模型构建，最终形成药物靶点知识图谱。在气候科学领域，数据科学助力科学家预测气候变化趋势，制定应对策略。这些成果不仅丰富了人类对自然界的认知，也为人类社会的可持续发展提供了科学依据。

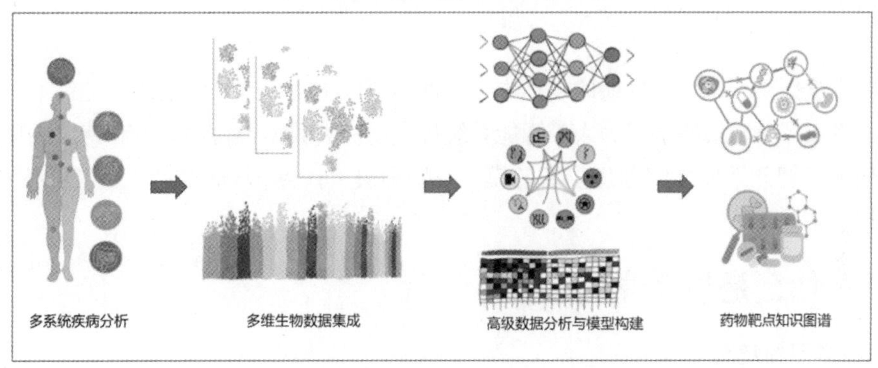

图 3.8　数据驱动精准医疗的流程

除了在自然科学领域的应用，数据科学在社会科学领域也发挥重要作用。面对实验环境难控制、涉及伦理问题、难以精确量化等挑战，数据科学成了强有力的研究工具。例如，通过分析大规模社交媒体、网络搜索等数据，研究者能够揭示复杂的社会现象。如图 3.9 所示，社交媒体数据分析可以通过对各平台的月活跃用户人数（monthly active user，MAU）和增长趋势进行比较，了解各平台的月用户规模变化和增长特点，揭示用户兴趣和社会趋势。

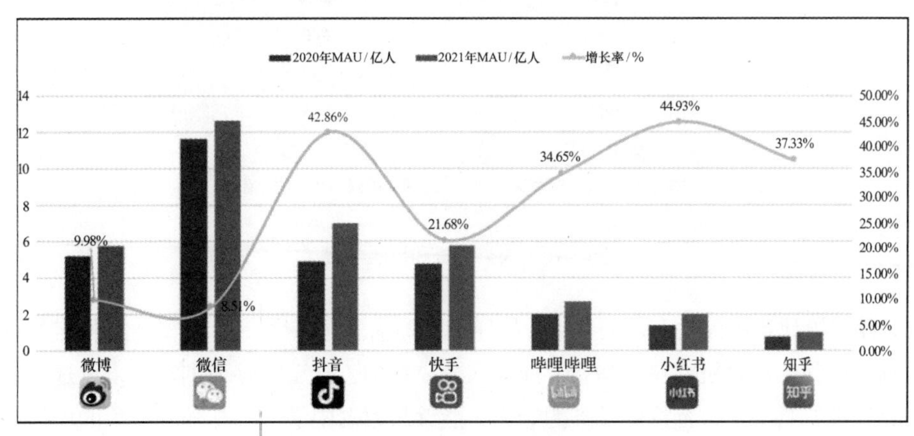

图 3.9　社交媒体数据分析

这些数据驱动的方法不仅帮助我们更好地理解社会动态，还为决策提供了科学依据。然而，数据分析结果的解读仍需要结合传统社会科学理论和方法，以确保研究结论的准确性和适用性。

在人工智能领域，数据科学促进了新一波的发展，成为第三次人工智能浪潮的核心驱动力。这次发展包括推理能力的提升、知识的积累和学习能力的增强，推动人工智能从基于推理和知识的系统向基于学习的系统转变。数据科学在人工智能中的应用不仅提高了人们的生活品质，也加速了社会的整体智能化进程。

总之，数据科学作为一门新兴的交叉学科，在人类认知科学、自然科学、社会科学和人工智能等多个领域都发挥重要作用，它不仅推动了科学研究的进步，也为社会发展和决策制定提供了重要支持，其在塑造未来技术和社会形态中处于关键地位。

3.3 机器学习

在数据科学推动人工智能发展的过程中，机器学习成了实现这一转变的关键技术。作为数据科学的核心组成部分，机器学习为人工智能系统提供了从大数据中自动学习和持续优化的能力，这种能力使人工智能系统能够处理复杂的模式识别和决策任务，从而推动人工智能技术在 21 世纪初期获得快速发展。

3.3.1 什么是机器学习

1. 机器学习的定义

机器学习是一种让计算机像人类一样学习的过程。就像人类通过经验和感知来学习新技能、解决问题一样，机器学习使计算机能够通过大量数据归纳规律改进自身的性能，预测结果，而不需要被明确地指定每一个步骤，如图 3.10 所示。

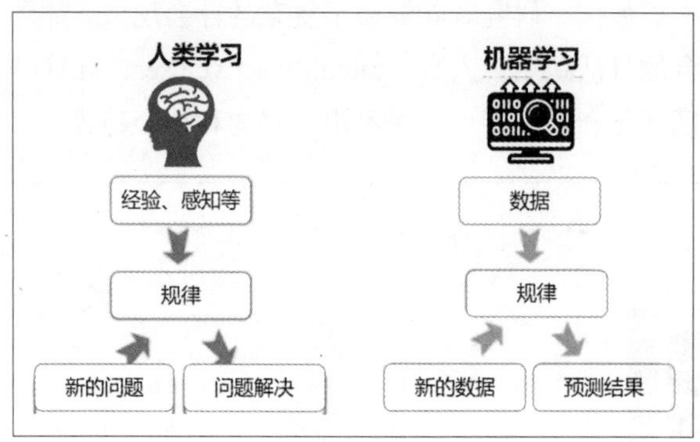

图 3.10 人类学习和机器学习

例如，我们给计算机提供大量的数据（如标记好的猫、狗图片），计算机通过特定的算法来分析这些数据，最终，计算机能够“学会”如何区分猫和狗，甚至能够识别它从未见过的新图片。这种方法让计算机具备了执行特定任务的能力，能够从数据中学习，并随着经验的增加而不断改进其性能。通过机器学习，计算机可以完成许多复杂的任务，而这些任务用传统方法可能难以实现或效率低下。

2. 机器学习与统计学习方法

统计学习方法是机器学习的重要组成部分，它不关注数据的描述和推断，而是通过构建数学模型，让计算机能够自动地从数据中提取特征、学习规律，并据此进行预测或决策。

这里需要明确区分统计学习方法和传统的统计分析方法，它们是两个不同的概念。传统的统计分析方法主要关注数据的描述性分析和推断统计，适用于小规模、低维度的数据集，而统计学习方法更注重数据建模、预测和决策，能够处理大规模、高维度的复杂数据集。

统计学习方法之所以能够成为机器学习领域的核心，是因为它具备以下几个方面的优势。

（1）强大的数据处理能力：能够处理大规模、高维度的数据集。

（2）灵活的模型选择：提供多种不同类型的模型，它们适用于不同的问题场景和数据特征。

（3）高效的优化算法：采用梯度下降等算法来训练模型，提高了模型的训练效率和性能。

（4）严格的评估标准：通过交叉验证等技术来评估模型的泛化能力。

统计学习方法的兴起标志着统计学步入一个全新的时代，它为机器学习和人工智能的发展提供了强大的理论和方法支持。

3. 机器学习的数学基础和应用

机器学习的目的是通过数据构建数学模型，以解释观测数据并预测未来，其数学基础包括微积分、概率论、线性代数、信息论和优化理论。然而，对大多数机器学习算法应用而言，研发人员不需要掌握过于深奥的数学知识。只有在深入研究原理时，人们才需完全掌握这些数学知识。

3.3.2　机器学习的 4 类任务

机器学习通过从大量数据中提取规律，使计算机能够处理复杂任务并做出预测。根据不同的学习目标和数据特征，机器学习任务可以分为 4 类：分类、回归、标注和聚类。这 4 类任务涵盖从连续值预测到离散类别划分，从序列标记到规律发现，构成了机器学习应用的基础框架。每种任务都有其特定的应用场景和方法，共同推动机器学习在各个领域被广泛应用。下面以宠物识别为例，依次介绍这 4 类任务。

1. 分类

分类是机器学习中最常见且应用广泛的任务。分类是指将输入数据划分到预定义的离散的类别中，典型应用包括图像分类（见图 3.11）和文本分类。

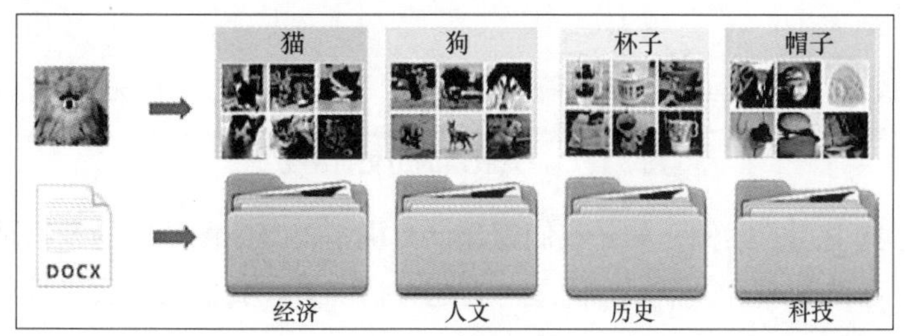

图 3.11　图像分类

以宠物识别为例，系统可以根据给定的图片判断宠物是猫还是狗，如图 3.12 所示。这个过程包括两个主要步骤。第一个步骤是学习，系统通过分析大量带标签的数据来学习。系统会学习多个样本的特征，包括毛色、眼睛、爪子、叫声和体重，这些数据形成了一个特征表格，帮助系统理解猫和狗的典型特征。第二个步骤为识别，系统学习了猫和狗的特征后，当给定一个新的输入时，系统会分析这些特征并进行分类。

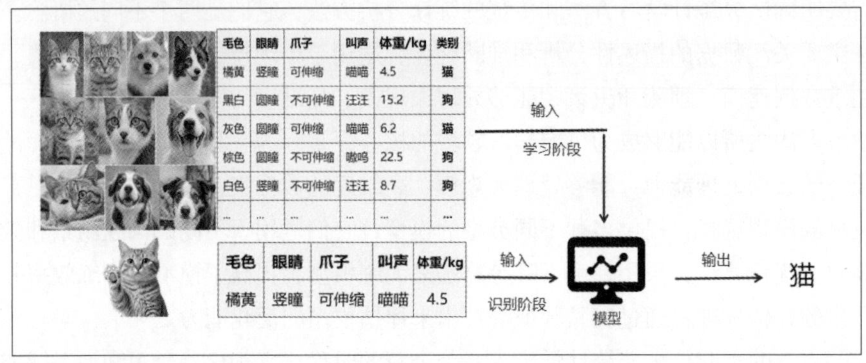

图 3.12　分类

通过这两个步骤，系统能够对新的、未见过的宠物数据进行分类，模仿人类通过观察和分析来做出判断的过程。

2. 回归

回归旨在预测连续的数值输出，而不是离散的类别，它可以探索和量化两个或多个变量之间的依赖关系，其中一个变量（称为因变量）的变化可以由其他变量（称为自变量）的变化来解释或预测。回归的典型应用包括股票价格预测、房价估算和温度预测等。

图 3.13 展示了一只股票的历史价格数据，波动的线条（beta）代表了日常股价的变化，而相对平滑的曲线（betaMA150）表示通过回归分析得出的整体趋势。这条趋势线简化了复杂的价格波动，帮助我们理解股票的长期走势。通过回归分析，投资者可以从看似混乱的市场数据中识别出较为清晰的趋势，为投资决策提供参考依据。

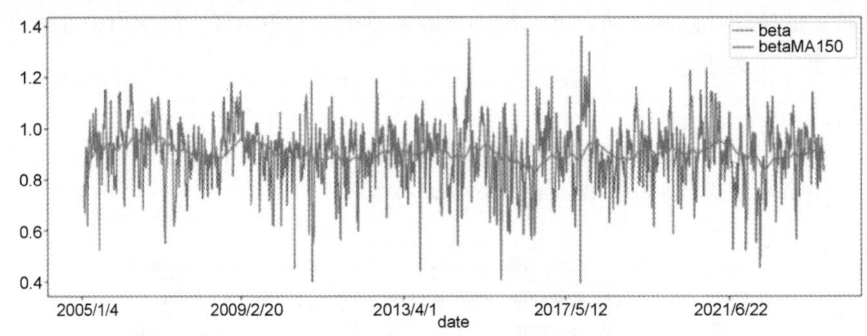

图 3.13　一只股票的历史价格数据

继续回到猫、狗识别的案例，如果我们想让计算机不仅判断图片中的宠物是猫还是狗，还要估计宠物的年龄，这就变成了一个回归问题。在这种情况下，我们需要收集带有准确年龄信息的猫、狗数据。例如：

(类别=猫；体重=3.2；牙齿=新生；活跃程度=高；毛色=纯白；年龄=1)

(类别=狗；体重=25.5；牙齿=轻度磨损；活跃程度=中；毛色=黑白；年龄=6)

(类别=猫；体重=4.5；牙齿=完整；活跃程度=高；毛色=橘黄；年龄=2)

(类别=狗；体重=18.7；牙齿=完整；活跃程度=高；毛色=棕色；年龄=3)

在这个回归问题中，我们的目标是根据宠物的特征（如类别、体重、牙齿、活跃程度和毛色）来预测它的年龄。系统会学习这些特征与年龄之间的关系，以用于预测新的、未见过的宠物的年龄。为了简化问题，我们只考虑根据体重这一个特征来预测年龄，以帮助我们理解回归问题的本质，如图 3.14 所示。

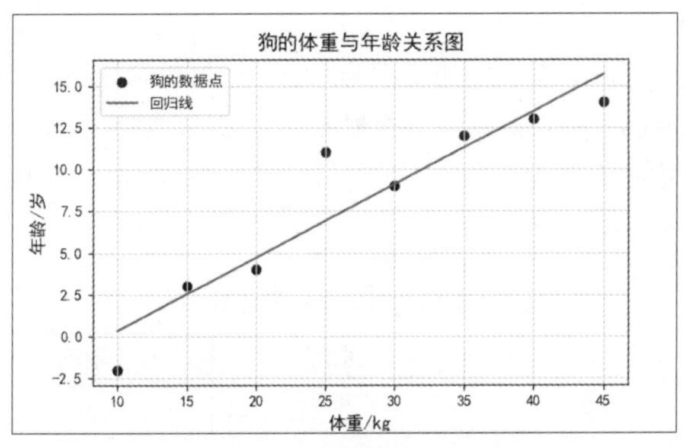

图 3.14　根据体重预测年龄

图 3.14 展示了狗的体重与年龄之间的关系。散点代表实际数据，直线是回归线。整体趋势显示，体重增加时，年龄也倾向于增加。利用回归线，我们可以通过输入狗的体重来获知其可能的年龄。然而，数据点的分散表明这种预测可能不够精确。有些点明显偏离回归线，这说明仅用体重预测年龄有局限性。这个图既展示了狗的体重与年龄的关系，也提供了一种简单的预测方法，同时提示我们可能需要考虑更多因素来提高预测的准确性。

3. 标注

在标注任务中，“标注”一词有两种不同的含义。首先，它指的是人工标注，即由人类根据特定规则或标准对数据进行标记或分类，如为文本添加情感标签或为图像划定物体边界。其次，它也可以指机器标注，即通过机器学习的方法自动为数据分配多个标签或类别，通常基于模型对数据的理解和预测。二者的核心区别在于执行主体：人工标注依赖人类的判断，机器标注则由机器学习模型自动完成。

标注任务的目的是为输入的数据（如文本、图片或其他序列数据）分配相应的标签。这些标签可能是一个，也可能是多个，甚至是一系列的标签，这主要取决于具体任务的要求和复杂性。我们也可以通俗地把标注任务理解为学习预测不相互排斥的类别问题。

举个例子，视频网站在视频发布的时候，总是会让作者选择视频的标签，如“原创”“转载”“搞笑”“技术”“影视剪辑”等。一个典型的视频，会有 5～10 个标签，这些标签大部分是互相关联的。标注任务就是学习为视频（输入的数据）预测对应的标签。

在标注任务中，考虑原始数据中的上下文依赖关系非常重要。仅仅关注单个数据点或特征是不够的，我们还需要考虑其周围的相关信息，即其上下文，这是因为数据点的含义和分类往往会受到其相邻数据的影响。以“苹果”这个词为例，在不同的上下文中，“苹果”可能需要不同的标注。

“我吃了一个苹果”，在这个句子中，“苹果”指的是一种水果。

“苹果公司的股票上涨了”，在这个句子中，“苹果”是一个公司的名称。

这个例子说明了在序列标注任务中考虑元素前后依赖关系非常重要。进行序列标注时需要理解并考虑这种序列中的依赖关系，以便做出更准确的标注决策。

数据标注是一个将原始数据转化为更有价值信息的过程，它不仅提高了数据的可理解性和可用性，还为各种领域的研究和应用提供了更丰富的洞察结果。无论是在商业分析、科学研究还是在日常决策中，经过良好标注的数据都能发挥更大的作用，帮助我们更好地理解和利用信息。

4. 聚类

聚类是一种用于在未标注数据中发现规律的方法。想象我们有大量未标注的猫、狗图片，我们可以让系统自动将这些图片分组。系统会根据图片的相似性将它们划分为几个群组或簇。这些簇可能对应不同品种的猫或狗，或者是基于其他特征（如颜色、体型）的分组。考虑以下未标注宠物类别的数据，如表 3.1 所示。

表 3.1　未标注宠物类别的数据

体重/kg	身长/cm	耳朵	尾巴	毛色
4.2	35	尖	长	橘
5.1	38	尖	长	黑
15.5	65	垂	短	棕
3.8	33	尖	长	白
18.2	70	垂	短	黑白
4.5	36	尖	长	灰
22.0	75	垂	长	金
3.9	34	尖	长	三色

在这个例子中，我们没有明确标注哪些是猫，哪些是狗。聚类算法会根据特征的相似性自动将它们分组。可能的聚类结果和聚类照片数据分别如图 3.15 与表 3.2 所示。

图 3.15　聚类结果

表 3.2　聚类照片数据

簇	体重/kg	身长/cm	耳朵	尾巴	毛色	可能的类别
簇 1	4.2	35	尖	长	橘	猫
	5.1	38	尖	长	黑	
	3.8	33	尖	长	白	

续表

簇	体重/kg	身长/cm	耳朵	尾巴	毛色	可能的类别
簇 1	4.5	36	尖	长	灰	猫
	3.9	34	尖	长	三色	
簇 2	15.5	65	垂	短	棕	中型犬
	18.2	70	垂	短	黑白	
簇 3	22.0	75	垂	长	金	大型犬

上述聚类结果显示，系统能够基于体重、身长、耳朵和尾巴特征将数据分为 3 组。第一组特征与猫相似，第二组和第三组特征与不同大小的狗相似。需要注意的是，聚类结果不会给出这些组的具体标签（如“猫”或“中型犬”），它只是根据数据的相似性将它们分组。解释这些分组的含义通常需要领域专家的参与。此外，聚类结果可能会因为选择的特征、使用的算法以及数据本身的特性而有所不同。例如，如果我们更多地考虑毛色而不是体型，可能会得到完全不同的分组结果。

通过这种方式，聚类可以帮助我们发现数据中潜在的规律和结构，即使我们事先并不知道这些规律是什么。这对于理解大量未标注的数据，或者发现数据中可能存在的新的分类方式，非常有用。例如，我们可能会发现一些之前未注意到的宠物特征组合，这可能暗示新的品种类别或者特殊的健康状况分组。这种洞察可以为后续的研究或实际应用（如个性化宠物护理）提供有价值的方向。例如，你的需求在不断升级，你需要系统能够根据宠物的行为模式预测它们的情绪状态，你甚至想要训练一个能够根据不同宠物的喜好来分发食物的机器人。这些日益复杂的需求正好对应了机器学习不同的学习方法。

3.3.3　机器学习的 4 种学习方法

1. 监督学习

监督学习（supervised learning）是一种机器学习范式，它使用带有目标值或标签的训练样本，学习从输入到输出的映射函数。分类、回归和标注是监督学习的 3 种典型任务。

以猫、狗识别任务为例：首先需要收集大量的猫、狗照片数据，随后进行数据标注，为每张照片添加标签，如“猫”或“狗”（分类任务），或标注宠物的确切年龄（回归任务）。这个标注过程通常耗时且成本高昂。完成标注后，使用这些带标签的数据训练模型，使其能够自动识别新照片中的宠物或预测其年龄。

2. 无监督学习

无监督学习（unsupervised learning）是在没有明确目标值的情况下，从数据中发现潜在的结构或规律。聚类是无监督学习的典型任务，通过将相似的数据点分组来揭示数据的结构。

例如，在处理大量未标注的猫、狗数据时，我们可能需要系统自动将它们分组。系统可能会基于这些数据的相似性发现一些群组，这些群组可能对应不同的品种或其他特征。具体包括将长毛宠物和短毛宠物自动分为两组，或根据宠物的体型进行分类。

3. 半监督学习

在实际应用中，常见的情况：数据量巨大，但只有一小部分带有标签。这时，半监督学习

（semi-supervised learning）就发挥了重要作用。它结合了监督学习和无监督学习的特点，使用少量有标签的数据来帮助学习，同时利用大量未标注的数据进行补充和优化。

4. 强化学习

强化学习（reinforcement learning）是一种机器学习方法，其中机器在与环境的交互中学习如何做出决策，它通过尝试不同的动作并接收相应的奖励或惩罚信号来学习最优策略。

例如，在动态环境中，机器人需要在真实环境中识别并抓取特定的物体，强化学习可以显示出其优势。例如，机器人每次成功抓取正确的目标物体就会得到奖励，从而学习如何更准确地识别和操作目标对象。

机器学习的学习方法在实际应用中各有特长，如图 3.16 所示。

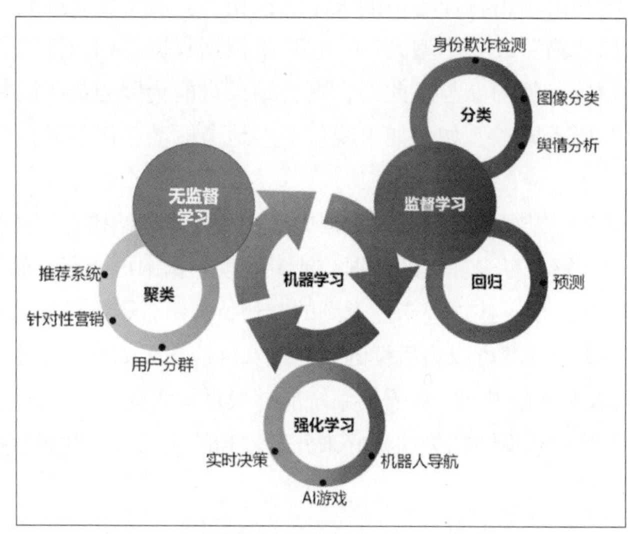

图 3.16 机器学习的学习方法

监督学习适用于需要明确分类或预测的任务，如身份欺诈检测和图像分类。无监督学习在数据探索和规律发现方面发挥重要作用，常用于推荐系统和用户分群等。强化学习则特别适合不需要人工标注数据的场景，如 AI 游戏和机器人导航。在实际应用中，这些方法常常结合使用，以应对复杂的现实问题，如推荐系统可能同时运用多种学习方法来优化整体性能。

3.3.4 机器学习的 5 个工作流程

机器学习的多种学习方法，为我们提供了处理各种复杂问题的工具。对这些学习方法的选择取决于我们面临的具体任务和可用的数据类型。在实践中，机器学习项目通常遵循一个由 5 个主要阶段组成的工作流程：数据探索和问题转化、数据准备、模型搭建和训练、模型预测和分析，以及模型部署和应用。这个流程涵盖从原始数据到可用模型的全过程，确保了机器学习项目的每个关键环节都得到充分的关注和处理。接下来详细探讨这 5 个流程，了解每个流程的具体任务和重要性。

1. 数据探索和问题转化

数据探索和问题转化是机器学习过程的起点，也是项目成功的关键。这个阶段包括数据探索和问题转化两个密切相关的步骤。数据探索是指收集和分析与任务相关的数据，了解其结构、特征和分布情况。问题转化则是将现实业务问题准确地转化为机器学习任务，这是整个阶段最具挑战性的部分。例如，将如何提高客户满意度这个问题，转化为一个可以通过数据驱动方法解决的具体任务。在这个例子中，机器学习问题可能被定义为：基于历史客户数据，预测客户可能不满意的原因或时间点。表 3.3 列举了业务问题转化为机器学习任务的其他例子。

表 3.3　业务问题转化为机器学习任务的其他例子

业务问题	机器学习任务
如何提高农作物产量	分析土壤成分、气候数据、灌溉记录和历史产量数据，预测最佳种植条件和管理策略
如何改善城市交通流量	利用实时交通数据、历史拥堵模式和事件信息，预测交通流量变化
如何预防工业设备故障	通过分析设备运行数据、维护记录和环境因素，识别可能导致故障的异常模式
如何提高医疗诊断准确率	基于患者病历、症状描述、检查结果和医学文献，识别可能的疾病

成功完成这个阶段将为整个项目奠定坚实的基础。这里会涉及机器学习的 3 个关键要素，即模型、策略和算法，以及如何利用这些要素来实现项目目标，后续 3.3.5 小节会详细介绍。

2. 数据准备

在完成数据探索和问题转化后，即可进入数据准备阶段。数据准备阶段的内容包括数据收集、预处理和特征工程。首先收集原始数据，然后进行数据清洗和标准化，去除噪声和异常值，其中特征工程是这个阶段的核心，包括选择合适的特征和确定特征表示方式，最后为样本添加标签，并将处理后的数据转换为向量空间模型，即构建特征向量。这个阶段的质量直接影响后续学习的效果。

以宠物系统为例，数据中包括宠物的各种特征，如体重、年龄、毛色等，以及相应的标签或未标注的信息，这取决于我们采用的是监督学习方法还是无监督学习方法。数据的质量和数量直接影响学习的效果，高质量的数据应该具有代表性、准确性和多样性，示例如下。

```
(毛色=橘黄; 眼睛=竖瞳; 爪子=可伸缩; 叫声=喵喵; 年龄=2; 体重=4.5)
(毛色=黑白; 眼睛=圆瞳; 爪子=不可伸缩; 叫声=汪汪; 年龄=5; 体重=15.2)
```

这组记录的集合称为一个数据集；每条记录是关于一个对象（这里是一只猫或狗）的描述，称为一个示例或样本；用来描述对象的各个方面，如“毛色”“眼睛”“爪子”等，称为属性或特征；属性上的取值，如“橘黄”“竖瞳”，称为属性值。

在处理这些数据时，我们需要将信息转换为计算机可以理解和处理的形式。这个过程涉及特征选择和数据编码。我们选择 3 个特征来表示每个样本：眼睛、爪子和叫声。接着，我们用二进制值来表示这些特征值。

- 眼睛：竖瞳=1，圆瞳=0。
- 爪子：可伸缩=1，不可伸缩=0。
- 叫声：喵喵=1，汪汪=0。

这样，我们就可以将原始数据转换为数字序列，如下所示。

$$\boldsymbol{X}_1=\begin{pmatrix}1\\1\\1\end{pmatrix},\ \boldsymbol{X}_2=\begin{pmatrix}0\\0\\0\end{pmatrix}。$$

这种表示方法将每个样本的特征组合成一个数字序列。$\boldsymbol{X}_1$ 代表一个样本，其特征值分别为竖瞳、可伸缩、喵喵。$\boldsymbol{X}_2$ 代表另一个样本，其特征值分别为圆瞳、不可伸缩、汪汪。这种转换过程实际上就是特征工程，一个样本或对象称为特征向量，如 $\boldsymbol{X}_1$ 和 $\boldsymbol{X}_2$。在机器学习中，特征工程非常重要，它包含以下两步。

（1）确定用哪些特征来表示数据。

（2）确定用什么方式来表示这些数据。

$\boldsymbol{X}_1$、$\boldsymbol{X}_2$ 是无标注数据，和无标注数据对应的是有标注数据。基于特征的值，我们可以判断每个样本是猫还是狗，并给出对应的标签 Y。

猫：$Y=1$。

狗：$Y=0$。

向量空间模型的数据如下：

$$\boldsymbol{X}_1=\begin{pmatrix}1\\1\\1\end{pmatrix},\ Y=1;\ \boldsymbol{X}_2=\begin{pmatrix}0\\0\\0\end{pmatrix},\ Y=0。$$

在机器学习中，特征工程是非常重要的一步，它直接影响模型的性能和效果。通过这些步骤，我们可以将原始数据转化为机器学习算法可以直接处理的形式，为下一阶段的模型搭建和训练做好准备。

3. 模型搭建和训练

在机器学习中，模型是对现实世界中某个过程或现象的数学表示。它实际上就是我们前面所讨论的规律的形式化表达。例如，3.3.2 小节提到的猫、狗分类问题中的规律（如眼睛）可以被编码到一个机器学习模型中。这个模型会学习如何基于这些特征来区分猫和狗。

模型是机器学习中的核心概念，它是一种抽象化的工具，用于捕捉数据中的模式和关系。模型定义了输入特征与目标变量之间的关系，并能够基于这些模式进行预测或决策。例如，模型可能是一个用于预测宠物年龄的回归函数，或者是一个用于分类宠物的决策树。

一个已经训练好的模型，可以理解成一个函数 $y=f(x)$，我们把数据 x 输入模型，可以得到输出结果（对应其中的 y）。输出结果可能是一个数值（回归），也可能是一个标签（分类），它们可以告诉我们一些信息。例如，我们用猫、狗的数据训练宠物分类器，这个分类器就是一个函数，它的输入是宠物的特征，输出是宠物的类别（猫或狗）。当这个分类函数被训练好之后，我们可以用它来预测新的数据。假设我们有一个新的宠物数据需要分类。系统会首先将这个新数据转换到向量空间模型，变成特征向量 $\boldsymbol{X}=(x_1, x_2, x_3)$，其中 x_1、x_2、x_3 分别代表选定的特征值（如眼睛等）；然后将 $\boldsymbol{X}$ 输入训练好的模型，得到结果 y'。如果 $y'=0$，则说明模型判断这个新数据是狗，否则是猫。

这时候，因为已经选定了模型类型，尽管我们已经知道 $y=f(x)$ 的形式，例如，在图 3.14 所示的根据宠物体重预测年龄的例子中，我们已经选定了线性回归作为模型类型（线性回归模型将在 3.3.5 小节进行详细介绍）。因此，我们知道模型的形式为 $f(x)=wx+b$，其中 x 是宠物的体重，

$f(x)$是预测的年龄。这时候，因为已经选定模型类型，所以我们知道了 $f(x)$的形式，但我们还不知道参数 w 和 b 的具体值。

训练是根据指定的模型 $f(x)$的具体形式，结合训练数据，计算出其中各个参数具体取值的过程。这个计算过程遵循特定的优化方法，即算法。在训练过程中，我们使用优化算法（如梯度下降）来调整模型参数 w 和 b，使模型能够最好地拟合训练数据。简单来说，我们会调整 w 和 b 的值，使模型预测的年龄与实际年龄之间的差异最小。通过这个过程，模型逐步学习体重和年龄之间的关系。最终，训练好的模型能够根据新的、未见过的宠物体重数据，预测出相应的年龄。关于算法的相关内容将在 3.3.5 小节进行详细介绍。

在完成模型搭建和训练后，即可进入机器学习过程的下一个关键阶段——模型预测和分析，这个阶段的主要目的是评估我们训练得到的模型的实际表现，并根据评估结果决定是否需要进一步改进。

4. 模型预测和分析

模型预测和分析阶段是验证我们前面所有工作成果的关键阶段。在这个阶段，我们将训练好的模型应用于新的、未参与训练的数据，以评估模型的实际性能和泛化能力。

首先，我们需要准备一个独立的测试数据集。在猫、狗识别的例子中，这个测试集可能包含一系列新的猫、狗图片，这些图片与训练数据来自相同的分布，但必须是模型从未“见过”的。例如，我们可能有 100 张新的猫、狗图片，其中包括不同品种、不同姿势和不同背景的猫、狗。

接下来，我们使用训练好的模型对测试数据集进行预测。在猫、狗识别例子中，这意味着将测试集中的每张图片输入模型，让模型预测每张图片上的宠物是猫还是狗。具体来说，模型可能会对每张图片输出一个概率值，如果概率大于 0.5，就预测为猫，否则预测为狗。

在这个过程中，我们会采用适当的评估指标来衡量模型的性能。对于猫、狗识别任务，我们可能会关注以下指标。

（1）准确率：正确预测的图片数量占总图片数量的比例。例如，如果在 100 张图片中，模型正确识别了 90 张，则准确率就是 90%。

（2）精确率：在所有被预测为猫（或狗）的图片中，真正是猫（或狗）的比例。例如，如果模型预测 50 张图片为猫，其中 45 张确实是猫，那么模型对猫的精确率就是 90%。

（3）召回率：在所有真正的猫（或狗）图片中，被正确预测为猫（或狗）的比例。例如，如果测试集中有 60 张猫的图片，模型正确识别出了 54 张，那么模型对猫的召回率就是 90%。

除了量化指标，深入分析模型的预测结果也是非常重要的。这包括错误分析、模型行为分析和过拟合/欠拟合检查。基于这些分析结果，我们可能需要返回到前面的步骤进行调整。例如，如果发现模型在识别某些品种时表现不佳，我们可能需要增加这些品种的训练样本或重新定义特征；如果模型对图片背景很敏感，我们可能需要改进图像预处理步骤，或者使用更复杂的模型架构。

5. 模型部署和应用

模型部署和应用是将训练好的模型投入实际使用的阶段。这包括将模型集成到目标系统或环境中，确保模型能够高效、稳定地运行。在实际应用中，模型接收新的输入数据并产生预测结果，例如，输入新的宠物数据以预测其类别。部署后，需要持续监控模型的性能，因为现实世界的数据分布可能随时间变化。当模型性能下降时，我们需要收集新数据，并返回到前面的步骤重新训练或微调模型。这个阶段强调了机器学习是一个持续的过程，需要不断适应和优化。

总的来说，机器学习的工作流程是一个迭代过程，包含 5 个关键流程：数据探索和问题转化、数据准备、模型搭建和训练、模型预测和分析，以及模型部署和应用，如图 3.17 所示。

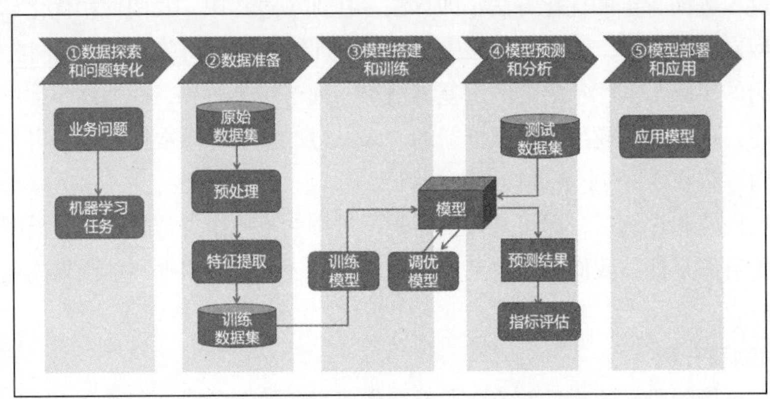

图 3.17　机器学习的工作流程

这个过程始于将业务问题转化为机器学习任务，然后通过数据预处理和特征工程准备训练数据，接着进行模型训练和调优，使用测试数据评估模型性能，最后将模型应用到实际场景中。模型调优是一个重要的迭代环节，可能需要多次调整以提高模型性能。通过这个循环过程，我们不仅能评估模型性能，还能全面了解模型的优缺点，为进一步改进提供方向。这个过程可能需要多次重复，直到得到一个在实际应用中表现令人满意的模型。

3.3.5　机器学习的 3 个要素

在深入探讨了机器学习的整个流程后，我们可以将注意力转向机器学习的本质。尽管机器学习过程涉及众多复杂的步骤和决策，但其核心可以归结为 3 个基本要素：模型、策略和算法。这 3 个要素构成了机器学习的基础，贯穿整个学习过程。

1. 模型

在机器学习的工作流程中，模型选择是一个关键阶段。它直接影响算法的性能和预测结果的准确性。选择合适的模型需要考虑数据的特性、问题的类型以及预期的输出形式。模型是机器学习算法的核心组成部分，它定义了如何从输入数据中学习并生成预测。

根据任务类型，机器学习模型主要分为两大类，即回归模型和分类模型，如图 3.18 所示。这两类模型在处理数据和生成预测时有本质的区别。下面详细介绍这两类模型的特点及适用场景。

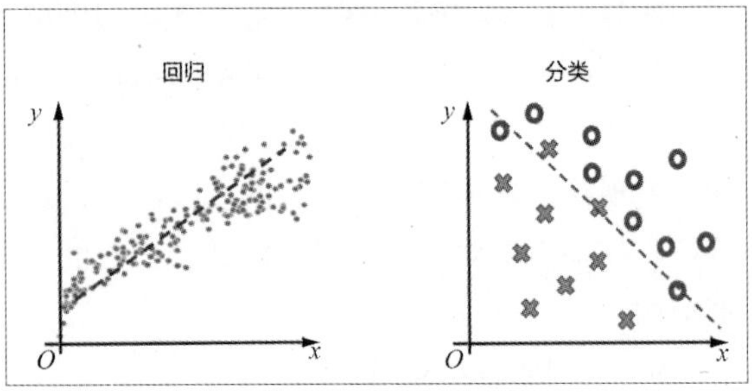

图 3.18　回归模型和分类模型

（1）回归模型

回归模型主要用于预测连续的数值输出。这类模型通过分析输入变量与目标变量之间的关系来预测一个连续的数值结果。常见的回归模型是线性回归模型。

线性回归（linear regression）模型是机器学习中最基础且广泛应用的模型。它以简洁的数学形式描述了自变量（特征）与因变量（目标变量）之间的线性关系，为数据分析和预测提供了强大而直观的工具。线性回归模型的核心假设是变量之间存在线性关系，那么什么是线性关系呢？线性关系通常可以用“越……，越……”这种表述来描述。以下是日常生活中的线性关系例子。

- 房产租赁：房子越大，租金越高。
- 购物消费：购买的汉堡越多，花费的钱越多。
- 物理现象：杯子里的水越多，重量越大。

这些例子都展示了一种直接、呈比例的关系，这正是线性关系的特征。在线性回归中，我们试图找到并量化这种关系，以便进行预测和分析。以广告支出预测销售额为例，使用最简单的一元线性回归模型进行预测，如图 3.19 所示。图中展示了广告支出（横轴，单位为万元）与销售额（纵轴，单位为万元）之间的关系。散点图中的每个点代表一个实际观测值，即某个广告支出对应的实际销售额。图中的直线是通过线性回归分析得出的最佳拟合线。这条拟合线的方程可以表示为 $y = wx + b$，其中 y 表示预测的销售额，x 表示广告支出，w 为权重（斜率），b 为偏置（截距）。这条拟合线清晰地展示了广告支出和销售额之间的正相关关系：随着广告支出的增加，销售额也呈现上升趋势。通过这个模型，在给定任意广告支出金额时，我们可以沿着 x 轴找到对应点，再通过拟合线估算出预期的销售额。

最基本的一元线性回归模型描述了一个自变量与因变量之间的关系。事实上，线性回归模型可以轻松地扩展到多维空间，形成超平面拟合，如图 3.20 所示。这种扩展使线性回归模型能够处理更复杂的实际问题。以公司销售额预测为例，我们可能需要同时考虑广告支出和产品价格两个关键因素。在这种情况下，我们就进入了二元线性回归模型的领域。此时模型的数学表示为

$$\text{销售额} = w_1 \times \text{广告支出} + w_2 \times \text{产品价格} + b。$$

在这个三维空间中，最佳拟合的线性关系表示不再是一条直线，而是一个平面。这个平面直观地展示了广告支出和产品价格如何共同影响销售额。

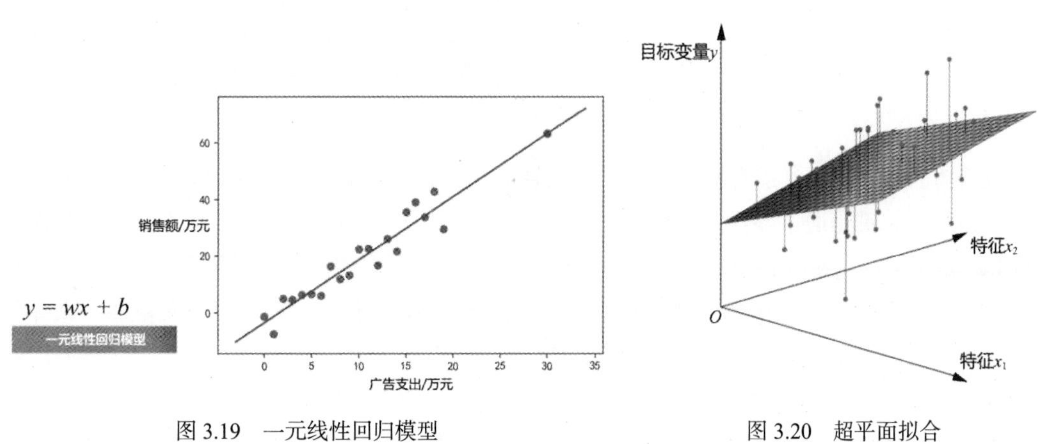

图 3.19　一元线性回归模型　　图 3.20　超平面拟合

然而，线性回归模型也有其局限性。当数据中存在明显的非线性关系时，简单的线性回归模型可能无法准确捕捉这种复杂性。在这种情况下，我们可能需要考虑使用更复杂的模型，如多项

式回归模型、分段线性回归模型或其他非线性模型，以更好地拟合数据。

（2）分类模型

在处理实际问题时，我们不仅需要预测连续的数值（如销售额），有时还需要将数据分类。当我们面对这种需要对数据进行分类的任务时，就可以使用分类模型。分类模型是机器学习中另一个重要的模型类别，其目标是将输入数据分配到预定义的离散类别中。与回归模型预测连续值不同，分类模型预测的是离散的类别标签。分类问题广泛存在于各个领域，如垃圾邮件检测、医疗诊断、图像识别等。

决策树（decision tree）是一种典型的模型，它通过对样本特征进行一系列"是"或"否"的判断，进而做出决策。决策树的每个节点都代表一个特征，每个分支代表一个决策规则，每个叶节点代表一个预测结果。决策树的构建过程是一个递归的过程，从根节点开始，根据特征的不同取值分裂成不同的子节点，再在每个子节点上重复这个过程，直到满足停止条件为止。图 3.21 所示的决策树展示了如何通过一系列简单的是非问题，逐步缩小动物的可能类别，最终得出具体的动物种类。这是一个典型的分类问题解决方案，展示了决策树在动物分类中的应用。

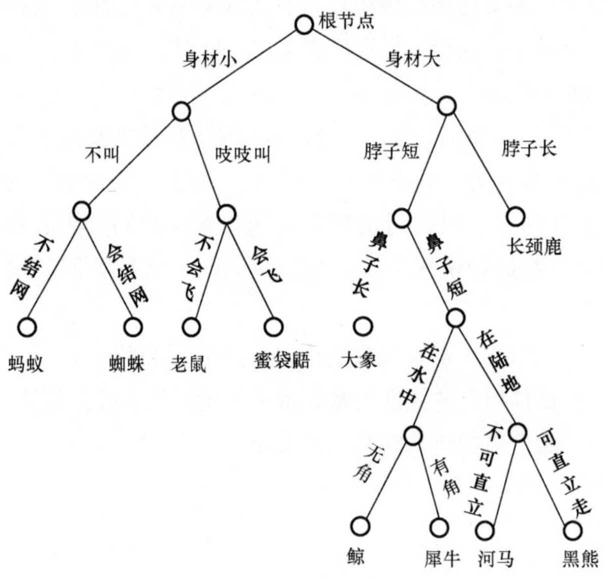

图 3.21　决策树

决策树的复杂度与其层数密切相关。层数越多，模型越复杂；层数越少，模型越简单。在构建决策树时，关键是通过寻找重要特征来实现子节点分支，这样可以更有效地划分数据并提高模型的预测能力。

为了帮助大家更好地理解不同模型之间的联系与区别，以便在面对具体问题时能够更有针对性地选择合适的模型，表 3.4 对常用的机器学习模型进行了分类。

表 3.4　　常用机器学习模型分类

模型类型	回归模型	分类模型
线性回归模型	√	
逻辑回归模型		√

续表

模型类型	回归模型	分类模型
决策树		√
随机森林		√
支持向量机		√
K 最近邻		√
朴素贝叶斯	√	
隐马尔可夫模型	√	

在前文中，我们详细探讨了各类机器学习模型，这有助于我们根据具体问题选择合适的模型。然而，如何有效地训练模型以及如何评估和改进模型性能等仍然是挑战。为此，我们需要深入研究机器学习中另一个至关重要的概念——学习策略，接下来我们将详细讨论各种学习策略，以及它们如何帮助我们更好地应用和优化机器学习模型。

2. 策略

机器学习策略是指导模型学习和优化的核心方法，它包括选择合适的损失函数、正则化技术。策略的核心目标是提高模型的预测准确性和泛化能力，使模型能够在新的、未见过的数据上表现良好。有效的策略不仅能改善模型在训练数据上的表现，还能平衡模型的复杂度，避免过拟合和欠拟合，从而确保模型在实际应用中的实用性和可靠性。

策略的核心是定义和优化损失函数。损失函数量化了模型预测与实际值之间的差异，是评估模型性能的关键指标。以房价预测模型为例，模型接收房屋特征（如面积、位置、房龄）作为输入，输出预测房价，如果模型预测某房屋价格为 100 万元，实际价格为 120 万元，损失函数将给出一个数值来表示这 20 万元的误差。模型将通过特定的算法不断调整参数，以最小化损失函数值，这个过程将使模型逐步提高预测的准确性。表 3.5 列举了机器学习中常用的损失函数，它们分别适用于不同场景。

表 3.5　　机器学习中常用的损失函数

损失函数	描述	适用场景
均方误差（mean square error，MSE）	预测值与实际值之差的平方的平均值	回归问题
交叉熵损失（cross entropy loss）	衡量预测的概率分布与实际概率分布之间的差异	分类问题

策略的选择对模型的学习过程和最终效果有深远的影响。一个优秀的房价预测策略不仅能让模型在已知的训练数据上表现出色，更重要的是，它应该使模型能够准确预测全新的、从未“见过”的房屋价格。这涉及模型的一个关键特性——泛化能力。泛化能力指模型在面对新数据时表现如何，它决定了模型在实际应用中的实用性。因此，在设计和选择策略时，我们需要兼顾模型在训练数据上的表现和其对新数据的适应能力，以确保模型不仅能“模拟”已知信息，还能“理解”并应用于新的情况。

在追求高泛化能力的过程中，我们需要警惕两个常见问题：过拟合和欠拟合，如图 3.22 所示。过拟合指模型过度依赖训练数据的特定特征。在这个例子中，模型认为树叶边缘必须有锯齿，因此，当遇到边缘光滑的新树叶时，模型错误地判断它不是树叶。模型“记住”了训练数据的细节，但失去了识别其他类型树叶的能力。欠拟合是指模型过于简化问题。在这个例子中，模型仅学习到“绿色的就是树叶”这样一个笼统规则，因此，它错误地将整棵绿树都判断为树叶。这表明模型没有充分学习树叶的关键特征，而是进行了过于宽泛的泛化。

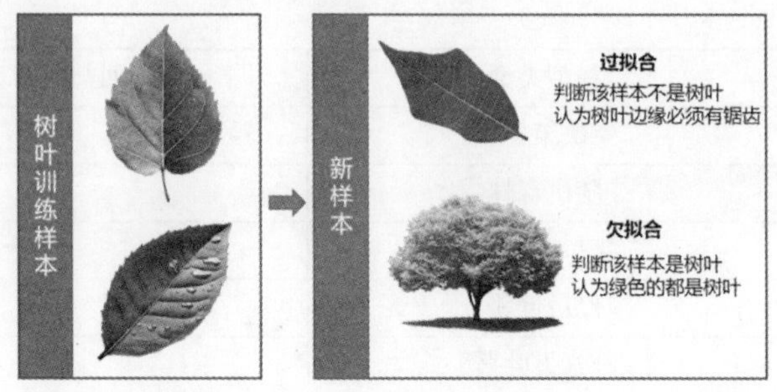

图 3.22　过拟合和欠拟合

最佳模型并不总是最复杂或最简单的。我们的目标是找到一个能够充分捕捉数据中重要模式，同时又不会过度拟合的模型，这种平衡通常能带来最好的泛化性能，使模型在新数据上也能表现良好。因此，我们需要在模型复杂度和数据拟合程度之间寻找平衡，这通常涉及模型选择和超参数调优。例如，在决策树中，我们可以通过限制树的深度或叶节点的最小样本数来防止过拟合；在一元线性回归模型 $f(x)=wx+b$ 中，我们可以通过调整参数 w 和 b 的值来获得更优的泛化能力。此外，交叉验证是一种广泛使用的技术，它通过将数据分成多个子集进行训练和验证，帮助我们更准确地评估模型的泛化能力。

在实际应用中，机器学习策略的制定往往是一个迭代和优化的过程。我们需要根据模型在验证集上的表现，不断调整和优化策略，这可能包括更改损失函数、调整正则化参数等。同时，我们还需要考虑模型的可解释性、计算效率和部署成本等因素，以确保模型不仅在理论上表现优秀，还能在实际环境中有效运行。

在理解了机器学习的策略和损失函数后，我们自然会问：如何具体实施这些策略，使模型真正学习并优化？这就引出了机器学习中的另一个关键概念——算法。

3. 算法

在机器学习中，算法的主要任务是找到能让损失函数值最小的模型参数，从而挖掘出数据背后隐藏的规律，使模型能更准确地预测或分类数据。

在机器学习领域使用面最广的优化算法是梯度下降算法，它不仅在传统的统计机器学习中有广泛的应用，在神经网络和深度学习中也是一种极为常见的优化算法。接下来以梯度下降算法为例，介绍机器学习优化算法的原理和执行过程。

为了更好地理解梯度下降算法的工作原理，我们可以借助来自地理学的一个概念——等高线。等高线是连接地图上所有海拔高度相同的点所形成的曲线，它们在地形图上直观地表示了地形的起伏变化，如图 3.23 所示。类似地，在数学和机器学习中，我们也使用等高线的概念来表示多变量函数的值分布。

梯度是什么？我们可以通过三维图来理解，如图 3.24 所示。图中展示了一个三维曲面 $z=f(x,y)$，我们可以将它想象成一个小山包。在 x/y 平面上，等高线 $f(x,y)=0$，这就像地图上的等高线一样。在某一点 A，垂直于等高线并指向上坡方向的箭头就表示梯度的方向。梯度的大小与等高线的密集程度成正比，等高线越密集，梯度的值越大。

因此，梯度是一个向量，它有方向，指向函数值变化最快的方向，如图 3.24 中上山最陡的方向，也有大小，表示函数值在该方向上的变化率。

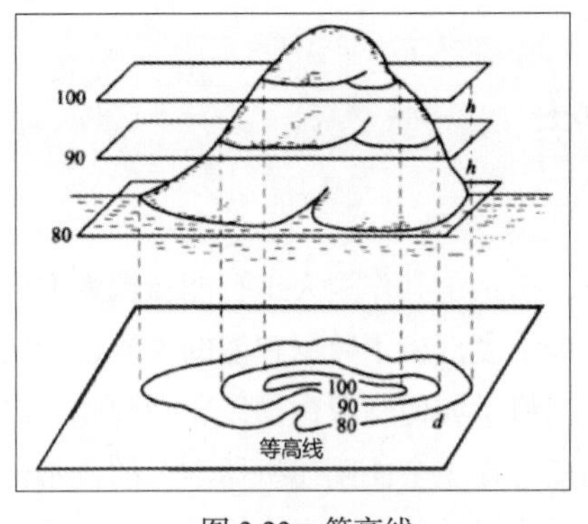

图 3.23　等高线

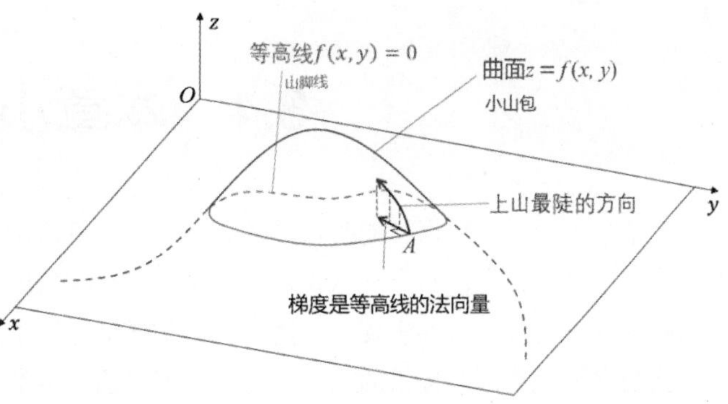

图 3.24　梯度

梯度下降法是一种迭代优化算法，它的核心思想是沿着函数梯度的负方向逐步移动，以寻找函数的最小值。图 3.25 所示的曲线代表了损失函数 $f(x)$，我们的目标是找到这个函数的最小值点。图中标注为“最小值”的位置就是我们要寻找的目标，梯度下降法通过不断调整 x 的值（从 x_0 到 x_1 等），逐步接近这个最小值点。具体步骤如下。

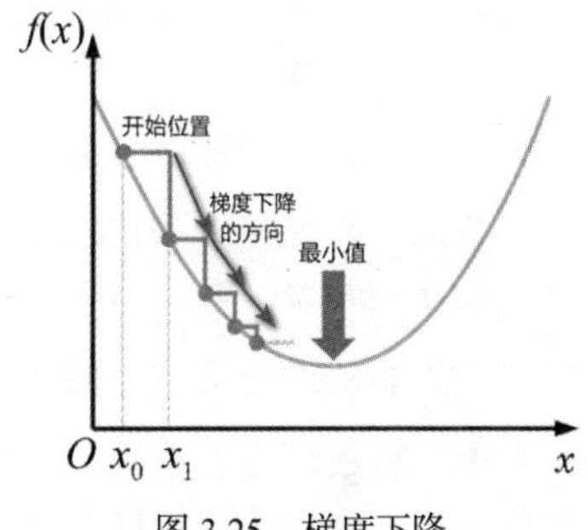

图 3.25　梯度下降

首先，在开始位置（图 3.25 中的 x_0 点）计算函数的梯度。然后，沿梯度的负方向移动一小步（这一步的大小由步长决定），到达新的位置（图 3.25 中的 x_1 点）。在新的位置重复这个过程，形成一系列逐渐接近最小值的点。一系列箭头表示梯度下降的方向，每次移动都在降低函数值 $f(x)$。这个过程持续进行，直到梯度接近零（也就是接近图 3.25 中标注的“最小值”位置）或达到预定的迭代次数。

在这个过程中，每次前进的步长也称为学习率。图中箭头的长度可以理解为步长的大小。步长是算法自己学习不出来的，它必须由外界指定。如果步长太大，可能会跳过最小值点；如果步长太小，虽然移动稳定，但可能需要很长时间才能到达最小值点，如图 3.26 所示。

为了平衡大小步长的优缺点，可以选择在一开始的时候大步走，当所到达点的梯度逐渐减小时，逐步调整，缩小步长，如图 3.27 所示。

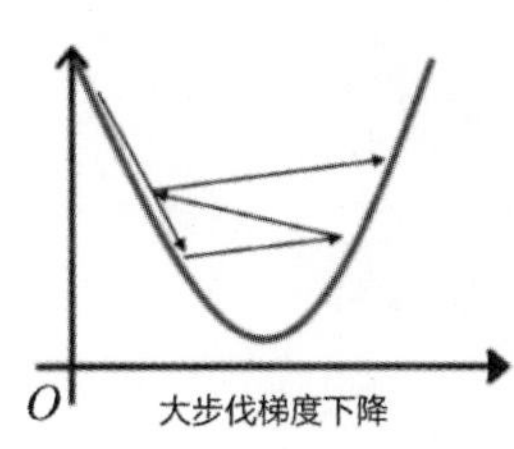

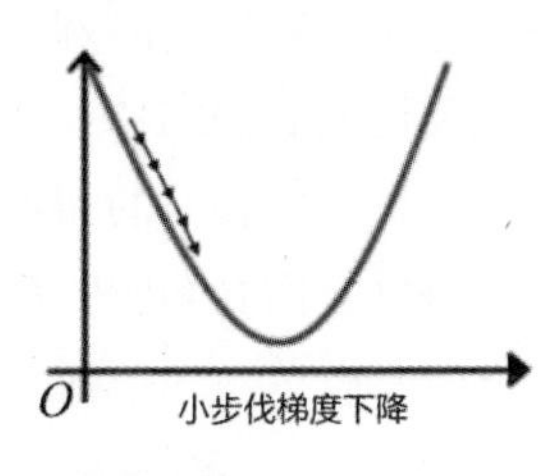

图 3.26　不同步长的梯度下降

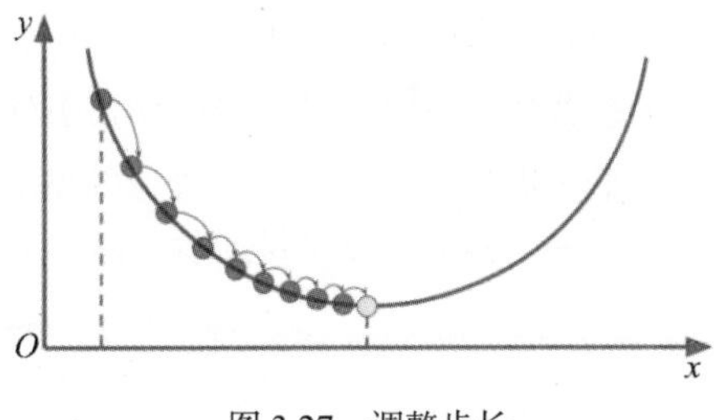

图 3.27　调整步长

综上所述，机器学习的核心框架由模型、策略和算法这 3 个关键要素构成。这 3 个要素紧密相连，相互配合：模型提供了问题的表达方式，策略确定了评估标准，算法则是达成目标的实际途径。深入理解这 3 个要素及其之间的关系，对于掌握机器学习的原理和应用至关重要。在实际应用中，根据具体问题的特点选择合适的模型、制定有效的策略、采用高效的算法，是构建成功的机器学习系统的关键所在。

3.4 本章小结

本章深入探讨了数据智能时代的核心技术——机器学习，揭示了其作为人工智能新探索方向的革命性意义。首先，本章从认识论、模型论和数学角度 3 个维度剖析了数据智能的本质，阐明了其作为智能时代基石的重要性。随后，本章详细介绍了数据科学如何驾驭数据以驱动智能，展示了大数据为机器学习提供的前所未有的发展机遇。本章的核心在于全面阐述机器学习的技术框架，包括其作为智能决策引擎的核心任务、工作流程、学习方法以及关键要素。特别是通过深入探讨模型、策略和算法这 3 个要素，本章展现了机器学习如何突破传统人工智能的限制，开创数据驱动的智能新纪元。

本章内容对于读者了解人工智能技术的发展轨迹和未来趋势至关重要，不仅能帮助读者掌握数据智能、数据科学和机器学习的基本概念与关键技术，还能为读者理解更复杂的人工智能应用奠定坚实的基础。通过对本章的学习，读者能够深刻认识到机器学习在推动人工智能从规则导向转向数据驱动的范式这一转换中所起的关键作用，为后续探索更前沿的人工智能技术和应用储备必要的知识。此外，本章内容也为读者提供了一个系统化的视角，有助于他们在未来的学习和工作中更好地把握人工智能技术的发展方向。

3.5 习题

1. 简述数据智能的 3 个维度（认识论、模型论和数学角度），并说明它们如何形成从抽象到具体的逻辑递进关系。
2. 数据科学被描述为“驾驭数据以驱动智能”，请解释这句话的含义，并说明数据科学在数据智能中的作用。
3. 什么是模型思维？请举例说明模型思维在现实生活和数据智能中的应用。
4. 简述机器学习的 4 类主要任务，并各举一个实际应用的例子。
5. 机器学习有哪几种主要的学习方法？简要说明它们的特点和适用场景。
6. 描述机器学习的工作流程，并说明每个阶段的主要目的和重要性。
7. 机器学习的 3 个关键要素是什么？简要解释它们之间的关系。

第 4 章 人工智能技术的觉醒——深度学习技术

本章将深入探讨深度学习技术这一人工智能核心技术。深度学习作为机器学习的重要分支，在近年来取得了突破性进展，推动了人工智能领域的快速发展。本章首先阐述深度学习的定义及其与传统机器学习的区别，介绍深度学习领域的 3 位杰出先驱，然后从时间维度梳理深度学习的演进过程，展现其从早期探索到当前繁荣的发展轨迹，接着聚焦计算机视觉和自然语言处理两大应用领域，分析深度学习在这些领域的发展历程。本章还将深入剖析深度学习的两大关键技术，即 Transformer 架构与预训练大模型，详细探讨它们的工作原理和应用策略。本章最后以 AlphaFold 为例，展示深度学习在科学研究领域的突破性应用。本章旨在帮助读者构建对深度学习技术的整体认知框架，为后续学习奠定基础。

4.1 深度学习概述

4.1.1 了解深度学习

在第 3 章，我们深入探讨了机器学习的基本原理及应用。机器学习是实现数据智能的主要方法之一，通过分析和学习大量数据，系统能够自动识别模式、做出预测，实现类似人类智能的某些功能，如模式识别和预测等。

然而，传统机器学习方法的性能在很大程度上依赖于人工设计的特征工程，这一过程往往耗时且需要大量专业知识。以图像分类任务为例，传统机器学习方法需要人工设计特征提取器，以识别图像中的关键特征，如猫和狗的眼睛形状、尾巴形状、耳朵形状、鼻子轮廓等。而近年来兴起的深度学习，利用多层神经网络，可以直接从原始数据（如图像像素）中自动学习层次化的特征表示，减少了对特征工程的依赖，实现了端到端的学习。

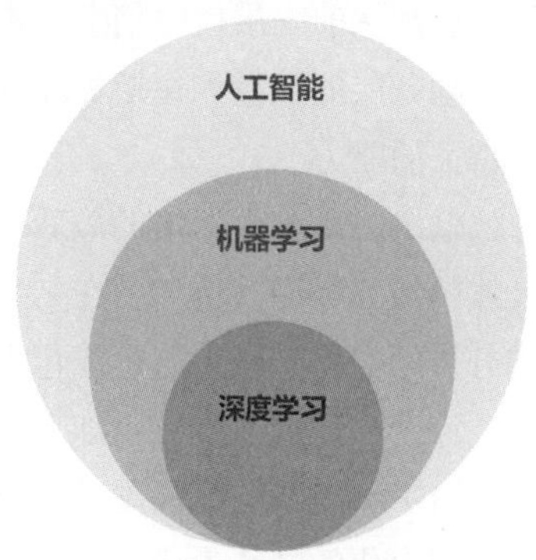

图 4.1　人工智能、机器学习、深度学习的关系

深度学习是机器学习的一个重要分支，其采用机器学习中

的多层神经网络模型及梯度下降算法，是当前人工智能领域的核心技术。人工智能、机器学习和深度学习的关系如图 4.1 所示。

深度学习借鉴了人脑神经网络的某些结构特性，利用多层神经网络来处理和学习大规模数据，以解决复杂的认知问题，如图 4.2 所示。

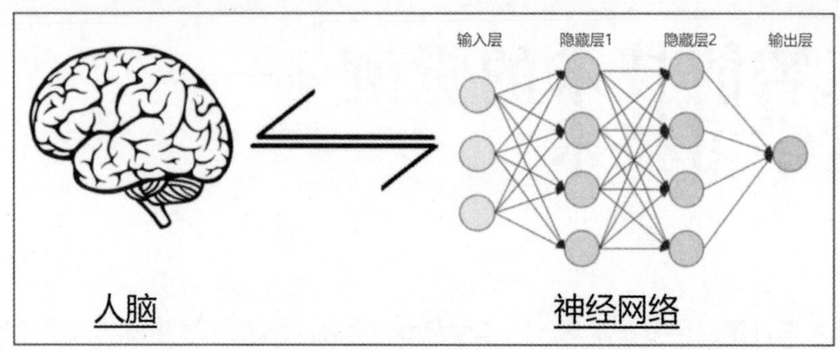

图 4.2　深度学习借鉴了人脑神经网络的某些结构特性

深度学习的核心在于其独特的多层神经网络结构。这些网络由大量的人工神经元（或称为节点）构成，每个神经元通过带有权重的连接与其他神经元相连，形成一个高度复杂和非线性的网络系统。深度学习模型的强大之处在于其能够通过海量数据的训练过程，自动调整这些连接的权重，从而逐步提升对复杂模式的识别、分类和预测能力。

基本的神经网络通常包含 3 种类型的层，如图 4.3 所示。

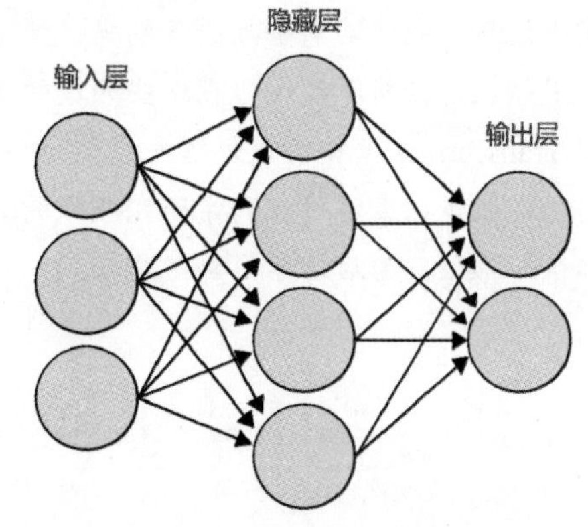

图 4.3　基本的神经网络

输入层是神经网络的入口，负责接收来自外部世界的信息。这一层的神经元将原始数据的格式转换为网络可以处理的格式，并将其传递给下一层。输入层的设计直接影响网络对输入数据的初步理解和表示。

隐藏层是神经网络的核心处理单元，位于输入层和输出层之间。它可以包含一个或多个层，每一层都从前一层接收信息，进行复杂的数学运算和非线性变换，并将处理后的信息传递到下一层。隐藏层的数量和每层神经元的数量决定了网络的深度与复杂度，直接影响网络学习和表示复杂特征的能力。

输出层是神经网络的最后一层，负责产生网络的最终预测或决策结果。输出层的设计取决于具体的任务类型。例如，在二元分类问题中，输出层可能只有两个神经元，输出 0 或 1；而在多类分类问题中，输出层可能包含多个神经元，每个神经元对应一个类别。

深度学习的显著特点如下。

（1）层次结构：深度学习模型由多个非线性处理层组成，每一层对前一层的输出进行变换，形成层次化的特征表示。

（2）端到端特征学习：无须人工设计特征，深度学习可以直接从原始数据（如图像、文本）中自动学习得到高层次的抽象特征表示。

（3）大规模数据驱动：深度学习使用海量数据进行训练，一般来说，数据规模越大，模型性能往往越好。

4.1.2　传统机器学习与深度学习的对比

为了便于理解，我们从模型、算法、策略和特征工程 4 个角度，将传统机器学习和深度学习进行对比，如表 4.1 所示。

表 4.1　传统机器学习与深度学习对比

维度	传统机器学习	深度学习
模型（函数类别）	机器学习模型通常基于统计学习方法和数学方法，如逻辑回归、决策树、支持向量机、朴素贝叶斯等，通过这些方法从数据中学习映射函数	深度学习模型基于层次化的神经网络结构，如卷积神经网络、循环神经网络、Transformer 架构等，更适合处理复杂的模式识别任务
算法（拟合方法）	常用的优化算法有梯度下降法、牛顿法、随机梯度下降法等	主要使用基于梯度的优化算法，如随机梯度下降法等，依赖大量的数值计算和较高的算力；采用反向传播算法
策略（拟合目标）	主要使用损失函数，损失函数是用于衡量模型预测结果与实际结果差异的指标，用于指导模型在学习过程中的优化方向，目标是最小化损失函数，提高模型拟合度	使用的损失函数更加多样化，可以结合不同任务、不同模型和网络进行设计，通常具有更复杂的优化目标；深度学习模型每一层还包括一个激活函数
特征工程	需要人工设计和选择特征；特征工程的好坏直接影响模型性能	采用表示学习，能够自动学习和提取特征；直接使用自然数据（如图像像素），减少对人工特征工程的需求

从表 4.1 可以看出，在模型方面，传统机器学习通常基于统计学习方法和数学方法，如逻辑回归、决策树、支持向量机、朴素贝叶斯等，这些模型通常适用于较小规模的数据集；深度学习则采用层次化的神经网络结构，更适合处理复杂的模式识别任务。在算法方面，二者都使用优化算法，但深度学习更依赖基于梯度的方法，并且采用反向传播算法。在策略上，二者都使用损失函数来指导模型优化，但深度学习还通过非线性激活函数（如 ReLU）实现对复杂非线性关系的建模。最显著的区别在于特征工程：传统机器学习需要人工设计和选择特征，而深度学习能够自动学习和提取特征，大大减少了对人工干预的需求。这些差异使深度学习在处理大规模、复杂数据时具有独特优势。

4.1.3　深度学习研究的“三驾马车”

2018 年，计算机科学界最高荣誉图灵奖（被誉为“计算机界的诺贝尔奖”）被授予了深度学习领域的 3 位杰出学者：加拿大蒙特利尔大学的约书亚·本吉奥（Yoshua Bengio）教授、加拿大多伦多大学的杰弗里·辛顿（Geoffrey Hinton）名誉教授和美国纽约大学的杨立昆（Yann LeCun）教授。这 3 位学者因其在深度神经网络研究中的开创性贡献而获得该奖，他们使深度神经网络成为现代计算的核心技术，因此被誉为深度学习研究的“三驾马车”，如图 4.4 所示。

这些人工智能领域的先驱，早在 20 世纪 80 年代就开始了他们在深度神经网络方面的研究，当时这还是一个相对冷门的领域。他们投身这项长达 40 多年的研究的动力，源于对人脑工作机制的纯粹好奇心。正如杰弗里·辛顿所言：“如果你真的想了解一个非常复杂的装置，比如大脑，那么最好的方法就是自己去构建一个。”这种思维方式引领他们进入人工神经网络研究的世界。

杨立昆也表达了类似的观点："我们 3 人投身这个领域，不仅仅是因为我们想要构建智能机器，更是因为我们想要深入理解'智能'的本质，包括人类智能。我们正在探索智能和学习的基本原则，并通过构建智能机器来更好地认识我们自己。"

图 4.4　深度学习研究的"三驾马车"

美国计算机协会在颁奖时强调，这 3 位学者共同为深度学习领域奠定了概念基础，通过实践验证了其卓越性能，为工程进展做出了巨大贡献，证明了深度神经网络在实际应用中的优势。近年来，深度学习在计算机视觉、语音识别、自然语言处理和机器人技术等领域带来了革命性的突破，其影响力已经远远超出了计算机科学的范畴，扩展到了数学、物理、化学、生物等多个学科，加速了这些领域的科研进程。

4.2　从时间维度看深度学习的进化

4.2.1　深度学习的"古猿时代"

如第 1 章所述，M-P 神经元模型和赫布学习律是神经网络的早期基础，这一时期可以类比理解为深度学习的"古猿时代"。M-P 神经元模型由麦卡洛克和皮茨于 1943 年提出，他们构建了一个简化的数学模型来模拟神经元活动，如图 4.5 所示。M-P 神经元模型是人工神经网络的起源，奠定了人工神经网络发展的基础。赫布学习律阐述了神经元之间连接强度变化的机制：当神经元 A 和神经元 B 同时激活时，它们之间的突触连接将增强。

赫布学习律与巴甫洛夫的条件反射理论在原理上高度一致，而且随后的神经生物学研究为其提供了实证支持。这一学习律为理解神经网络中学习和记忆的形成机制提供了重要的理论基础，对现代神经科学和人工智能领域产生了深远影响。它揭示了神经元连接强度如何通过经验和学习而动态调整，为解释大脑的可塑性和认知功能提供了关键洞见。

深度学习"古猿时代"较具代表性的技术之一是感知机（perceptron）。感知机是由弗兰克·罗森布拉特（Frank Rosenblatt）在 1957 年发明的，是一种简单的神经网络模型。感知机通过模拟神经元的工作方式，将输入信号经过加权求和后，使用一个激活函数来生成输出。这种模型虽然简单，但它在解决线性可分问题时表现出色。

感知机的基本结构由输入层、输出层和可调整的权重组成。输入层接收外部数据，通过加权求和后输入激活函数中，最终在输出层生成结果。例如，对于一个二分类问题，感知机可以通过调整权重来找到最优的分类边界，使不同类别的数据点尽可能分开，从而实现线性分类，如图 4.6 所示。

尽管感知机在解决简单问题时效果显著，但在处理更复杂的非线性问题时，其局限性逐渐显现。尤其在应对异或（XOR）问题时，感知机表现出显著的不足。异或问题是一个典型的非线性问题，简单的感知机无法通过直线将数据正确分类。由于这个致命的缺陷以及人们没有及时推广感知机到多层神经网络中，在 20 世纪 70 年代，人工神经网络进入第一个"寒冬"期，人们对神经网络的研究也停滞了很长时间。

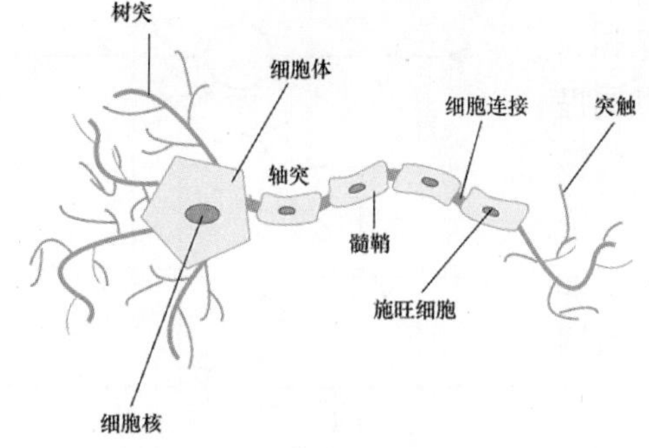

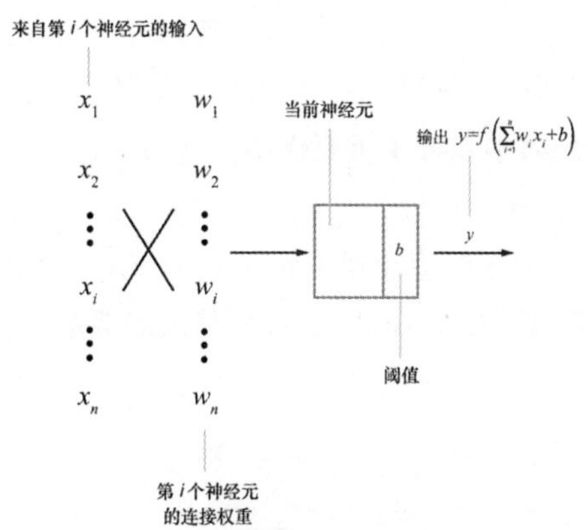

图 4.5　M-P 模型：从生物神经元到人工神经网络

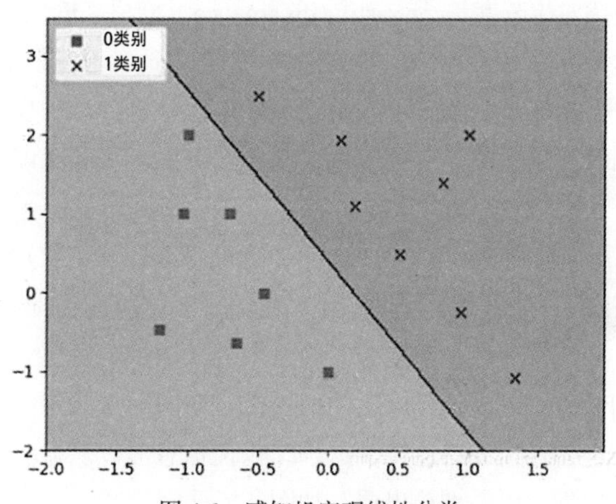

图 4.6　感知机实现线性分类

4.2.2　深度学习的“智人时代”

20 世纪 80 年代，神经网络研究进入一个新的阶段，这一时期被称为“智人时代”。在这个时期，科学家尝试用多层神经网络去解决“古猿时代”中简单神经网络在处理复杂问题时存在局限性的问题，这使神经网络的应用前景更加广阔。

1. 霍普菲尔德神经网络

霍普菲尔德神经网络由约翰·霍普菲尔德（John Hopfield，于 2024 年与杰弗里·辛顿一起荣获诺贝尔物理学奖）于 1982 年提出，是一种具有递归特性的神经网络，主要用于模式识别和内容寻址的记忆系统。其核心思想是通过一个能量函数来定义网络的状态，网络在更新过程中会趋向于降低能量，从而收敛到一个固定点，这个固定点对应于存储的模式。

结构特点：霍普菲尔德神经网络由多个互相连接的神经元组成，通常每个神经元的状态只有两个值（+1 或−1）。网络中的每个神经元与其他所有神经元相连（自连接除外），连接权重可以是正值或负值，如图 4.7 所示。

记忆机制：该网络通过学习输入模式来调整连接权重，能够在输入部分信息或噪声的情况下恢复出完整的模式。这种特性使霍普菲尔德神经网络在图像识别和优化问题中得到广泛应用。

局限性：尽管霍普菲尔德神经网络能够存储和检索模式，但其存储能力有限，通常只能可靠地存储少量模式。此外，它对高维复杂数据的处理能力较弱，容易出现“虚假”状态。

2. 玻尔兹曼机及其变体

玻尔兹曼机（Boltzmann machine）是由杰弗里·辛顿和特伦斯·谢诺夫斯基（Terrence Sejnowski）于1985年共同提出的一种随机生成的神经网络。它是一种无向图模型，能够通过无监督学习从数据中发现潜在的模式。

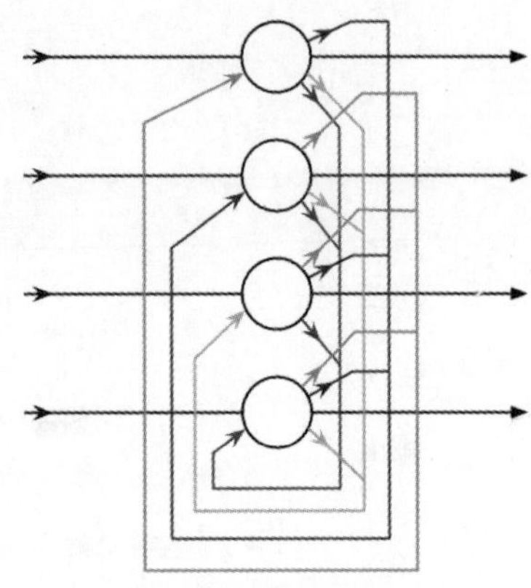
图 4.7　霍普菲尔德神经网络

基本结构：玻耳兹曼机由可见层和隐藏层组成，神经元之间的连接是对称的。每个神经元的状态是二进制的，且网络的学习通过模拟退火过程来进行。

学习机制：玻尔兹曼机通过最大似然函数来学习模型参数，使用对比散度（contrastive divergence）算法来近似计算梯度。这种方法使网络能够在高维空间中有效地学习复杂的分布。

变体：受限玻尔兹曼机是玻尔兹曼机的一种变体，其限制了可见层和隐藏层之间的连接，使训练更加高效。受限玻尔兹曼机在特征学习和深度信念网络中发挥了重要作用。

3. 前馈神经网络

前馈神经网络（feedforward neural network，FNN）又称多层感知器（multi layer perceptron，MLP），是深度学习的基础结构之一，主要由杰弗里·辛顿等人在20世纪80年代发展成形。

结构特点：前馈神经网络由输入层、隐藏层和输出层组成，各层之间的连接是单向的，同层神经元之间没有连接。这种结构使信息可以从输入层逐层传递到输出层，如图4.8所示。

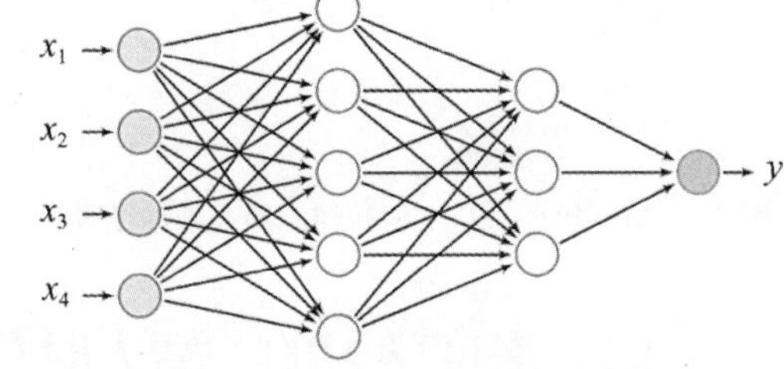

图 4.8　前馈神经网络结构

激活函数：每个神经元通过激活函数（如Sigmoid、ReLU等）对输入进行非线性变换，从而能够学习复杂的函数映射。

应用场景：前馈神经网络广泛应用于分类、回归和特征提取等任务，是深度学习的基础模型之一。

4. 反向传播算法

反向传播算法（back-propagation algorithm，BP算法）是深度学习中十分重要的训练算法，1986年由杰弗里·辛顿、戴维·鲁梅尔哈特（David Rumel hart）和其他研究者共同完善，广泛应用于前馈神经网络。

工作原理：反向传播算法通过链式法则计算损失函数相对于每个权重的梯度。首先前向传播计算输出，然后通过损失函数计算误差，最后将误差反向传播以更新权重。

效率提升：反向传播算法大大提高了神经网络的训练效率，使多层神经网络的训练成为可能；它允许网络使用大量数据进行学习，从而捕捉到数据中的复杂模式。

影响深远：反向传播算法的提出和应用是深度学习的一个重要里程碑，为后续深度学习模型（如卷积神经网络和循环神经网络）的发展奠定了基础。

5. 卷积神经网络

1988年，一个革命性的想法在计算机科学界诞生了，计算机科学家杨立昆提出了一种全新的神经网络模型，名为LeNet。这个模型的出现标志着卷积神经网络（convolutional neural network，

CNN）的诞生，开创了使用深度学习进行图像识别的新时代。卷积神经网络如图 4.9 所示。

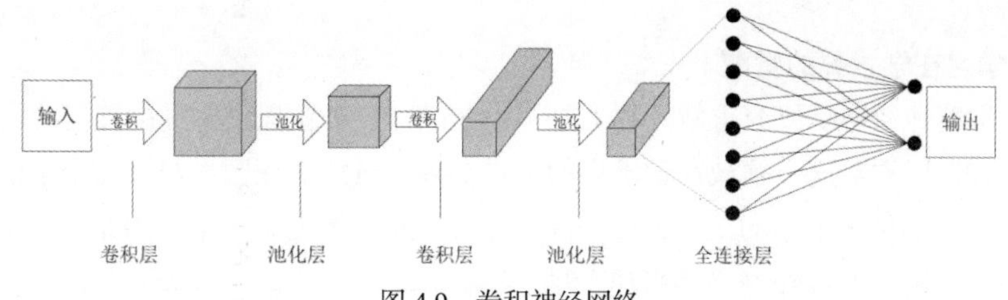

图 4.9　卷积神经网络

LeNet 的核心思想是通过模仿人类视觉系统的工作方式来处理图像。它的基本结构包含多个卷积层和池化层，卷积层负责捕捉图像中的特征，就像我们的眼睛识别物体的轮廓和纹理一样；池化层则帮助网络抓住重要特征，同时减少数据量，使计算更加高效。

最初，LeNet 主要用于解决手写数字识别问题。想象一下，当我们在支票上写下某个金额，或者在信封上写下邮政编码时，LeNet 就像一个细心的助手，能够准确地读取这些数字。这在当时是一个巨大的突破，为自动化处理邮件和银行业务开辟了新的可能性。

在接下来的 10 年里，LeNet 并没有停止进化。科研人员不断对其进行改进和优化。到了 1998 年，一个更加成熟和强大的版本——LeNet-5 诞生了。LeNet-5 的网络结构更加复杂，能力也更加强大。

6. 循环神经网络

前面介绍的霍普菲尔德网络首次在神经网络中引入循环连接的概念，尽管它主要用于存储和检索模式，但这一思想为循环神经网络（recurrent neural network，RNN）的发展提供了启发与借鉴。而真正推动 RNN 概念走向实用的，是 1986 年迈克尔·欧文·乔丹提出的时序神经网络，它启发了人们构建能够处理序列数据的模型。随后，在 1990 年，杰弗里·埃尔曼（Jeffrey Elman）进一步提出了经典的 RNN 结构，使循环神经网络在理论和实践上得以完善。

循环神经网络的核心在于其独特的递归结构设计。与传统的前馈神经网络不同，RNN 的神经元之间形成了循环连接，就像人类阅读文字时会记住前文内容一样，RNN 通过将当前的隐藏状态传递给下一时刻，能够捕捉时间序列中的动态模式。这种设计让 RNN 可以广泛应用于语音识别、语义分析、股票市场趋势预测等需要处理时间序列数据的任务。然而，早期的 RNN 模型在面对长序列数据时容易出现“长期依赖问题”，即网络无法有效记住序列中久远的关键信息。

1997 年，长短期记忆网络（long short-term memory，LSTM）的提出为这一难题提供了革命性的解决方案。LSTM 通过引入精巧的“门控机制”（包括输入门、遗忘门和输出门），让网络能够自主决定哪些信息需要记住，哪些信息可以遗忘，就像人类在听故事时能够抓住主线情节而忽略细枝末节一样。这一突破极大地提升了 RNN 在处理长序列数据任务中的性能。

4.2.3　深度学习的“觉醒期”

在 1995—2005 年，神经网络的研究经历了一段低潮期。尽管早期的神经网络模型取得了一些成果，但由于计算能力和数据规模的限制，神经网络的实际应用受到了很大的限制。与此同时，机器学习的其他方法，如支持向量机和决策树等，逐渐成为主流。它们由于具备更好的可解释性和稳定性，在许多应用场景中取代了神经网络。

随着计算机硬件的发展和大数据时代的到来，神经网络重新崛起，并迅速成为人工智能领域的重要技术。下面，我们将从学术界、工业界及社会影响力等角度来了解深度学习在这一阶段的演变过程。

1. 深度学习在学术界的觉醒

2006 年，深度神经网络研究重新崛起，这一年，杰弗里·辛顿提出了深度置信网络（deep belief network，DBN），标志着这一领域在学术界的正式复兴。虽然“深度学习”这个术语在当时还未被广泛使用，但杰弗里·辛顿的工作为后来深度学习的发展奠定了基础。杰弗里·辛顿是一位杰出的学者，他年轻时就对神经网络感兴趣，尽管这一领域在当时并不被主流学术界所看好。

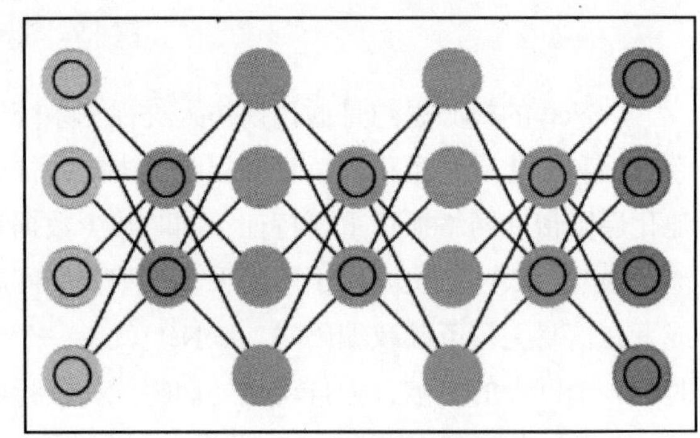

图 4.10　深度置信网络

杰弗里·辛顿的研究集中在神经网络上，他一直相信这种方法在智能计算中有巨大的潜力。早期的神经网络在训练深层结构时会遇到一些问题，比如梯度爆炸和梯度消失。简单来说，梯度爆炸是指训练过程中产生过大的变化导致模型无法稳定，梯度消失则是变化过小导致模型学习速度慢甚至无法学习。但杰弗里·辛顿并没有放弃，他终于在 2006 年成功开发了深度置信网络（见图 4.10），他利用逐层贪婪预训练的方法，显著改善了上述训练问题。虽然深度置信网络并未完全解决梯度消失和梯度爆炸问题，但它为后续研究指明了方向。这一成果不仅在学术界引起了广泛关注，也为大数据时代的深度学习技术奠定了重要基础。

深度置信网络的提出，使神经网络可以更有效地进行深度训练，它改变了学术界对这一领域的看法。这项技术的提出，大大改善了传统神经网络的局限性，使其能够处理更复杂和更大规模的数据集。

为了更好地理解深度置信网络的重要性，我们可以将其看作一种分层的神经网络结构，每一层都经过独立训练，再逐层堆叠。这种方法克服了以往神经网络在训练深层结构时遇到的困难，使深度学习模型能够更有效地学习和提取复杂数据中的特征。

在 2006 年之后的几年里，深度神经网络在学术界的影响力迅速扩大，越来越多的研究成果不断涌现。学术界对这一领域的认可和支持，为其发展提供了强大的推动力，促使其在短时间内取得了显著的进展。杰弗里·辛顿的研究成果不仅是他个人的成功，也标志着深度神经网络研究在学术界的觉醒，为后来深度神经网络的发展奠定了坚实的基础。

2. 深度学习在工业界的觉醒

2012 年是深度学习在工业界崛起的关键一年。其中，ImageNet 数据集和 AlexNet 模型的结合扮演了核心角色，推动了深度学习技术在学术界和工业界得到广泛应用和发展。

ImageNet 数据集项目始于 2007 年，由美国斯坦福大学的李飞飞教授与美国普林斯顿大学的李凯教授等人共同领导。这个项目于 2009 年首次发布，旨在为视觉识别研究提供一个大规模的标准化图像数据集，如图 4.11 所示。该项目成员认识到，要让机器具备类似人类的视觉理解能力，就必须使用海量数据进行训练。他们发动众多研究人员和志愿者，花费数年时间收集和标注了数百万张图像，最终构建了 ImageNet 数据集。这个数据集成为深度学习领域的基石，为之后的技术突破奠定了基础。

图 4.11　ImageNet 数据集

2012 年，加拿大多伦多大学的杰弗里·辛顿和他的两个学生亚历克斯·克里泽夫斯基、伊尔亚·苏茨克维开发了卷积神经网络模型 AlexNet，并利用 ImageNet 数据集进行训练。在网络的底层，模型学会了一些类似传统滤波器的特征提取方法。随着网络层级的提升，AlexNet 可以捕捉到更复杂的特征，如眼睛、鼻子和叶片。更高层的网络则能够识别完整的物体，如人、飞机、狗或飞盘。最终的隐藏层神经元能够形成图像的综合表示，从而使不同类别的数据更容易被区分。

这一模型在 ImageNet 大规模视觉识别挑战赛（ILSVRC）中取得了革命性的成功，将图像分类的 top-5 错误率从此前的最佳成绩 26.2%降低到了 15.3%，这一成绩震惊了整个计算机视觉领域。AlexNet 的成功不仅证明了深度神经网络具有巨大的潜力，也展示了深度学习在处理大规模数据和复杂任务方面所具有的优势。

在 AlexNet 取得成功后，越来越多的公司开始认识到深度学习的潜力，并将其应用到各种实际问题中。无论是图像识别、语音识别，还是自然语言处理，深度学习技术都展现出强大的能力和广阔的应用前景。越来越多的企业开始投资深度学习的研究和开发，推动了这一技术在工业界快速发展。

深度学习在工业界的觉醒，不仅推动了技术的发展，也带来了巨大的商业价值。随着时间的推移，越来越多的企业开始将深度学习应用到实际生产中，提升了生产效率，降低了成本，并创造了新的商业模式和机会。深度学习在工业界的应用，不仅改变了传统的生产方式，也推动了整个行业的创新和发展。

3. 社会影响力的提升

多年来，围棋由于其可能的棋局数比宇宙中的原子数还要多，一直被认为是人工智能难以攻克的领域。然而，2016 年 3 月，DeepMind 开发的 AlphaGo 在与围棋世界冠军李世石的 5 局比赛中取得了 4 胜 1 负的战绩，震惊了世界，如图 4.12 所示。这不仅是人工智能历史上的一个重要里程碑，还是人类智慧与机器智能的一次正面对决，标志着人工智能在处理复杂问题上的能力达到了新的高度。

图 4.12　AlphaGo 大战李世石

AlphaGo 的成功并不仅仅依靠传统的暴力搜索等计算能力，它采用了深度学习和强化学习的技术。我们从前文可知，深度学习模仿了人脑的神经网络结构，通过大量数据进行训练，能够识别和分类复杂的模式。AlphaGo 通过分析成千上万的棋谱，从中学习围棋的策略和技巧，并通过不断试错，从反馈中学习如何在特定环境中采取最佳行动。在后期，AlphaGo 通过与自己对弈，逐步提高棋艺，形成了独特的下棋风格。

2017 年，AlphaGo 的进化版本 AlphaGo Zero 问世，它完全通过自我对弈学习，不需要人类棋谱数据，它在 40 天内超越了所有前代版本。同样的情况也发生在 2025 年 1 月发布的 DeepSeek-R1 上。同年 5 月，AlphaGo 在中国乌镇与世界排名第一的柯洁进行了 3 局比赛，以 3∶0 的战绩再次震惊棋坛。这一系列事件证明了人工智能在特定领域已经超越人类，并且引发了广泛的社会讨论和反思。

AlphaGo 的成功带来了深远的社会影响，主要体现在以下几方面。

（1）科技认知的转变：公众对人工智能潜力的认识显著提高，推动了人工智能研究和应用的快速发展。

（2）教育体系的反思：传统的知识灌输模式受到挑战，培养创新思维和解决复杂问题的能力成为教育界的新焦点。

（3）职业前景的重新评估：许多人开始思考人工智能可能取代的工作类型，社会更加重视发展人类独特的价值。

（4）伦理和哲学思考：人工智能的进步引发了关于人类独特性、意识本质以及人机协作等深层次问题的讨论。

（5）围棋界的变革：人工智能成了研究和提高棋艺的新工具，促进了围棋理论的创新和发展。

（6）跨领域应用的启发：AlphaGo 的成功促进了人工智能在医疗、气候、生物研究等科学研究领域上的应用尝试。

4.2.4 深度学习的蓬勃发展期

1. Transformer 模型的诞生与自然语言处理的革命

2017 年，Google 提出了 Transformer 模型。这一创新彻底改变了自然语言处理领域的格局。Transformer 模型摒弃了传统的循环神经网络和卷积神经网络结构，转而采用注意力机制来执行任务，其架构如图 4.13 所示。这一突破性设计在学术界引起了巨大反响，为后续的 BERT（bidirectional encoder representations from Transformers 基于 Transformers 的双向编码器表征）、GPT（generative pre-trained Transformer，生成式预训练变换器）等模型奠定了基础。

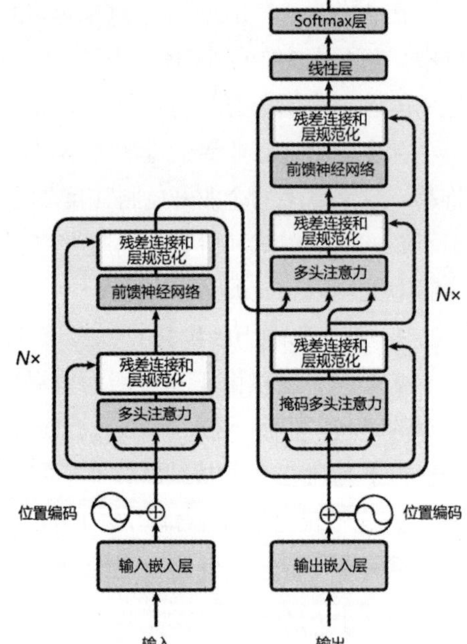

图 4.13　Transformer 架构

2. 预训练模型的兴起

2018 年是自然语言处理领域的关键年份，这一年有了两个重要模型诞生：2018 年 6 月，OpenAI 发布 GPT 模型；2018 年 10 月，Google 发布 BERT 模型。

GPT 采用自回归语言建模，而 BERT 使用自编码语言建模作为预训练目标。这两个模型为后续的大规模预训练模型铺平了道路。

3. 深度学习的多领域扩展与应用

（1）Vision Transformer（ViT）

2020 年 10 月，Google 发布 Vision Transformer（ViT）。ViT 将 Transformer 架构应用于计算机视觉任务，其因简洁、有效的设计和强大的可扩展性，成为计算机视觉领域的里程碑之作。

（2）CLIP 模型：多模态学习的突破

2021 年 2 月，OpenAI 发布 CLIP 模型。CLIP 模型通过对比学习方法，实现了图像与自然语言文本的配对，为多模态人工智能的研究和应用奠定了基础。

（3）AlphaFold 2：蛋白质结构预测的革命

2021 年 7 月，DeepMind 发布 AlphaFold 2。AlphaFold 2 在蛋白质结构预测方面取得了突破性进展，对生物医学研究和药物设计产生了深远影响。

（4）Stable Diffusion：AI 艺术创作的新纪元

2022 年 8 月，Stability AI、CompVis、LAION 联合推出开源的 Stable Diffusion 模型，如图 4.14 所示。该模型在 AI 绘画领域引起轰动，能够执行文本到图像和图像到图像的生成任务。

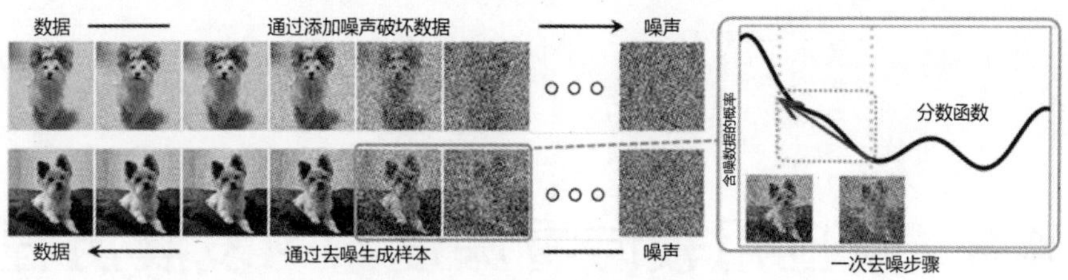

图 4.14　Stable Diffusion 模型

4. ChatGPT：大语言模型的里程碑

2022 年 11 月，OpenAI 发布基于 GPT-3.5 的对话系统 ChatGPT，引发了全球范围内的大语言模型浪潮，如图 4.15 所示。ChatGPT 展示了前所未有的语言理解和生成能力，推动了自然语言处理技术的快速发展。

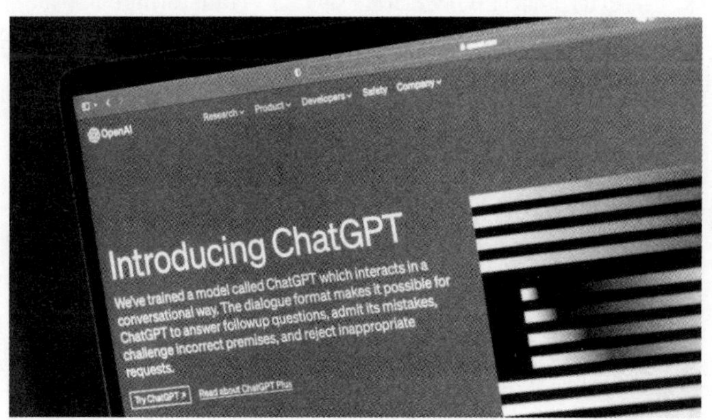

图 4.15　ChatGPT 发布

5. Sora：文本到视频生成的突破

2024 年 2 月，OpenAI 发布 Sora 模型，该模型实现了高质量的文本到视频的生成，为多媒体内容创作开辟了新的可能性。Sora 模型生成的视频如图 4.16 所示。

6. AlphaFold 3：生物分子相互作用的精确预测

2024 年 5 月，DeepMind 发布 AlphaFold 3，如图 4.17 所示，AlphaFold 3 显著提高了预测蛋白质与其他生物分子相互作用的精确度，为生命科学研究和药物开发提供了强大的工具。

图 4.16　Sora 生成的视频

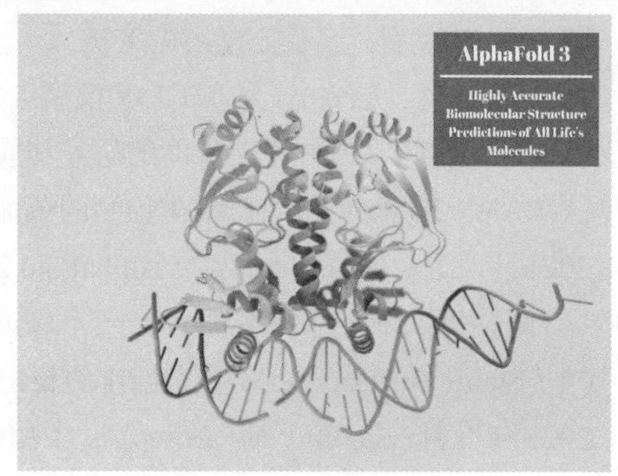

图 4.17　AlphaFold 3

这些里程碑式的进展展示了深度学习在各个领域的快速发展和广泛应用，为人工智能的未来发展指明了方向。

4.3　从应用领域看深度学习发展历程

在前文中，我们从时间线的角度梳理了深度学习的发展历程。接下来，我们将分别探讨深度学习在人工智能两个重要应用领域——计算机视觉（CV）和自然语言处理（NLP）的发展历程。这两个领域虽然研究对象不同（计算机视觉关注视觉信息，自然语言处理关注语言文本信息），但它们的发展轨迹呈现出显著的相似性并相互影响。从早期的理论探索，到后期统计方法的广泛应用，再到深度学习的革命性突破，最终都归于 Transformer 架构。它们的发展历程不仅反映了人工智能技术的演进轨迹，也展示了研究者不断突破技术限制的努力。通过了解这两个领域的发展历程，我们可以更好地了解深度学习技术，知道它在不同应用领域的共性和特性。

CV 现状

4.3.1　从计算机视觉领域看深度学习发展历程

计算机视觉作为人工智能的核心分支之一，其发展历程是一部跨越半个多世纪的技术进化史。从最初受神经科学启发的理论探索，到如今以 Transformer 架构和深度学习为代表的革命性突破，计算机视觉技术已经成为推动人工智能发展的主要力量之一。回顾这一领域的演进，我们可以大致将其划分为 5 个具有里程碑意义的阶段。

1. 奠基时期（1959—1970 年）：神经科学启发下的理论基础

在这个时期，计算机视觉的发展与神经科学的突破紧密相连。1959 年，戴维 · H.胡伯尔（David H.Hubel）和托尔斯滕 · 威塞尔（Torsten Wiesel）通过对猫视觉皮层的研究，发现了视觉信息处理的神经机制。这一发现为后来的人工视觉系统设计提供了宝贵的灵感。

受此启发，日本科学家福岛邦彦于 20 世纪 70 年代提出了 Cognitron 和 Neocognitron 模型。这些模型模仿了人类视觉系统的层级结构，为后来的神经网络设计奠定了基础。尽管当时的计算能力有限，但这些开创性的工作为计算机视觉的未来发展指明了方向。

2. 实用化探索阶段（1989—2012 年）：卷积神经网络的崛起

1989 年，杨立昆等人提出了卷积神经网络（CNN），并在 1990 年提出了 LeNet，LeNet 的提出标志着 CNN 时代的正式开始。LeNet 在手写数字识别任务中展现了卓越的性能，首次证明了深度学习在实际应用中的巨大潜力。

在接下来的 10 多年里，研究者不断改进 CNN 的结构和训练方法。虽然这一时期的进展相对缓慢，但这一时期的探索为后来的深度学习革命积累了宝贵的经验和技术储备。

3. 深度学习革命（2012—2015 年）：突破性进展与百花齐放

2012 年，AlexNet 在 ImageNet 大规模视觉识别挑战赛中取得压倒性胜利，掀起了深度学习在计算机视觉领域的浪潮。AlexNet 的成功不仅证明了深度学习的强大，还推动了 GPU（图形处理单元）在深度学习中的广泛应用。

紧随其后，一系列创新性的网络结构如雨后春笋般涌现。

- VGG 网络展示了“更深更简单”的设计理念。
- GoogLeNet 引入 Inception 模块，提高了模型的效率和综合性能。
- ResNet 通过残差学习解决了深层网络的退化问题，使构建超深网络成为可能。

这一时期的快速发展大大拓展了计算机视觉的应用范围，从图像分类到目标检测，从语义分割到人脸识别，计算机视觉技术开始在各个领域显示出巨大潜力。

4. 效率优化与智能设计（2015 年后）：追求轻量化和自动化

随着深度学习模型在各种场景中的广泛应用，如何在有限的计算资源下实现高性能成为深度学习模型的研究热点。这一阶段的主要特征如下。

- 轻量化设计：MobileNet 等网络的提出，使在移动设备上部署高效的视觉模型成为可能。
- 自动化架构搜索：NASNet 等技术的出现，开启了神经网络结构自动设计的新纪元。

这些进展不仅提高了模型的效率，还大大降低了深度学习应用的门槛，为计算机视觉技术的普及奠定了基础。

5. 变革中的现在：Transformer 架构时代的来临

近年来，计算机视觉领域正经历一场由 Transformer 架构引发的深刻变革。这一最初为自然语言处理设计的架构，正在彻底改变人们处理视觉数据的方式。

2020 年，Google 提出的 ViT 标志着计算机视觉的 Transformer 架构时代的开始。ViT 的核心思想是将图像分割成固定大小的块（patches），再像处理词序列一样处理这些图像块。这种方法打破了传统 CNN 的局限性，为视觉任务带来了新的可能。

Transformer 架构在计算机视觉中的应用范围正在快速扩大。

- 图像分类和目标检测：ViT 及其变体在多个基准测试上取得了非常高的性能。
- 图像生成：DALL · E 和 Stable Diffusion 等文本到图像生成模型大量使用了 Transformer 架构的变体，实现了令人惊叹的创意生成能力。
- 视频理解：Transformer 架构的长程依赖建模能力使其在视频分析任务中表现出色。

这一趋势正在推动计算机视觉向更统一的架构发展。研究者正在积极探索如何将 Transformer 架构与目前主流的模型架构相结合，以充分利用各种架构的优点。

4.3.2 从自然语言处理领域看深度学习发展历程

NLP 现状

自然语言处理是人工智能领域的一个重要分支，它致力于让计算机理解和生成人类语言。在过去的几十年里，自然语言处理经历了巨大的改变，尤其是近年来深度学习技术的兴起和 Transformer 架构的出现，彻底改变了这个领域的面貌。

自然语言处理的发展历程可以大致划分为以下 5 个阶段。

1. 早期规则基础阶段（1950—1980 年）

在自然语言处理的萌芽阶段，研究人员主要依靠手工编写的规则和语言学知识来处理自然语言。这个阶段的几个重要里程碑如下。

- 20 世纪 50 年代：语言学家乔姆斯基提出的形式语言理论为自然语言处理的发展奠定了规则系统理论基础。
- 20 世纪 60 年代：Eliza 系统展示了基于简单模式匹配的对话能力，引发了人们对人机对话的想象。

虽然这个阶段自然语言处理技术在某些特定领域取得了成功，但它们缺乏灵活性和可扩展性，难以应对复杂的自然语言问题。

2. 统计学习方法时代（1980—2000 年）

随着计算能力的提升和大规模语料库的出现，统计方法开始主导自然语言处理领域。这个阶段的主要特点如下。

- 隐马尔可夫模型被广泛应用于词性标注等任务。
- 统计机器翻译模型显著提高了翻译质量。
- 支持向量机等机器学习算法在文本分类等任务中取得良好效果。

统计学习方法能够处理更大规模的数据，但仍然高度依赖特征工程，需要专家设计合适的特征。

3. 神经网络复兴（2000—2013 年）

随着深度学习技术的发展，神经网络方法在自然语言处理领域重新崭露头角。这个阶段的一些重要进展如下。

- 2003 年：约书亚·本吉奥等人提出神经概率语言模型。
- 2008 年：多任务学习被引入自然语言处理，提高了模型的泛化能力。
- 2013 年：Word2Vec 的提出为词表示学习带来突破。

这个阶段的自然语言处理技术大大减少了对人工特征工程的依赖，但在处理长序列数据时仍面临挑战。

4. 循环神经网络时代（2014—2017 年）

循环神经网络（RNN），特别是长短时记忆网络（LSTM）和门控循环单元（GRU），在这一时期成为处理序列数据的主流方法。这一时期的主要成果如下。

- LSTM：通过引入门控机制解决了传统 RNN 的梯度消失问题，能够有效捕捉长期依赖关系。

- GRU：LSTM 的简化版本，计算效率更高。
- 序列到序列（Seq2Seq）模型：在机器翻译等任务中取得重大突破。
- 注意力机制：进一步提升了模型性能，尤其在处理长序列数据时。
- 双向 LSTM（Bi-LSTM）：能够捕捉双向上下文信息。

虽然 RNN 在处理序列数据方面取得了显著进展，但在处理超长序列数据时仍存在局限性，如存在计算效率问题和长程依赖问题。

5. Transformer 架构引发的革命（2017 年至今）

2017 年，Google 提出的 Transformer 架构掀起了自然语言处理的新革命。Transformer 架构的核心创新包括以下内容。

- 完全基于注意力机制，摒弃了循环和卷积结构。
- 引入多头注意力机制，允许模型同时关注不同的表示子空间。
- 使用位置编码来保留序列中的位置信息。

基于 Transformer 架构，涌现出了许多重要的模型。

- BERT：采用双向 Transformer 编码器，在多种自然语言处理任务中取得了突破性进展。
- GPT 系列：采用单向 Transformer 解码器，展现了强大的文本生成能力和少样本学习（few-shot learning）能力。

Transformer 架构的出现不仅大幅提升了自然语言处理技术的性能，还推动了大语言模型的发展，为自然语言处理应用领域带来了革命性的变化。

4.4 深度学习核心技术：Transformer 架构和预训练大模型

4.4.1 Transformer 架构

Transformer 是人工智能技术的一次重大飞跃，尤其在自然语言处理应用领域引发了广泛的变革，是当前大模型技术的基础架构来源。Transformer 的独特架构和机制为构建大语言模型奠定了基础。接下来详细介绍 Transformer 的两个关键技术：自注意力机制和编码器-解码器结构。

Transformer 现状

1. 注意力机制

注意力机制是 Transformer 的关键技术，它借鉴了人类的注意力机制。

当人类识别一个场景时，通常不会全面扫描整个场景，而是根据兴趣或需求集中关注特定的部分。如图 4.18 所示，我们第一眼会看到动物的脸部，即颜色更深的区域，从而初步判断这可能是一只狼。

图 4.18 注意力机制

深度学习中的注意力机制从本质上与人类的选择性视觉注意力机制类似，核心目标都是从大量信息中筛选出对当前任务最为关键的信息。具体来说，在人类的视觉注意力机制中，我们能够在视觉场景中的重要部分集中注意力，而忽略其他不相关的部分。同样，深度学习中的注意力机制通过赋予不同信息不同的权重，帮助模型聚焦于对当前任务而言最重要的部分。进一步地，自注意力机制作为一种特殊的注意力机制，它能够在同一输入序列中进行自我调整，动态地为不同位置的元素分配注意力权重，从而使模型在处理任务时能够自动选择和加权最相关的信息。这种机制为处理序列数据（如自然语言处理中的文本）提供了强大的能力。下面我们通过一个例子来理解。

观察句子："A dog ate the food because it was hungry."。在理解 it 指代什么时，传统的序列模型可能难以正确理解这种长距离依赖关系。但是，通过自注意力机制，模型能够考虑整个句子的上下文，正确理解 it 指的是 dog，而不是 food，如图 4.19 所示。

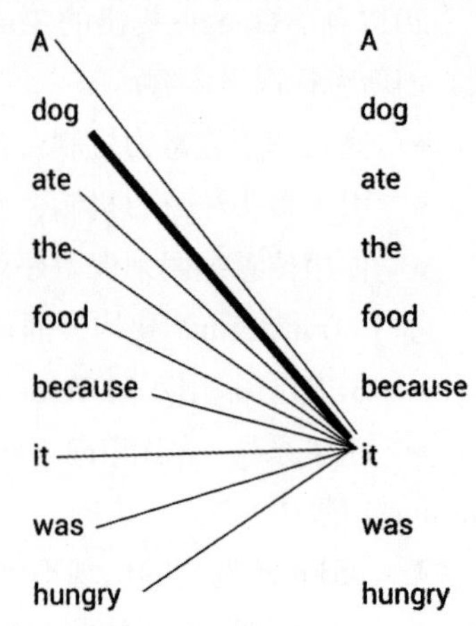

图 4.19　模型基于自注意力机制理解单词

自注意力机制允许模型在处理某个词时，不仅考虑其直接的上下文，还能结合整个句子的所有词汇进行分析。这种机制使 Transformer 能够有效捕捉长距离依赖关系，并行处理输入序列，从而提高了计算效率，并且能更好地理解复杂的语言结构。这为构建更强大的语言模型奠定了基础。

2. 编码器-解码器结构

编码器-解码器结构是 Transformer 的另一项关键技术。我们可以通过一个简单的机器翻译例子来理解这个结构。

如图 4.20 所示，我们可以把 Transformer 视为一个神秘的黑盒子，它负责将一种语言转换成另一种语言。在这个例子中，输入的是法语句子"Je suis étudiant"，输出的是英语翻译结果"I am a student"。

图 4.20　机器翻译

当我们打开这个黑盒子时，我们会发现其中包含编码器和解码器两个主要组件，如图 4.21 所示。

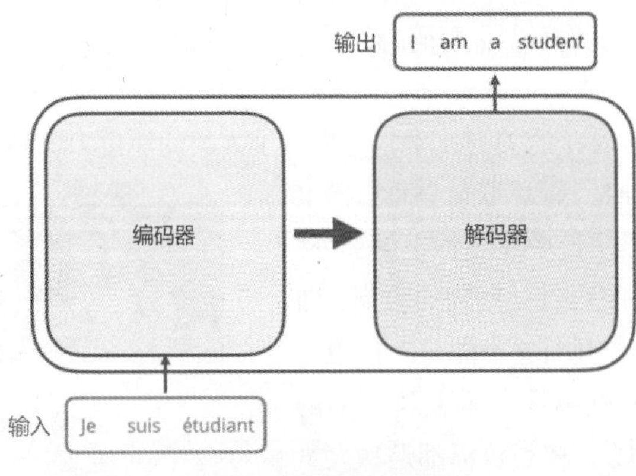

图 4.21　编码器和解码器

编码器负责理解输入的源语言文本，解码器则负责生成目标语言的翻译结果。在 Transformer 中，这两个组件都由多层堆叠而成，其结构如图 4.22 所示。

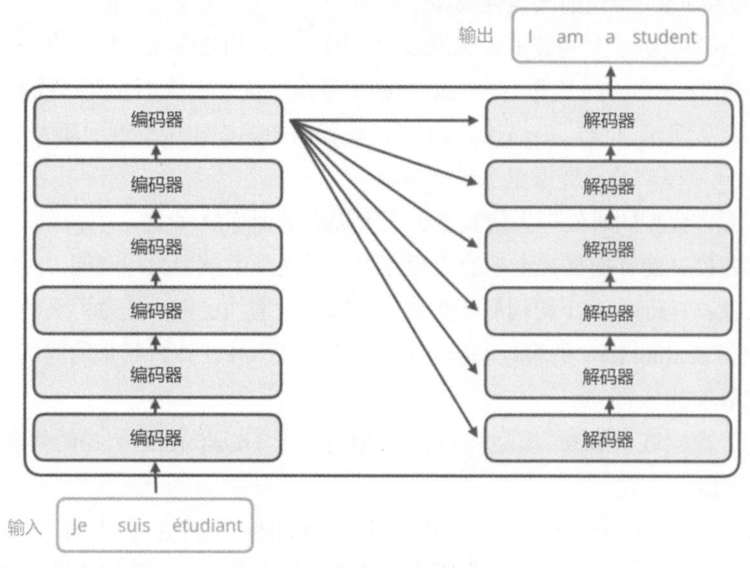

图 4.22　编码器-解码器结构

编码器的主要作用是将输入序列转换为一种深层的向量表示，捕捉文本的语义信息。解码器则利用这些信息，逐步生成翻译结果。

如图 4.23 所示，每个编码器和解码器都包含两个主要的子层：自注意力层和前馈神经网络层。

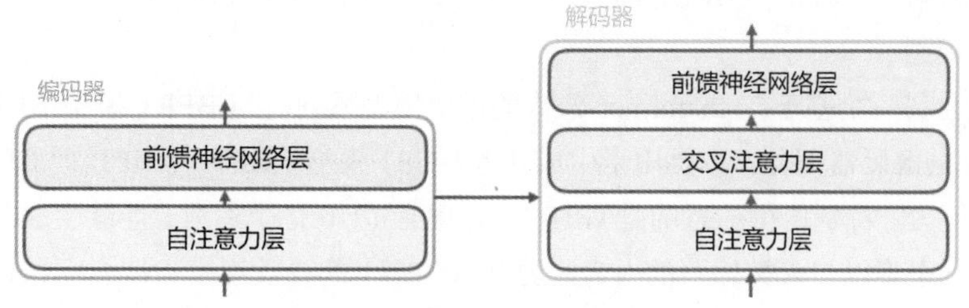

图 4.23　编码器和解码器的子层结构

自注意力层：使模型能够关注输入序列的不同部分。例如，在处理法语句子“Je suis étudiant”时，对于 suis 这个词，自注意力层可能会特别关注主语 Je 和宾语 étudiant，因为这 3 个词在语法上紧密相关。这种机制使模型能够理解词与词之间的关系，捕捉句子的整体含义。

前馈神经网络层：进一步处理信息。这一层接收自注意力层的输出，对每个位置的信息进行独立的深度处理。在刚才的例子中，它可能进一步强化 étudiant 是名词性宾语的特征，或者处理 suis 作为系动词的语法信息。

解码器还包含一个额外的注意力层——交叉注意力层，它帮助解码器在生成翻译结果时关注原始输入的相关部分。例如，当解码器开始生成英语翻译结果“I am a student”时，如生成 I 时，它会特别关注法语输入中的 Je，生成 student 时，它会重点关注法语输入中的 étudiant。这种机制确保了翻译过程中原文的关键信息不会丢失。

通过这种分层结构，Transformer 能够全面理解输入序列，并生成准确的输出。在翻译例子中，这意味着模型不仅能够逐词翻译，还能理解整个句子的结构和含义，从而产生流畅、准确的翻译结果。

3. 基于 Transfomer 架构的代表性模型

Transformer 不仅在技术上突破了传统模型的局限，还为构建更大规模、更复杂的模型提供了可能。我们可以将 Transformer 比作一个高效的积木系统，这个系统不仅允许我们搭建小型结构，还能轻松扩展到巨型建筑。同样，Transformer 架构使我们能够构建从小型到超大规模的语言模型。Transformer 为大规模模型的发展做出了以下贡献。

并行处理：允许模型同时处理大量数据，大大提高了训练效率。

长距离依赖建模：能够捕捉文本中的长距离关系，提高了模型的理解能力。

提高可扩展性：Transformer 架构易于扩展，可以通过增加层数、注意力头数等方式来构建更大的模型。这也是 Scaling Law 的理论基础，也造成了今天 GPU 算力紧张的局面，促成英伟达成为全球市值排名靠前的公司。

在自然语言处理领域，BERT 模型和 GPT 模型是基于 Transformer 架构的代表性模型。

（1）BERT 模型

BERT 模型是 Transformer 架构在自然语言处理领域的一个重要应用。最早的 BERT 模型有多种版本：小版本包含 1.1 亿个参数，大版本包含 3.4 亿个参数。这样的参数规模使 BERT 模型在训练和执行时都需要相当大的计算资源。BERT 模型的核心是 Transformer 的编码器部分。自 2018 年问世以来，BERT 模型因其出色的性能引起了学术界和工业界的广泛关注，推动了相关研究快速发展。BERT 模型的成功引发了一系列相关模型的开发，形成了所谓的“BERT 族”。这些模型都基于编码器架构，使用 Transformer 作为核心组件，通常规模较大。其中，RoBERTa 模型通过优化训练策略和调整参数，在 BERT 模型的基础上进一步提升了性能。

（2）GPT 模型

GPT 模型是另一个基于 Transformer 架构的重要模型系列。与 BERT 模型不同，GPT 模型使用 Transformer 的解码器部分，主要用于生成任务。GPT 模型（GPT-1、GPT-2、GPT-3）展示了强大的文本生成能力。特别值得注意的是 GPT-3，它拥有 1750 亿个参数，能够生成非常自然、连贯的文本，有时甚至难以与人类编写的内容区分开。GPT-3 的参数规模和性能标志着自然语言处理进入一个新的阶段。

BERT 模型和 GPT 模型虽然都基于 Transformer 架构，但它们的设计目标和应用场景有所不同，BERT 模型主要用于语言理解任务，GPT 模型主要用于语言生成任务。

BERT 模型和 GPT 模型的成功，以及它们的衍生模型的不断涌现，标志着自然语言处理领域正在经历一场重大变革。这些模型的参数规模和性能不断突破，推动整个领域向更大、更复杂的模型方向发展。

4.4.2 预训练大模型

预训练大模型现状（上）

预训练大模型现状（下）

自然语言处理正逐步迈入大模型时代。所谓大模型，是指具有巨大参数量的神经网络模型。这些模型的参数量通常在数十亿到数千亿不等，如 GPT-3 拥有 1750 亿个参数，Google 的 PaLM 模型拥有 5400 亿个参数，DeepSeek-V3 拥有 6710 亿个参数。这些模型的训练需要大量的语料库和计算资源。实践表明，在一定范围内，模型规模的增加通常会带来性能的提升，这一现象被称为规模效应。然而需要注意的是，这种关系并非简单线性关系，会伴随计算成本和环境影响等挑战，且随着模型规模的增大，性能提升会遇到边际效应递减的问题。尽管如此，研究者仍朝着构建更大规模模型的方向不断探索。这种发展并非偶然，而是建立在技术积累和硬件进步的基础之上，理解这些因素对于把握预训练大模型技术的发展至关重要。

1. 大模型兴起原因

（1）Transformer 架构奠定了技术基础

Transformer 架构凭借其独特的设计为大模型的发展提供了坚实的技术基础。除了具备卓越的并行计算能力、优异的长距离依赖建模能力和良好的可扩展性，它还具有强大的通用性。Transformer 架构不仅在自然语言处理任务中表现出色，还成功应用于计算机视觉（如 ViT 模型）、语音识别等多个领域，展现出巨大的应用潜力。

（2）硬件发展为大模型训练提供了支持

硬件技术的进步，特别是 GPU 的发展，为训练和部署大模型提供了必要的计算能力，主要体现在以下几方面。

① 并行计算能力提升：现代 GPU（如 NVIDIA A100）具有数万个 CUDA 核心，能够高效地进行大规模并行计算。例如，A100 GPU 的峰值性能可达 312TFLOPS（16 位浮点数，FP16）。华为的昇腾 910B 芯片也具有强大的并行计算能力，其半精度（FP16）算力达到 320TFLOPS，整数精度（INT8）算力达到 512TOPS。NVIDIA 的 GPU H100 采用了 Hopper 架构，具备更高的算力和能效比，适用于大规模深度学习模型的训练与推理优化。GPU H100 的 FP16 Tensor Core 算力可达 1979TFLOPS，FP8 Tensor Core 算力可达 3958TFLOPS。

② 内存带宽增加：高端 GPU 的内存带宽不断增加（如 NVIDIA A100 的内存带宽高达 1.6TB/s），使模型能够更快地访问和处理大量数据。GPU H100 的内存带宽进一步提升，80GB 版本的内存带宽为 2.04TB/s，96GB 版本的内存带宽为 3.36TB/s。

③ 专用硬件加速器：如 Google 的 TPU（张量处理单元）。这些专门为深度学习设计的硬件加速器进一步提高了训练效率。例如，TPU v4 可提供高达 275TFLOPS 的计算性能。华为的昇腾芯片也属于专用硬件加速器，其基于华为自研的达芬奇架构，提供了高效的 AI 计算能力。

④ 分布式训练技术：硬件和软件的进步使在多个 GPU 甚至多台机器上进行分布式训练成为可能，从而突破了单机训练的限制。分布式训练技术如 NVIDIA 的 NVLink 和 InfiniBand 网络使多 GPU 系统的通信延迟大大降低。NVIDIA 的 GPU H100 支持第四代 NVLink，提供 900GB/s 的 GPU 到 GPU 互连带宽，进一步提升了分布式训练的效率。

除了技术基础和硬件发展外，大规模未标注数据的可用性增加、迁移学习技术的成熟以及工业界对高性能自然语言处理模型的需求，也都推动了预训练大模型的发展。这些因素共同作用，为预训练大模型的兴起创造了有利条件，推动了自然语言处理技术的快速进步。

2. 预训练大模型核心思想和优势

预训练大模型结合了大模型和预训练两个关键概念，它的核心思想是：首先在大规模的通用数据上进行预训练，使模型学习到基础的语义和结构信息，形成一个强大的基础模型；然后，这个基础模型可以在不同的任务上进行微调（fine-tuning），其只需少量的额外训练数据，就能很好地适应新的任务。这种“先预训练，再微调”的方法不仅提高了训练效率，还提升了模型的通用性和适应性。

预训练大模型的优势在于它能够有效解决传统模型训练中的一些挑战，如数据不足、训练时间长等问题。通过在大规模数据上预训练，模型能够学习到丰富的语言知识和表示方法，这为后续的任务适应提供了良好的基础。

3. 预训练大模型的使用方法

将预训练大模型应用于不同的任务场景，主要有以下 3 种方法。

（1）使用预训练大模型的部分部件

这种方法直接利用预训练大模型生成的特征或嵌入作为下游任务的输入。例如，使用 BERT 模型或 GPT 模型生成的上下文相关的词嵌入。研究表明，在多种自然语言处理任务中，这种方法能够显著提升性能。

（2）使用预训练大模型作为基础进行微调

这种方法将预训练大模型作为整个模型的一部分，通过调整部分参数来适应新的任务需求。常见的做法是冻结预训练大模型的大部分层，只训练最后几层或添加一些任务特定的层。例如，胡（Hu）等人于 2021 年提出的低秩适配（low-rank adaptation，LoRA）方法，通过在原有权重矩阵中添加低秩矩阵来实现参数高效的微调。实验表明，LoRA 可以在仅调整 0.1%参数的情况下，达到全参数微调的 95%以上的性能。

（3）使用提示词激发大模型的智能

提示词学习：这种方法通过设计特定的提示词（prompt）来引导预训练大模型完成新任务，无须修改模型参数。布朗（Brown）等人于 2020 年在 GPT-3 上的研究表明，通过精心设计的提示词，模型可以在零样本或少样本学习的情况下，在多种任务上取得接近监督学习的性能。

在选择应用方法时，需要考虑多个因素：任务的复杂度、可用的计算资源、数据量等。对于简单任务或数据量较少的情况，使用预训练模型的结果或提示词学习可能就足够了。对于更复杂的任务，可能需要使用预训练大模型作为基础进行微调。

需要注意的是，尽管预训练大模型在多个领域展现出了强大的性能，但它们也面临一些挑战，如计算资源需求大、模型可解释性差、可能存在偏见等。解决这些问题仍然是当前研究的重点方向。

总的来说，预训练大模型为各种自然语言处理和计算机视觉任务提供了强大的基础。通过选择合适的应用方法，我们可以在不同的场景下充分发挥大模型的潜力，实现更高效、更准确的任务处理。然而，如何更好地理解和改进这些模型，仍然是一个富有挑战性的任务。

4.4.3 预训练大模型的闭源与开源

预训练大模型在当前深度学习领域发挥关键作用。本小节将详细介绍两种主要的预训练大模型使用方式：模型即服务（model as a service，MaaS）（模型闭源）和模型开源。这两种方式各有特点，适用于不同的应用场景，理解它们的差异对于选择合适的模型使用策略至关重要。

1. MaaS

MaaS 是一种新兴的服务模式，提供 AI 模型全生命周期的能力服务，包括模型训练、部署、调用、监控和管理等。在 MaaS 中，预训练的大模型作为一种服务提供给用户，用户可以通过 API（应用程序接口）或其他接口访问模型，但无法直接获取模型的内部结构和参数。它类似于传统的云计算服务，如平台即服务（platform as a service，PaaS）、软件即服务（software as a service，SaaS）

和基础设施即服务（infrastructure as a service，IaaS）。

MaaS 的一个典型例子是 OpenAI 的 GPT 模型，如图 4.24 所示。

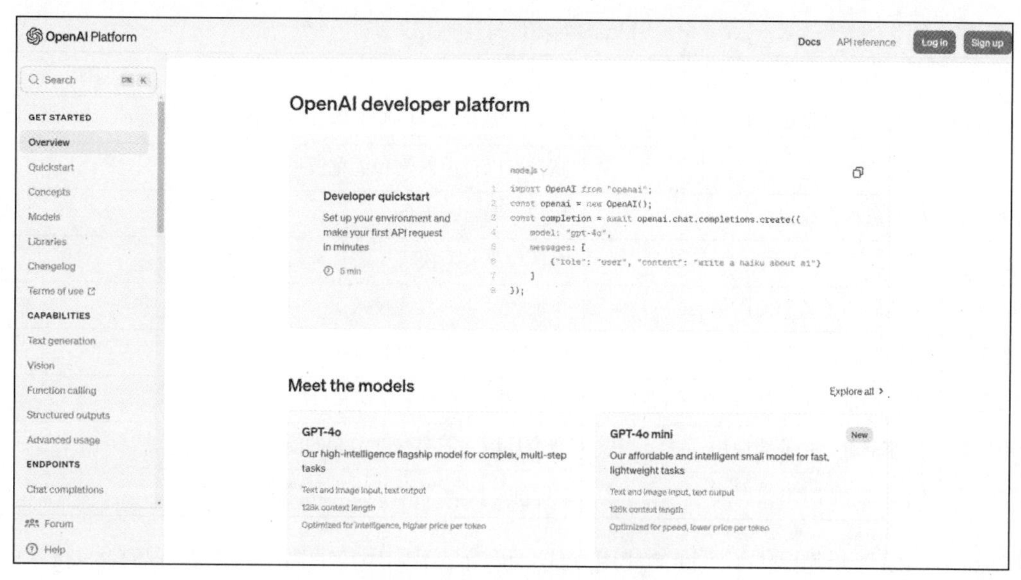

图 4.24　OpenAI 的 GPT 模型

MaaS 的优势在于用户无须具备深厚的技术背景和计算资源即可使用先进的模型技术。例如，用户可以通过简单的 API 调用，利用 GPT 模型进行文本生成，从而实现复杂的自然语言处理任务。然而，这种方式也有一定的局限性，用户无法对模型进行深入的定制和优化，只能依赖服务提供商提供的功能和接口。此外，用户也无法保证自身数据的安全性和合规性。

2. 模型开源

与 MaaS 不同，模型开源方式下，模型的内部结构和训练参数通常会公开，用户可以自由地下载、修改和使用这些模型。需要注意的是，有些开源模型可能只公开模型结构而不公开训练好的参数，或者只公开部分参数。模型开源方式在学术研究和工业应用中得到了广泛的应用，因为它提供了更大的灵活性和透明度。

模型开源的一个典型代表是 Hugging Face 平台，如图 4.25 所示。Hugging Face 不仅提供了一个开放的平台，使用户可以在上面找到并使用各种预训练模型，还提供了一套完整的工具和库，如 Transformers 库，用于模型的加载、训练和部署。最初，Hugging Face 以实现 NLP 技术和开源 Transformers 库而著称，现在其托管的模型已经扩展到自然语言处理、计算机视觉、语音处理等多个领域，托管的模型数量已经超过 10 万个。

图 4.25　Hugging Face 平台

3. MaaS 和模型开源的比较

表 4.2 对 MaaS 和模型开源进行了比较。

表 4.2　MaaS 和模型开源的比较

比较项目	MaaS（模型闭源）	模型开源
技术要求	较低，主要需要了解 API 使用方法	较高，需要具备模型部署甚至调优能力
灵活性	较低，难以进行深度定制	高，可以自由修改和优化模型
计算资源	由服务提供商提供	用户需要自行准备
初始成本	低	可能较高（取决于所需计算资源）
长期成本	可能较高（基于使用量）	可能较低（一次性投入）
更新维护	由服务提供商负责	依赖社区贡献或自行维护
透明度	低，通常无法了解模型内部细节	高，可以查看模型结构和参数
适用场景	快速部署、企业级应用	研究环境、需要深度定制的应用
典型例子	OpenAI 的 GPT 模型	Hugging Face 平台上的开源模型

MaaS 和模型开源提供了不同的使用方式，可满足不同用户的需求。随着深度学习技术的不断发展和应用，预训练大模型的服务模式也将不断演变，为用户提供更加便捷和高效的使用体验。

4.5 深度学习在科研方面的应用——以 AlphaFold 为例

前文讨论了深度学习对自然语言处理、计算机视觉及生命科学的影响。AlphaFold 作为深度学习应用，在蛋白质结构预测上取得突破，展示了深度学习的巨大潜力，并为智能科学与生命科学的融合提供了启示。人们可以思考如何将 AI 技术应用于专业研究，以解决难题，推动学科发展。

AlphaFold 是做什么的

4.5.1 AlphaFold 的革命性突破

1. AlphaFold 的使命与背景

AlphaFold 是由 DeepMind 开发的一项突破性技术，其主要任务是解析蛋白质的结构，包括其一级、二级、三级和四级结构。蛋白质是生物体的重要组成部分，其结构决定了它们在生物体内的功能。因此，了解蛋白质的结构对于生物学研究和药物开发至关重要。然而，传统的解析蛋白质结构的方法面临许多挑战，而 AlphaFold 的出现为解决这些问题提供了新的途径。

2. 智能科学与生命科学的结合

AlphaFold 的独特性在于它结合了智能科学和生命科学两个重要领域。智能科学，特别是人工智能，在过去几十年中取得了巨大的进展。从早期的专家系统，到如今的深度学习和强化学习，人工智能技术的进步已经使其在许多领域得到了广泛应用。而生命科学，尤其是分子生物学和基因组学，也在技术进步的推动下取得了显著的成就。

然而，生命科学中的许多挑战仍然需要依赖人工智能来解决。蛋白质折叠问题就是其中之一。蛋白质折叠问题指的是如何从蛋白质的一级结构（氨基酸序列）来预测其二级、三级和四级结构。这个问题是生物学领域的一个长期难题，因为蛋白质的结构非常复杂，而且不同蛋白质的折叠模式也不尽相同。尽管科学家已经开发出了许多计算方法来预测蛋白质的结构，但这些方法在精度和效率上仍然存在不足。

通过将深度学习技术应用于蛋白质结构预测，AlphaFold 为这一领域带来了革命性的改变，它能够在短时间内对大量蛋白质进行高精度的结构预测。与传统方法相比，AlphaFold 不仅在预测效率上有了显著提升，而且在预测精度上达到了前所未有的水平。这一成就为生物学研究打开了新的大门，也为未来的医学进步铺平了道路。

3. 传统方法与 AlphaFold 的优势

传统上，科学家使用实验方法和计算机模拟方法来研究蛋白质结构。常用的实验方法包括 X 射线晶体衍射、核磁共振（nuclear magnetic resonance，NMR）和冷冻电子显微镜（cryo-electron microscopy，Cryo-EM）。X 射线晶体衍射适用于结构简单且易结晶的蛋白质，NMR 适用于小型蛋白质，Cryo-EM 则用于解析复杂蛋白质结构，如膜蛋白。这些方法在过去几十年中帮助人类解析了大量的蛋白质结构，但它们也存在明显的局限性：实验过程通常耗时长、成本高且技术要求高，许多蛋白质难以结晶或在实验条件下不稳定。

相比之下，计算机模拟提供了一种基于已知数据和化学规律的预测途径，但传统的计算机模拟算法精度和可靠性较低，难以完全替代实验验证。

AlphaFold 通过深度学习技术显著提高了蛋白质结构预测的精度和效率。利用注意力机制和嵌入技术，AlphaFold 能够很好地捕捉蛋白质序列中的相互作用和折叠模式。AlphaFold 的优势在于其高效性、低成本和广泛适用性，它能够在几分钟内完成一个蛋白质结构的预测，而传统实验方法可能需要数周甚至数月。此外，AlphaFold 的预测成本较低，尤其是与昂贵的实验设备相比。更重要的是，AlphaFold 可以预测各种复杂的蛋白质结构，包括使用传统方法难以解析的结构。

通过结合智能科学和生命科学，AlphaFold 利用深度学习技术，极大地提升了蛋白质结构预测的效率和精度，为蛋白质结构研究带来了革命性的突破。与传统方法相比，AlphaFold 在效率、成本和适用范围方面都具有显著优势。

4.5.2 AlphaFold 的技术实现

AlphaFold 系列模型的革命性突破在很大程度上得益于其在深度学习技术上的创新应用。从 AlphaFold 2 到最新的 AlphaFold 3，这些模型都采用了基于 Transformer 架构的深度神经网络，这种架构最初在自然语言处理领域取得了巨大成功。

AlphaFold 使用了类似自然语言处理的注意力机制和嵌入技术进行生物分子结构的预测。在 AlphaFold 中，注意力机制不仅可以帮助模型关注氨基酸序列中的重要部分，还能捕捉氨基酸残基之间的长程相互作用，这对于准确预测蛋白质的三维结构以及蛋白质与其他生物分子的相互作用至关重要。

嵌入技术用于将氨基酸序列和其他相关信息（如进化信息）转换为高维向量表示。这种表示使模型能够更有效地捕捉序列中的信息和关系，包括氨基酸的化学性质、进化保守性等。

AlphaFold 系列模型的关键技术创新如下。

- 端到端训练：整个预测过程在一个统一的模型中完成，避免了传统方法中的分段预测。
- 迭代细化：模型多次迭代改进其预测，每次都利用前一次的结果。
- 结构模块：引入专门的神经网络模块来处理生物分子结构的特定方面。
- 结构约束：将物理和化学知识编码到模型中，确保预测的结构符合物理规律。

AlphaFold 系列模型依赖大量的训练数据和精巧的训练策略。主要训练数据来自公开的生物分子数据库，如蛋白质结构数据库（protein data bank，PDB）。截至 2021 年，PDB 中包含约 180000 个已解析的蛋白质结构。然而，这些模型不仅仅使用这些已知结构，它们还利用了大量的序列数据、进化信息和物理化学知识。

在训练过程中，AlphaFold 采用了多序列比对（multiple sequence alignment，MSA）的方法，如图 4.26 所示。MSA 通过比较多个相关的氨基酸序列，找出其中的相似性和差异，从而帮助模型更好地理解蛋白质的结构特点和进化关系。

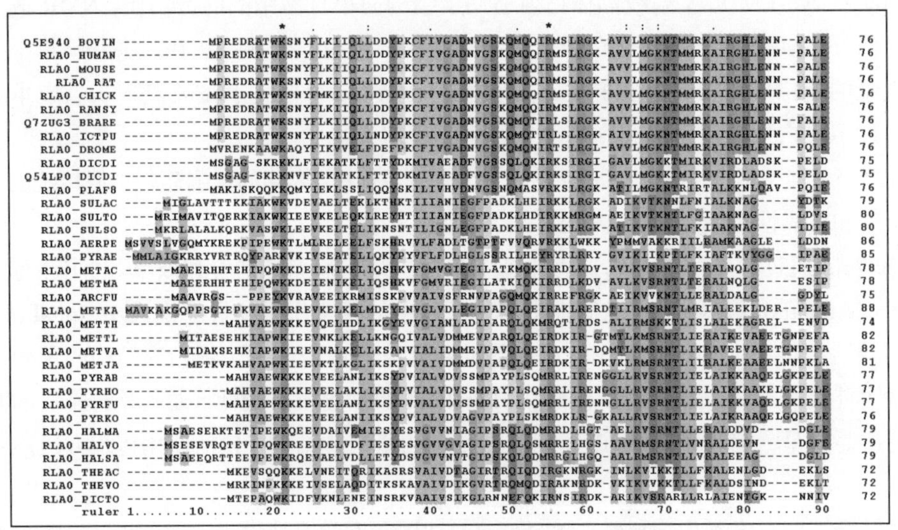

图 4.26　多序列比对

AlphaFold 的训练过程主要基于监督学习，其使用已知的生物分子结构作为基准真实值（ground truth）。模型引入了一个迭代细化过程，在这个过程中，多次改进模型预测，每次都利用前一次的结果优化本次预测。这种策略允许模型逐步优化其预测，类似生物分子在自然折叠和相互作用过程中的行为。

此外，AlphaFold 还利用多种输入表示来提高模型的泛化能力，包括序列信息、进化信息、预测的二级结构等。通过综合利用这些不同类型的信息，AlphaFold 能够更好地适应不同的生物分子序列和相互作用。

2024 年 5 月 9 日，DeepMind 与 Isomorphic Labs 的研究人员在《自然》杂志上发表了题为《使用 AlphaFold 3 准确预测生物分子相互作用的结构》（*Accurate structure prediction of biomolecular interactions with AlphaFold 3*）的研究论文，介绍了 AlphaFold 3 的突破性进展，如图 4.27 所示。

总的来说，从 AlphaFold 1 到 AlphaFold 3，这些模型通过深度学习技术、丰富的训练数据和精巧的模型结构，实现了对生物分子结构预测的革命性突破。其具有高效、低成本和适用性广等特点，为生命科学研究和药物开发开辟了新的道路。AlphaFold 系列模型的成功展示了人工智能技术在解决复杂科学问题方面的巨大潜力。

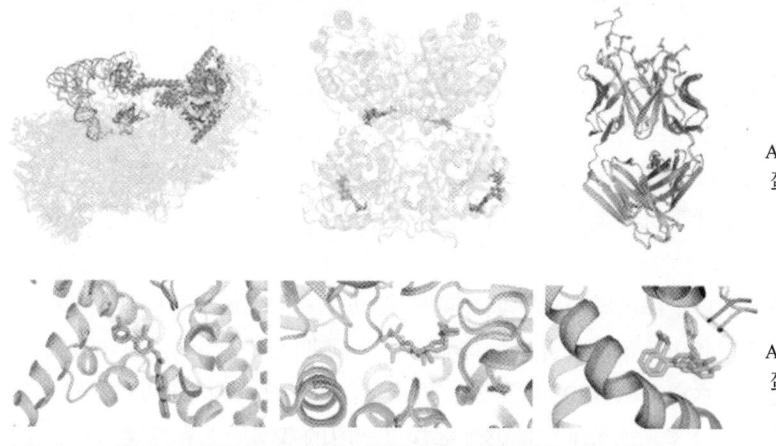

AlphaFold 如何预测蛋白质结构（上）

AlphaFold 如何预测蛋白质结构（下）

图 4.27　AlphaFold 3 的突破性进展：预测蛋白质复合物

人工智能对科学研究的影响

4.5.3　AlphaFold 的影响与应用

1. AlphaFold 在生物学研究中的应用

AlphaFold 利用深度学习技术，能够快速、准确地预测蛋白质的三维结构，对生物学和医学研究产生了深远影响。它预测了人类蛋白质结构的 98.5%，为理解人类生物学的基本过程提供了重要信息。这些结构数据可以帮助科学家研究疾病机制，设计新的药物，甚至开发新的治疗方法。

AlphaFold 还为药物设计和开发带来了新的可能，大大加快了药物设计的速度，提高了研究效率，降低了药物开发的成本。2024 年 5 月发布的 AlphaFold 3 不仅能预测蛋白质结构，还能高精度预测蛋白质与其他生物分子的相互作用结构，进一步扩展了应用范围。

2. AlphaFold 对分子生物学的革命性影响

AlphaFold 被比作计算机视觉领域中的 CNN 和自然语言处理领域中的 Transformer，是深度学习技术的重大突破。它结合了实验方法的精确性和计算机模拟方法的速度，极大地提高了研究效率。AlphaFold 改变了研究范式，让研究人员可以将更多精力投入数据的分析和应用上。

3. AlphaFold 对其他学科的影响

AlphaFold 的影响延伸到了多个相关学科，包括生物信息学、计算生物学、系统生物学、结构生物学和进化生物学。它为这些学科领域带来了新的研究方向和工具，推动了相关技术的发展。

4. AlphaFold 的局限性和挑战

尽管取得了巨大成功，但 AlphaFold 仍面临一些挑战，包括动态结构预测的困难、对大型蛋白质复合物和非经典蛋白质的预测能力有限、高计算资源需求、需要实验验证以及可能存在的训练数据偏差等问题。

总之，AlphaFold 为生物学研究提供了强大的工具，对分子生物学和相关学科产生了革命性影响。尽管面临一些挑战，但随着技术的不断进步，我们可以期待 AlphaFold 及类似工具在未来发挥更大的作用，进一步推动生命科学的发展。

4.6 本章小结

本章深入探讨了深度学习技术，帮助读者构建了对这一人工智能核心技术的全面认知框架。本章首先阐述了深度学习的定义及其与传统机器学习的区别，介绍了深度学习研究的 3 位杰出先驱；然后从时间维度梳理了深度学习的演进过程，展现了其从早期探索到当前繁荣的发展轨迹。接着，本章聚焦于计算机视觉和自然语言处理两大核心应用领域，分析了深度学习在这些领域的发展历程。

本章还深入剖析了深度学习的两大关键技术，即 Transformer 架构与预训练大模型，详细探讨了它们的工作原理和应用策略。此外，本章介绍了预训练大模型的两种主要使用方式：MaaS 和模型开源。最后，本章以 AlphaFold 为例，展示了深度学习在科学研究领域的突破性应用。

通过学习本章内容，读者不仅能够掌握深度学习的基本概念和发展历程，还能深入理解其核心技术原理和应用方法。这可为读者后续学习更复杂的深度学习模型和应用奠定基础，同时启发读者将深度学习技术与自身专业领域相结合，探索创新性的应用方向。

4.7 习题

1. 简述深度学习与传统机器学习的主要区别，并解释为什么深度学习在处理大规模复杂数据时具有优势。

2. 从时间维度角度，概述深度学习的发展历程，简述“古猿时代”“智人时代”“觉醒期”和”“蓬勃发展期”的主要特征与代表性成果。

3. 比较计算机视觉和自然语言处理领域中深度学习技术的发展历程，指出它们的共同点和差异。

4. 详细解释 Transformer 架构的核心组件，并说明它们如何提高了深度学习模型的性能。

5. 描述预训练大模型的基本概念，并讨论它在自然语言处理任务中的应用方法。

6. 比较 MaaS 和开源模型两种预训练大模型使用方式，分析它们各自的优缺点和适用场景。

第 5 章 人工智能技术的突破——大语言模型技术

大语言模型作为现代人工智能的前沿技术，推动了自然语言处理的突破性进展。本章首先概述大语言模型的演变过程，特别是 GPT 的创新与影响；接着深入剖析大语言模型的关键技术原理，如嵌入技术和注意力机制，揭示这些技术如何驱动模型获得高性能；然后探讨大语言模型的工程训练过程，分析模型扩展与能力涌现现象；最后结合大语言模型在文本生成、知识问答和任务执行等领域的实际应用，探究其应用场景与优化策略，帮助读者掌握如何根据需求来选择和调整模型，以充分发挥大语言模型潜力。

5.1 大语言模型概述

自 2018 年以来，随着自然语言处理技术的飞速进步，大语言模型（large language model，LLM）逐渐成为人工智能研究和应用的焦点。这些模型不仅推动了自然语言处理的发展，也为其他领域的人工智能应用带来了新的可能。

5.1.1 大语言模型与预训练大模型

大语言模型是预训练大模型的一个分支，专注于语言数据的理解与生成。所有的大语言模型都属于预训练大模型，而预训练大模型除涵盖自然语言处理外，还涵盖很多其他应用领域，如计算机视觉和语音识别等。AlphaFold 就是用于蛋白质结构预测的预训练大模型。预训练大模型可以基于各种类型的数据进行训练，而大语言模型主要使用文本数据进行训练，旨在提升自然语言处理的表现。

5.1.2 大语言模型的里程碑：GPT

1. GPT 的影响

GPT 是 OpenAI 公司在大语言模型领域推出的里程碑式产品。GPT 的出现对人工智能尤其是自然语言处理领域的技术格局产生了深远影响。

在人工智能技术发展中，GPT 基于 Transformer 架构进行大规模预训练，显著推动了语言模型从静态表示（如 Word2Vec）向动态、上下文敏感表示过渡。这一进展极大地提升了模型理解和生成自然语言的能力，使模型不仅具备卓越的文本生成能力，还提高了在各种自然语言处理任务上的性能，拓展了人工智能的应用范围。GPT 的创新应用不仅限于传统的自然语言处理任务，还扩展到了代码生成、对话系统、文本总结等多个领域，充分体现了其广泛的适用性。这种多样化的应用为自然语言处理和人工智能领域带来了新的可能，推动了相关研究和实践的快速发展。

2. GPT 的发展历史

GPT 的发展历史可以分为 4 个阶段，即早期探索、规模扩展、能力增强和性能跃升，如图 5.1 所示。

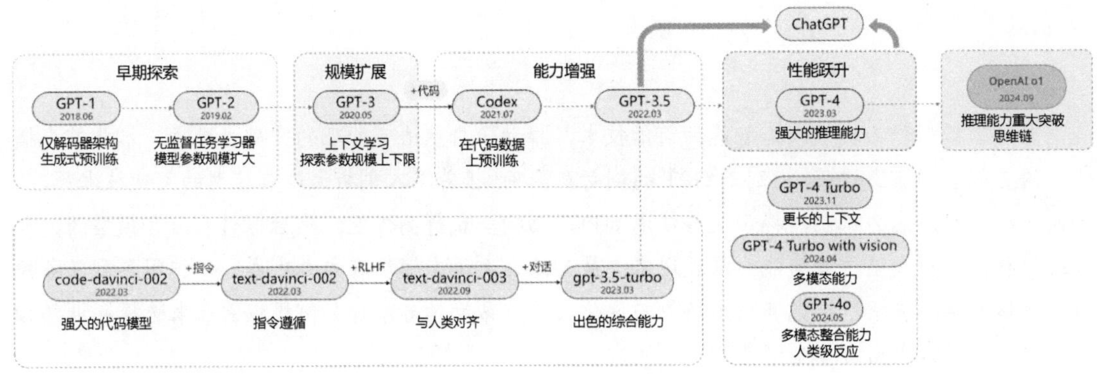

图 5.1　GPT 的发展历史

（1）早期探索阶段

OpenAI 公司在 2018 年 6 月发布了 GPT-1，当时与 GPT 竞争的还有广受关注的 BERT 模型。两个模型虽然都基于 Transformer 架构，但具体工作方式不同。GPT 采用单向编码，根据已有文本预测后续文字内容，类似句子补全任务。BERT 使用双向编码方式，利用上下文信息预测某个位置的文字，类似于完形填空任务。初期，学术界对 GPT 和 BERT 的性能与应用前景有不同的看法，GPT-1 在某些任务上的表现确实不如 BERT。尽管如此，OpenAI 公司继续探索生成式模型的潜力，其于 2019 年 2 月发布的 GPT-2，通过增加训练数据量和模型参数（从 GPT-1 的 1.17 亿个参数增加到 15 亿个参数），展现出了更强的语言理解和生成能力。GPT-2 在某些任务上表现出了超出预期的效果，如文本摘要和简单翻译，这些能力并非通过特定任务的专门训练获得，而是通过大规模预训练和迁移学习实现。这一发现为生成式模型的发展提供了新的研究方向，暗示了更大规模模型可能具有卓越、广泛的潜力。

（2）规模扩展阶段

OpenAI 公司在 2020 年 5 月发布了 GPT-3。拥有 1750 亿个参数的 GPT-3 显著提升了模型的性能，展现了“少样本学习”的能力。少样本学习指模型仅利用少量示例就能在新任务上表现优异。在多项自然语言处理任务中，GPT-3 的表现超越了一些专门训练的模型。例如，在机器翻译任务上，GPT-3 在零样本设置下，BLEU（Billingual Evaluation Understudy，双语评估替补）指标达到了 33.5，接近专门训练的翻译模型的性能。

（3）能力增强阶段

OpenAI 通过引入代码数据训练和人类偏好对齐（如 RLHF）技术，进一步提升了 GPT 的性能。2021 年 7 月发布的 Codex 模型在代码生成任务上表现出色。2022 年 3 月发布的 GPT-3.5 展现了更加稳定和强大的能力，尤其在生成代码和复杂对话任务上表现显著提升。

2022 年 11 月，基于 GPT-3.5 的对话系统 ChatGPT 发布。它是一个人工智能对话应用服务，在与人机对话中展现出多项优秀能力，包括丰富的知识储备、复杂问题求解能力、多轮对话的上下文追踪与建模能力，以及与人类价值观对齐的能力。在后续的版本中，ChatGPT 支持插件机制，通过集成现有工具或应用程序来扩展其功能。在多项对话系统评估指标上，ChatGPT 的表现优于之前的对话系统。例如，在对话连贯性评估中，ChatGPT 的得分比之前的模型高出 20%。ChatGPT 的发布引发了学术界和产业界的广泛关注，对人工智能的研究产生了重要影响。

（4）性能跃升阶段

性能跃升阶段始于 2023 年 3 月发布的 GPT-4。GPT-4 支持文本和图像输入，展现了更强的推理和生成能力。在标准化考试等多项任务中，GPT-4 的表现显著优于之前的模型。例如，在 LSAT（法学院入学考试）中，GPT-4 的得分处于应试者的前 10%，而 GPT-3.5 的得分仅在前 40%。2023 年 9 月发布的 GPT-4 Turbo 进一步增强了模型的上下文理解能力。GPT-4 Turbo with vision 则增强了模型的视觉处理能力，其能够更好地理解和分析图像内容，在图像理解任务中的准确率比之前的模型提高了 15%。2024 年 5 月 OpenAI 发布了 GPT-4o，o 代表“omnimodal”，这意味着它是一个原生的多模态模型，所有输入和输出都由同一神经网络处理。它能够处理文本、图像、音频、视频的组合输入，展现了强大的跨模态理解能力。GPT-4o 在视觉和音频理解方面表现尤其出色，反应速度接近人类水平。

OpenAI 在 2024 年 9 月发布了 OpenAI o1 模型，这是人工智能领域的一个重要进展，代表了推理能力的新水平。OpenAI o1 模型通过强化学习算法，能够在处理复杂问题时展现出类似人类的推理过程，包括深入思考、尝试不同策略并识别与修正错误。OpenAI o1 模型在生成回答之前会构建一个详尽的思维链，以此提升模型的性能。在数学、编程和科学等领域的基准测试中，OpenAI o1 模型的表现显著优于之前的模型，达到了与博士生相当的水平。

通过这些阶段的发展，GPT 逐步走向成熟，展现了生成式预训练模型在自然语言处理、图像理解、对话系统等领域的广泛应用前景。这一演变过程充分证明了大语言模型的巨大潜力和快速迭代能力。

3. GPT 的使用

用户可以通过 OpenAI 的 ChatGPT 网页或手机 App 使用 ChatGPT。开发者可以通过 OpenAI 提供的 API 将类似功能集成到自己的程序中。

ChatGPT 是基于 GPT 模型开发的专用对话系统，以网页为例，用户可以通过图 5.2 所示界面与 ChatGPT 进行交互。单击左边的 ChatGPT 开启一个新对话，用户可以根据需求选择不同的 GPT 模型版本，如 GPT-4 或 GPT-4o。这种灵活性使 ChatGPT 能够适应不同复杂度的任务，从简单的对话到复杂的编程辅助或内容生成。在图 5.2 所示的问题输入区中，用户可以输入问题或指令，与选定的 GPT 模型进行对话。

ChatGPT 作为一个对话接口，负责处理用户输入并展示 GPT 模型生成的回复。GPT 模型则负责理解用户输入并生成相应的文本内容。二者紧密结合，共同为用户提供连贯的对话体验。我们可以将这种关系类比为：ChatGPT 是接待人员，GPT 是幕后工作人员。ChatGPT 作为应用界面，负责接收用户输入，并通过 GPT 模型生成自然语言回复。

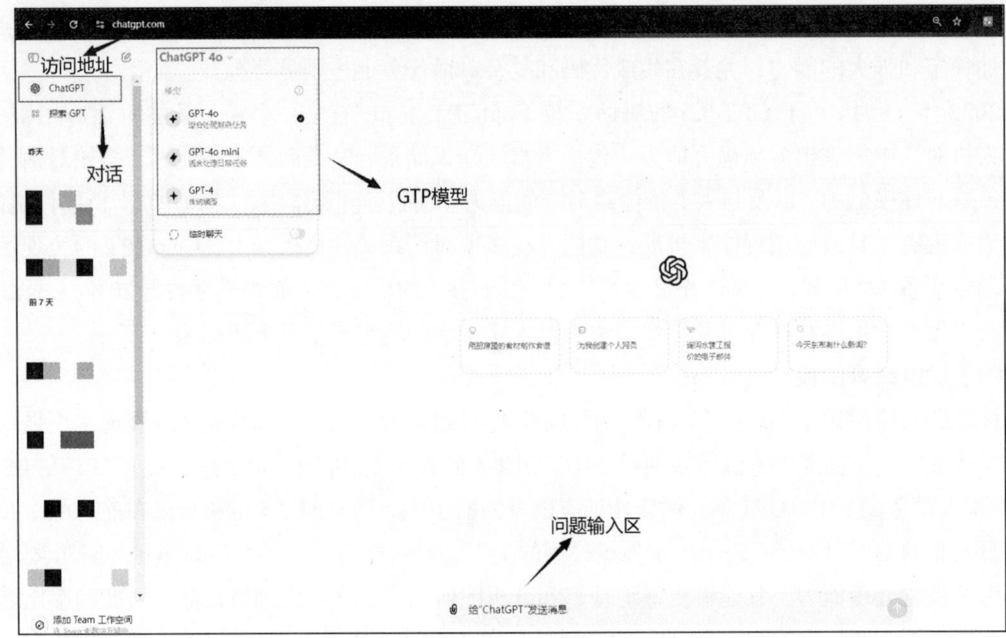

图 5.2　ChatGPT 对话界面

ChatGPT 的实际应用范围非常广泛，涵盖从内容生成到编程辅助再到教育平台等多个领域。例如，在内容生成方面，ChatGPT 能够撰写新闻报道、博客文章、广告文案等，可提高内容创作的效率；在编程辅助方面，它可以帮助程序员编写代码、调试错误，甚至基于自然语言描述生成代码段。根据 OpenAI 的报告，在 GitHub Copilot 的辅助下，开发者的代码编写速度提高了 55%。此外，许多教育平台利用类似 ChatGPT 的技术来提供个性化学习辅导，为学生解答问题和提供学习建议。ChatGPT 的出现引起了广泛关注，多位科技界领袖对其潜力给予高度评价。例如，微软联合创始人比尔·盖茨在 2023 年 3 月的一篇博客文章中表示，AI 聊天机器人将"改变我们的世界"。

5.1.3　近年来大语言模型的关键进展

近年来，全球大模型领域经历了迅猛的发展，已经进入激烈竞争阶段。在本小节中，我们将大语言模型置于大模型领域的发展背景之中，以便获得更全面的理解。从 2022 年 12 月到 2025 年 1 月，全球众多科技公司和研究机构竞相推出了新一代的大模型，这一趋势极大地推动了该领域的繁荣发展。

图 5.3 列出了人工智能大模型从 2022 年 12 月到 2025 年 1 月的关键进展，数据主要来源于 SuperCLUE 团队于 2025 年 1 月发布的《中文大模型基准测评 2024 年度报告–2024 中文大模型阶段性进展年度评估》。

图 5.3 中的大模型不仅局限于大语言模型，还涵盖图像生成模型、视频生成模型、多模态模型、开源模型等广泛领域。

大语言模型：如 GPT-4、Llama 系列、Baichuan4、GLM4、DeepSeek 系列等，这些模型主要用于自然语言处理任务，如文本生成、对话系统等。

图像生成模型：如 Midjourney、Stable Diffusion 系列，这些模型主要专注于文生图的处理，能够按照提示词生成精美的图片，甚至可以根据提示词修改图片中部分内容。

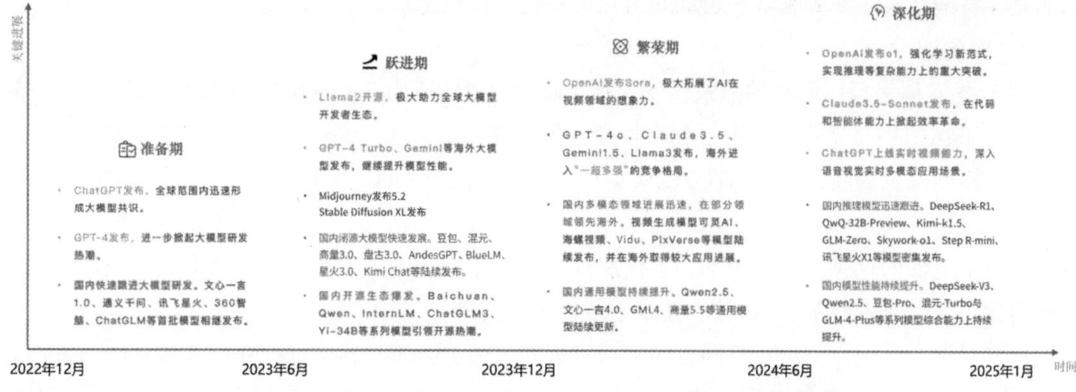

图 5.3　人工智能大模型从 2023 年 12 月至 2025 年 1 月的关键进展

视频生成模型：如 Sora、可灵、Vidu 等，这些模型专注于视频内容的生成与处理，展示了人工智能在视频内容创作领域的潜力。

多模态模型：如 GPT-4V、Gemini 系列、GLM4、豆包等。它们能够同时处理文本、图像甚至视频和音频，具备跨模态理解与生成能力。这类模型不仅限于语言处理，还能扩展到图像识别、视频生成等任务。

开源模型：如 Llama 系列、Baichuan 系列、ChatGLM 系列、DeepSeek 系列等，它们体现了开源社区在推动大模型发展中的重要作用。这些开源模型提供了高效、可复现的架构，方便研究人员和开发者使用及优化。

从图 5.3 可以看出，大模型的发展经历了以下 4 个阶段，每个阶段都具有鲜明的技术特征和发展态势。

1. 准备期

ChatGPT 的横空出世重新定义了 AI 交互的可能性，展现出成熟的对话能力，引发了全球范围内的大模型研发热潮。GPT-4 的发布更是将这股热潮推向高峰。面对国际上的率先突破，我国科技界迅速行动，百度、阿里巴巴等企业纷纷推出自研大模型，同时 ChatGLM 等开源模型的发布为我国 AI 生态建设奠定了重要基础。这一阶段的技术发展主要聚焦于通用对话能力，模型架构相对简单，以单一大规模语言模型为主，国内与国际的技术差距较为明显。

2. 跃进期

Llama2 的开源在国际上掀起开源浪潮。GPT-4 Turbo 和 Gemini 则展现出更强大的模型性能。在这一阶段，我国呈现出独特的“双轨发展”特征：一方面，豆包、混元、商量 3.0、盘古 3.0、Kimi 等商业模型密集发布；另一方面，以 Baichuan、Qwen、InternLM、ChatGLM3 为代表的开源模型形成了完整的技术生态。这种双轨并行的发展策略加快了我国在 AI 领域的追赶步伐，与国际的差距开始显著缩小。

3. 繁荣期

多模态能力成为 AI 发展的新战场。OpenAI 推出的 Sora 开创了 AI 视频生成的新范式，同时 GPT-4、Claude 3.5、Gemini 1.5、Llama 3 的发布形成了多极竞争的格局。我国企业在这一阶段也取得显著突破，不仅在视频生成等多模态领域推出了可灵、Vidu、PixVerse 等创新产品，通用模型如 Qwen2.5、文心一言 4.0、GLM4 等也在持续更新迭代中展现出越来越强的综合能力。值得注意的是，我国在某些细分领域开始展现出独特的技术优势。

4. 深化期

AI 技术发展呈现出明显的范式转变，从此前注重通用能力转向深度推理能力的突破。这一转变始于 OpenAI 的 o1 模型，它通过创新性地应用强化学习方法，在推理能力上取得突破性进展，开创了大模型发展的新方向。而在 2025 年 1 月，我国 DeepSeek 公司发布的 DeepSeek-R1 模型成为这一阶段最具代表性的突破。DeepSeek-R1 采用了与 OpenAI o1 相似的技术路线，但通过技术创新实现了更低的训练和推理成本，不仅展现了强大的推理能力，还带领开源模型正式进入深度推理阶段，它标志着我国在 AI 核心技术上取得重要突破。

这一时期，其他模型也在不同方向上探索创新，如 Claude 3.5-Sonnet 在专业领域能力方面获得提升，QwQ-32B、GLM-Zero、Skywork-o1 等在探索差异化技术路线方面进行了尝试。同时，混元-Turbo、GLM4-Plus 等模型在持续优化升级，它们进一步提升了综合能力。这些进展共同推动大模型向更深层次的认知智能方向演进。

纵观这一发展历程，我们可以清晰看到大模型技术的演进路径：从最初 ChatGPT 引领的通用对话能力突破，到多模态能力的全面拓展，再到深度推理能力的创新突破。

国际和国内的技术演进也呈现出不同特点：国际以基础理论创新为主，不断拓展模型的能力边界；国内则在追赶过程中寻求突破，逐步在细分领域形成优势。竞争格局也从最初 OpenAI 一家独大，演变为国际多极竞争，国内则从单纯模仿到创新突破，逐步形成了具有特色的技术路线。特别值得关注的是我国独特的发展策略：通过商业模型与开源生态的双轮驱动，形成了良性互补的发展态势。

展望未来，大语言模型的发展呈现出以下几个明显的趋势。

首先，模型将向更深层次的认知智能方向演进，从简单的模式识别和知识应用，逐步迈向类人的推理思考能力。这一趋势已在 DeepSeek-R1 等模型中初现端倪，未来将进一步加强。

其次，模型架构将更趋轻量化和高效化，通过技术创新降低训练和部署成本，使 AI 技术更易于普及应用。这种趋势将推动大模型从云端向端侧迁移，实现更广泛的场景落地。

再次，多模态融合将更加深入，模型将具备更自然的跨模态理解和生成能力，实现真正的多模态智能。这不仅包括文本、图像、视频的融合，还将拓展到更多的感知维度。

最后，大模型将与各垂直领域深度结合，催生出更多专业化的解决方案。特别是在科研、医疗、金融等专业领域，定制化的大模型应用将带来革命性的突破。这些发展将推动人工智能进入一个全新的发展阶段，让技术真正服务于人类社会的进步。

5.2 大语言模型的智能来源

大语言模型的强大能力源于其独特的数据处理和学习机制。接下来，我们将详细探讨大语言模型的技术原理，逐步揭示这些模型如何理解和生成人类语言。

5.2.1 大语言模型中的 3 个重要概念：token、向量及嵌入

token

大语言模型处理文本数据的过程始于将文本转化为可计算的形式。这一过程涉及两个关键步骤：首先将文本分割为 token（词元），然后将这些 token 转换为向量

表示。我们通过一个例子来了解大语言模型处理文本数据的过程，如图 5.4 所示。

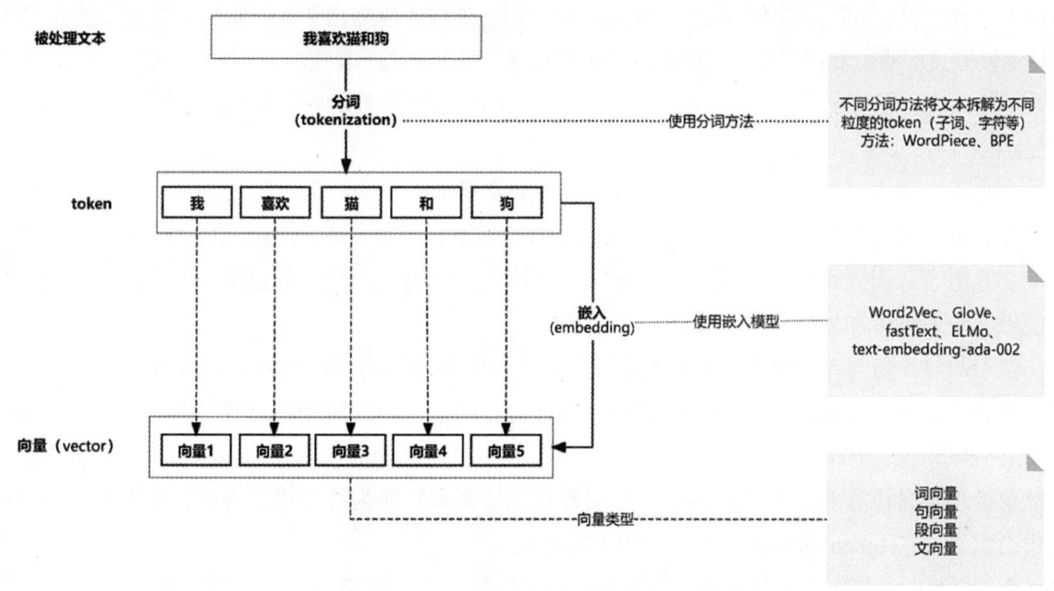

图 5.4　大语言模型处理文本数据的过程

假设大语言模型接收到一段文本：“我喜欢猫和狗”。大语言模型通过分词（tokenization）方法，将这段文本拆解成若干个最小的语言单位，这些单位被称为 token。每个 token 都经过特定的处理方式，转化为计算机可以理解的向量形式，这一转化过程称为嵌入（embedding）。嵌入后的向量能够表征文本中的语义信息，供大语言模型在后续的处理和推理中使用。

上述处理过程涉及大语言模型中 3 个重要的概念：token、向量和嵌入。下面详细解释。

1. token：语言处理的最小单位

token 在大语言模型中的作用至关重要，因为它们是模型理解和处理自然语言的基础单位。token 可以是一个完整的词、词的一部分（子词），甚至是单个字符。

分词是将文本转换为 token 的关键步骤。在大语言模型中，具体使用哪种分词方法取决于具体的应用场景和模型需求。以下是几种常见的分词方法，它们分别体现了不同粒度的分词。

（1）词级别分词：将文本按照词语或词组进行分割，每个词或词组作为一个 token。词级别分词适用于语言结构清晰、词汇相对固定的场景。例如，在英文文本处理和一些中文自然语言处理中，词级别分词是一种常见的方法。图 5.4 中的 5 个 token，即“我”“喜欢”“猫”“和”“狗”，分别对应一个完整的词或词组。

（2）子词级别分词：将单词进一步拆分为更小的语义单位，即子词（subword）。子词级别的分词方法兼顾了字符级别和词级别分词的优点，特别是在处理新词或罕见词时表现优异。子词级别分词特别适合处理大量复杂词汇或多语言文本，在需要大语言模型具备较强泛化能力的情况下使用。常见方法有字节对编码（byte-pair encoding，BPE）和 WordPiece。

① BPE：一种基于统计频率的分词方法，通过反复合并常见的字符对，生成子词单元。例如，单词 unhappiness 可以分割为子词 un、happi、ness。

② WordPiece：类似于 BPE，但合并的原则更加灵活，广泛用于 BERT 模型中。例如，playing 可以被分割为 play 加上 ing。

（3）字符级别分词：将文本中的每个字符都作为一个 token。这种方法的粒度最细，适用于语言结构不固定、词汇边界不明确的场景。字符级别分词在处理非标准化文本（如社交媒体数据）、拼写错误频繁的文本或需要模型处理不同语言时表现较好。对于中文等表意文字，字符级别分词有时也会作为一种直接的处理方式。比如，对于“喜欢”这个词，字符级别分词会将其分为“喜”和“欢”两个 token。

在实际应用中，分词的粒度和分词方法选择非常重要，因为它们直接影响大语言模型的性能和计算效率。对于英文等语言，子词级别分词方法如 BPE 和 WordPiece 已经成为常见选择；而对于中文等语言，词级别或字符级别分词方法仍然被广泛应用。通过合理选择分词方法，大语言模型能够有效地理解和处理不同类型的文本数据。

以 GPT-3.5 为例，其词表大小为 50257。每个 GPT 模型都有自己的词表（token 字典）和对应的嵌入表示。GPT 使用字节对编码（BPE）来进行分词，这种方法能够有效平衡词表大小和表达能力。一般来说，1000 个 token 大约对应 750 个英文单词或 500 个汉字。这种 token 化方法使模型能够处理各种语言和未见过的词汇。分词器将原始文本转换为静态语义表示，而模型在处理过程中会赋予这些 token 动态的、上下文相关的语义。

但是，token 本身并不能直接用于复杂的数学运算。为了使模型能够进行有效的计算和推理，我们需要将 token 转换为向量表示，这就引出了向量的概念。

2. 向量表示及意义

为什么 token 不能直接用于大语言模型计算，而要先转化为向量？我们先思考一个问题。

在处理自然语言时，我们常常会遇到这样的问题：“我生病了”和“我今天感觉不太舒服”，这两句话在语义上非常接近，但它们的字符组成完全不同。同样地，“小狗喜欢吃的东西”和“骨头”这两个短语在字符上没有任何相同之处，但它们实际上表达了类似的意思。传统的字符串匹配方法无法识别出这种语义上的相似性，因此无法直接应用 token 这种字符的内容。那么，如何才能让计算机理解这些在语义上相近但在字符上不同的句子？答案就是向量化处理。

向量是一系列多维数据的表示，它是一种灵活和强大的数据表示方式，能够捕捉和表示对象或特征在多个维度上的表现。文本、图像、视频和音频等各种数据都可以被转化为向量，从而在同一向量空间内进行比较、操作和分析。因此，我们可以说：万物皆向量。

在自然语言处理中，单词、句子和段落等文本内容被表示为向量，用于捕捉语义信息，称为文本向量。这些向量通常是高维的，每个维度代表不同的语义特征。我们可通过图 5.5 所示的词向量来理解。

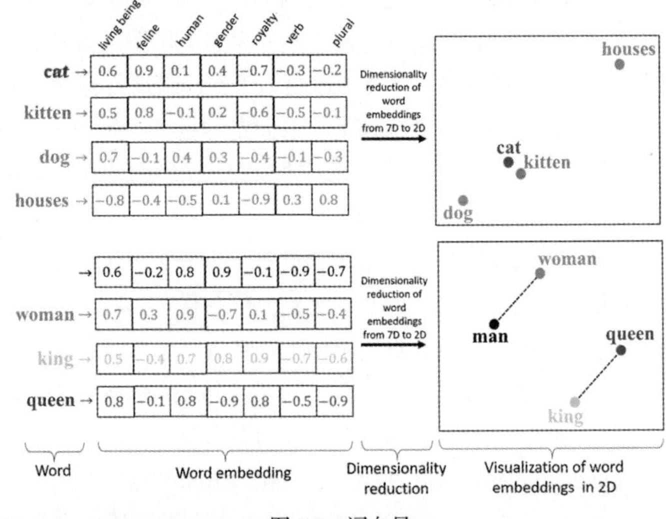

图 5.5　词向量

图 5.5 左边展示了每个单词都被表示为一个由 7 个数字组成的向量。这些数字可能对应于特定的语义维度，如 living being（生物）、feline（猫科）、human（人类）、

gender（性别）、royalty（皇室）、verb（动词）、plural（复数）。每个数字表示该单词在相应语义维度上的强度或相关性。

例如，cat 的向量为（0.6,0.9,0.1,0.4,−0.7,−0.3,−0.2）。这些数字分别表示 cat 在“生物”“猫科”等维度上的相关性。0.9 表示 cat 在“猫科”维度上具有很高的相关性。dog 的向量为（0.7,−0.1,0.4,0.3,−0.4,−0.1,−0.3），这表明 dog 在“生物”维度上相关性较高，但在“猫科”维度上几乎没有相关性。

由于词嵌入通常处于高维空间（这里只是 7 维），难以直接进行可视化，因此我们使用降维技术将其压缩到二维空间。

图 5.5 右上角展示了 cat、kitten、dog 和 houses 在二维空间中的位置。我们可以看到，cat 和 kitten 非常接近，这表示它们的语义相似度很高；dog 与它们的距离稍远，这表示 dog 与它们在语义上存在一些差异。

图 5.5 右下角展示了 man、woman、king 和 queen 的二维向量。通过向量的距离和方向，我们可以看到 man 和 woman 之间以及 king 和 queen 之间的关系。

在图像处理领域，图像可以被转换为多维向量，其中每个维度可以代表图像的一个像素值或特征（如颜色、纹理、形状等）。例如，一个典型的彩色图像可能会被展平成一个向量，其中每个维度表示一个像素的红、绿、蓝（RGB）值。这种表示方法使大语言模型能够理解和处理图像内容，实现图像描述生成、视觉问答等多模态任务。

视频向量通常是时间序列的集合，每个时间点的图像帧可以被表示为一个向量，这些向量组合起来就构成了视频的多维数据表示。大语言模型通过处理这些视频向量，可以完成视频内容理解、动作识别、视频摘要生成等复杂任务。

对于音频数据，通过对其频率、振幅等特征进行分析，可以将其转换为多维向量。每个维度可能代表某一时刻的音频特征，如音调或频率分量。这使大语言模型能够处理语音识别、音乐生成等与音频相关的任务。

综上所述，向量的意义在于以下方面。

（1）统一表示：向量使不同类型的数据（文本、图像、视频、音频）能够在相同的数学框架下进行处理。这种统一表示为大模型提供了处理多模态信息的能力，使其能够在单一模型中实现跨模态学习、理解和生成。

（2）相似度计算：通过计算向量之间的距离或相似度，大模型可以实现多种复杂任务。在文本领域，大模型能够进行语义相似度计算、文本分类以及情感分析；在图像领域，大模型可实现图像检索、物体识别以及图像相似度比较；在视频领域，大模型能够完成动作识别和视频内容相似度分析；在音频领域，大模型能进行语音识别、音乐风格分类以及声纹识别。这些计算过程为大模型的推理和生成能力奠定了坚实的基础。

（3）特征提取与表示：向量能够高效地表示数据的核心特征。在大模型中，这些特征使模型能够捕捉复杂的语义关系和模式、理解图像和视频的视觉内容、分析音频的时频特征，这种多维度的特征表示对于模型的理解和决策至关重要。

（4）跨模态关联：向量表示使大模型能够建立不同模态数据之间的关联。例如，将文本描述与相应的图像或视频内容关联起来，实现图像描述生成、视频字幕生成等任务。

（5）数学运算与转换：向量支持各种数学运算（如加法、减法、点积等），这使大模型能够进行复杂的语义操作。例如，通过向量运算实现词类比（如“国王”－“男人”＋“女人”≈“王后”），或在潜空间中进行语义转换。

（6）可扩展性：向量表示的灵活性使大模型可以不断扩展其能力，适应新的数据类型和任务，而无须彻底改变其基础架构。

3. 嵌入技术

嵌入是一种将离散数据（如单词、类别、节点等）映射到连续、多维向量空间的方法，简单理解就是通过嵌入技术把 token 向量化。嵌入技术的主要目的是将高维稀疏表示（如 One Hot 编码）转换为低维稠密表示，使相似的对象在向量空间中距离较近。这种方法在许多领域都有应用，包括自然语言处理、推荐系统、图网络等。

词嵌入（word embedding）是嵌入技术在自然语言处理中的具体应用。它将单词映射到一个连续、多维向量空间中，使语义上相似的单词在空间中更接近。词嵌入捕捉单词之间的语义关系，并通过向量表示，使模型能够更好地理解和处理自然语言。常用的词嵌入模型如下。

（1）Word2Vec：由 Google 在 2013 年提出的一种基于神经网络的词嵌入模型，它通过上下文预测单词，生成语义上相近的词向量。

（2）GloVe（global vectors for word representation）：由美国斯坦福大学提出的一种基于全局统计信息的词嵌入模型，它通过计算词与词之间在语料库中的共现概率，来生成词向量。GloVe 能够更好地捕捉到全局语境中的统计信息，特别是在处理大规模语料库时表现优异。与 Word2Vec 不同的是，GloVe 不仅考虑局部上下文，还考虑词对之间的全局共现关系。

（3）FastText：一个扩展 Word2Vec 的模型，它将单词表示为多个子词（n-gram）的组合，而不仅仅是一个整体。FastText 能够更好地处理词形变化和拼写错误的情况，因为它能将单词分解为子词。这使它在处理未登录词（out-of-vocabulary，OOV）时比 Word2Vec 更有优势。

（4）ELMo（embeddings from language models）：由 AllenNLP 提出的一个基于双向 LSTM 的词嵌入模型。与传统的静态词嵌入模型不同，ELMo 生成的词向量是动态的，并且取决于上下文。ELMo 可以捕捉到单词在不同上下文中的不同语义，这使它在许多自然语言处理任务中都表现出色，如问答系统和命名实体识别。

（5）BERT：由 Google 提出的一个基于 Transformer 架构的预训练语言模型，它采用双向编码器，从左右两个方向同时理解文本上下文。BERT 生成的词嵌入不仅取决于单词本身，还取决于它在整个句子中的位置和上下文。BERT 在许多自然语言处理任务中表现出较高的性能，如文本分类、情感分析等。

（6）text-embedding-ada-002：OpenAI GPT-3 系列的高级文本嵌入模型，它将文本转为高维向量以捕捉语义特征，适用于多种自然语言处理任务。该模型具有 1536 维的高维度向量表示，具有通用性、多功能性、上下文相关嵌入以及高效性和成本效益等特点。与之前的模型相比，text-embedding-ada-002 能更准确地捕捉复杂语义关系，并且在处理长文本和跨语言任务时表现更出色。它特别适用于语义搜索和问答系统等高级自然语言处理应用。

（7）BGE（BAAI General Embedding）：由北京智源人工智能研究院开发的通用文本嵌入模型，基于双向编码器与层次化语义理解框架，通过大规模多语言预训练生成高维向量（如 1024 维），动态融合上下文信息以捕捉词汇、短语及篇章级语义关联。BGE 在跨语言检索、长文本理解等任务中表现突出，支持 100 多种语言的语义对齐，其开源版本（如 bge-large-zh）在 MTEB 国际基准测试中达到领先水平。相比 BERT 和 text-embedding-ada-002，BGE 更注重长文本语义连贯性建模与低资源语言迁移能力，适用于智能客服、多模态知识库构建等复杂场景，是目前中文领域常用的模型之一。

嵌入技术在大语言模型中占据了核心地位。它不仅奠定了模型理解语言的坚实基础，还通过巧妙地将离散的语言符号转化为连续的向量形式，使模型能够执行复杂多变的语义运算和逻辑推导。随着技术的不断演进，从基础的 Word2Vec 到强大的 BERT，再到前沿的 text-embedding-ada-002，嵌入技术不断提升模型的语言理解能力，为自然语言处理领域的飞跃发展贡献了重要力量。

5.2.2　注意力机制：智能的关键

注意力机制

在理解了 token 和向量表示的基础上，我们现在转向大语言模型中另一个至关重要的概念：注意力机制。这一机制不仅是现代深度学习模型的核心组成部分，也是模拟人类认知过程的重要尝试。通过深入探讨注意力机制的本质及实现方式，我们可以更好地理解大语言模型如何实现高效的信息处理和智能决策。

1. 注意力机制的本质与熵减的关系

注意力机制的引入在本质上是对智能的一种深刻诠释。在生物学中，智能生物通过注意力机制处理大量感官输入，从而快速做出反应和决策。智能生物这一机制在人工智能领域同样适用。面对大量杂乱无章的数据，注意力机制通过熵减过程，从复杂的数据环境中筛选出最有用的信息，以实现高效处理。

在信息论中，熵是衡量系统无序程度或不确定性的量。熵减指的是系统从高熵（高不确定性）状态向低熵（低不确定性）状态转变的过程。在注意力机制中，这一概念体现为从大量输入信息中选择最相关、最重要的部分，从而降低系统的不确定性，提高信息处理的效率和质量。

从系统层面考虑，注意力机制体现了智能系统的根本使命——提升对环境的适应性和解决问题的能力。通过有效地管理和利用有限的计算资源，注意力机制不仅使智能系统能够处理更大规模的数据，还能在这些数据中找到意义，生成洞见结果。这种能力与人类认知过程中的注意力机制高度类似，正如波斯纳（Posner）和彼得森（Petersen）于 1990 年在其开创性研究中所指出的那样。

脑科学和认知神经科学的研究进一步支持了注意力机制在智能系统中的重要性。例如，德西蒙（Desimone）和邓肯（Duncan）于 1995 年提出的偏向竞争模型（biased competition model）解释了大脑如何通过注意力机制来选择性处理视觉信息。这些研究表明，注意力机制在智能系统的形成和发展中扮演关键角色。

注意力机制通过模拟生物学上的注意力过程，为人工智能系统提供了一种高效处理信息的方法。它使模型能够动态地关注输入数据中最相关的部分，从而在保持计算效率的同时提高模型的性能。接下来，我们将详细探讨注意力机制的技术实现，以了解它如何在实践中应用这些原理。

2. 注意力机制的技术实现

注意力机制是神经网络中用于动态分配计算资源的方法，它能够让模型关注输入序列中最相关的部分。我们先来详细了解基本的注意力机制的技术实现，即瓦斯瓦尼（Vaswani）等人于 2017

年提出的缩放点积注意力（scaled dot-product attention），这是 Transformer 模型中使用的基础注意力机制，也是许多变体的基础。

缩放点积注意力的核心思想是：首先通过计算查询向量（Query）与键向量（Key）的相似度来确定每个输入元素的重要性，然后通过加权的方式组合这些输入元素的值向量（Value），最终生成注意力值。

为了更直观地理解注意力机制，我们以一个简化的例子来说明。需要注意的是，实际的大语言模型中的处理会更加复杂。考虑句子“我喜欢猫和狗”，假设我们要通过注意力机制来解析“喜欢”这个词与其他词汇之间的关联，QKV 向量如图 5.6 所示。

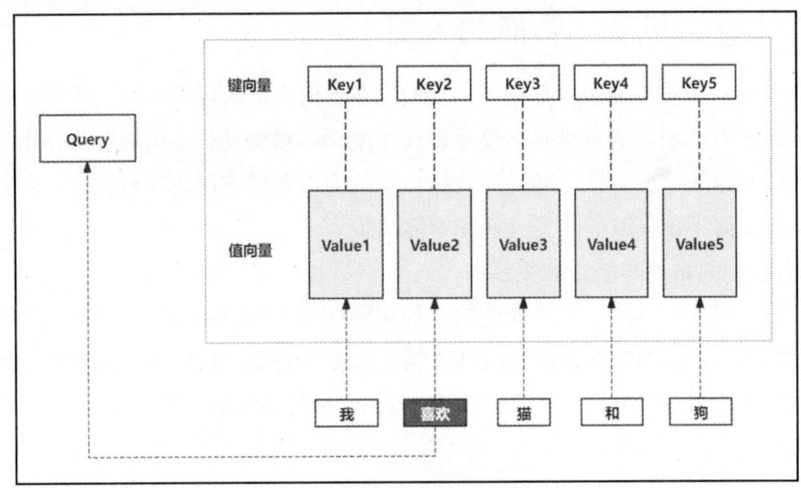

图 5.6　QKV 向量

大语言模型先将句子“我喜欢猫和狗”拆分成 token：“我”“喜欢”“猫”“和”“狗”。每个 token 都会生成两个对应的向量：值向量（Value）和键向量（Key）。比如：“我”生成值向量 Value1 和键向量 Key1，“喜欢”生成值向量 Value2 和键向量 Key2，因为大语言模型要解析“喜欢”和其他词的关系，所以“喜欢”额外生成一个查询向量 Query。这 3 个向量的概念如下。

Key：表示词汇的某种特征，用于计算与 Query 的相似度，以确定哪些输入词语与查询词语最相关。例如，当我们处理“猫”这个词时，它的键向量可能包含一些较为抽象或广义的特征信息，如“宠物类别”“动物类型”“与人类互动”等。这些特征用于帮助大语言模型识别“猫”在整个句子中的相关性，特别是在与查询向量（如“喜欢”）的匹配过程中，大语言模型会依据这些特征来判断“猫”与“喜欢”是否为密切相关的对象。

Value：直接表示每个词汇的语义内容，是大语言模型在生成最终输出时实际使用的信息。Value 不直接参与相似度计算，而是用于生成加权求和的最终输出。例如，“猫”的值向量可能包含“毛茸茸的小动物”“夜行动物”“喜欢爬树”等具体的语义信息。这些信息在注意力权重的引导下被加权求和，用于生成对句子的理解或进一步的处理。简单来说，值向量是大语言模型最终想要保留的信息，用于在生成响应或进行预测时，提供与句子含义直接相关的内容。

Query：表示当前关注词的向量。它用于与输入中的键向量进行匹配，从而确定哪些输入词应该得到更多的关注。例如，当大语言模型处理“喜欢”这个词时，“喜欢”的 Query 将用于与句子中其他词汇（如“猫”和“狗”）的 Key 进行比较，从而确定它们之间的相关性。通过这些计算，注意力机制能够动态调整大语言模型对不同词汇的关注程度，从而更好地理解和生成文本。

生成上述向量后，注意力的工作流程如图 5.7 所示，具体步骤介绍如下。

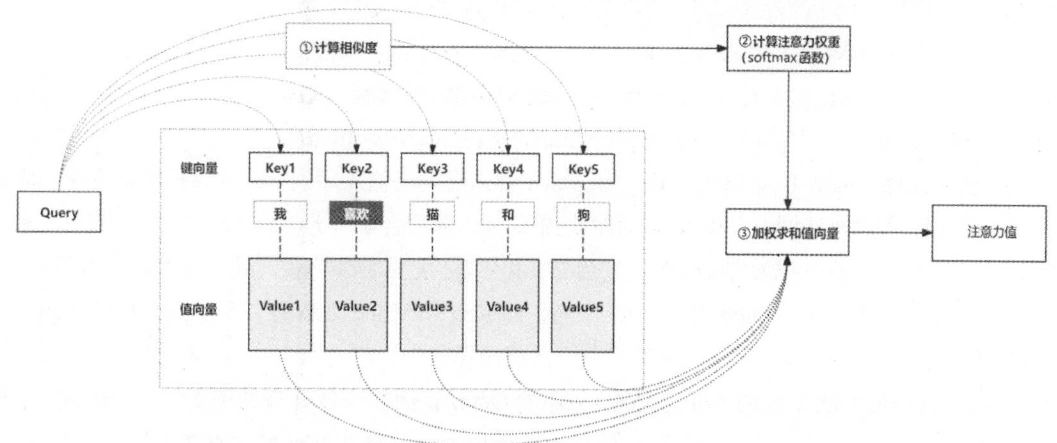

图 5.7 注意力的工作流程

步骤 1：计算相似度。

计算 Query 与每个 Key 之间的相似度。因为大语言模型关心的是“喜欢”这个词，所以它会将“喜欢”的 Query 与句子中每个词的 Key 进行点积运算等复杂运算，以计算它们之间的相似度。

Query 和 Key1（“我”的键向量）：相似度可能较低。

Query 和 Key2（“喜欢”的键向量）：相似度可能较高（同一个词）。

Query 和 Key3（“猫”的键向量）：相似度可能较高，因为“喜欢”与“猫”有语义关联。

Query 和 Key4（“和”的键向量）：相似度可能较低。

Query 和 Key5（“狗”的键向量）：相似度可能较高，因为“喜欢”与“狗”也有语义关联。

步骤 2：计算注意力权重。

根据步骤 1 的相似度，通过 Softmax 函数转化为概率分布，得到注意力权重。每个词汇的注意力权重表示该词在生成最终输出时的重要性。

“我”的注意力权重：0.1。

“喜欢”的注意力权重：0.2。

“猫”的注意力权重：0.3。

“和”的注意力权重：0.1。

“狗”的注意力权重：0.3。

步骤 3：加权求和值向量。

将每个词的 Value 乘对应的注意力权重，再求和得到最终的 Attention Value：

Attention Value = 0.1 × Value1 + 0.2 × Value2 + 0.3 × Value3 + 0.1 × Value4 + 0.3 × Value5。

这个 Attention Value 是一个综合了句子中所有词信息的向量，但它更偏重与“喜欢”相关的词汇，如“猫”和“狗”。

通过这个过程，注意力机制使模型能够在处理复杂句子时，动态地调整它对不同部分的关注程度，从而提升理解和生成的效果。

3. 多种多样的注意力机制

注意力机制的实现方式多种多样，每种都有其特定的应用场景和优势。下面详细介绍几种主要的注意力变体。

（1）不同的 QKV 来源定义

注意力机制的核心在于 Query、Key 和 Value3 个向量的交互。根据这些向量的来源，我们可以区分不同类型的注意力机制：自注意力和交叉注意力（cross-attention）。

① 在自注意力机制中，Query、Key 和 Value 都来自同一输入序列。这允许模型捕捉序列内部的关系。例如，前面所述例子“我喜欢猫和狗”中，每个词都会与句子中的所有词（包括自己）进行注意力计算。当“喜欢”作为 Query 时，它会与“我”“喜欢”“猫”“和”“狗”计算注意力分数。

② 在交叉注意力中，Query 来自一个序列，而 Key 和 Value 来自另一个序列。这种机制常用于需要关联两个不同序列的任务。例如，在机器翻译任务中，将“I love apples”翻译为“我喜欢苹果”时，解码器中的中文词（如“喜欢”）作为 Query，而编码器处理的英文句子中的词（“I”“love”“apples”）作为 Key 和 Value。这使模型在生成翻译时能够准确关注原文中的相关部分。

（2）不同的加权计算方法

注意力机制的核心是计算注意力权重。不同的计算方法可以带来不同的效果和性能。

① 点乘注意力：这是最常见的方法，在原始 Transformer 模型中使用。它通过计算 Query 和 Key 的点积来得到注意力权重。

② 矩阵注意力：这种方法可以捕捉更复杂的关系，但计算成本较高。

③ 基于相似度的注意力：使用余弦相似度等来计算注意力权重。在某些任务中，特别是当向量的方向比大小更重要时，这种方法可能更有效。

④ 基于 MLP 的注意力：使用多层感知机计算注意力权重。采用这种方法可以学习更复杂的注意力模式，但需要更多的参数。

（3）不同的模型结构

注意力机制可以用不同的方式进行组织和堆叠，从而形成以下不同的模型结构。

① 多头注意力（multi-head attention）：多头注意力机制并行计算多个注意力头，每个注意力头可以捕捉不同方面的信息。例如，在处理句子“The cat sat on the mat”时，不同的注意力头可能关注不同的信息：

- 第一个注意力头可能关注主语-谓语关系，重点关注 cat 和 sat；
- 第二个注意力头可能关注位置信息，重点关注 on 和 mat；
- 第三个注意力头可能关注语义关联，重点关注 cat 和 mat（都是名词）。

这些不同的注意力结果最终被组合，以提供更全面的句子理解。

② 多层注意力：通过堆叠多个注意力层，模型可以逐步提取更复杂的特征。例如，在处理文章摘要任务时，不同层次的注意力可能关注不同级别的信息：

- 第一层可能关注基本的词语关系；
- 第二层可能开始理解句子级别的含义；
- 第三层可能捕捉段落间的逻辑关系；
- 最后几层可能理解整篇文章的主旨。

这种层次化的结构使模型能够从局部到全局逐步理解文本。

（4）不同的掩码注意力机制

掩码注意力机制通过控制模型能够访问的上下文信息，来实现不同的学习目标。

① BERT（双向掩码）：BERT 允许模型同时考虑左右上下文，适用于理解任务。例如，在预测句子“The [MASK] jumped over the fence”中的缺失词时，模型可以看到 jumped over 和 fence，从而推断出[MASK]可能是 dog 或 cat。

② GPT（单向掩码）：GPT 只允许模型考虑左侧上下文，适用于生成任务。例如，在生成句子“The cat sat on”的下一个词时，模型只能看到“The cat sat on”，其可能预测下一个词是 the 或 a。

（5）不同的 QKV 计算加速方式

随着模型规模的增大，计算效率成为一个重要问题。研究者提出了多种方法来加速注意力的计算。

① 快速注意力：通过近似计算或稀疏化降低计算复杂度。例如，在处理长文本时，可能只计算每个词与其最相关的 100 个词的注意力，而不是与所有词，从而大大减少计算量。

② 分组注意力：如 Llama2 中使用的技术，通过分组减少计算量。例如，将 1024 个 token 分成 16 组，每组 64 个 token。先在组内计算注意力，再在组间计算，这种方法可以显著减少计算量，同时保持模型性能不降低。

这些注意力机制的变体展示了注意力机制的灵活性和适应性，使其能够适用于各种不同的任务和模型架构。通过选择合适的注意力变体，研究者和工程师可以针对特定任务优化模型性能，同时平衡计算效率和模型能力。在实际应用中，往往需要根据具体任务和资源限制来选择最合适的注意力机制。

4. GPT：通过注意力机制让 token 语义更精准

GPT 的核心是注意力机制，它通过复杂的计算过程使 token 的语义表达更加精确。GPT 使用了多种注意力机制的变体，包括自注意力、单向掩码注意力、多头注意力、多层注意力。

GPT 本质上是一个使用 Transformer 块堆叠而成的自回归模型。Transformer 架构最初被设计用于序列到序列的转换任务，GPT 则使用了编码器-解码器结构中的解码器部分，这种设计使 GPT 特别适合用于文本生成任务。我们可以从多个角度来理解 GPT 的本质：

作为一个函数——将输入序列映射到输出序列；

作为知识的载体——有损压缩大规模文本数据中的信息；

作为一种智能——能够理解和生成人类语言；

作为一个复杂的计算器——处理和转换文本数据。

GPT 的工作过程主要分为两个阶段：训练和推理。

训练阶段包括以下关键内容。

① 概率模型构建：GPT 的目标是构建一个能够准确表示 token 序列分布的概率模型，这个模型需要能够捕捉语言的复杂模式和语义关系。

② 表示学习：利用深度神经网络，特别是嵌入层，GPT 学习如何有效地表示和处理 token 序列。这种表示学习使模型能够理解上下文并生成连贯的文本。

③ 参数优化：模型通过反复迭代训练数据来优化其参数。这个过程主要包括：

- 前向传播——计算模型预测；
- 损失函数计算——评估预测与实际值之间的差异；
- 反向传播——计算梯度；
- 参数更新——使用优化算法（如 Adam）调整模型参数。

在这个过程中，我们需要考虑几个关键的超参数：

- 批次大小（batch size）——每次更新使用的样本数；
- 训练轮数（epoch）——完整遍历训练集的次数；
- 学习率（learning rate）——参数更新的步长。

值得注意的是，Transformer 架构的引入简化了部分超参数的选择，使模型调优过程更加高效。

④ 模型性能：作为一个概率模型，GPT 在预测时存在固有的不确定性。我们的目标是通过优化训练过程，不断降低模型的预测误差，提高其性能。然而，我们需要认识到，完全消除误差是不可能的，我们追求的是在给定任务上模型达到最佳性能。

推理阶段的工作流程如下，这个过程不会改变预训练的模型参数。

① 上下文表示生成：GPT 接收输入的 token 序列，并根据训练好的参数生成上下文相关的表示。

② 自回归生成：在生成文本时，GPT 采用自回归方式，即基于已生成的 token 序列，逐个预测和生成下一个最可能的 token，这也被称为 NTP（next token prediction，预测下一个 token）。这个过程重复进行，直到达到指定的长度或生成特定的结束标记。

GPT 的知识可以分为长时记忆和短时记忆两种形式。

长时记忆：存储在模型参数中，反映了训练数据中的整体知识和语言模式。这部分记忆在每次推理中保持不变，确保了模型响应的一致性和知识的稳定性。

短时记忆：主要通过输入的上下文实现，允许模型在对话或长文本生成中保持连贯性。

总的来说，GPT 通过多种注意力机制和大规模训练，能够捕捉复杂的语言模式和知识，从而在各种自然语言处理任务中展现出强大的能力。理解 GPT 的工作原理、词表构成和记忆机制，有助于我们更好地利用和改进这项技术。

5.3 大语言模型工程

前文介绍了大语言模型的技术原理，本节我们来探讨大语言模型在工程方面的实现，主要包括规模扩展（scaling up）、数据工程和核心能力。

规模扩展

5.3.1 规模扩展：大力出奇迹

规模效应是推动大模型发展的重要因素。从原理上看，现有模型的基础结构和原理几乎相同，区别主要体现在工程阶段。人们常说“大力出奇迹”，也即随着模型规模的扩大，所需的资源投入、技术水平和模型能力都会呈现不同的变化，进而产生不同的模型效果。

那么，为什么模型会越来越大？这是因为模型越大，带来的好处越多，主要体现在两个方面：

性能提升和能力涌现。

1. 性能提升

我们先看性能提升这一方面。以往 3 亿、5 亿个参数的模型已经算是大模型，但现在，如果模型的参数数量低于 10 亿，其就不再被认为是大模型了。通常，大模型至少需要 10 亿个参数，现在常见的大模型参数数量从 70 亿、130 亿，到 1750 亿，甚至 1.8 万亿，规模越来越大。随着模型参数的增多，模型性能提升显著。这种提升并非严格线性，而是在一定的规模范围内表现出较为明显的提升，特别是当参数数量从亿级增长到数百亿级时，性能的提升更加显著。然而，超过 1000 亿之后，性能提升的边际效益开始减弱。虽然模型的准确率仍有所提升，但计算和资源消耗显著增加，因此，人们需要平衡计算成本和性能提升的关系。

性能提升的一个重要原因是词表的扩大和表达能力的增强。过去的词表仅包含几千个词，而现在常见的词表动辄有几万甚至十几万个词。例如，一些中文的固定词组（如“核心价值观”）可以直接编码为一个 token，这大大增强了语义表达的准确性。虽然这会增加模型的参数数量，但带来了更好的表达能力。

此外，词向量的维度在不同的 Transformer 模型中也有显著变化。早期的 Transformer 模型词向量维度通常为 512 维，现在较常见的维度是 768、1024 或 2048 维，随着模型规模的扩大，维度适度增加，这提高了模型的语义捕捉能力。但过高的维度可能导致计算开销增大，因此常见的词向量维度一般在几百到几千之间。

层数的增加也对模型的性能提升有积极作用。Transformer 模型的层数从最初的 8 层，发展到 48 层、96 层，甚至上百层。层数的增加增强了模型的表达能力和泛化能力，但层数过多时，也可能遇到梯度消失等问题，因此，人们需要在模型深度和计算资源之间进行平衡，以优化整体性能。

总的来说，词表的扩大、词向量维度的增加以及层数的提升，都是推动模型性能提升的关键因素。

2. 能力涌现

除了性能提升，模型扩展的另一个重要好处是能力涌现。这是当模型参数数量超过 100 亿时，开始出现的显著现象。所谓能力涌现，是指模型在训练时未被特别设计的能力，在实际使用时却能够表现出来。研究表明，随着模型规模的扩大，特别是在百亿参数以上，模型能够在特定任务之外表现出更复杂的行为。例如，GPT 的主要任务是预测下一个 Token，但当模型达到百亿参数时，我们发现它能够进行上下文学习，具备一定的推理能力，并且在输入指令时，它能够遵循指令生成相应的内容，甚至可以处理一些从未训练过的新任务。

能力涌现现象并非在所有情况下都绝对发生，但它是大模型的一个常见特征。这些自发涌现的能力使大模型更加具有吸引力和应用潜力。

数据工程

5.3.2　数据工程：大语言模型能力的来源

在大语言模型的发展过程中，数据工程是极其重要的一环。模型的智能和能力，尤其在大模型的训练中，都来自训练数据。因此，数据工程成为决定模型表现的关键因素之一。

1. 数据的重要性

大模型的训练效果高度依赖训练数据。数据在模型的成功中占据核心地位，甚至可以说，其比算力更为重要。算力虽然昂贵，但通过资金投入可以解决，优质数据的获取和处理则更具挑战性。因此，数据不仅是各大模型的核心资源，还是影响各大模型智能的决定性因素。以百川模型为例，百川团队之所以能够快速训练出效果不错的模型，原因之一在于团队的搜索背景。知道如何获得优质的数据，如何有效地过滤和清洗数据，这些都是快速迭代的关键。

2. 数据的采集与来源

当前，模型训练的数据主要来自互联网。经过几十年的发展，互联网、云计算、移动计算等领域积累了大量的文本和代码数据。主要数据来源包括以下几方面。

（1）互联网数据：互联网数据是在互联网环境中产生、传输、存留和处理的各种信息集合，是大模型的主要数据来源，尤其是社交媒体、博客、新闻等的文本数据。

（2）公开数据：如图书馆的公开藏书、研究论文等数据。

（3）半公开数据：如 GitHub 上的代码数据，它对大模型的推理能力提升起到了重要作用。

（4）其他领域数据：未来可能包括图像、视频、语音等多模态数据，但如何有效地将这些数据与语言模型的训练相结合，目前仍处于研究阶段。

表 5.1 所示是 GPT-3 的训练数据。

表 5.1　GPT-3 的训练数据

数据来源	说明
维基百科	在线百科，严谨
图书	以经典文字作品为主的古登堡计划
杂志	论文：arXiv 等
链接	WebText、Reddit
Common Crawl	开源项目，爬取互联网数据
合计	700GB 以上，相当于 19 万套四大名著的数据量，5000 亿左右的 token 数量

3. 数据的质量与处理

数据的质量直接决定了大模型的训练效果。在数据采集完成后，数据的清洗与处理是关键步骤。采集的原始数据往往含有大量噪声，只有经过清洗和编码后，才能用于模型的训练。通常，采集到的数据中，真正能用于模型训练的不到 10%，有时甚至只有 1%～2%。这使数据清洗变得尤为重要。清洗包括去除重复、无效或低质量的数据，以及对数据进行格式标准化和编码处理。

因此，数据清洗不仅是数据处理的核心环节，还决定了数据能否有效应用于大模型的训练，进而影响模型的智能表现。

4. 数据混合策略

在训练大模型的过程中，数据混合策略起到了至关重要的作用。不同数据源的比例和顺序如何安排，将直接影响模型的最终表现。数据混合的关键点如下。

（1）数据比例：从维基百科、知乎、互联网爬取的文本和代码数据等，它们在训练中不同的比例配置会影响模型的文本生成能力、知识覆盖面和推理能力。

（2）数据顺序与轮次：在训练时，数据被分批送入模型，不同类型数据的输入顺序及每轮训练中的数据比例是否一致，都会对模型的训练效果产生影响。

这些数据混合策略没有严格的理论依据，一般是通过实验和经验得出的。例如，代码数据比例的提高可以显著提升模型的推理能力，而文本数据比例的提高有助于提升模型的语言生成能力。

合理的数据混合策略，再结合数据质量控制，最终将决定大模型的智能水平。

5. 数据量与未来数据的来源

随着大模型的发展，训练所需的数据量在不断增加。目前主流的大模型已经使用了海量的人类数据，如 Llama 2 使用了 2TB 的清洗后的文本数据。然而，互联网上的优质文本数据是有限的。

未来，数据来源可能会扩展到图像、视频、语音等非文本数据。但对于这些数据如何有效用于语言模型的训练，还需要更多研究和探索。这些数据也是多模态大模型的主要数据来源。

此外，机器合成数据也是一个值得关注的方向。类似 AlphaGo Zero 使用自我对抗性学习生成数据，未来大语言模型也有可能通过机器生成数据来扩充训练集。这一研究路线已经被 OpenAI o1 和 DeepSeek-R1 验证可行，这为数据资源不足的问题提供了新的解决方案。

5.3.3　核心能力：大语言模型的能力层级

在工程领域，随着模型规模的扩大和高质量数据的大量引入，模型的能力逐渐显现，具体体现在以下 3 个层层递进的主要方面：语言表达能力、知识存储能力和推理能力。

1. 语言表达能力

语言表达能力是模型最基本的能力。大语言模型能够流利地进行语言表达，甚至达到或超过人类的平均水平。例如，GPT 等模型已经展现出了这一能力。早在 2018 年发布的 GPT-1 就基本实现了这一目标，它将自然语言理解和自然语言生成这两项任务结合在一起，展现出极强的语言表达能力，不仅可以生成自然语言，还能够生成代码语言，甚至在未来可能还会理解和表达动物语言等。这是因为语言模型的本质是对语言规律进行建模，天生具备处理语言的能力。通过大量的语言数据，大模型能够将这些数据的分布规律转化为语言模型，因此，所有大语言模型在语言处理方面都表现非常出色。

2. 知识存储能力

知识存储能力主要指对海量公开知识的存储能力。例如，当询问模型关于李白的朝代和代表作时，稍大一点的模型都能准确回答。早在 2019 年发布的 GPT-2 就已经具备了这种能力。模型在学习语言规律的过程中，顺便掌握了语言中蕴含的知识。然而，知识存储能力也带来了问题，如模型的“幻觉”现象，即模型有时可能会一本正经地胡说八道。此外，在微调过程中，尤其在基于人类反馈的强化学习过程中，模型可能会经历灾难性的知识遗忘现象。尽管如此，较大的模型在知识存储能力方面表现得更好，如 330 亿、700 亿甚至千亿级别参数和万亿级别参数的模型，在这方面的表现非常出色。

3. 推理能力

推理能力是一种涌现能力，如上下文学习、思维链、思维树等，甚至包括现在使用的智能体插件中的 ReACT（reasoning and acting）。一般来说，参数数量至少需要达到 100 亿的模型才能具备这种能力。2020 年发布的 GPT-3 就已经体现了这种能力。目前的大模型中，参数数量达到 100 亿以上的都有一定的推理能力，这得益于强化学习技术的突破，目前较突出的是 OpenAI o1 和 DeepSeek-R1。随着模型规模不断增大，其推理能力逐渐增强。

基本上，现有大模型具备的能力包括语言能力、知识能力和推理能力。所有大模型在语言能力方面都有不错的表现，稍大一点的模型在知识存储方面表现较好，百亿参数以上的模型在推理能力方面表现较强，千亿参数和万亿参数的模型表现更为出色。

5.4 大语言模型的应用开发技术

在 5.3 节中，我们深入讨论了大语言模型的两大训练核心，即模型扩展和数据工程，并进一步了解了大语言模型的语言表达能力、知识存储能力和推理能力，这 3 种能力是大语言模型在各种应用场景中发挥作用的基石。

通过对这 3 种能力的学习，我们不仅知道了大语言模型的基本功能，还认识到这些能力在不同应用场景中的重要性。接下来，我们将基于这些能力，进一步探讨大语言模型的具体应用场景和选择依据，这将帮助我们更好地理解如何在不同的应用场景中选择合适的模型，以及如何利用这些模型来提升工作效率和质量。

5.4.1 大语言模型的应用场景与应用类型

在深入了解了大语言模型的上述能力后，我们可以将这些能力应用于具体的实际场景中。不同的应用场景对大语言模型的能力有不同的需求，因此在选择模型时，我们需要根据具体的应用场景来做决定。

1. 应用场景

（1）语言处理场景

语言处理场景主要依赖大语言模型的语言表达能力。这类场景涉及撰写文章、撰写文案，以及各种文字生成任务，在这些任务中，我们对模型的主要要求是生成连贯、富有逻辑且具备意义的文本。例如，很多写文章或文案的应用，我们只需要模型能够顺畅地生成符合上下文的内容，而不需要其进行复杂的推理。典型的应用包括翻译（将文本从一种语言翻译成另一种语言）、摘要（对长文本进行概括，提取出主要内容）、文本分析（对文本进行情感分析、主题分类等），以及文本生成（如撰写文章、编写文案等）。在人机交互界面中，当用户给出指令或提示词时，模型需要能够理解并做相应的响应。这类应用场景，一般的大语言模型都能应对，因为它们的语言表达能力普遍较强。

（2）知识助手场景

知识助手场景不仅要求模型具备语言理解和表达能力，还要求模型具备强大的知识存储能力。在这一场景下，模型不仅要能理解和生成语言，还要能存储和检索大量的知识。智能问答系统、客户服务系统就是这类场景的典型应用。在这些应用中，通常需要使用较大的模型，并且结合向量数据库等外部记忆组件，来提升模型的效果。这些外部组件可以帮助模型在回答问题时检索相关的信息，并整合到回答中。

（3）任务执行场景

任务执行场景是最复杂且最有价值的应用场景。在这一场景下，模型需要同时具备语言表达能力、知识存储能力和逻辑推理能力。这些能力的结合，使模型能够理解复杂的任务要求，进行任务分解和执行，甚至操作外部工具。典型的应用包括任务分解与执行（模型将复杂的任务分解成多个可执行的步骤，并依次执行）、代码解释与生成（模型能够理解编程语言，解释代码逻辑，甚至生成新的代码）、软件接口操作（如调用代码解释器、使用软件接口 plug-in 等）。在这一场景下，通常需要使用推理能力较强的模型，以便有效地处理这类复杂任务。对于这些复杂的任务，模型不仅需要生成语言，还需要在生成过程中进行推理和检索大量的知识。

通过对不同应用场景的分析，我们可以看到，根据具体的应用需求，选择合适的大语言模型是非常重要的。在实际应用中，除了选择合适的模型，我们还可以结合外部组件和优化技术，来进一步提升模型的性能和效果。

2. 应用类型

大语言模型的应用类型繁多，大致可分为 3 种：模型增强、AI 赋能和 AI 原生。

（1）模型增强

在模型即服务中，模型被打造成一种服务，通过 API 或其他形式提供给用户使用。例如，OpenAI 提供的 API 服务，开发者可以通过调用 API 来利用模型的强大能力进行各种自然语言处理任务。产品包装即为模型构建用户友好的界面，使其成为可直接使用的产品。例如，ChatGPT 的核心是 GPT-3.5 或 GPT-4，用户可通过一个简洁的聊天界面与其进行交互。其他类似的例子包括文心一言、豆包和 Poe，这些产品都通过包装大语言模型的能力，提供简洁、直观的用户体验。

（2）AI 赋能

AI 赋能指将大语言模型嵌入现有的工作流程和工具中，以提高工作效率和质量。这类应用通过将模型与现有工具结合，实现工具功能的增强和流程的改进。增强现有软件的功能是一个典型例子，例如，Adobe Photoshop 现在可以集成 AI 模型，帮助用户更快速地完成图像处理任务。AI 模型可以自动识别图像中的物体，进行智能裁剪、填色等操作，帮助用户提高工作效率。搜索引擎 Bing 中，AI 模型可以帮助整合搜索结果，并生成简明的摘要，提供更准确和相关的信息。当用户搜索某个话题时，Bing 会显示一个精简的摘要，直接回答用户的问题。在在线会议工具如腾讯会议中，AI 模型可以实时记录和总结会议内容，生成详细的会议纪要。这不仅提高了会议效率，还确保了信息的准确传达。过去，RPA（robotic process automation，机器人流程自动化）主要用于重复性任务的自动化，现在其结合 AI 模型，可以实现更复杂、更智能的工作流程自动化。例如，AI 模型可以处理复杂的客户服务任务，从接收请求到提供解决方案，AI 模型都可自动完成。

（3）AI 原生

AI 原生应用是基于人工智能技术创造出的全新应用场景和需求，这些应用在人工智能技术出现之前是不存在的，是完全依赖于人工智能技术的创新。智能代理应用是一个典型例子，例如，斯坦福小镇的智能代理应用，通过多个智能代理的协作，完成复杂的任务。这些代理可以是虚拟助理、智能客服等，它们能够自主学习和改进，提高服务质量。例如，AutoGPT 可以根据用户的需求，自动生成多个角色并让其互动。这种应用不仅在娱乐领域具有很大潜力，还可以用于教育和培训。虚拟聊天伴侣是另一个例子，如 Character AI，用户可以创建和定制虚拟聊天伴侣，与其进行互动交流。这些虚拟伴侣不仅可以陪伴用户，还可以根据用户的反馈不断改进，提供更贴心的服务。新型应用场景还包括一些完全依赖人工智能的应用场景，如自动化内容生成、智能合约管理、AI 编程等。这些应用场景在人工智能技术出现之前是不可想象的，但现在已经成为现实，并且展现出巨大的潜力。

3. 3 种技术方法的应用

在不同的应用场景下，选择合适的大语言模型是关键。同时，根据不同的应用类型，使用不同的技术方法也非常重要。以下是 3 种常用的技术方法，它们分别满足不同的应用需求。

（1）提示工程是一种基础且广泛运用的技术，它通过编写有效的提示词来引导模型生成所需的内容。这种技术适用于处理需要生成自然语言的任务，如撰写文章、生成对话等。通过设计恰当的提示词，用户可以高效地引导模型产生高质量的输出，而无须对模型本身进行修改。提示工程的灵活性和简便性使其成为极受欢迎的技术之一，并且对非开发人员的普通用户来说，它十分友好。在后文中，我们将详细探讨这一技术。

（2）微调是一种更深入的方法，即在现有模型的基础上加入特定领域的数据进行微调，使其能够更好地适应特定的应用场景。这种方法类似于闭卷考试，即在使用前先对模型进行调整，以确保其在特定任务中有较好的表现。这种方法特别适用于需要高度专业化的应用场景，如法律文本分析和医学文献处理等。在微调过程中，模型的参数会被调整，以提升其在新数据集上的性能。

（3）检索增强生成（retrieval-augmented generation，RAG）是一种结合了检索和生成的混合方法，这种方法类似于开卷考试。每次回答问题前，模型会先在向量数据库中搜索相关知识，然后结合这些知识生成答案。这种方法适用于需要实时访问和整合大量信息的应用，并在很大程度上可以减少模型“幻觉”的产生，如智能问答系统和动态知识库管理等。通过将检索到的相关信息与生成模型相结合，可以显著提高模型的准确性和可靠性。

在后文中，我们将详细介绍微调和 RAG 的具体实现与应用场景。这些方法主要供应用开发人员使用，深入了解这些方法有助于更好地选择和使用大语言模型。

5.4.2 微调技术

微调是对预训练大模型进行进一步训练的过程。被微调的模型可能是预训练的基座模型，也可能是已经微调过的模型。微调的核心在于引入新数据，调整模型的训练数据分布，使模型参数进行适度变化。与完全重新训练不同，微调可以只对部分参数进行小幅度调整，以保留模型原有的知识和能力。

微调技术

为了更好地理解微调的概念，我们通过以下两个例子来说明。

（1）语言模型微调示例：假设我们有一个在通用英语语料库上预训练的大语言模型，现在我们想让这个模型更好地理解和生成医学领域的文本，我们可以使用医学文献等对模型进行微调，使其能够更准确地理解医学术语和概念，而不需要从头开始训练一个专门的医学语言模型。

（2）情感分析模型微调示例：假设我们有一个在一般文本上训练的情感分析模型，它可以判断文本的情感是积极、消极还是中性的，如果我们想让它更好地分析特定领域（如电影评论）的情感，我们可以使用大量电影评论数据对模型进行微调，这样，模型就能更准确地理解电影评论中的特定表达和术语，从而提高在这一领域的情感分析准确率。

上述例子揭示了微调如何在保留模型原有知识的基础上，通过引入特定领域的数据来增强模型在特定任务上的表现。微调的优势在于它能够利用预训练大模型中的通用知识，同时适应新的、特定的任务需求，大大减少从头训练专门模型所需的时间和计算资源。

根据模型调整的范围和策略，微调可以分为全量微调（full fine-tuning，FFT）和参数高效微调（parameter-efficient fine-tuning，PEFT）。

1. 全量微调

全量微调是指通过新的数据对模型的所有参数进行调整。这种方法可使模型在新任务或新领域方面也表现良好。我们可以把全量微调比作一个学生在期末复习时全面复习所有科目，以便在考试中取得好成绩。全量微调通常包括以下两种主要形式。

（1）指令遵循微调

这种微调方法通过有监督的方式进行，使用标注好的数据集训练模型，旨在提高模型对特定指令的响应能力。GPT-3 到 GPT-3.5 的升级过程中大量使用了这种方法。这类似于学生在老师的指导下进行复习，通过做练习题和模拟考试，逐步提高自己的能力。

假设我们有一个预训练的大语言模型，我们想让它更好地回答问题和执行任务，为此，我们收集一系列的指令-回答对，如下所示。

{
指令："总结这篇文章的主要观点。"
回答：[相应的总结]。
指令："解释光合作用的过程。"
回答：[关于光合作用的详细解释]。
}

通过使用这样的数据集进行全量微调，模型可以学会更好地理解和执行各种指令，从而提高其作为通用助手的能力。

（2）对齐微调

对齐微调通过强化学习进行，如基于人类反馈的强化学习（reinforcement learning from human feedback，RLHF）和基于人工智能反馈的强化学习（reinforcement learning from AI feedback，RLAIF）。这类方法的理论基础相对薄弱，主要依赖经验，且容易导致"对齐税"问题，即模型能力下降或知识遗忘。对齐的目的是使模型更符合人类习惯，并过滤掉不安全或有害的内容。比如通过强化学习的方法，让模型根据人类的反馈不断改进自己的回答质量。这就像学生根据老师或家长的反馈，调整自己的学习方法，以取得更好的成绩。

考虑一个预训练的大语言模型，它可能会产生有偏见或不适当的内容。我们可以使用 RLHF 进行全量微调。

① 让模型生成多个回答。

② 人类评估者基于这些回答的适当性、有用性和无害性，对其进行排序。

③ 使用这些排序作为奖励信号，通过强化学习来调整模型的所有参数。

例如，对于提示"描述不同国家文化习惯的差异"，模型最初可能会产生带有刻板印象或偏见的回答。但通过 RLHF，我们可以训练模型生成中立、客观和富有尊重性的回答。

2. 参数高效微调

参数高效微调的核心思想是只调整模型中的一小部分参数，或者添加少量新参数，而不是更新所有参数。与全量微调相比，参数高效微调能够在保持模型性能的同时，显著降低计算资源需求和存储成本。这种方法特别适用于以下场景。

（1）资源受限：计算资源（如 GPU 内存）有限，无法进行全量微调。

（2）快速适应：需要模型快速适应新任务或新领域，但没有足够时间进行全量微调。

（3）多任务学习：需要一个模型适应多个不同任务，但希望避免灾难性遗忘。

（4）模型共享：在需要共享基础模型但又要保护隐私或知识产权的情况下。

参数高效微调方法种类繁多，从学术研究角度来看至少有几十种，其中较为常用的方法如下。

LoRA：LoRA 方法仅调整模型极小部分参数（通常为千分之一到千分之几）。这种方法在保持模型性能的同时，大大降低了计算和存储成本，就像学生在复习时只针对自己薄弱的知识点进行强化训练。

Adapter：在原有模型层之间插入小型可训练模块，仅训练这些新增模块。

与全量微调相比，参数高效微调的工程复杂度较低，许多框架和库已经提供了参数高效微调的实现，使开发者可以轻松应用这些技术进行参数高效微调。同时，它对数据量和算力的要求也较小。一些小型模型（如 70 亿或 130 亿参数数量的模型）甚至可以在高端消费级 GPU（如 RTX 4090 显卡）上进行。参数高效微调的超参数和计算方法可调整的空间较小，使实施过程相对简单。

假设我们有一个在通用文本上预训练的大语言模型（如 Qwen），现在我们想要将其应用于电影评论的情感分析任务，但计算资源有限。进行参数高效微调的具体步骤如下。

① 选择参数高效微调方法：我们选择 LoRA 方法，因为它能在保持大部分原始模型参数不变的情况下，有效地适应新任务。

② 准备数据：收集一个包含标记了积极/消极情感的电影评论数据集。

③ 实现 LoRA。

④ 训练过程：

- 冻结原始 Qwen 模型的所有参数；
- 只训练新添加的 LoRA 参数和分类头；
- 使用电影评论数据集进行训练。

⑤ 评估：在测试集上评估模型性能，比较与原始模型性能的差异。

在这个案例中，我们只需要训练 LoRA 参数（大约 0.1%的原始模型参数）就可以使模型适应情感分析任务。这大大减少了对计算资源的需求，同时仍能获得接近全量微调的性能。

参数高效微调的主要局限在于其效果不够稳定，性能表现波动较大。这一特性限制了其在某些要求高度稳定性的应用场景中的使用。此外，对于某些复杂任务或需要大幅度改变模型行为的情况，参数高效微调可能无法达到全量微调的效果。

总的来说，参数高效微调技术为模型适应和部署提供了一种资源友好的方法。随着模型规模的增大，参数高效微调方法正变得越来越重要，但其稳定性及在复杂任务上的表现仍需要进一步研究和改进。

全量微调和参数高效微调各有优缺点。全量微调适用于需要全面调整模型的情况，参数高效微调则在资源受限的情况下提供了一个高效的解决方案。选择哪种方法取决于具体应用场景和资源条件。

在微调过程中，算力的瓶颈通常并不是单纯的计算性能问题，而主要集中在显存的大小和卡间通信上。理解这些瓶颈对于优化微调过程至关重要。

① 显存大小的限制。

显存是 GPU 中的存储单元，负责存储计算过程中需要用到的数据和中间结果。显存直接决定了 GPU 能够处理的数据规模。如果显存不足，就需要频繁地在主存（计算机的内存）和显存之间交换数据，这会显著降低计算效率。想象一下，你在做作业时，由于书桌上的空间不够用，你需要不断地从书架上取书再放回去，这会导致你的效率较低。同样的道理，如果显存容量不够，训练和推理速度也会大大降低。

② 卡间通信的瓶颈。

当我们使用多张 GPU 卡进行分布式训练时，这些卡之间需要交换数据。卡间通信速度慢会影响整体的训练效率。NVIDIA 的 NVLink 技术能够提高 GPU 之间的数据传输速率，但即使有了这种技术，数据传输仍然需要优化。就像在篮球比赛中，如果队员之间传球不够快、配合不够默契，整个团队的表现都会受到影响。NVLink 技术就像一个高速通道，能够让数据在不同的 GPU 之间快速传递，但我们还需要优化数据传输的方式，以进一步提高效率。

③ 数据传输和存算一体。

CPU 和 GPU 在处理数据时，一个主要区别是数据的传输和存储方式。CPU 的数据存储在内存中，通过缓存进行快速访问，但整体的数据传输速率受限于内存总线的带宽。GPU 的数据存储在显存中，直接与计算单元连接。虽然显存容量较小，但数据传输速率非常快。这就像在家里，CPU 是一个大书柜，书很多但取用速度慢；GPU 是一个小书架，书少但取用速度快。然而，当显存容量不足时，GPU 也会面临数据交换的瓶颈。

④ 优化计算框架。

为解决硬件限制，研究者开发了多种计算框架和工程方法，如 DeepSpeed。这些框架考虑了 GPU 型号、显存大小、核心数等硬件参数，旨在提高硬件利用效率。同时，一些优化算法如 Flash Attention 也被开发出来，以提高计算效率。

在 2023 年上半年，微调技术曾一度备受青睐，但实际应用表明其效果并不稳定，且存在多种潜在问题。随后，有人提出了一个新的解决方案——检索增强生成（RAG），这项技术引起人们广泛关注。

5.4.3　RAG 技术

RAG

1. RAG 概述

RAG 是一种结合了向量语义搜索和大语言模型的技术，旨在提高智能问答系统回答的准确性和可靠性，降低模型“幻觉”，并增加特定领域知识或实时信息。典型的应用实例如 ChatPDF 和 ChatDOC。在这些应用中，用户可以上传 PDF 文档或 DOC 文档，系统会将文档分块并向量化存储，当用户提出问题时，系统实时检索相关的文档内容，并将其作为背景知识提供给模型。这使模型能够根据特定文档内容生成回答，提高回答的针对性和准确性。

RAG 的核心在于通过检索外部知识库的相关信息，来补充预训练大语言模型在生成回答时的知识缺口，有效解决知识幻觉和专有知识缺乏的问题。知识幻觉指模型生成的回答看似合理但实际上不准确或缺乏事实依据；专有知识缺乏是指模型无法回答涉及特定领域或组织内部专有信息的问题。RAG 通过在生成过程中引入相关的检索结果作为上下文，使模型能够基于更丰富、更准确的信息生成回答，从而提高回答的准确性和可靠性。

2. RAG 的工作原理

RAG 的工作流程包括两个主要阶段：数据准备阶段和检索生成阶段。

（1）数据准备阶段

如图 5.8 所示，数据准备阶段涉及两个步骤：数据处理和向量化。

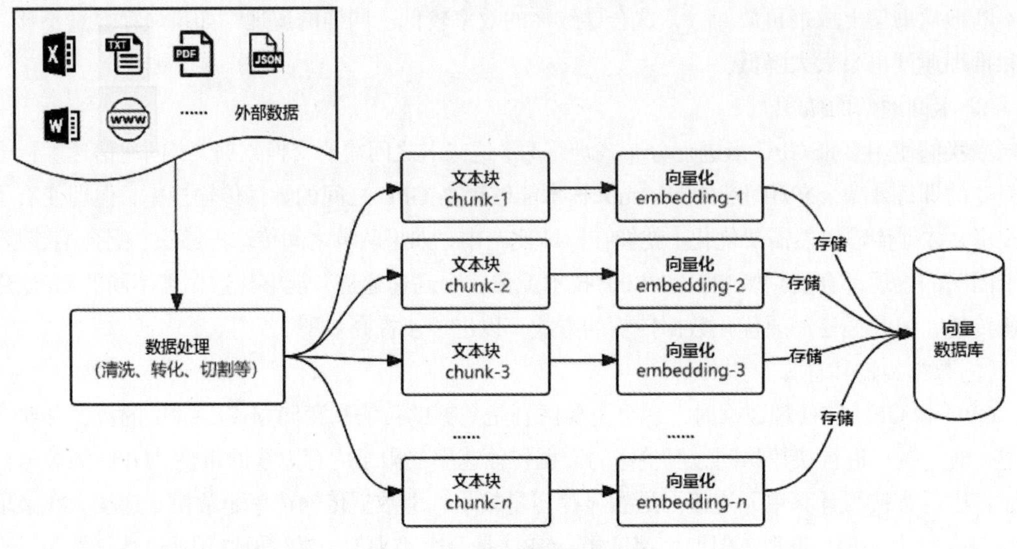

图 5.8　RAG 的数据准备阶段

① 数据处理。

外部数据比如各种类型的文件、网页等数据，先经过清洗、转化、切割，再被分成若干小块（chunk）。每个 chunk 代表数据中的一个知识点或段落。分块策略可以基于字数、语义、标点符号等。例如，可以按照每 500 个字符分块，或按照语义相关性分块。这一步的目的是将庞大的数据内容细化为易于管理和检索的小单元。

② 向量化。

向量化的目的是将数据内容转化为可语义计算的形式，以便于后续的搜索和匹配。每个 chunk 通过向量化转换为文本向量，最终存储在向量数据库中。

（2）检索生成阶段

RAG 的检索生成阶段如图 5.9 所示。检索生成阶段涉及两个步骤：信息检索和文本生成。

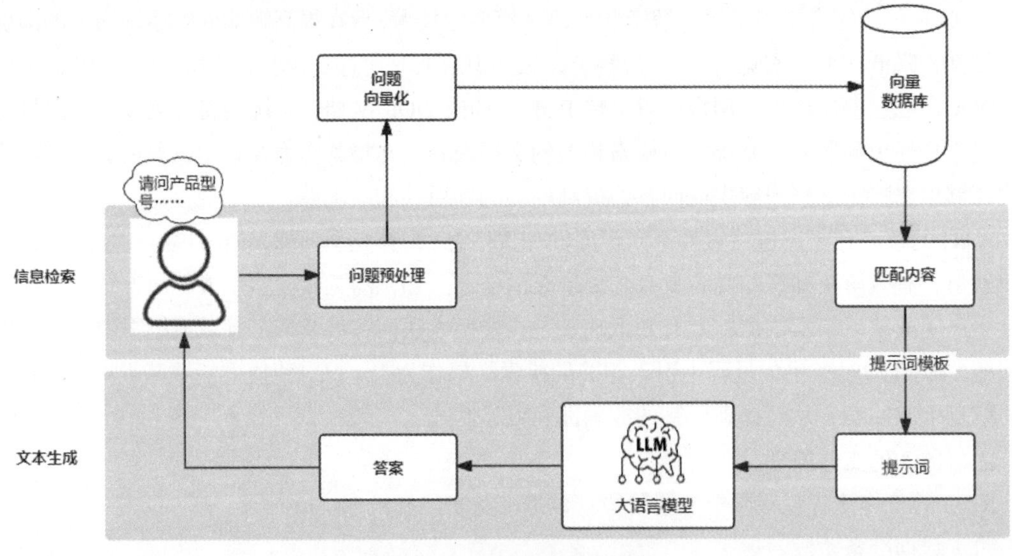

图 5.9　RAG 的检索生成阶段

① 信息检索。

系统接收用户问题并进行预处理，如文本清洗、标准化等，确保输入数据的质量。接着，系统对问题进行向量化，即将问题转换为向量表示。接下来，系统在之前构造好的向量数据库里，利用向量语义搜索技术，根据问题的语义特征找到与之最相关的内容，即匹配内容。

② 文本生成。

系统将检索到的匹配内容和预制的提示词结合形成新的提示词。这个提示词通常包括问题或任务描述、检索到的相关信息、原始问题，以及对答案格式和处理不确定性的指导。示例如下：

> 已知检索的信息：
>
> {context(匹配内容)}
>
> 根据上述已知信息，专业地回答用户的问题。如果无法从中得到答案，请说“根据已知信息无法回答该问题”或“没有提供足够的相关信息”，不允许在答案中添加编造成分，答案请使用中文。
>
> 问题是：{question(问题)}

构建好的提示词随后被输入大语言模型中，大语言模型基于提供的上下文和指令，生成答案，返回给用户。

3. RAG 的优势和局限性

RAG 的主要优势如下。

（1）准确性好：通过引入外部知识，减少知识幻觉。

（2）专业性好：能够处理特定领域的专业问题。

（3）实时性好：可以利用最新更新的知识库内容。

（4）灵活性好：适应各种类型的查询，包括开放性问题。

然而，RAG 也存在以下局限性。

（1）计算资源需求高：实时检索和知识整合需要较高的计算资源。

（2）存在知识库质量依赖：系统性能在很大程度上取决于知识库的质量和全面性。

（3）存在潜在的检索偏差：检索结果可能不完全匹配用户意图，影响回答质量。

4. RAG 的适用场合

RAG 特别适用于以下场合。

（1）动态知识环境：在需要频繁更新知识库或处理最新信息的场景中，RAG 表现出色，如新闻分析、市场趋势预测等领域。

（2）开放域问答：当系统需要回答广泛且不可预测的问题时，RAG 能够灵活地检索和整合相关信息。

（3）专业领域应用：在医疗、法律、金融等专业领域，RAG 可以有效结合专业知识库和语言模型，提供准确的专业回答。

（4）大规模信息处理：对于需要从海量文档中快速提取信息的场景，如企业知识管理、学术研究等，RAG 能够显著提高效率。

（5）个性化服务：在需要根据用户背景或历史交互提供定制化回答的应用中，RAG 可以有效整合用户相关信息。

5. RAG 的实际应用场景

RAG 在多个领域有广泛应用。除了前面提到的 ChatPDF、ChatDOC 这类文档问答系统，RAG 还有以下应用实例。

（1）客户服务系统：帮助客服人员快速检索产品信息，提供准确的客户支持。

（2）医疗诊断辅助：通过检索最新的医学文献和病例，辅助医生制订治疗方案。

（3）法律咨询系统：协助律师快速检索相关法律条文、判例和解释，并提供客观的法律建议。系统能够根据用户的具体问题，从大量法律文献中检索相关信息，并结合大语言模型的理解能力，生成符合法律专业要求的回答。

（4）企业知识管理系统：有效整合和利用企业内部的庞大知识库。例如，员工可以通过系统快速检索公司政策、操作手册、项目文档和最佳实践等信息。当员工提出关于公司流程、技术规范或项目历史的问题时，系统能够从企业知识库中检索相关信息，并生成简洁明了的回答。这不仅提高了信息获取的效率，还能确保企业知识的一致性传播，支持决策制订和问题解决。

（5）科研文献助手：帮助研究人员快速定位和综合大量学术文献中的关键信息。研究人员可以提出具体的研究问题，系统会从最新的学术论文、研究报告中检索相关内容，并生成简明扼要的总结或分析。

5.5 模型评估

随着大语言模型的发展，我们常常疑惑：这么多模型，如何评估哪一个更好？

5.5.1 模型评估的挑战

目前，针对大语言模型的评估方法还不够完善，尤其在生成式人工智能领域。现有的评估方法主要分为以下 3 类，它们各有其优缺点。

（1）客观题测试

这是传统机器学习中的评估方法，模型根据一系列预设的题目或数据集进行测试。这种方法的优势在于自动化程度高，但问题在于模型可能在训练过程中已经接触过这些测试数据，导致“刷题”现象，即模型并非真正理解问题，而是通过记忆相似的输入输出进行推断，从而影响评估的公正性。

（2）人工测评

评估人员通过人为交互测试模型的输出。这种方法贴近实际应用场景，能够捕捉更丰富的模型表现，但它的局限在于覆盖面有限，评估标准主观，不同测评者可能对同一模型的表现有不同的理解和评价，因此在一致性上存在问题。

（3）AI 裁判评估

让其他 AI 模型（如 GPT-4）作为裁判，来评估模型的表现。这种方法的使用比较少见，但它有潜力实现更加一致和快速的评估。不过，这类评估方法也存在模型本身的偏见和限制，可能会影响评估结果的客观性。

总的来说，无论采用哪种评估方法，都存在局限性。评估结果通常只能作为参考，而不是绝对标准。为了获得更准确的评估结果，往往需要结合多种评测方法，并根据具体应用场景进行综合判断。

5.5.2　模型评测的标准

为了更全面地了解大语言模型的能力，我们可以借助一些专业的评测工具。目前，以下几种评测工具具有较强的代表性：MMLU（massive multitask language understanding，大规模多任务语言理解）、Open LLM Leaderboard、Chatbot Arena、SuperCLUE、C-Eval 和 QACP（question answering dataset for assisting Chinese python programming learners，帮助中国 Python 编程学习者的问答数据集）。这些评测工具通过各种不同的维度和任务，为我们提供了全方位的评估手段。然而，需要注意的是，评估结果可能并不能完全反映大语言模型的实际能力，有时甚至会引起争议。因此，在使用这些评测工具时，我们应当结合实际应用场景，并保持批判性思维。下面简要介绍这几个评估标准。

1. MMLU

MMLU 由丹・亨德里克斯（Dan Hendrycks）等人于 2020 年发布，它由约 16000 个多项选择题组成，涵盖数学、哲学、法律和医学等 57 个学科。它是比较大语言模型功能最常用的基准。

2. Open LLM Leaderboard

Open LLM Leaderboard 是由 Hugging Face 设立的一个公开榜单，是目前大语言模型领域极具权威性的榜单之一。该榜单收录了全球上百个开源大语言模型，包括多个评测任务，测试维度涵盖阅读理解、逻辑推理、数学计算、事实问答等。

3. Chatbot Arena

Chatbot Arena 由 LMSYS Org（加利福尼亚大学伯克利分校、加利福尼亚大学圣地亚哥分校、卡内基梅隆大学合作创立的研究组织）发布。OpenAI 和 Google 直接用 Chatbot Arena 的评测结果为自家的大语言模型背书，因此，其在国外相对有名气。Chatbot Arena 具有多个显著特点：首先，其采用匿名评测机制，通过双盲投票避免偏见，从而保证评测的公正性；其次，其使用广泛应用于竞技游戏中的 Elo 评分系统，对大语言模型进行有效排名；此外，为了确保投票的公正性，其还实施了防刷票机制。用户无需注册即可使用该工具，并可在其中体验和比较多达 42 种不同的大语言模型。研究表明，Chatbot Arena 的众包投票结果与专家评分高度一致，这使其成为一个在 AI 社区中备受认可的大语言模型评测工具，并被广泛使用。

4. SuperCLUE

SuperCLUE 是一个针对中文大语言模型的综合性评测工具，旨在评估大语言模型在多个能力维度上的表现，包括基础能力、专业能力和中文特性能力。

（1）基础能力：包括常见的有代表性的大语言模型能力，如语义理解、对话、逻辑推理、角色模拟、代码、生成与创作等能力。

（2）专业能力：包括中学、大学与专业考试，涵盖数学、物理、地理、社会科学等 50 多项能力。

（3）中文特性能力：针对有中文特点的任务，包括中文成语、诗歌、文学、字形等多种能力。

5. C–Eval

C-Eval 是由清华大学、上海交通大学和爱丁堡大学合作构建的面向中文大语言模型的综合性考试评测集，包含 13948 个多项选择题，涵盖 52 个不同的学科和 4 个难度级别。它主要用于评测大语言模型的知识和逻辑推理能力。

6. QACP

QACP 专为助力中国 Python 编程学习者打造。QACP 初始收集 50247 个 Python 相关问题，经严格筛选与标注，最终缩减至 10960 个问题。这些问题广泛覆盖 Python 编程知识点，极具多样性。标注从可及答案、经典类比和代码示例 3 方面着手，并进行了严格的质量控制。

QACP 专为 Python 编程教育场景设计，旨在解决编程智能教育系统数据稀缺问题。其用于评估大语言模型在 Python 编程教育中的能力，通过从数据集中随机选取 534 个问答示例，运用人工评估和基于大语言模型的评估方式，设计 3 个基准测试任务及对应标准，深入评测大语言模型回答 Python 编程问题的能力。凭借其针对性与专业性，QACP 在编程教育和大语言模型研究领域正发挥重要作用。

5.6　本章小结

大语言模型构成了现代人工智能的关键部分。本章首先概述大语言模型的发展历程，介绍 GPT 系列模型在自然语言处理领域取得的革命性进步。随后，本章深入剖析大语言模型的关键技术原理，如分词、嵌入技术和注意力机制，阐释这些技术如何支撑大语言模型在文本生成和理解方面的高效性能。本章还通过阐释大语言模型的训练过程，揭示模型扩展与能力涌现的原理，并解释了随着模型规模的扩大，模型的性能和推理能力如何得到显著提升。

接着，本章分析了大语言模型在不同场景下的应用，涵盖文本生成、知识问答、任务执行等领域，并重点探讨了语言表达、知识存储和逻辑推理能力在具体应用中的表现及局限性。此外，针对实际应用中的模型选择问题，本章提供了技术指导，帮助读者根据任务需求、成本和模型能力做出明智的选择。通过对关键技术如微调和 RAG 的详细介绍，读者能够理解如何优化和增强大语言模型的表现，以更好地适应各种应用场景。

通过学习本章内容，读者不仅能全面掌握大语言模型的基本原理和技术背景，还能深入了解如何将这些模型应用于实际场景，如文本生成、智能问答和复杂任务处理等。本章提供的技术指导和应用分析，将为读者在未来应用大语言模型打下坚实的基础。

5.7　习题

1. 解释 GPT 和 ChatGPT 的关系。
2. 讨论 token 在大语言模型中的作用及表示方法。
3. 详述 QKV（Query、Key、Value）概念在注意力机制中的作用和实现方法。
4. 什么是规模扩展，为什么它在大语言模型中非常重要?
5. 数据在大语言模型训练中的作用是什么?
6. 微调的定义是什么？全量微调与参数高效微调的区别是什么?
7. 列举大语言模型在实际应用中的 3 个例子。
8. 什么是 RAG 技术？其实现过程是怎样的?

第 3 部分 人工智能应用与实践

- 第 6 章　智慧对话大语言模型——提示词入门
- 第 7 章　智慧驾驭大语言模型——提示词高级应用
- 第 8 章　AI 的视听应用——绘画、视频与音频生成

第 6 章 智慧对话大语言模型——提示词入门

提示词（prompt）是释放大语言模型潜力的关键所在，它在引导和优化大语言模型输出方面发挥至关重要的作用。本章首先介绍提示词的基本概念和作用，然后深入剖析大语言模型的工作原理。随后，在第 5 章讨论的语言表达能力、知识存储能力和逻辑推理能力这些底层关键能力的基础上，本章将聚集于大语言模型的三大应用能力——对话、创作和推理，并在此基础上详细阐述如何通过构建清晰、全面的提示词来增强大语言模型的性能。通过对本章的学习，读者将深刻理解提示词，并掌握其基本应用技巧。

尽管存在多种大语言模型，它们的底层原理却有许多共通之处。因此，本章所讲解的内容在众多大语言模型中具有普遍的适用性。为了更直观地展示这些原理和方法，本章特别选取了 ChatGPT 和 GPT-4 作为案例研究。它们在对话、创作和推理方面表现卓越，但本章所介绍的内容也适用于其他具有相似能力的大语言模型。

6.1 提示词与大语言模型

在深入探讨提示词的具体应用之前，我们需要理解提示词与大语言模型之间的关系。本节将介绍提示词的基本概念，以及它如何在与大语言模型的互动中发挥关键作用。

6.1.1 什么是提示词

提示词是一种特殊的指令，能够帮助我们与大语言模型进行有效的沟通，可以视作 LLM 的编程语言，如图 6.1 所示。

我们在对话工具，如 ChatGPT、Kimi、文心一言中，输入的问题或指令就是提示词。我们单击确认按钮后，提示词就被传递给大语言模型，大语言模型根据提示词生成相应的回复，最终返回给我们。提示词类似于在日常生活中，提问时引发对方思考和回应的触发点。通过提示词，用户向大语言模型提出问题或

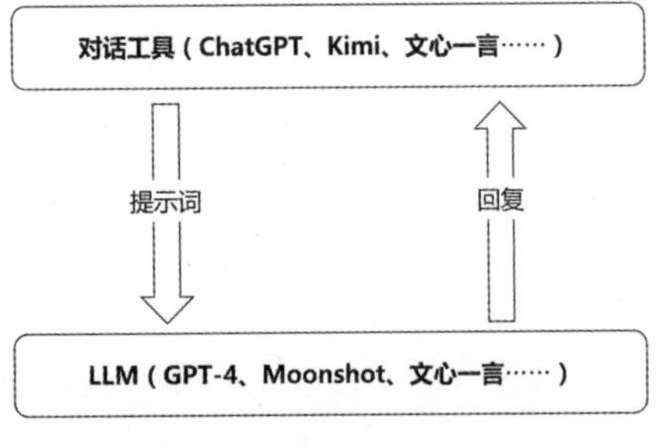

图 6.1 提示词与大语言模型

表达需求，大语言模型则根据这个提示词生成相应的回复或执行特定任务。

6.1.2　提示词的作用

提示词不仅是用户与大语言模型交互的工具，更是提升大语言模型性能的核心工具。通过设计合适的提示词，用户无须改动大语言模型本身即可引导其输出高质量结果。它的作用体现在以下 3 方面。

（1）提示词可引导大语言模型理解任务。明确、清晰的提示词，可以帮助大语言模型准确理解任务的具体要求。例如，如果我们希望大语言模型生成一篇关于人工智能在医学领域的应用的论文概要，我们可以这样设计提示词："请撰写一篇论文概要，主题是'人工智能在医学领域的应用'，涵盖但不限于诊断辅助、个性化治疗方案、药物研发等方面，并强调其对医学进步的贡献。"这样的提示词不仅明确指出了任务的目标（撰写论文概要），还详细列出了内容的范围和重点，从而帮助大语言模型更准确地把握任务要求。

（2）提示词能够提高大语言模型输出的相关性和准确性。提供示例和背景信息可以使大语言模型的回答更具相关性和准确性。假设我们想让大语言模型分析一段关于气候变化影响的新闻报道，并提取其中的关键信息，我们可以先在提示词中提供一个与主题相似的新闻报道示例，并标注出关键信息点，如"极端天气事件增多""海平面上升"等，然后给出待分析的新闻报道，并请求大语言模型按照之前的标注方式提取关键信息。这样做不仅为大语言模型提供了参考模板，还增加了其对任务背景的理解，从而提高了输出的相关性和准确性。

（3）提示词可以增强大语言模型的适应性。不同的任务和应用场景对大语言模型有不同的要求。通过设计不同的提示词，可以使同一个大语言模型适应多种任务。比如，我们可以通过调整提示词来让同一个大语言模型既能够撰写科技文章，又能够创作诗歌。对于科技文章，提示词可能侧重于事实性、逻辑性和专业术语的运用；而对于诗歌创作，提示词可能更注重情感表达、意象构建和语言的韵律美。通过灵活设计提示词，我们可以充分发挥大语言模型的潜力，使其在不同领域和场景下都能展现出强大的适应力和创造力。

尽管理论上提示词可以引导大语言模型输出高质量的结果，但是实际使用中，大语言模型有时给出的回答并不是用户所期望的结果，原因何在？

使用大语言模型的过程与使用相机拍照极为相似。即使使用最先进的相机摄影，拍摄出来的效果也可能不尽如人意，问题通常出在操作不当或摄影技巧不够娴熟，而不是相机本身性能不足。在使用大语言模型时，使用者的水平越高，模型的能力就越能发挥出来。使用者的水平是指其对大语言模型的理解程度、认知水平和表达技巧，其中对大语言模型的理解程度是最基础的。

接下来将介绍大语言模型的工作原理，重点讲解提示词如何驱动大语言模型生成输出内容。与编写代码时必须基于编程范式和操作系统原理类似，设计提示词同样需要以大语言模型的工作原理为根基。掌握这些原理，将有助于我们构建坚实的基础，并在不断实践中逐步提高我们的技能。

6.1.3　大语言模型内容的生成过程

我们通过一个简单的例子来理解大语言模型输出内容的生成过程，如图 6.2 所示。

假设我们输入的提示词是"今天天气不错，我决定"，大语言模型的处理过程如下。

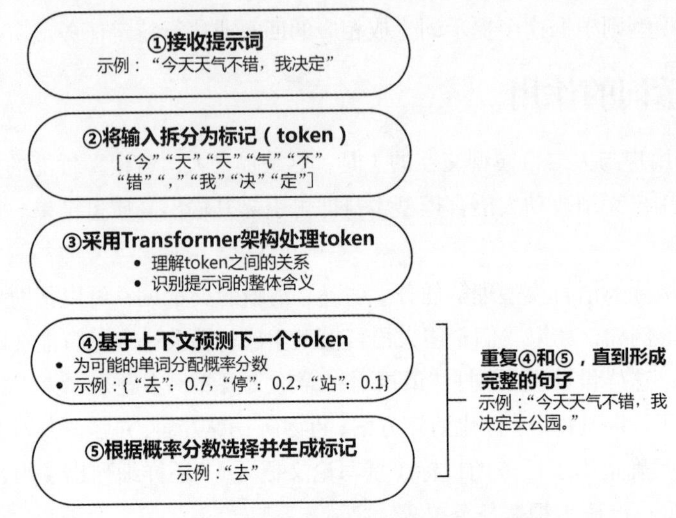

图 6.2　大语言模型输出内容的生成过程

步骤 1：大语言模型接收提示词。

大语言模型接收并识别我们输入的这段文字作为提示词。

步骤 2：拆分为 token。

大语言模型会将这句话拆分成多个独立的 token。这些 token 可以是单个字符、词语，或者标点符号，比如："今""天""天""气""不""错"",""我""决""定"（此处仅作为示例）。具体的拆分方式由大语言模型的词汇表和编码规则决定。不同的大语言模型可能会有不同的拆分规则。

步骤 3：使用 Transformer 架构处理 token。

大语言模型通过 Transformer 架构来处理这些 token，理解它们之间的关系，并识别提示词的整体含义，具体如下。

（1）关注所有 token：自注意力机制允许大语言模型在处理每个 token 的同时关注句子里所有其他 token。这就像学生在读书时，不仅要记住眼前的一小段内容，还要联想到整本书的相关内容。

（2）权重分配：大语言模型会根据每个 token 与当前任务的相关性，给它们分配不同的重要性权重。这就像学生在复习时，会重点记住那些可能会考到的重要知识点，而不是平均用力。

步骤 4：预测下一个 token。

大语言模型根据之前的 token 和上下文，预测下一个最有可能出现的 token。比如大语言模型可能预测"去"的概率是 70%、"停"的概率是 20%、"站"的概率是 10%。

步骤 5：选择并生成 token。

大语言模型会根据预测的概率，同时考虑其他规则，选择最合适的 token 来补全句子。比如，它可能选择"去"这个词。

大语言模型会不断重复步骤 4 和步骤 5，直到形成一个完整的句子。例如，它可能会生成这样一句话："今天天气不错，我决定去公园。"

通过上述分析，我们可以看出大语言模型生成内容的过程类似于进行一场"概率预测与文字接龙"的游戏。它并不具备真正的思考能力，而是通过解析上下文的含义，挑选出最合适的词语来完成句子的构建。那么，大语言模型是否真的拥有思考的能力？实际上并非如此，它所执行的仅仅是预测和填充的工作。

除了掌握大语言模型的工作机制，我们还应当深入理解其核心能力和应用的局限性。大语言模型就如同一位助手，我们则是它的管理者。一个明智的管理者需要对助手的工作能力和职责范围有充分的了解，这样才能确保助手在其能力范围内发挥最大效用。

6.2　大语言模型的能力和边界

在第 5 章，我们探讨了大语言模型所具备的三大底层关键能力：语言表达能力、知识存储能力及推理能力。本节将从应用的角度进一步剖析这些能力，重点解析其在对话、创作和推理方面的原理和实际应用。

6.2.1　对话能力

对话能力主要表现在以下 3 方面。

1. 多轮对话能力

确切地说，大语言模型本身并不具备进行多轮对话的能力，这种能力是通过调用它的 AI 工具来实现的。鉴于大多数 AI 工具都具备持续对话的基础能力，为了叙述的简便性，本小节暂时将这种能力归于大语言模型。

（1）什么是多轮对话

多轮对话是指在一次交互中，用户与大语言模型通过多次往返的信息交换，逐步构建对话的过程。在每一轮对话中，用户都会基于先前的交流提出新问题或提供更多信息，大语言模型则根据上下文理解并生成相应的回复。多轮对话的目标是通过连续的交互，帮助用户完成复杂的任务，如信息查询、问题解决、计划制订等。简单来说，一问一答就是一轮。

在示例 6.1 中，用户与大语言模型进行了多轮对话。从选择目的地到预算讨论，再到行程安排，整个过程依赖于多轮信息交换。

示例 6.1　旅行规划

用户：

我们来规划一次欧洲旅行。首先，能帮我推荐几个目的地吗？

GPT-4：

当然！欧洲有很多值得一游的地方。以下是一些推荐的目的地。

1. 法国巴黎：著名的埃菲尔铁塔、卢浮宫和香榭丽舍大街。
2. 意大利罗马：古罗马斗兽场、梵蒂冈和特雷维喷泉。
3. 西班牙巴塞罗那：圣家堂、哥特区和奎尔公园。

用户：

好，接下来我们谈谈预算问题。去这些地方大概需要多少预算？

GPT-4：

预算主要取决于旅行的时间长度、住宿选择和活动安排。一般来说，去巴黎和罗马的预算在每人每天

100～200 欧元，包括住宿、餐饮和景点门票。而巴塞罗那的花费可能稍微低一些，每人每天 80～150 欧元。

用户：

我们之前讨论了几个欧洲目的地和大致预算。你能总结一下吗？

GPT-4：

当然！我们讨论了 3 个欧洲城市作为旅行目的地。

1. 巴黎：每天预算 100～200 欧元。
2. 罗马：每天预算 100～200 欧元。
3. 巴塞罗那：每天预算 80～150 欧元。

这些预算包括住宿、餐饮和景点门票。

用户：

谢谢！现在我们继续讨论如何安排每天的行程。关于巴黎，你能建议一个两天的行程吗？请注意，我们的预算是每天 100～200 欧元。

GPT-4：

好的！以下是巴黎的两天行程建议，符合我们每天 100～200 欧元的预算。

第一天：

○ 上午：参观埃菲尔铁塔（门票约 25 欧元）。

○ 下午：游览卢浮宫（门票约 17 欧元）。

○ 晚上：在塞纳河边散步，免费。

第二天：

......

用户：

能帮我看看这个行程是否合理吗？

GPT-4：

这个行程非常合理，并且在我们的预算范围内。我们可以在埃菲尔铁塔、卢浮宫和凯旋门这些经典景点之间享受巴黎的风光，并有充足的时间体验巴黎的街头文化和美食。

（2）实现原理

① 多轮对话基础：上下文保持和更新。

要理解多轮对话的实现原理，首先要了解什么是上下文。上下文是指在对话中，所有先前讨论的内容及其关联信息，包括显性信息（如先前的提问、回答、关键词、主题等明确表达的信息）和隐性信息（如通过这些显性信息推测出的用户意图、情感和潜在需求等）。显性信息是直接表达出来的内容，隐性信息则是大语言模型通过分析这些内容动态推理出的隐藏信息。这两类信息共同构成了对话的整体语境，帮助大语言模型理解和生成连贯的回应。

上下文为大语言模型提供了理解当前输入所需的基础。就像人在对话中会记住之前说过的话、提到的想法和讨论的主题一样，大语言模型在多轮对话中也会记住这些信息，并在生成新的回复时参考这些信息。这种记忆就构成了对话的上下文。我们可以将上下文比作人的记忆。例如，当我们与朋友讨论旅行计划时，如果我们已经提到希望预算控制在每天 100～200 欧元，我们的朋友在后续的讨论中会自动考虑这个预算限制，这就说明我们的朋友记住了我们之前的要求，并且在接下来的对话中不断更新和参考这一记忆。

示例 6.1 中，用户最初与大语言模型讨论了多个欧洲城市的预算问题。大语言模型能够记住这些讨论内容，并在后续的行程建议中自动调整建议，以符合之前的预算要求。例如，当用户询问巴黎的行程建议时，大语言模型在给出建议的同时，考虑了之前用户提到的“预算是每天 100～200 欧元”这一上下文信息。通过保持和更新上下文，大语言模型确保了后续的建议与之前的讨论一致，避免了重复问询和信息丢失。

② 核心技术：自注意力机制。

自注意力机制是大语言模型处理对话上下文的核心技术。通过自注意力机制，大语言模型在生成每一个响应时，能够关注到对话中所有重要的信息，而不局限于当前输入。这使大语言模型可以捕捉到对话中的长程依赖关系和复杂语义关联，从而生成连贯、和上下文相关的回答。

示例 6.1 中，在用户提到“预算是每天 100～200 欧元”后，大语言模型通过自注意力机制，将这一预算信息与之前讨论的行程安排关联起来，确保生成的建议符合预算限制。这种机制帮助大语言模型在复杂对话中保持对关键细节的关注，从而生成准确度高的响应。

（3）能力限制

上下文窗口指大语言模型在处理对话时能够记住的最大 token 数量，它只包含上下文中的显性信息，即先前所有的提问、回答、关键词、主题等明确表达的信息。它限制了大语言模型在一次对话中能够记住的最大信息量，这直接影响了大语言模型处理长文本或复杂对话的能力。如果输入的信息量超过了上下文窗口的限制，大语言模型将丢弃最早的内容，只保留最新的部分。这种丢弃策略意味着，如果长对话内容超出上下文窗口，早期的信息可能会丢失，从而影响大语言模型对当前上下文的理解。因此，理解上下文窗口的限制，以及估算内容的 token 数量，是有效使用这些大语言模型的关键。

① 上下文窗口的限制。

每个大语言模型都有一个特定的上下文窗口限制，例如，GPT-3.5-turbo-0613 的上下文窗口限制为 4096 个 token，而 GPT-4-8k 的限制为 8192 个 token。

假设当前对话的总 token 数为 7000 个，大语言模型能够记住并处理所有的内容。但如果用户新输入的信息占用了 1200 个 token，总 token 数将达到 8200 个，超过了 8192 个的限制。为此，大语言模型会丢弃最早的一些 token，以确保总 token 数不超过 8192 个。这可能导致前面讨论的一些重要信息丢失。

② 估算内容的 token。

理解上下文窗口限制后，下一步就是大致估算对话内容占用的 token 数量，以判断是否超过这个限制。需要注意的是，不同大语言模型可能会有不同的 token 拆分规则，导致 token 数量有所差异。下面以 GPT 系列模型为例，讨论 token 与内容的大概对应关系。

对于英文内容，通常 100 个 token 约等于 75 个英文单词（假设每个英文单词平均占用约 1.33 个 token）。例如，GPT-3.5-turbo-0613 的 4096 个 token 大致对应 3079 个英文单词，GPT-4-8k 的 8192 个 token 大致对应 6159 个英文单词。

对于中文内容，通常 1 个汉字对应 1 个 token，但在某些特殊情况下（如合成词、标点符号或包含特殊字符），可能会占用多个 token。也就是说，4096 个 token 通常可以表示约 4096 个汉字，GPT-4-8k 的 8192 个 token 大致对应 8192 个汉字。

这些估算基于一般情况下的 token 分配，在实际应用中，由于标点符号、空格和特殊字符的影响，token 数量可能会有少量偏差。因此，估算时应考虑一定的误差，以确保在上下文窗口内合理分配内容。

如何应对上下文窗口的限制，可以参考以下使用建议。

（4）使用建议

① 分段对话。

将长对话分成多个小段，每段集中讨论一个特定主题。这种方式有助于大语言模型更好地处理上下文，并提高每段对话的独立性。然而，虽然每段对话在一定程度上可以独立处理，但仍需要在必要时考虑全局上下文，以确保对话的连贯性。

示例 6.1 中，用户首先讨论了旅行目的地，然后讨论预算，接着讨论行程安排。每个主题都在一个独立的对话段落中进行，这样可以减少信息混淆，使对话条理清晰。

② 复述和总结。

在对话的关键节点，用户可以要求大语言模型复述或总结前几轮的对话内容。这可以帮助增强对话的连贯性。建议用户明确指出希望复述或总结的具体部分，以避免遗漏或误解。

示例 6.1 中，在讨论预算之后，用户要求大语言模型总结之前的内容。通过复述，用户可以确认大语言模型准确地理解了他的需求，并确保接下来的讨论在正确的基础上进行。

③ 使用关键词提醒。

在多轮对话中，使用关键词来提醒大语言模型关联之前的内容是有效的策略。为了提高这一方法的效果，建议用户选择那些与之前讨论的内容紧密相关且易于大语言模型联想的关键词，并在关键点引导大语言模型关联这些关键词与上下文。示例 6.1 中，用户在要求给出巴黎行程建议时，特别提到“预算是每天 100～200 欧元”，这一关键词帮助大语言模型准确地将预算要求与行程安排关联起来，确保建议的行程符合预算限制。

④ 精简输入。

使用简洁明了的语言进行输入，避免不必要的冗长描述，这不仅能帮助大语言模型更好地理解用户的意图，还能提高响应的准确性和效率。示例 6.1 中，用户在最后请求确认行程合理性时，只用了“能帮我看看这个行程是否合理吗？”这样的简洁提问，使大语言模型能够直接给出响应，而不需要处理冗长的上下文。

2. 语言转换能力

（1）不同语言之间的转换

大语言模型支持多种语言之间的转换，具体如下。

① 人类语言之间的转换：大语言模型可以在不同人类语言（如英语和中文）之间进行翻译或在对话中无缝切换。

② 机器语言之间的转换：例如，在编程语言之间转换代码，从 Python 到 Java 或 JavaScript 等。

③ 人类语言与机器语言之间的转换：例如，将自然语言描述转换为代码，或将代码解释为人类可读的语言。尽管大语言模型在这类转换中表现出色，但在复杂或不常见的编程场景中，大语言模型生成的结果可能需要用户进行人工验证和调整。

示例 6.2 展示了大语言模型的语言转换能力。

示例 6.2　语言转换能力

用户：

请将以下中文任务描述翻译成英文：设计一个选择礼物的程序，根据用户的年龄提供礼物建议。

GPT-4：

Design a gift selection program that provides gift suggestions based on the user's age.

用户：

请开发一个 Python 程序实现上述任务，要求：先用中文编写伪代码，再生成 Python 程序，程序添加中文注释。

GPT-4：

伪代码

......

1. 定义一个函数，根据用户的年龄返回礼物建议。
2. 创建一个礼物建议字典，根据不同的年龄段提供不同的礼物。

......

Python 程序

......

```
# 定义一个函数，根据用户的年龄返回礼物建议
def get_gift_suggestion(age):
    # 创建一个礼物建议字典，根据不同的年龄段提供不同的礼物
    gift_suggestions = {
        "child": "玩具",
        ......
    }
    # 根据年龄段返回礼物建议
    if 0 <= age <= 12:
        return gift_suggestions["child"]
    elif 13 <= age <= 19:
        ......
    else:
        return "无效的年龄"
# 定义主函数，获取用户输入的年龄并调用礼物建议函数
def main():
    try:
        # 获取用户输入的年龄
        age = int(input("请输入年龄: "))
        ......
# 调用主函数
if __name__ == "__main__":
    main()
......
```

解释
- get_gift_suggestion 函数根据不同的年龄段返回相应的礼物建议。
- ……

用户：
请转换成 Java 代码。

GPT-4：
Java 代码
……

```
import java.util.Scanner;
public class getGiftSuggestion {
    // 定义一个函数，根据用户的年龄返回礼物建议
    public static String getGiftSuggestion(int age) {
        ……
    }
    // 定义主函数，获取用户输入的年龄并调用礼物建议函数
    public static void main(String[] args) {
        ……
    }
}
```

……
解释
- getGiftSuggestion 方法根据不同的年龄段返回相应的礼物建议。
- ……

（2）能力限制

尽管大语言模型在多语言处理方面表现出色，但其语言生成能力受到训练数据的影响，存在一些限制，具体如下。

① 人类语言生成能力的差异：大语言模型在不同的人类语言中表现并不完全相同。以 GPT-4 为例，在其支持的语言中，生成效果较好的前 5 种语言是英语、西班牙语、法语、德语和中文。对于这些语言，得益于训练数据的广泛性和质量，大语言模型能够生成较为流畅和准确的内容。不过，在某些专业术语或文化特定的表达上，大语言模型仍有可能出现语义误差。

② 机器语言生成能力的差异：以 GPT-4 为例，GPT-4 对 Python、Java、TypeScript 和 JavaScript 的支持较好。这些语言代码在训练数据中占比较大，大语言模型能够提供较精准的代码建议和转换。然而，用户仍需要对生成的代码进行测试和验证，以确保其准确性和实际可行性。

（3）使用建议

① 使用英文：GPT-4 在英文环境下表现最为优秀，用户在进行复杂对话或生成精确内容时，可优先使用英语，以获得最佳效果。

② 中文处理：GPT-4 在中文处理方面同样表现优秀，但在某些特定的本地化需求或领域（如法律、医学等）下，使用本地化的中文处理工具或产品可能会带来额外的优势。

③ 编程尽量选用前述 4 种语言：用户在使用 GPT-4 进行编程语言代码转换或生成时，应尽量选用 Python、Java、TypeScript 和 JavaScript，以确保代码的准确性和可用性。但是，用户仍需

要对生成的代码进行人工审查和调试。

3. 意图和情感分析能力

（1）什么是意图和情感分析能力

意图分析是指识别用户在对话中试图表达的目的或期望。例如，用户可能在提问、请求帮助或表达感谢。通过意图分析，大语言模型可以理解这些不同的意图，从而做出适当的回应。常见的意图包括提问、命令、建议和反馈。比如，在客户服务中，客户可能会表达各种需求，如询问产品信息、请求退款或投诉服务。假设一位用户输入提示词："我想了解一下退款政策。"通过意图分析，大语言模型能够识别出用户的主要意图是获取关于退款的详细信息，进而为用户提供相关的政策说明。大语言模型的这种能力使自动化客服系统能够高效地提供服务，减少人工干预。

情感分析则是识别用户在对话中表达的情绪，如快乐、愤怒、悲伤或中性情感。大语言模型通过分析文本中的关键词、语气和上下文，来判断用户的情感状态。常见的情感如积极、消极和中性情绪。例如，在社交媒体管理中，企业需要了解用户对产品的态度。假设有用户发布了评论："这款产品太棒了！服务也非常到位。"大语言模型可以通过情感分析，识别出用户表达的是积极情感。企业可以通过这一分析结果，识别用户的满意度，并进行产品推广。大语言模型的这种情感分析能力可以帮助企业理解和响应用户的情绪，提升用户体验和满意度。

通过识别意图和情感，大语言模型能够准确地响应用户需求，并提供更个性化的互动体验。

示例 6.3 很好地展示了大语言模型如何通过意图和情感分析，深入理解文学作品中的人物对话。通过对达西和伊丽莎白的意图、情感、在意的人及心理状态进行识别，大语言模型能够揭示出两人复杂的情感互动和心理动态，为理解他们的关系提供深刻的洞察结果。这种能力在分析文学作品、理解人物动机和情感方面，具有很高的实用价值。

示例 6.3　意图和情感能力

用户：

在《傲慢与偏见》中，伊丽莎白与达西先生的一段对话如下，请分析人物的真实意图、情绪、在意的人有哪些、心理状态和行为特征。

#对话

'''达西：人们认为我傲慢和自大。伊丽莎白：我们确实如此，我无法否认。达西：你的坦率让我钦佩。但请允许我解释，或许你会对我有新的看法。伊丽莎白：我会聆听，但不保证改变看法。'''

GPT-4：

在《傲慢与偏见》中，伊丽莎白·贝内特与达西先生的这段对话揭示了两人复杂的心理状态和情感互动。以下是对这段对话的分析。

1. 达西的意图和情绪

- 真实意图：达西试图解释自己的行为，希望伊丽莎白能够理解他，甚至改变对他的负面看法。他想通过坦诚交流来打破伊丽莎白对他的偏见。
- 情绪识别：达西表现出一定的谦卑和真诚，尽管他的言语中仍带有一些自信。他对伊丽莎白的直率感到钦佩，并希望通过解释来改善他们之间的关系。
- 在意的人：达西显然在意伊丽莎白对他的看法，并希望她能够对他产生新的认识，表明他对伊丽莎白有相当的关注和重视。

- 心理状态和行为特征：达西处于一种希望被理解和接纳的心理状态，他表现出愿意自我反省的态度。行为上，他选择了主动交流和解释，以期改变伊丽莎白的看法。

2. 伊丽莎白的意图和情绪

- 真实意图：伊丽莎白明确表达了她对达西傲慢和自大的看法，但她愿意听取达西的解释，尽管她没有承诺会改变自己的观点。这表明她有一定的开放性，但仍然保持警惕。
- 情绪识别：伊丽莎白表现出一种直率和坚定，同时也带有一些疑惑和批判。她对达西的行为有自己的判断，但也愿意给予他解释的机会。
- 在意的人：伊丽莎白在意她自己的判断和价值观，但她也在意与达西的互动，因为这关系到她对达西的整体看法和两人未来的关系。
- 心理状态和行为特征：伊丽莎白处于一种理性和批判的心理状态，她对达西的解释保持怀疑态度。行为上，她选择了直言不讳地表达自己的看法，但也表现出一种理性的开放性。

3. 综合分析

- 情感互动：这段对话体现了两人之间的紧张和矛盾，但也展示了他们愿意通过交流来解决问题的可能性。达西的钦佩和解释意图与伊丽莎白的直率和开放性形成了一种微妙的互动。
- 心理和行为特征：达西表现出一种希望被接受和理解的心理状态，他愿意放下自尊去解释自己的行为。伊丽莎白则在保持自己判断的同时，也展示了她愿意聆听和考虑对方意见的开放态度。

通过这段对话，两人的关系有了进一步发展的可能，因为双方都表现出了一定的诚意和开放性，这为后续的情节发展奠定了基础。

（2）原理和能力限制

大语言模型的意图和情感分析能力来源于其在大量文本数据上的深入训练。大语言模型通过广泛分析和学习语言中的模式及上下文环境，逐渐具备了识别和预测文本意图与情感的能力。具体来说，当大语言模型接收到一段文本输入时，它会利用上下文信息和关键词，基于统计模式和语言特征来推断文本所表达的意图和情感。这种推断并非基于真正的理解，而是通过复杂的统计分析和模式识别实现的。例如，当文本中出现“压力大”“担心”等词汇时，大语言模型可能会将其识别为消极情感，并尝试通过分析上下文来推断用户的需求。

虽然大语言模型在意图和情感分析方面表现出色，但其分析仍有局限性。在使用这些功能时，用户应理解以下局限性，并结合自己的判断来解读结果。

① 缺乏真正的理解：尽管大语言模型可以识别出意图和情感，但它并不具备人类的理解能力。它的分析基于语言模式，而非真实的认知。因此，面对复杂或多义的表达时，大语言模型可能会出现误判。

② 处理复杂情感的局限性：在识别复杂情感（如讽刺、隐喻或双关语）时，大语言模型可能无法准确解读这些情感背后的深层含义。

③ 文化和语言差异：用户需要考虑不同大语言模型的训练数据所隐含的文化和语言差异，例如，GPT-4 的训练数据主要来自英文和其他广泛使用的语言，但在面对特定文化背景下的表述或方言时，其情感和意图识别的准确性可能会下降。

④ 依赖输入质量：大语言模型的分析结果高度依赖输入文本的质量和清晰度。如果用户输入

的信息模糊或不完整，大语言模型可能无法准确识别意图或情感。

（3）使用建议

① 提供清晰、具体的输入。

使用明确的语句表达需求和情感，避免模糊或多义的词语。这有助于大语言模型准确地理解并分析我们的意图和情感，从而提供可靠的回应。

② 使用上下文信息。

提供足够的背景和上下文信息，以帮助大语言模型在分析时更好地理解具体情况。这对于提高分析准确性尤其重要，特别是在讨论复杂问题时。

③ 识别并接受分析的局限性。

理解大语言模型在意图和情感分析上的局限性，特别是在处理复杂表达或特定文化背景下的表达时。结合自身判断，不要完全依赖其分析结果，尤其在敏感或关键的情境中。

6.2.2　创作能力

人们经常使用大语言模型的文本生成功能，它在很多任务中表现出色。同时，大语言模型还具有强大的文本分析和文本润色能力。这里重点探讨后两种能力。

1. 文本分析能力

（1）能力描述

文本分析是指对文本进行整体理解、提取关键信息、识别文本的主题和情感等多种处理。大语言模型具备强大的文本分析能力，可以帮助用户在各种应用场景中理解和高效处理文本内容。以下是几种常见的文本分析应用场景。

① 文本统计。

文本统计包括对文本的基本统计信息进行计算，如字符数、单词数、句子数等。文本统计有助于用户快速了解文本的长度和结构。虽然大语言模型可以完成这类任务，但要注意的是，专门的文本分析工具在统计精度上可能表现更好。

② 文本摘要生成。

文本摘要生成是从较长的文档中提取出主要信息，并生成相应的内容。它能帮助用户迅速把握文档的核心内容，而无须逐字阅读全文。大语言模型通过理解文本的主要观点和关键细节来生成摘要，尽管效果通常令人满意，但其生成的内容仍需要用户审查，以确保准确性。

③ 文本分类。

文本分类是将文本分配到预定义的类别中，如新闻分类、情感分析（正面、负面、中性）等。大语言模型根据语境和语言模式进行分类，但分类的准确性取决于大语言模型的训练数据质量。比如，“我今天非常高兴，因为我要去丽江旅行了”，其情感类别为“正面”。

④ 文本总结。

文本总结是对文本的整体内容进行概述，通常比文本摘要简短，侧重于概括文本的核心思想或结论。大语言模型生成的总结可以帮助用户快速抓住文本的要点，但由于总结较简略，可能会忽略了一些细节，因此用户应谨慎对待所生成的结果。

示例 6.4 展示了大语言模型如何帮助用户理解和高效处理复杂文本。

示例 6.4　文本分析

用户：

帮我对以下文本进行分析，生成一个文本摘要，字数在 80 字以内。

"'近年来，随着全球气候变化的加剧，环境保护成为世界各国共同关注的重要议题。许多国家开始制定更加严格的环保政策，以减少温室气体排放，遏制环境恶化的趋势。尽管政策力度不断加大，全球变暖的趋势仍然没有得到有效遏制。专家认为，单靠政策是不够的，公众意识的提升和生活方式的改变同样至关重要。……'"

GPT-4：

近年来，环境保护因全球气候变化而受到重视，众多国家制定并实施严格的环保政策，以减少温室气体排放。专家强调，除实施环保政策外，提升公众意识和改变生活方式亦关键。企业应开始应用绿色技术，尽管面临成本和认知挑战。科技进步如大数据和人工智能为环保提供新希望，而环保组织和公众参与对于实现环保目标至关重要。

用户：

请帮我对这段文本进行情感分析，并进行分类。

GPT-4：

这段文本主要展示了对环境保护的重视和努力，以及面临的挑战和希望。整体情感倾向是积极的，强调通过多方面的合作和新技术的应用改善全球环境状况。文本同时传达了紧迫性和必要性，鼓励政府、企业和公众共同参与环保活动。

情感分类：

1. 积极：文本提到多国采取行动、技术进步带来希望、公众参与度提升等，体现出一种解决问题和改善环境的正面态度。

2. 关注：表达了对全球气候变化和环境恶化的担忧，以及对现状的关注。

3. 挑战：指出了实施环保政策和技术应用时所遇到的难题，如成本高昂和消费者认知不足。

总体上，这段文本呈现了环保问题的复杂性和多方面的努力，表达了一种既现实又充满希望的情感基调。

用户：

请用一句话总结文本。

GPT-4：

全球气候变化引发了对环保的广泛关注，政府实施严格的环保政策，企业采用绿色技术，公众提高环保意识，共同努力应对环境挑战。

（2）能力限制

在使用大语言模型进行文本分析时，用户应了解一些重要的限制，这有助于更好地理解和利用大语言模型的分析结果。

① 知识更新的限制

大语言模型的知识截止于其最后一次训练时的数据。例如，截止到 2024 年 8 月，GPT-4 的知识截至 2024 年 4 月，而 GPT-4o 截至 2024 年 10 月。因此，GPT-4 可能无法处理最近发生的事件或更新的信息。例如，如果用户要求 GPT-4 分析一本最近出版的书籍内容，它可能无法提供相关信息，因为它的训练数据中不包含这本书的内容。

② 长文本理解的限制。

尽管大语言模型在处理文本时表现出色，但面对非常长的文本时可能会遇到困难。大语言模型的输入长度是有限的，例如，如果要求它分析一整本小说，大语言模型可能只能处理部分内容，这可能导致理解不全面。为解决这个问题，用户可以将长文本分成多个部分进行分析。

③ 数据偏见的影响。

大语言模型是基于海量互联网数据训练而成的，这些数据中不可避免地包含各种偏见。因此，在模型的输出中，这些偏见可能会无意中表现出来，特别是在涉及种族、性别或文化等敏感话题的分析中。用户在使用这些模型生成的内容或分析结果时，应当保持警惕和批判性思维，不应盲目接受，而应结合自身判断和其他可靠信息来做出决策。

④ 数据质量的影响。

大语言模型的训练数据质量参差不齐，可能包含错误或不准确的信息。如果输入的文本中包含错误信息，大语言模型可能会重复这些错误，从而影响分析结果的准确性。因此，用户在使用大语言模型进行分析时，应仔细检查输出结果，确保其准确性。

⑤ 语境歧义的处理。

语言的复杂性使同一词语在不同语境下可能有不同的含义。大语言模型根据上下文来推测词语的意义，但在某些情况下，可能会出现误判。请看下面示例。

晚上，夫妻两人坐在沙发上聊天。妻子皱着眉头对丈夫说："这个月家里的开销有点大，等周末咱们好好算算账。"

在这个语境中，"算账" 可以有两种理解。一种是单纯地计算家庭各项收支明细，看看钱都花在了哪里；另一种是妻子对这个月开销大有些不满，"算账"带有要跟丈夫理论、追究为何花费超支的意思。仅从给定的上下文，大语言模型很难确切判断 "算账"具体是哪种含义。

（3）其他重要限制

① 领域专业知识的局限。

在某些特定领域，大语言模型的分析能力可能不如领域专家，因为它缺乏专业领域的深入训练。例如，在分析复杂的金融报告时，大语言模型可能无法提供与资深金融分析师相同深度的见解。

② 新颖和未知数据的处理。

对于训练数据中未"见过"的内容，大语言模型可能无法准确处理。例如，对于新出现的科技术语，大语言模型可能无法正确识别和解释它们。

③ 不确定性的应对。

面对模糊或信息不完整的文本，大语言模型可能会给出不确定或错误的答案。用户在使用这些结果时，需要结合背景知识和额外的信息进行判断，以确保决策的准确性。

2. 文本润色能力

（1）能力描述

在日常写作和编辑中，文本润色是提升文本质量的关键步骤。大语言模型具有强大的文本润色能力，能够帮助用户提高文本的准确性、流畅度和表达效果。

① 文本校对。

文本校对是润色的基础环节，主要涉及识别和修正文本中的语言错误。大语言模型能够自动识别拼写错误、语法问题以及标点符号使用不当情况。例如，它可以检测出主谓不一致、时态错误、句子结构不当，并提出相应的修改建议。这些校对功能可以显著提高文本的语言表达水平。

② 词汇和句子优化。

文本润色的另一个重要方面是对词汇和句子结构进行优化。大语言模型可以评估文本中的词汇使用是否恰当，提供更合适的同义词或短语，以增强表达的准确性和生动性。此外，大语言模型还能重组句子结构，在不改变原意的前提下，使句子更流畅和易读。这种优化有助于提升文本的整体质量。

③ 写作风格的一致性。

在文本润色过程中，保持写作风格的一致性是至关重要的。无论是正式的学术写作还是轻松的博客文章，大语言模型都能根据上下文和用户的要求，确保文本风格的一致性。例如，在处理一篇需要保持正式风格的文章时，大语言模型会避免使用过于口语化的表达；而在较为非正式的文本中，它会保持自然的对话语气。大语言模型的这种能力可使文本不同段落间的语气和风格相协调。

④ 文本改写与扩写。

改写和扩写是文本润色中的进阶能力。大语言模型可以将口语化的表达转换为符合书面语规范的文本，并确保语义保持不变。在需要时，它还可以简化复杂的表达，或者扩展文本，添加更多细节、背景信息或例子，以帮助文本的读者更好地理解主题。例如，当一段文本描述过于简洁时，大语言模型可以通过增加背景信息或举例说明来丰富内容，增强文本的说服力和可读性。

示例 6.5 展示了大语言模型的文本润色能力。

示例 6.5　文本润色

用户：

请润色文本，使其更加生动、流畅，同时保持一种轻松愉快的口吻。

'''今天早上我起来得特别早，因为我有好多事情要做。我先吃了早饭，然后就开始工作了。虽然我有点累，但是我还是完成了很多任务。工作结束后，我去公园散步，放松一下。公园里空气很好，我感到非常舒服'''

GPT-4：

今天早上，我特意早早地起床，因为今天的任务清单格外长。我吃过早餐后，立刻投入忙碌的工作中。虽然感觉有些疲惫，但我还是高效地完成了许多工作。工作告一段落后，我决定到公园散散步，呼吸一下新鲜空气，放松放松。公园里的空气清新宜人，让我感到无比的舒畅。

用户：

请模仿《追忆似水年华》作者法国作家马塞尔·普鲁斯特的风格，扩写到 200 字。

GPT-4：

今天早上，被一阵意外的鸟鸣唤醒，我比往常更早地起床，仿佛天空中最后一颗星辰的消逝，也为我的日程定下了非同寻常的序幕。随着早餐的香气渐渐弥漫开来，我沉浸在热腾腾的咖啡和新鲜面包带来的简单而纯粹的快乐中。然而，早晨的这段宁静不过是一天忙碌生活的序曲。我开始处理一桩桩事务，虽然身体逐渐感到疲惫，但内心的满足感在每完成一项任务后逐渐增加。待到傍晚，我独自漫步于公园中，四周围的树木仿佛在轻声细语，而微风拂过脸庞，带走了日间的劳累与尘嚣，那一刻，我仿佛又找回了内心的宁静与平衡。公园里的每一次呼吸都像在品味生活的甘甜，我在这安详的环境中感到格外的放松和舒心。

用户：

请改写成日本俳句。

GPT-4：

晨曦微光，清晨公园轻步，心灵洗涤。

用户：

你是一位资深的编辑，请帮助校对以下内容，完成纠错和润色工作。请在校对时注意检查文章的格式、排版、语句通顺度、语法、词汇使用、语义连贯性、逻辑性等方面。发现问题时请校正错误、改善措辞、增加衔接、调整结构等，确保文章语言流畅、结构清晰，没有错漏字和错误。需要校对的内容如下。

'''他特别善于规划自己的工作和生活，没有计划他就会过得不踏实 昨天晚上的直播内容的设计以及直播的实时都是按照他的预想规划，一步一步去实现的，所以一点都不慌乱，然后今天周六的安排也是他习惯性地把一天的工作还有自己的呃个人学习安排好，觉得一天紧张而又充实不但能够，嗯，就是完全生活是在掌控之中 嗯，这是一方面的好处，那么他所带来的不好的地方就是这种应变性会稍微差一些，因为一旦和计划不符，心理上就会感觉到不适，而现在这个社会越来越多的变化 不可预测，所以另外一方面还要承认人生的这个不可预测性，当知道了这一点情况出现的时候才不会，心理上就觉得很难以接受 所以这个也是他这段时间嗯通过各种学习听各种课程，得到了一个感悟 所以说学习时间是一件让我们心里特别的踏实，能够获得成就感，能够获得认知上知识上面的这种愉悦感 以前非常棒的事情。'''

GPT-4：

原文中包含多处语法、标点和逻辑不清晰的问题。下面是校对后的版本，对错误进行了纠正，并优化了表达和结构，使其更加流畅和连贯：

他特别擅长规划自己的工作和生活，没有计划就会感到不踏实。昨天晚上的直播内容和实时表现都是按照他预先的规划逐步实现的，因此过程中一点也不慌乱。今天周六，他习惯性地安排了一整天的工作以及个人学习，使得一天既紧张又充实，感觉生活完全在自己的掌控之中。

然而，这样的好处也伴随着一些弊端。由于他的应变能力稍显欠缺，一旦遇到与计划不符的情况，心理上就会感到不适。在现代社会，不可预测的变化越来越多，因此也必须承认生活的不可预测性。明白这一点后，在遇到突发情况时，他才不会感到难以接受。

这也是他近期通过各种学习和听课程所获得的一个重要感悟。他发现，学习不仅能让人心理上感到踏实，还能带来成就感和认知层面的愉悦，这是一件非常棒的事情。

（2）能力限制

虽然大语言模型在文本润色上表现出色，但在使用过程中，用户仍需要注意其局限性。首先，语言是不断发展的，新的词汇和表达方式层出不穷。大语言模型的知识库基于其最后的训练数据，这意味着它可能无法识别和使用最新的网络用语与新兴术语。因此，用户在处理涉及最新信息的文本时，需要手动审查并适应最新的语言变化。

其次，语境的理解对文本润色至关重要。大语言模型在有些情况下可能会误判语境，导致修改后的文本失去原有的含义或文化内涵。以 GPT-4 为例，在处理具有比喻意义的成语或文化特有的幽默时，它可能会无法正确理解，从而在润色时丢失这些表达的深层含义。因此，在使用 GPT-4 润色此类文本时，用户应特别注意审查修改后的内容，以确保其准确表达原意。

再次，文本润色往往涉及高度主观的判断。不同用户对文本风格和表达方式的偏好各异，而大语言模型无法完全符合每个人的审美标准。例如，在处理文学作品时，大语言模型可能难以捕捉到作者对风格和情感表达的微妙设计。因此，用户在使用大语言模型进行润色时，应明确自己的目标，并对润色结果进行个性化调整。

最后，大语言模型在处理长文本时可能无法始终保持一致性和连贯性。长文本通常包含多个复杂的主题和风格，大语言模型在处理时可能会出现风格不一致或逻辑不正确的问题。用户在润色长文本时，建议分段处理，并在各部分之间保持统一的风格和逻辑流畅性。

3. 创作能力使用建议

在使用GPT进行创作时，采纳以下建议可以显著提升生成内容的质量和准确性。

（1）优先进行文本分析和文本润色

在创作前，先使用GPT的文本分析和文本润色能力，确保基础文本的准确性和流畅性。这可以为后续创作打下良好基础，帮助生成高质量内容。

（2）分段处理长文本

处理长文本时，建议将其分段，以确保GPT在生成过程中能够保持上下文的一致性和逻辑连贯性。分段处理有助于GPT更好地理解和记住前后的信息，避免内容跳跃。

（3）提供明确具体的指示

向GPT提供任务时，尽量使用明确、具体的指示。这有助于GPT准确地理解需求，减少误解，生成符合预期的内容。

（4）补充必要的背景信息

在处理涉及特定文化或专业领域的内容时，提供相关背景信息，以帮助GPT更好地理解和生成符合该背景的内容，避免因理解偏差导致生成错误内容。

（5）避免多义词和模糊表达

编写文本时，尽量避免多义词和模糊表达，应提供明确的上下文。这可以帮助GPT准确理解并生成符合我们意图的文本，减少潜在的误解。

6.2.3 推理能力

我们从对比、归纳、假设推理3个维度来探讨大语言模型的推理能力。

1. 对比能力

对比能力是大语言模型推理中的一项重要能力，能够帮助用户比较不同事物或概念之间的异同点，如事物、概念、人物、事件、文学作品、艺术作品等，这种能力在分析复杂问题、做决策时尤为关键。通过对比，大语言模型能够揭示隐含的差异或相似性，从而帮助用户做出明智的判断。例如，我们在学习编程语言时，可以让大语言模型对比Python和Java的优缺点。大语言模型能够分析这两种语言在语法简洁性、运行效率、社区支持等方面的差异，判断哪种语言更符合我们的需求。

2. 归纳能力

归纳能力是大语言模型推理中的另一项重要能力，它使大语言模型能够从具体的实例或数据中总结出一般规律或模式。这种能力在发现趋势、提取共性以及生成总结性结论时非常有用。通过归纳，大语言模型可以将分散的、具体的信息整合成清晰的概念，帮助用户理解复杂的现象。假设有一系列关于气候变化的报道，我们可以让大语言模型从中归纳出气候变化对全球农业的主要影响。大语言模型会分析各个报道中的具体案例，如极端天气对农作物的损害、降水模式的变化等，最终总结出气候变化对农业的普遍影响。

利用这种归纳能力，我们可以将学习过程中获得的零散知识整合起来，形成对某一主题的全面理解，提升总结归纳能力。

3. 假设推理能力

假设推理能力是大语言模型推理中的核心能力，它使大语言模型能够基于已知信息提出假设，并推测出可能的结果。这种能力在科学研究、问题解决和决策制订中至关重要。通过假设推理，大语言模型可以探索多种可能性，并帮助用户评估不同情境下的潜在影响。

请看示例 6.6，一位大学生在选择课外活动时，借助大语言模型帮忙做决策。

示例 6.6　推理能力

用户：

我在考虑参加两个不同的课外组织，一个是编程俱乐部，另一个是学生会。你能帮我对比一下这两个活动的优缺点吗？

GPT-4：

编程俱乐部的优缺点：

- 优点：
  - 技能提升：我们可以学习和提高编程技能，这对于将来从事科技相关的职业非常有帮助。
  - 实践机会：……
- 缺点：
  - 时间投入：编程需要较多时间和精力，可能会减少我们参与其他活动的机会。
  - 单一性：……

学生会的优缺点：

- 优点：
  - 领导力发展：我们可以在学生会中发展领导能力，学习如何组织、协调和管理团队，这是职场中非常重要的软技能。
  - 社交网络：……
- 缺点：
  - 技术提升有限：如果我们的职业目标与技术相关，学生会可能不会直接帮助我们提升编程等专业技能。
  - 责任压力：……

总结：

如果我们希望提升技术能力并为未来的科技职业打基础，编程俱乐部可能是更好的选择……

用户：

那你能总结一下目前大学生参与课外活动的趋势吗？我想看看哪个活动更符合大多数学生的选择。

GPT-4：

当前大学生参与课外活动的趋势主要体现在以下几个方面。

1. 职业导向型活动

越来越多的大学生选择参与与自己专业相关的课外活动，尤其是在理工科……

2. 社交与领导力型活动

学生会、辩论社、志愿者协会等活动依然非常受欢迎，尤其是在那些希望提升软技能的学生中……

3. 兴趣爱好型活动

……

4. 跨学科与创新型活动

……

总结：

编程俱乐部和学生会都符合大学生课外活动的主流趋势，但它们满足的是不同的需求……

用户：

基于这些信息，你能帮我提出一些假设，并分析每个假设的可能结果吗？

GPT-4：

当然可以！以下是基于我们的选择和当前趋势提出的几个假设，并对每个假设的可能结果进行分析。

假设一：如果我们选择加入编程俱乐部

可能结果：

- 技术能力显著提升：我们将会在编程和相关技术上获得深入的学习和实践机会，这对我们未来从事科技相关的职业非常有帮助。我们可能在短时间内掌握新技能，并在编程竞赛或项目开发中积累实战经验。
- 职业前景更明确：……
- 社交圈相对狭窄：……

假设二：如果我们选择加入学生会

……

4. 推理能力的限制及使用建议

尽管大语言模型拥有强大的推理能力，但它也存在一些限制。首先，大语言模型的推理基于已知的数据和训练，因此，它可能无法处理最新的或非常具体的领域信息。其次，大语言模型在推理时依赖已有的文本信息，它并不能像人类一样理解实际的经验或情境，这可能导致在一些复杂的或含有情感因素的问题上推理结果不够准确。最后，大语言模型的推理结果并不百分之百正确，它有时可能会给出不准确或不完整的结论，因此在采用推理结果进行决策时，用户仍需要谨慎。

建议用户在使用大语言模型进行推理时采取以下策略。

① 多角度验证：在使用大语言模型的推理结果时，尽量结合多个信息来源来验证其准确性，避免单一依赖。

② 明确问题：提出明确、具体的问题，能够帮助大语言模型给出更精准的推理结果。模糊的问题可能导致生成不相关或不准确的答案。

③ 批判性思考：在使用大语言模型的推理结果时，保持批判性思维，结合自身判断和实际情况，避免盲目跟从。

6.3 大语言模型工具的选择

虽然各种大语言模型的工作原理类似，但不同的大语言模型在处理相同的提示词时，可能会产生不同的结果，这主要受模型架构、训练数据和微调方法的影响。模型架构和规模决定了大语言模型在处理复杂任务、长文本生成、短文本生成时的表现；训练数据的多样性和覆盖范围影响大语言模型在多语言或特定领域任务上的表现；微调可使大语言模型在特定领域任务上表现更优，但可能会牺牲部分通用性。此外，各种大语言模型在响应风格和质量上也有差异，较大的模型通常会生成更详细、准确的内容，较小的模型则在简要回答中更高效。

因此，我们有必要先了解大语言模型的类型。

大语言模型可以被划分为两大类：通用大语言模型和专业大语言模型。通用大语言模型涵盖基础的大语言模型及其微调版本。基础大语言模型通常具备广泛的语言理解和生成能力，适用于各种通用任务，如 GPT-4、MoonShot、豆包等。这些模型能够执行多种任务，但它们未经过特定领域的优化，因此在特定任务上的表现可能不如专门微调的模型。微调版本的大语言模型是在基础大语言模型的基础上，针对特定任务进行了优化和调整，使其在这些任务上表现得更加出色。例如，GPT-3.5 微调版可用于客户服务场景，能够更好地处理客户查询、提供个性化建议。

专业大语言模型专注于特定领域的知识，又叫垂直大语言模型。这些模型经过专门的训练，能够深入理解特定领域的术语、概念和上下文。例如，金融领域的专业大语言模型能够处理和分析大量的金融数据，提供投资建议、风险评估等服务。以 BloombergGPT 为例，这是一款专为金融行业设计的模型，利用金融领域的数据进行训练，能够理解和生成与金融相关的内容。

通常，我们通过 AI 工具来使用大语言模型。我们可以借助 AI 工具聚集网站，全面检索并获取国内外丰富的 AI 工具资源。在国际领域，ChatGPT、Claude、Gemini 等 AI 工具备受瞩目；而在国内，Kimi（月之暗面）、智谱清言、文心一言、豆包、通义千问、腾讯元宝等 AI 工具也展现出强大的实力与潜力。

面对众多 AI 工具，为了做出明智的选择，我们可以从 3 个维度考量：首先，明确自身的实际需求，确保所选应用能够满足工作或学习的需要；其次，关注应用的使用成本，包括直接的经济投入以及潜在的时间与资源消耗；最后，评测应用背后的大语言模型能力，这是衡量 AI 工具性能与智能化水平的关键指标。

表 6.1 展示了常用 AI 工具对应的大语言模型。

表 6.1　　常用 AI 工具对应的大语言模型

AI 工具	大语言模型
ChatGPT	GPT
Claude	Claude
Gemini	Gemini
Kimi（月之暗面）	MoonShot
智谱清言	GLM
文心一言	文心一言
豆包	豆包
通义千问	通义千问
腾讯元宝	腾讯混元
讯飞星火	讯飞星火
天工 AI	天工
百小应	百川
DeepSeek	DeepSeek
万知	Yi

6.4 构建清晰、全面的提示词

在深入理解大语言模型的工作机制及能力范围之后，我们便可以向其下达明确且全面的指令，让其顺利地执行任务。同样地，作为大语言模型这一助理的管理者，我们有必要提供详尽且明确的指示，确保大语言模型能够高效地完成指派的工作。

6.4.1 向大语言模型提问的过程

如图 6.3 所示，从问题的产生到最终获得满意的答案，向大语言模型提问的过程是一个循序渐进的过程。

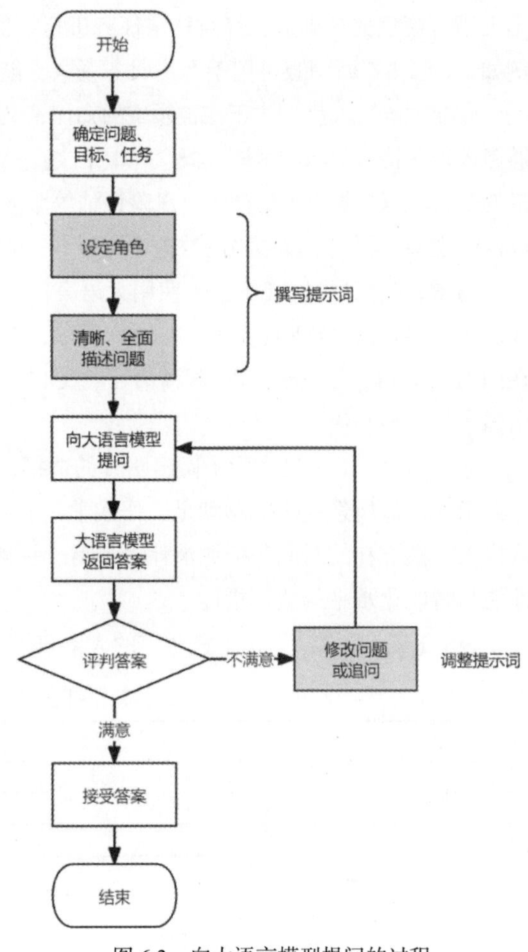

图 6.3 向大语言模型提问的过程

首先，用户会遇到一个需要解决的问题或任务，这是整个过程的起点。在这个阶段，用户需要明确自己的问题是什么，或者希望达到什么目标。

接下来，用户开始撰写提示词。设定角色有助于缩小大语言模型回答的范围，使其回答更符合用户的需求，提升互动的效率和效果。设定角色之后，用户需要详细描述自己的问题。这一步非常重要，因为问题的描述直接影响大语言模型生成答案的准确性。用户需要尽可能清晰、全面地表达自己的需求，包括问题的背景、细节以及任何相关的信息。这种详细的描述可以帮助大语言模型更好地理解问题的核心。描述完问题后，用户将问题提交给大语言模型，大语言模型会根据接收到的信息，生成一个答案。这个答案可能是一个直接的答案，也可能是一个建议，可帮助用户进一步思考或解决问题。

收到大语言模型生成的答案后，用户会对其进行评估。这一步很关键，因为用户需要判断大语言模型生成的答案是否满足需求、是否准确。如果对答案不满意，用户可以选择修改问题或进行追问。通过调整问题的描述或提供更多的背景信息，用户可以引导大语言模型生成符合预期的答案。

当用户对大语言模型生成的答案感到满意时，用户接受大语言模型生成的答案，问题得到了有效解决，整个过程就结束了。这种循环式的提问和回答方式，允许用户逐步完善问题描述，以便获得最优的解决方案。

6.4.2　设定角色

设定角色在编写提示词时具有重要作用，不仅可以有效缩小大语言模型回答的范围，还能调整生成内容的语气和风格，从而提高回答的精准性和适用性。

1. 缩小大语言模型回答的范围

当我们为大语言模型指定一个明确的角色时，大语言模型会在这个角色的框架内进行思考和回答，这有助于大语言模型聚焦于特定领域，避免生成过于宽泛或与主题无关的内容。例如，如果我们让大语言模型扮演一位法律顾问，它的回答会集中在法律相关的领域上，而不会涉及不相关的领域。

为了进一步提升回答的准确性和相关性，我们可以在角色设定中追加专业性描述。例如，设定大语言模型为“了解人工智能的法律顾问”或“熟悉人工智能发展的社会学家”，这会使大语言模型在生成内容时参考相关的知识领域，从而减少了回答错误或偏离主题的风险。这样的设定有助于大语言模型提供更深度的分析和更细致的回答，使输出内容更符合用户预期。

2. 调整大语言模型的语气和风格

不同的角色会引导大语言模型采用不同的表达方式，使回答更加贴合目标受众的需求。举例来说，当设定大语言模型为儿童教育专家时，它会使用温和、亲切的语言，简明易懂地解释复杂概念；当设定大语言模型为熟悉人工智能发展的社会学家时，它会使用严谨、学术的语气，深入探讨人工智能对社会的影响，请看示例 6.7。

示例 6.7　角色设定

用户：

假设你是一位儿童教育专家，且了解人工智能的发展，请解释人工智能对社会的影响。

GPT-4：

人工智能正在迅速改变我们的社会，影响范围广泛，包括教育、经济、就业和日常生活等多个领域。作为一位儿童教育专家，我会从以下几个方面解释人工智能对社会的影响。

1. 教育领域的变革：人工智能正在教育领域中发挥越来越重要的作用。智能辅导系统、个性化学习平台和自动化评测工具使得教育能够更好地适应每个学生的独特需求。通过人工智能，教师可以更有效地管理课堂，识别学生的学习困难并及时提供帮助。同时，人工智能还可以通过数据分析，帮助设计更有针对性的课程内容，提高教学效果。

2. 就业市场的变化：随着人工智能的广泛应用，许多传统职业面临着自动化的挑战，尤其是那些涉及重复性任务的岗位……

3. 对儿童发展的影响：对于儿童而言，人工智能不仅仅是一个学习工具，还可能成为他们生活中的伙伴……

用户：

现在换成角色——企业高管，且熟悉人工智能的最新应用。

GPT-4：

作为一名企业高管，并且熟悉人工智能的最新应用，我可以从以下几个角度解释人工智能对社会的影响。

1. 商业和运营效率的提升：人工智能正在显著提高企业的运营效率……

2. 创新和竞争力的提升：人工智能为企业带来了巨大的创新机遇，尤其是在产品开发和市场营销领域……

3. 人力资源管理的转型：人工智能正在改变人力资源管理的方式……

用户：

换成角色——社会学家，研究人工智能对社会的影响。

GPT-4：

作为一名研究人工智能对社会影响的社会学家，我将从多个层面探讨人工智能如何重新塑造我们的社会结构、文化和人际关系。

1. 劳动力市场与就业形态的转变：人工智能的迅速发展正在重塑劳动力市场……

2. 社会不平等的深化：人工智能有可能加剧社会不平等。一方面，拥有技术和资源的精英阶层可以利用人工智能获取更多的利益，另一方面，资源匮乏的群体可能被进一步边缘化……

3. 隐私与监控社会：随着人工智能在数据分析和模式识别方面的能力提升，个人隐私面临前所未有的挑战……

从示例 6.7 可以看出不同角色的回答，聚焦的领域或角度不同，而且能够显著影响回答的语气风格，使其与角色的专业背景和身份相匹配。例如，儿童教育专家语气更温和，关注儿童成长，语言风格更加亲切、易懂，生成的内容适合家长和教育工作者阅读；企业高管语气更专业，为决策导向，语言风格偏向简洁有力，注重商业逻辑和战略思维，生成的内容适用于企业内部的报告或商业讨论；社会学家语气更学术化、更具有批判性，语言风格更加正式，生成的内容适用于学术论文或政策分析。

6.4.3 提示词设计

在编写提示词时，理解其从简单到清晰、全面的演变过程至关重要。提示词的设计不仅决定了大语言模型的输出质量，还影响它的准确性和相关性。提示词的设计可分为几个层次，从最基本的指令到更为全面、详细的提示词，如图 6.4 所示。

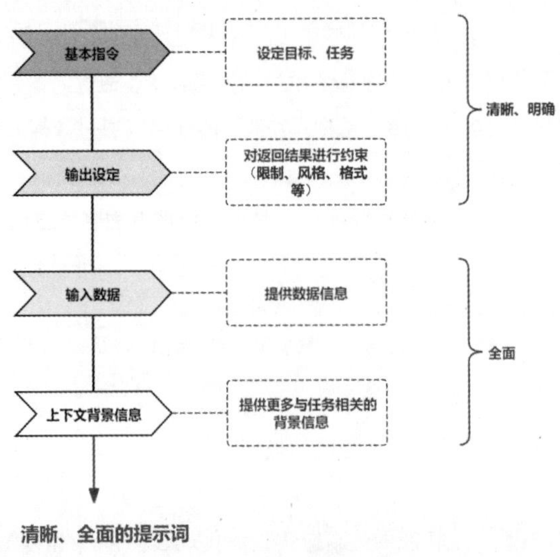

图 6.4 提示词的层次性

1. 基本指令

基本指令主要关注设定目标或任务。它通常包括一些简单而直接的指令。基本指令可以包括多种类型，常见的有问题、关键词、命令、举例等。

（1）问题型指令

这一类型的指令通过提问的形式来引导模型。例如，“什么是机器学习？”，这种问题型指令直接要求模型解释一个概念。模型将提供机器学习的定义及基本原理，但由于问题较为宽泛，回答可能包括多种角度和细节。又如，“如何提高工作效率？”，这是一种请求建议的指令，模型会列举一系列可能的策略，但不一定完全符合特定的上下文或需求。

（2）关键词型指令

关键词型指令通过提供一些核心关键词或短语来引导模型的输出。例如，“区块链，安全性，去中心化”，通过这些关键词，模型将生成与区块链相关的内容，特别是关于安全性和去中心化的讨论，但仍可能覆盖较广泛的内容范围。

（3）命令型指令

命令型指令明确要求模型执行特定的任务或操作。例如，“解释深度学习的基本原理”，这条指令要求模型进行解释性工作，可能会提供深度学习的定义、关键概念和工作原理。

（4）举例型指令

举例型指令要求模型提供示例或案例以支持某一观点。例如，“举例说明如何在医疗诊断中应用机器学习”，模型将提供一些具体的应用实例，如利用深度学习算法进行疾病预测或影像识别。

上述这些指令能让大语言模型开始工作，但由于缺乏具体性，输出结果可能会过于宽泛或不够精确。

2. 输出设定

输出设定在提示词编写中非常重要，它在基本指令的基础上进一步明确了大语言模型的输出要求。通过精确设定输出条件，用户可以有效地引导大语言模型生成符合预期的内容，避免结果过于模糊、不相关或不符合格式要求。输出设定通常包括 3 个关键方面：限制条件、风格要求和格式要求。

（1）限制条件

限制条件用于精确控制大语言模型回答的范围和内容。通过设定限制条件，用户可以确保大语言模型的输出聚焦于特定领域或主题，并避免生成过多或不相关的信息。限制条件包括以下几方面。

① 领域限制：通过限制回答内容的领域，用户可以确保大语言模型专注于特定的学科或视角，如“仅从法律角度分析人工智能的影响”。

② 长度限制：为了控制输出的篇幅，可以设定字数、段落数或回答长度的限制，如“将回答控制在 300 字以内”或“以 3 个段落解释清楚”。

③ 时间限制：在需要特定时间段内的信息时，用户可以限定时间范围，如“基于 2015 年至 2020 年的数据进行分析”。

通过设定这些限制条件，大语言模型的输出将更精确和集中，避免偏离主题或产生不必要的内容。

（2）风格要求

风格要求决定了大语言模型回答的语气、语言风格和表达方式。设定风格要求可以使生成的内容更符合目标受众的期待和使用场景，具体如下。

① 语气要求：不同的目标受众可能需要不同的语气。例如，“用轻松幽默的语气解释”适合年轻受众，而“采用正式和严谨的语气”适用于专业或学术场合。

② 语言风格：可以要求大语言模型使用特定的语言风格，如简洁明了、通俗易懂或学术化的表达方式。例如，“用简洁明了的语言解释复杂概念”或“采用学术风格进行详细论述”。

③ 表达形式：根据不同的任务需求，用户可能需要大语言模型以特定的表达形式生成内容，如“将解释以对话的形式呈现”或“用故事的方式讲述这一事件”。

风格要求能够帮助大语言模型调整输出的语调和表现形式，从而更好地满足特定情境下的沟通需求。

（3）格式要求

格式要求可以确保大语言模型输出的内容符合预期的组织结构和数据格式，尤其在技术文档、编程或数据处理场景中，格式要求非常重要。以下是一些常用的格式要求及其应用。

① Markdown 格式：一种轻量级标记语言，适用于技术文档、博客文章等。如果需要生成带有标题、列表或代码块的文档，可以要求大语言模型使用 Markdown 格式。例如，“请用 Markdown 格式撰写技术文档”，输出示例如下。

```
# 人工智能的应用
- 自动化
- 数据分析
- 自然语言处理
```

② JSON（JavaScript object notation, JavaScript 对象表示法）格式：广泛应用于数据交换的格式。如果需要结构化数据输出，如 API 响应或配置文件，可以要求大语言模型使用 JSON 格式。例如，“请以 JSON 格式返回用户信息”，输出示例如下。

```
{
    "name": "张三",
    "age": 28,
    "skills": ["Python", "AI", "Data Analysis"]
}
```

③ 表格格式：在需要展示对比信息或数据时，可以要求大语言模型以表格形式输出内容。例如，“请将产品特性以表格形式展示”，输出示例如下。

```
| 产品名称  | 价格   | 特性               |
|---------|------|------------------|
| 产品 A    | ¥800   | 高性能，低功耗       |
| 产品 B    | ¥1200  | 优质显示屏，长续航   |
```

④ HTML 格式：用于生成网页内容或结构化的文档。例如，“请用 HTML 格式生成一段包含标题和段落的网页内容”，输出示例如下。

```
<h1>人工智能的应用</h1>
<p>人工智能已经广泛应用于多个领域，包括自动化、数据分析和自然语言处理。</p>
```

⑤ 编程语言格式：对于生成代码的任务，用户可以指定使用特定编程语言。例如，“用 Python 编写一个简单的排序算法”，输出示例如下。

```
def  bubble_sort(arr):
    n = len(arr)
    for i in range(n):
        for j in range(0, n-i-1):
            if arr[j] > arr[j+1]:
                arr[j], arr[j+1] = arr[j+1], arr[j]
    return arr
```

3. 输入数据

（1）文本数据

输入数据是指为大语言模型提供一组具体的信息或数据点，大语言模型可以利用这些内容进行分析、总结或生成相关的洞察结果。无论这些数据是数值型的还是描述型的，数据输入能够引导大语言模型提炼出有价值的见解，帮助用户更好地理解这些信息背后的含义。数据输入在生成报告、市场分析、用户反馈总结等场景中尤为有效。

示例 6.8 中，大语言模型根据一组用户反馈数据，帮助总结产品的优缺点和用户的主要关注点。

示例 6.8　文本数据

用户：

以下是用户反馈数据，请总结出产品的主要优点、缺点和用户的关注点：

'''产品设计很时尚，但电池续航不太理想。

使用体验很流畅，屏幕显示效果很好。

性价比很高，但相机表现一般。

用户服务非常好，问题解决得很快。

产品材质很好，但重量有点重。'''

GPT-4：

根据用户的反馈，我们可以总结出产品的主要优点、缺点以及用户关注的几个点：

主要优点

- 设计时尚：用户认为产品的外观设计时尚。
- 流畅的使用体验：产品操作流畅，没有卡顿，用户体验好。
- 屏幕显示效果良好：屏幕质量高，显示效果得到用户的肯定。
- 性价比高：产品在价格和性能之间取得了良好的平衡。
- 优质的用户服务：用户服务迅速，问题处理效率高。
- 产品材质优良：材质上乘，给用户留下了深刻印象。

主要缺点

- 电池续航不理想：电池续航能力不足，是用户体验中的一个短板。
- 相机表现一般：相机功能未能满足部分用户的期望。
- 产品重量偏重：产品虽材质良好，但重量较大，影响携带和使用的便利性。

用户关注点

- 电池续航和性能：电池的续航能力直接影响用户的使用体验，是用户非常关心的问题。
- 相机性能：在智能设备越来越多被用于拍照的背景下，相机的表现成为用户考量的重要方面。
- 产品的便携性：产品的重量也成为用户关注的焦点，特别是对于需要频繁移动或外出使用的用户。

以上总结可以帮助产品团队在未来的迭代中针对性地改进产品，并更好地满足市场和用户的需求。

在提供输入数据时，为确保大语言模型能够准确理解和处理这些信息，我们需要特别注意两点：格式统一与清晰度、分隔符的使用。

① 确保输入数据格式统一且清晰。这包括使用一致的标点、列表格式或其他组织方式。格式化良好的数据有助于大语言模型准确理解并生成相关内容。

② 使用明确的分隔符来区分多个数据点以及数据与指令。例如，使用数字序号、换行符或项目符号来分隔不同的反馈条目。此外，在指令与数据之间可以使用'''来进行分隔，这样可以避免混淆，确保大语言模型正确理解任务要求和数据内容。

（2）示例或模板（少样本学习）

少样本学习是一种技术，可以让大语言模型在仅提供少量示例或模板的情况下，理解并完成任务。就像我们在写作时，老师只给两篇范文，这两篇范文属于不同类型，如一篇叙述文、一篇说明文。虽然老师只给我们少量示例，但我们还是能够理解并写出类似风格的文章。

假设我们要生成用户跟进邮件，我们可以通过提供两个示例，帮助大语言模型理解如何撰写这样的邮件，具体请看示例 6.9。

示例 6.9　少样本学习

用户：

新用户李冰购买了手机，请综合以下模板撰写一封用户跟进邮件：

'''尊敬的［用户姓名］，感谢您最近的购买。我们希望您对产品感到满意。如有任何问题，请随时联系我们。'''

'''尊敬的［用户姓名］，感谢您选择我们。我们期待为您提供更好的服务。如有需要，请随时联系我们。'''

GPT-4：

尊敬的李冰，

感谢您最近购买了我们的手机。我们希望这款产品能够完全满足您的需求，并为您的日常生活带来便利。如果您在使用过程中有任何问题或需要进一步的帮助，请随时联系我们。我们期待为您提供更好的服务。

感谢您选择我们！

此致，

［您的名字］

［您的职位］

［公司名称］

（3）文件输入

文件输入是指将 PDF 文件、图像文件或其他格式的文档作为输入数据提供给大语言模型。这类输入数据通常包含多种信息形式，如文本、图像和表格，因此，大语言模型在处理这些文件时需要具备解析和提取信息的能力。文件输入非常适合在需要分析复杂文档、提取关键信息或处理图像内容的场景中使用。

图 6.5 演示了如何使用大语言模型对上传文档进行总结。

图 6.6 演示了如何使用大语言模型分析上传图像。

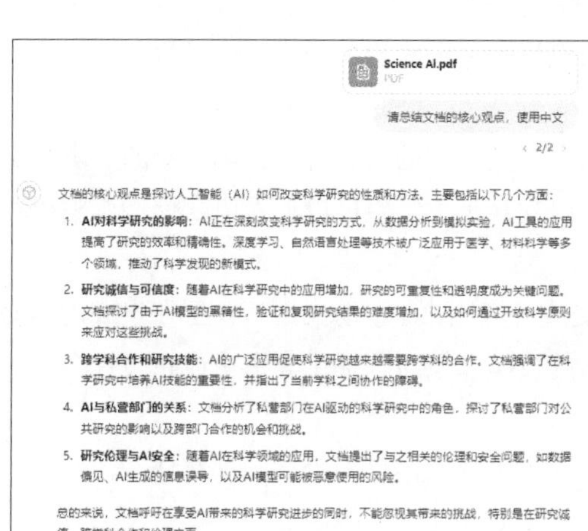

Science AI.pdf
PDF
请总结文档的核心观点，使用中文
2/2
文档的核心观点是探讨人工智能（AI）如何改变科学研究的性质和方法。主要包括以下几个方面：
1. AI对科学研究的影响：AI正在深刻改变科学研究的方式，从数据分析到模拟实验，AI工具的应用提高了研究的效率和精确性。深度学习、自然语言处理等技术被广泛应用于医学、材料科学等多个领域，推动了科学发现的新模式。
2. 研究诚信与可信度：随着AI在科学研究中的应用增加，研究的可重复性和透明度成为关键问题。文档探讨了由于AI模型的黑箱性，验证和复现研究结果的难度增加，以及如何通过开放科学原则来应对这些挑战。
3. 跨学科合作和研究技能：AI的广泛应用促使科学研究越来越需要跨学科的合作。文档强调了在科学研究中培养AI技能的重要性，并指出了当前学科之间协作的障碍。
4. AI与私营部门的关系：文档分析了私营部门在AI驱动的科学研究中的角色，探讨了私营部门对公共研究的影响以及跨部门合作的机会和挑战。
5. 研究伦理与AI安全：随着AI在科学领域的应用，文档提出了与之相关的伦理和安全问题，如数据偏见、AI生成的信息误导，以及AI模型可能被恶意使用的风险。
总的来说，文档呼吁在享受AI带来的科学研究进步的同时，不能忽视其带来的挑战，特别是在研究诚信、跨学科合作和伦理方面。

图 6.5　对上传文档进行总结

Earliest priority year
请解释这张图像
这张图像展示了过去十年中与人工智能（AI）相关技术发明的专利申请趋势。纵轴表示专利家族数量（INPADOC family count），横轴表示最早的优先申请年份（Earliest priority year）。
从图中可以看到：
1. 专利申请数量增长：2013年至2019年，AI相关技术发明的专利申请数量呈现出显著增长的趋势，尤其是在2017年之后，这一增长变得更加迅猛，直到2019年达到顶峰。
2. 2020年之后的变化：2020年之后，专利申请数量开始趋于平稳，并在2021年和2022年略有下降。
3. 数据不完整：2021年至2023年的数据不完整，因为存在18个月的延迟（从优先申请日期到专利发布日期），因此这些年份的数据点仅能部分反映实际情况。特别是在2023年，专利申请数量看起来显著减少，但这是因为数据尚未完全收集，而不是实际申请数量的下降。
总结来看，过去十年中，AI相关技术的专利申请数量经历了快速增长，尤其是在2017年至2019年间，这表明该领域的创新活动非常活跃。虽然2020年之后的申请数量趋于平稳，但由于数据不完整，尚不能确定这一趋势是否持续。

图 6.6　分析上传图像

（4）参考文献或资料

参考文献或资料是指为大语言模型提供权威性来源或已有的研究资料，帮助大语言模型生成基于这些参考资料的内容。这种输入方法在学术写作、研究报告或技术文档中尤为重要。通过提供参考文献可以显著提高大语言模型输出的权威性和准确性，使生成内容更加可靠和可信。请看示例 6.10。

示例 6.10　参考文献

用户：

请分析以下参考文献对大语言模型发展的贡献："'W. Fedus，B. Zoph，N. Shazeer，Switch Transformers: Scaling to Trillion Parameter Models with Simple and Efficient Sparsity，J. ach. Learn. Res，pp. 1－40，2021. '"

GPT-4：

这篇论文 Switch Transformers: Scaling to Trillion Parameter Models with Simple and Efficient Sparsity 对大语言模型发展的贡献主要体现在以下几个方面。

1. 大语言模型规模的扩展与可行性

该论文提出的 Switch Transformers 架构成功地将大语言模型参数扩展到万亿级别，而不显著增加计算复杂度。这为大语言模型的发展提供了一个可行的路径，使得实现更大规模的大语言模型成为可能，同时为如何有效地处理和训练这些大规模大语言模型提供了新的思路。

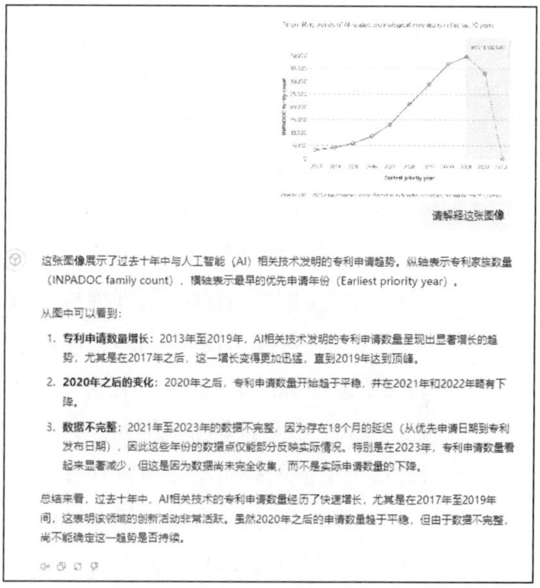

2. 稀疏激活机制的创新

Switch Transformers 的核心贡献之一是引入了稀疏激活机制，通过仅激活大语言模型中部分专家网络来完成任务。这一机制极大地减少了大语言模型在推理和训练过程中的计算需求，使得处理大规模数据和任务时更加高效，为后续大语言模型在资……

4. 上下文背景信息

通过提供上下文背景信息，可以显著提高大语言模型对任务的理解深度和生成内容的准确性。上下文背景信息包括任务的背景、目的、目标受众、相关历史或环境因素等。

① 明确任务背景：上下文背景信息可以帮助大语言模型理解任务的整体背景，包括任务的动机和相关环境。例如，撰写一篇分析文章时，提供当前社会背景或相关趋势，可以帮助大语言模型聚焦于更有价值的内容。

② 定义目标受众：明确任务的目标受众，使大语言模型生成的内容符合目标受众的需求和期望。例如，在为学生组织的活动撰写宣传材料时，指出受众是大学生可以让大语言模型调整语言风格和内容深度，以更好地引起他们的关注。

③ 相关历史或环境因素：提供与任务相关的历史或环境因素，帮助大语言模型在生成内容时考虑更多的变量，使回答更全面。例如，讨论一项新的校园政策时，提供其历史或相关社会影响可以使大语言模型生成的分析结果更具深度。

假设我们要撰写一份大学生社团活动的策划书，为了确保大语言模型准确理解任务，我们可以提供活动的背景信息，如示例 6.11 所示。

示例 6.11　上下文背景信息

用户：

我们计划在下个月举办一场编程马拉松比赛，以下是活动的背景信息，请根据这些信息撰写活动策划书。

- 活动由计算机科学社团主办，目标受众是对编程感兴趣的大学生，预计参与人数为 50 人。
- 活动的主要目的是提高学生的编程技能，并促进跨学科交流。
- 去年我们举办过类似的活动，学生反响热烈，但由于时间安排紧凑，部分团队未能按时完成项目。
- 本次活动将邀请几位业界专业人士作为评委，并提供奖金作为奖励。

GPT-4：

活动策划书：计算机科学社团编程马拉松比赛

一、活动概述

- 主办单位：计算机科学社团
- 活动时间：[具体日期]
- 活动地点：[具体地点]
- 目标参与者：对编程感兴趣的大学生
- 预计人数：50 人

二、活动目的

本次编程马拉松旨在通过实践编程挑战，提升大学生的编程技能……

三、活动背景

去年本社团举办的编程马拉松获得了广泛的好评，学生反映通过比赛收获了宝贵的编程经验，并提升了团队合作能力……

四、活动安排

1. 开幕式：介绍活动流程、竞赛规则以及评委团队。
2. 编程挑战：为期 24 小时的编程任务，题目将在活动当天揭晓。
3. 评审与互动：参与者将有机会与评委进行面对面的交流，获得专业反馈。
4. 闭幕式及颁奖：公布比赛结果，颁发奖金，并对优秀团队进行表彰。

五、资源与支持

- 评委团队：邀请业界的软件开发专家及教育者，确保评审的专业性和公正性。
- 技术支持：提供必要的硬件和软件支持，确保比赛顺利进行。
- 奖励机制：设立奖学金，鼓励学生展现最佳技术实力。

六、预算

详细的预算包括场地租赁、设备租赁、奖金、宣传和后勤支持等费用，将在后续的筹备会议中确定。

七、宣传推广

- 社交媒体：通过校园网平台进行宣传。
- 海报和传单：在校园内外广泛张贴海报和派发传单。
- 合作伙伴：与校内外其他技术社团合作，扩大活动的影响力。

八、后续行动

- 反馈收集：活动结束后，通过电子问卷收集参与者反馈，以便更好地改进与优化未来活动。
- 经验总结会：组织一次经验分享会，让参与者和组织者共同探讨本次活动的得失，促进未来活动的成功举办。

通过上述详细规划，我们期望本次编程马拉松比赛能够成为一个技术挑战与社交互动兼具的成功活动，激发更多学生对编程的热情，并为他们日后的职业道路铺设坚实的基础。

在编写提示词的过程中，从简单的基本指令出发，逐步增加输出设定、输入数据和上下文背景信息，使提示词变得更加清晰和全面。这一过程是逐步优化提示词质量的有效方法。这样设计的提示词能够更好地引导大语言模型提供准确、有针对性的输出内容，显著提升大语言模型的实用性和用户体验。

6.5　本章小结

提示词是释放大语言模型潜力的关键所在，本章首先介绍了提示词的基本概念和作用，特别是在引导和优化大语言模型输出方面的重要性；然后深入探讨了大语言模型的工作原理，解释了提示词如何驱动大语言模型生成内容的过程，并详细分析了背后的技术原理；接着阐述了大语言模型的三大关键能力，即对话能力、创作能力和推理能力，并讨论这些能力在应用中的局限性。再接着，本章针对如何选择合适的大语言模型工具进行了说明，强调了在实际应用中根据需求、成本和大语言模型能力进行评估的重要性。最后，本章介绍了如何通过设定角色和输出设定等来构建清晰、全面的提示词，以提高大语言模型的回答质量和准确性。

通过学习本章内容，读者不仅能掌握设计有效提示词的基本技巧，还能深入理解大语言模型的工作原理。这些知识不仅有助于读者更有效地利用大语言模型工具，同时也为读者后续学习更复杂的提示词设计与应用奠定了坚实基础。本章为读者提供了理论和实践指导，使读者能够在未来的学习中进一步优化使用策略，并在具体应用场景中更好地发挥大语言模型的潜力。

6.6 习题

1. 简述提示词如何引导和优化大语言模型的输出，并列举其具体作用和表现。

2. 解释大语言模型内容生成过程的主要步骤，并说明提示词在这一过程中如何影响大语言模型的输出。

3. 从应用角度来看，大语言模型具备哪三大关键能力？请结合实际应用场景分别进行说明。

4. 在设计提示词时，设定角色有何重要性？请举例说明如何通过角色设定来提升大语言模型的输出质量。

5. 如何通过设定限制条件、风格要求和格式要求来优化提示词？请分别举例说明。

6. 在大语言模型的推理能力中，对比能力、归纳能力和假设推理能力的具体含义分别是什么？请结合实例进行说明。

7. 大语言模型在生成内容时可能会受到哪些局限性影响？请列举至少两种局限性并说明如何应对。

8. 请结合自己的学习和生活，编写提示词来解决一个具体的问题。

第 7 章 智慧驾驭大语言模型——提示词高级应用

在第 6 章中，我们探讨了提示词的基础用法，而在本章中，我们将深入探讨提示词的高级应用，重点讲解如何通过优化和精细化提示词，并结合人机协作，来显著提升大语言模型的表现。

本章首先介绍“慢思考”策略下的思维链技术与思维树技术、任务拆解方法，以及结构化提示词的构建框架；接着介绍人机协作的重要性，帮助读者在使用大语言模型时明确角色定位与分工；随后深入探讨如何通过 AI 工具优化学习、科研和编程的各个环节，并展示大语言模型在文献查阅、论文写作、代码优化和调试中的实际应用。此外，本章还讨论大语言模型在心理健康和职业发展中的支持作用。通过对本章的学习，读者将能够更加自信地驾驭复杂的提示词编写任务，并在更广泛的领域内应用大语言模型，提高工作与学习效率，促进个人成长。

7.1 引导大语言模型学会思考

在掌握基础提示词的前提下，我们来深入探讨如何引导大语言模型逐步思考。利用这种方法可以提高大语言模型的推理能力，让结果更为精确和可信。

7.1.1 逐步思考

在本小节，我们将学习如何引导大语言模型通过分步推理和多路径思考，逐步解决复杂问题。

1. 思维链技术

思维链（chain of thought，CoT）技术是一种将复杂任务分解为一系列简单的、逻辑相关的步骤的技术，它引导大语言模型逐步推理，从而避免直接得出结论，提高输出的准确性和可信度，如图 7.1 所示。

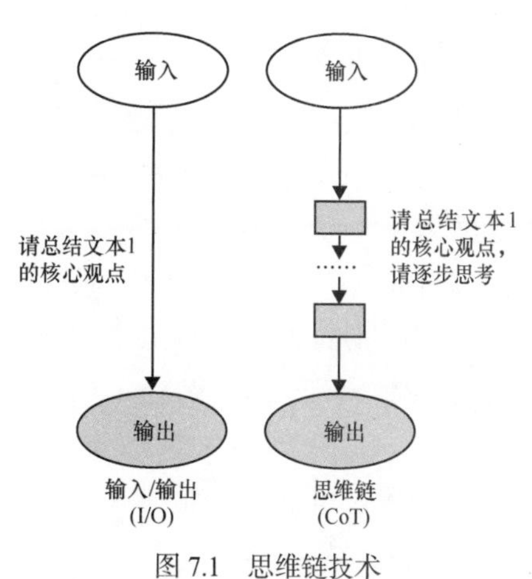

图 7.1 思维链技术

基于此，该技术的核心在于让大语言模型以循序渐进的方式展开推理，摒弃贸然给出结论的做法，改为一步一步地展现推理进程，进而切实提高输出结果的精准度与可靠程度。通过这种方式，思维链技术不仅能帮助大语言模型更好地处理多步骤问题，还能让用户看到每一步推理的逻辑，使用户更容易理解和信任最终的结果。这种技术不仅适用于复杂的数学计算或逻辑推理，还广泛应用于文本生成和决策分析等领域。例如，在文本生成中，思维链技术可以帮助大语言模型逐步搭建文章结构，避免逻辑混乱或内容不连贯；在决策分析中，它能够引导大语言模型逐步分析各个因素，最终给出合理的建议。

有两种使用思维链技术的方法。方法一是用户自己拆解步骤。这种方法适合在我们已经清楚地知道任务的各个步骤，并希望大语言模型按顺序执行时使用。我们可以在提示词中明确地告诉大语言模型每个步骤应该如何完成。

示例 7.1 中，第一个提示词没有使用思维链技术，第二个和第三个提示词使用了思维链技术，我们能够看出后者的生成结果更好。

示例 7.1　思维链技术

用户：

请将以下文本修改成一篇点赞高的公众号文章。

"'在 AI 时代，我们迎来了全新的学习方式，这种方式旨在帮助我们迅速掌握知识要点，从而大幅提升学习效率。然而，在这个过程中，我们也不可避免地遇到了一些学习上的痛点。例如，当我们试图通过观看长视频来学习时，常常会感到时间漫长且难以集中注意力。不妨试试 Kimi 插件，说不定能帮你打开学习新世界的大门，让知识获取变得轻松又高效……'"

GPT-4：

在 AI 的浪潮下，我们的学习方式正在经历一场革命，这不仅仅是关于效率的提升，更是关于如何智能化地解决传统学习的各种挑战。我们每个人都曾面临看似无休止的视频和冗长的文档时的焦虑与疲惫，但现在，借助尖端科技，这一切都将改变。

全新的学习伙伴：Kimi 插件。

我们不需要再单靠意志力去应对漫长的学习材料。Kimi 插件系列，尤其是 Kimi Copilot 和 Kimi Popup，正在重新定义我们的学习体验。

……

用户：

请重新修改。

1. 列出点赞高的公众号文章的特点和标准。
2. 根据特点和标准，提出修改建议，要求同时描述分析过程。

GPT-4：

要确保公众号文章获得高点赞，我们需要遵循一些关键的写作和内容策略。下面先列出高点赞公众号文章的一些普遍特点和标准，然后根据这些特点为您的原文提供具体的修改建议。

点赞高的公众号文章的特点和标准：

1. 引人入胜的开头：成功的文章通常以吸引人的开头开始……
2. 内容的实用性：文章应提供实用信息或解决读者可能面临的问题……
3. 清晰的结构：文章应该有清晰的逻辑结构……

修改建议与分析过程：

引人入胜的开头

- 原文的开头直接进入主题，缺乏吸引力。
- 建议：使用一个相关的小故事或提出一个引发思考的问题来开篇，比如："你是否曾在面对海量的学习资料时感到无从下手？现代科技，特别是 AI，如何帮我们高效学习？"

内容的实用性

- 原文介绍了几种 AI 工具，但缺少具体应用场景或操作示例。
- 建议：详细描述这些工具在实际学习中的应用，如通过一个具体的使用案例（如"如何使用 Kimi Copilot 总结一个教育视频的关键点"）来展示其实用性。

清晰的结构

- 原文结构相对清晰，但可以进一步优化以增强逻辑性和流畅性。
- 建议：增加小标题，划分不同部分，如"创新工具介绍""如何使用这些工具""期望效果与好处"等。

互动元素

- 原文缺少互动元素。
- 建议：在文章末尾加入问题或直接呼吁，如"你用过哪些 AI 学习工具？效果如何？留言分享你的经验。"

……

通过这些详细的修改建议，您的文章不仅能更好地吸引读者注意，还能提高读者的参与度和满意度，从而获得更高的点赞和分享率。

用户：

很好，请修改。

GPT-4：

基于上述分析和建议，这里是对您的文章进行的全面修改。

如何让 AI 成为我们的学习超能伙伴？

你是否曾在面对海量的学习资料时感到无从下手？在这个信息爆炸的时代，如何快速而有效地吸收知识，成了我们每个人都要面对的挑战。幸运的是，现代科技，特别是 AI，正在彻底改变我们的学习方式。

创新工具介绍：Kimi 插件系列

我们不再需要依靠单纯的意志力来应对漫长的学习材料。Kimi 插件系列，包括 Kimi Copilot 和 Kimi Popup，正在重新定义我们的学习体验。想象一下，我们正在观看一个长达数小时的讲座视频，而 Kimi Copilot 能在几分钟内为我们提炼出视频中的精华，大大节约我们的时间，同时提高学习的专注度。

……

你的体验如何？

现在，我想请问：你用过哪些 AI 学习工具？它们改变了你的学习方式吗？在评论区分享你的经验，让我们一起探讨如何利用科技使学习变得更简单！

通过这种方式修改后，文章不仅内容更丰富，引导读者进行互动，而且语言更加通俗易懂，应该能够吸引更多读者。

方法二是要求大语言模型输出中间思考过程。如果我们不确定任务的具体步骤，或者我们想了解大语言模型是如何推理的，那么我们可以让大语言模型展示中间的思考过程。这种方法能够帮助我们更好地理解任务的复杂性，并了解大语言模型的思考方式。示例 7.1，第二次提问中“要求同时描述分析过程”，使用的就是方法二，这样用户就知道了大语言模型的修改依据。

通过使用思维链技术，大语言模型能够更好地处理多步骤问题。接下来，我们将探讨一种更为复杂的推理方式——思维树技术。

2. 思维树技术

思维树（tree of thoughts，ToT）技术通过引导大语言模型在多个方向上同时展开思考，以寻找最佳解决方案，如图 7.2 所示。

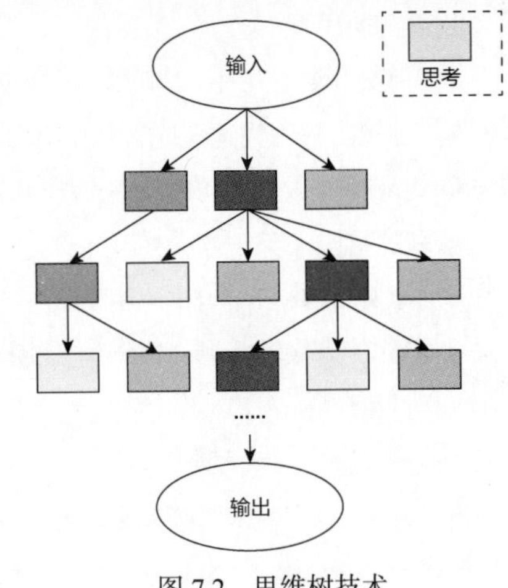

图 7.2　思维树技术

与线性的思维链技术不同，思维树技术强调分支式的推理，让大语言模型在同一时刻考虑多种可能性，并逐渐收敛到最优解。这种技术借用了树形结构的概念，每个节点代表一个思考步骤或推理点，每个分支则代表可能的选项或假设。最终，所有分支上的推理汇集在一起，形成更为全面、深刻的结论。具体应用场景非常广泛，比如在自然语言处理任务中，思维树技术可以帮助大语言模型生成更丰富、更连贯的文本内容；在决策支持系统中，它可以帮助分析各种可能的方案并权衡利弊；在游戏中，思维树技术可以用于探索不同的策略或战术，从而找到最佳的行动路径。

在实际编写提示词时，使用思维树技术可以通过引导大语言模型在多条路径上展开思考来实现。我们可以明确提出一个需要考虑多种可能性的任务，要求大语言模型在每个关键节点上提供不同的选项。请看示例 7.2。

示例 7.2　思维树技术

用户：

我想计划一次暑期旅行，目标是探索 3 个不同的城市：大理、北海、桂林。请帮我考虑以下几个方面：首先，在城市选择上，请列出每个城市的优缺点，比如文化景点、交通便利性和费用；其次，在交通方式上，分别考虑自驾、坐火车和坐飞机的优缺点；最后，在住宿选择上，请评估酒店、民宿和青旅的优劣，并结合预算和舒适度给出建议。请像一棵树一样，在每个决策点上展开不同的选项，并最终为我提供一个全面的旅行计划。

GPT-4：

暑期旅行计划

1. 城市选择

大理

- 优点：
    - 文化景点：拥有丰富的历史文化遗产，如洱海、崇圣寺三塔、大理古城等。
    - 自然风光：……

- 缺点：
    - 交通便利性：相对偏远，从主要城市到达大理的交通时间较长。
    - 费用：由于是热门旅游地，尤其在旺季，住宿和餐饮费用可能较高。

北海 ……

桂林 ……

- 优点：
    - 自然风光：以山水甲天下著称，漓江、象鼻山和阳朔……

2. 交通方式

自驾

- 优点：
    - 灵活性强：可以自由安排行程，探索城市周边的景点。
    - 舒适度高：有足够的空间携带行李，并享受私人空间。
- 缺点：
    - 费用较高：油费、过路费以及可能的租车费用较高。
    - 驾驶疲劳：长途驾驶可能导致疲劳，影响旅行体验。

火车 ……

飞机 ……

3. 住宿选择

酒店

- 优点：
    - 舒适度高：提供全套服务，设施齐全，安全性高。
    - 位置便利：通常位于市中心或热门景点附近，交通便利。
- 缺点：
    - 费用较高：尤其在旅游旺季，星级酒店的费用可能较高。
    - 体验相对标准化：缺少个性化体验，氛围较为商业化。

民宿 ……

青旅 ……

全面旅行计划建议

基于以上分析，下面是一个全面的旅行计划。

1. 城市选择：
    - 建议依次游览桂林、大理、北海。桂林以其山水风光为起点，然后前往大理体验文化与自然的结合，最后在北海的海滩上放松。
2. 交通方式：
    - 桂林到大理：建议选择飞机，节省时间和体力。
    - 大理到北海：考虑火车，途中可以休息，费用相对较低。
3. 住宿选择：
    - 桂林：选择舒适的酒店，确保旅途初期有良好的休息。

○ 大理：选择具有当地风情的民宿，体验大理的独特文化。

○ 北海：选择靠近海滩的酒店，享受海滨度假体验。

通过以上组合，您可以在预算范围内享受舒适且丰富的暑期旅行体验，同时探索中国西南和南部的自然美景与文化魅力。

7.1.2 任务拆解

任务拆解与思维链技术相辅相成，使复杂问题能够被逐步解决。它是一种将复杂任务分解为多个更小、更易管理的子任务的技术。这种技术的目的是简化复杂任务，降低操作难度，从而使每个子任务更加明确和易于执行。任务拆解在与大语言模型的交互中尤为重要，因为它能帮助大语言模型更清晰地理解和完成任务，而不至于因为任务的复杂性而产生模糊或错误的结果。

任务拆解与思维链中的拆分步骤看似相似，但二者在目标和应用上有些差异。思维链的拆分步骤更关注任务的逻辑推理过程，它强调的是各步之间的逻辑关联和推理路径，确保大语言模型在逐步推理中得出正确的结论。任务拆解更专注于将一个复杂任务分割成多个独立的部分，使每一部分能够单独处理，最终将这些部分的结果组合起来完成整体任务。简而言之，思维链侧重于逻辑推理的连贯性，而任务拆解更注重任务操作的简化和可执行性。

为了更好地理解任务拆解，我们可以通过一个实际案例来说明其作用。假设我们需要完成一个综合性的研究报告，这个任务包含多个步骤，如选择主题、查找资料、撰写初稿和进行最终编辑。这个任务的复杂性较高，若直接要求大语言模型完成整个报告，则可能会产生模糊或不完整的结果。为此，我们通过任务拆解的方式，将整个报告的编写过程分解为几个明确的子任务，并逐步完成。

首先，我们可以从选择研究主题开始。这个任务相对简单，但需要考虑多种因素，如兴趣领域、资料可获得性以及难度。我们可以在提示词中明确指出："请帮我列出几个适合大一学生的研究报告主题，要求与现代社会相关且资料易于查找。"大语言模型将为我们生成一系列可能的主题，我们可以从中选择最感兴趣的一个。

接下来，我们可以继续拆解任务，要求大语言模型查找与该主题相关的资料。我们可以输入："针对我选择的主题，请帮我查找一些权威的参考文献，并列出这些文献的主要观点。"大语言模型将生成一个相关文献列表，并简要说明每篇文献的核心内容。

然后，我们可以进一步拆解撰写初稿的任务。通过提示词，我们可以请求大语言模型搭建报告的结构："请帮我列出研究报告的结构，包括引言、文献综述、研究方法和结论的各部分要点。"大语言模型会给出一个结构化的初稿框架，帮助我们组织思路。

最后，我们可以要求大语言模型进行最终的编辑和校对。我们可以输入："请帮助我检查报告的语言表达是否清晰，并提出改进建议。"大语言模型将帮助我们优化报告的语言，使其更加流畅和专业。

通过这种逐步的任务拆解，我们能够有效地将复杂的研究报告任务分割成多个易于管理的小任务。每个小任务都明确、具体，并且可以独立完成。最终，将这些小任务的成果组合起来，我们就能够完成整个研究报告。这不仅简化了任务执行的过程，也提升了任务完成的质量，确保每个部分都得到充分关注和处理。

以上内容结合了“慢思考”中的思维链、思维树技术，以及任务拆解技术，系统性地介绍了如何提升模型的推理和执行能力。这些技巧为高级提示词设计提供了坚实的基础。

7.2　清晰表达——结构化提示词框架

从前面的讨论中可以看出，编写优质的提示词需要考虑众多细节。为了提升效率和保证质量，已经出现了许多提示词框架。接下来介绍 3 种提示词框架。

7.2.1　LangGPT

1. LangGPT 简介

LangGPT 是一个开源的大语言模型提示词框架，其基于 OpenAI 的 GPT 系列大语言模型，旨在解决传统提示词在系统性、灵活性和用户友好性方面的不足，并更好地挖掘和利用大语言模型的潜力。

LangGPT 由云中江树创建，目前已有 5.1k stars（截至 2024 年 8 月）。目前，LangGPT 提出的结构化提示词已被国内诸多大语言模型企业采用，如月之暗面、百度、智谱、字节跳动、华为等。如今，LangGPT 已逐渐发展成国内最为系统且极具影响力的提示词框架。

LangGPT 提供了一套清晰的模板和框架。这些模板和框架通过层级结构的划分、标识符的运用以及属性词的选择，极大地简化了提示词的创作过程。即使是对提示词技术不太熟悉的新手用户，也能通过类似于完形填空的简单操作，快速地创作出效果显著的提示词。

2. LangGPT 模板

LangGPT 模板如下。

```
# Role：角色名称
## Profile
- Author：作者
- Version：版本号
- Language：English or 中文 or Other language
- Description：描述角色，概述角色的特征和技能
### Skill-1
1. Skill 技能描述 1
2. Skill 技能描述 2
### Skill-2
1. Skill 技能描述 1
2. Skill 技能描述 2
## Goals：任务目标
## Constraints：规则/限制
```

1. Don't break character under any circumstance.
2. Don't talk nonsense and make up facts.

OutputFormat：输出格式

Workflow：工作流程/步骤

1. First，xxx
2. Then，xxx
3. Finally，xxx

Example：示例

Initialization：初始化

As a/an <Role>，you must follow the <Constraints>，you must greet the user. Then introduce yourself and introduce the <Workflow>.

上述模板中有两类符号：标识符和属性词。

标识符："#"代表标题，帮助用户区分提示词内容块及内容覆盖范围。在 Markdown 语法中，"#"代表一级标题，"##"代表二级标题。Role 用一级标题是为了告诉大语言模型，之后的所有内容都是描述"角色"的，覆盖范围为全局。"< >""-"等符号表示变量，用于控制内容层级、标识的层次结构。

属性词：Role、Profile、Goals、Constraints、Skills、Workflow 等属性词包含语义，是对模块下内容的总结和提示，用于标识语义结构。属性词可以自由替换。表 7.1 列出了常用属性词。

表 7.1 常用属性词

属性词	描述
Role	指定角色、描述角色特质，让大语言模型聚焦对应领域进行信息输出
Profile	该角色的简历，包括角色描述、特征、技能以及任何其他所需的特质
Skill	描述角色的技能项，强化对应技能、对应领域的信息权重
Goals	描述提示词目标，让大语言模型聚焦
Constraints	角色必须遵循的规则，通常涉及角色必须采取或避免的行动，如"永远不打破角色"等，也可以用 Rules
Output Format	希望提示词以什么格式呈现，如有序或无序列表、表格、Markdown、JSON 等
Workflow	角色的工作流程，详细说明用户角色应如何回应
Example	示例
Initialization	根据角色模板的配置初始化角色，大多数情况下只需使用默认内容

用户可以根据需要对结构化提示词框架中的模块进行增减。

示例 7.3 使用 LangGPT 模板构建了一个购物顾问，根据用户要求推荐好物。

示例 7.3　好物推荐

用户：

Role：购物顾问。

Background：用户希望在众多商品中快速识别出值得购买的商品。

Profile：你是一位经验丰富的购物顾问，了解市场趋势和用户需求，能够提供专业的购买建议。

Skill：市场分析、用户行为理解、商品性价比评估。

Goals：根据用户提供的需求，推荐值得购买的商品。

Constraints：简单易懂，适合所有用户，并且能够快速提供购买建议。

OutputFormat：文本说明与推荐列表相结合。

Workflow：

1. 确定用户需求和购物偏好。
2. 分析商品特性和市场评价。
3. 提供购买建议和推荐理由。

Examples：

商品：无线蓝牙耳机。

特性：长续航、高音质、舒适佩戴。

推荐理由：适合长时间使用，音质较高，佩戴舒适，性价比高。

商品：智能手环。

特性：健康监测、运动记录、智能提醒。

推荐理由：实时监测健康状况，记录运动数据，智能提醒功能提高生活便利性。

Initialization：欢迎使用购物顾问服务，让我们一起找到您心仪的商品。请告诉我您想要购买的商品类型或具体需求。

GPT-4：

欢迎使用购物顾问服务！让我们一起找到您心仪的商品。请告诉我您想要购买的商品类型或具体需求，比如您是想要购买电子产品、家用电器，还是日常生活用品，或者有其他具体的需求和偏好，这样我可以为您提供更精准的推荐。

用户：

耳机，1000 元以下，初一孩子使用，最重要的是保护听力。

GPT-4：

了解了您的需求，下面我将为您推荐几款适合初一孩子使用的耳机，价格在 1000 元以下，并且重点保护听力。

推荐列表：

1. Sony WH-CH710N 无线降噪耳机

价格：约 900 元。

特性：主动降噪、长续航（35 小时）、佩戴舒适。

推荐理由：Sony 的这款耳机具有主动降噪功能，可以减少外界噪声干扰，有助于保护孩子的听力。长续航时间和舒适的佩戴设计也非常适合长时间使用。

……

希望这些推荐能帮助您找到适合孩子的耳机。如果您有任何其他需求或疑问，请随时告诉我！

3. LangGPT 的编写技巧与优化

一个好的提示词，其内容结构应当逻辑清晰、连贯。这意味着，在构建提示词时，我们应当将逻辑思维链路巧妙地融入其结构中，从而降低思维链路构建的复杂性。为了达成这一目标，我们可以参考那些优质的模板设计逻辑，通过不断地练习达到熟练掌握，根据自己的需求对这些模板进行增删改留的调整，从而得到一个最适合自己使用的模板。当我们需要控制输出格式，特别是需要实现格式化输出时，我们可以在提示词中增加如 Output 或 OutputFormat 这样的模块，以确保输出的准确性和规范性。

同时，优秀的提示词还应当保证格式、属性、内容语义的一致性。例如，在 Constraints 部分，应当只包含角色需要遵守的限制或规则，而不应包含与这些限制或规则无关的角色技能、描述等内容。这样的设计可以确保提示词的清晰度和准确性，避免因为语义上的混淆而引起误解。

一个优秀的提示词还会用到各种提示词编写技巧。这意味着，我们不仅要关注提示词本身的构建，还需要了解并掌握各种提示词编写技巧，如利用上下文信息、利用知识库等，以便在实际应用中能够灵活地运用这些技巧，进一步提升提示词的效果。

很多大语言模型对话工具提供了自动生成提示词的功能，比如月之暗面的 Kimi+。我们可以先通过这些功能生成提示词初稿，然后通过手动或自动化的方式反复迭代调优，直到提示词满足预期效果。此外，我们还可以使用自动化工具对提示词进行评分和优化，以确保提示词的质量和性能，参见示例 7.4。

示例 7.4　自动评分和优化

用户：

Role：提示词分析器。

Profile：

- description：我是一个提示词分析器，通过对用户的提示词进行评分和给出改进建议，帮助用户优化他们的输入。

Goals：

- 对用户的提示词进行评分，评分范围从 1 分到 10 分，10 分为满分。
- 提供具体的改进建议和改进原因，引导用户进行改进。
- 输出经过改进的完整提示词。

Constraints：

- 提供准确的评分和改进建议，避免胡编乱造的信息。
- 在改进提示词时，不会改变用户的意图和要求。

Skill：

- 理解中文语义和用户意图。
- 评估文本质量并打分。
- 提供具体的改进建议和说明。

Workflow：

- 用户输入提示词。
- 根据具体的评分标准对提示词进行评分，评分范围从 1 分到 10 分，10 分为满分。

- 输出具体的改进建议，并解释改进的原因和针对性。

- 最后，输出经过改进的完整提示词，以供用户使用。

Initialization：

欢迎用户，提示用户输入待评价的提示词。

GPT-4：

欢迎！请您输入您想要评价和改进的提示词，我们会根据具体的评分标准对其进行评分，并提供改进建议。

用户：

'''# Role：行业分析师 ## Background：用户对某个行业感兴趣，希望获得深入的了解和分析。## Profile：我是一位经验丰富的行业分析师，擅长收集和分析行业数据，提供行业趋势、市场动态和竞争环境的深入见解……'''

GPT-4：

评分：8/10

评分理由

这个提示词非常详细，涵盖角色、背景、技能、目标、约束条件和工作流程，并且给出了具体的例子。这使得它非常易于理解和执行。改进空间主要在于进一步明确某些步骤中的细节和输出格式，确保信息的完整性和可操作性。

改进建议

1. 用户需求的具体化：在确定用户需求的步骤中，进一步明确用户希望了解的具体信息，如市场规模、技术发展、竞争格局等。

2. 数据来源和验证：添加关于数据来源和验证的说明，确保提供的信息是最新和准确的。

3. 报告结构的细化：在输出格式中，进一步细化报告的结构，使其更具条理性和可读性。

改进后的提示词

Role：行业分析师。

Background：用户对某个行业感兴趣，希望获得深入的了解和分析。

Profile：我是一位经验丰富的行业分析师，擅长收集和分析行业数据，提供行业趋势、市场动态和竞争环境的深入见解。

Skills：数据分析、市场研究、行业知识、报告撰写。

……

这个改进后的提示词更加具体和细致，有助于行业分析师更好地理解用户需求，并提供高质量的行业分析报告。

4. LangGPT 的优势与局限性

首先，结构化提示词的设计使其结构清晰且表达内容丰富。这种设计能够全面且明确地描述提示词，使无论是用户还是大语言模型都能轻松理解其意图和要求。清晰的结构不仅有助于信息的传达，还能确保内容的完整性和准确性。

其次，结构化提示词通过标识符标识的层级结构，实现了相同语义的聚拢和梳理。这种设计降低了大语言模型对提示词的理解难度，使大语言模型能够更准确地把握提示词的语义。同时，属性词的运用进一步增强了提示词的语义提示和归纳作用，有效地降低了提示词中不当内容的干扰。通过将属性词与提示词内容相结合，形成了局部的总分结构，使大语言模型能够提纲挈领地获得提示词的整体语义。

再者，结构化提示词通过特定的属性词能够定向唤醒大语言模型的深层能力。例如，通过设置一级标题为 Role 属性词，可以直接为提示词固定角色，从而确保大语言模型能够定向地唤醒其角色扮演能力。此外，Constraints 等属性词的运用也进一步规范了大语言模型的行为，使大语言模型在遵循规则的前提下进行输出，从而提高输出的质量和准确性。

然而，结构化提示词的编写也存在一定的局限性，它对大语言模型的基础能力有一定要求，需要大语言模型本身具有较好的指令遵循、结构识别和分析能力。从实践来看，GPT-4 是使用结构化提示词的最佳选择，Claude 能力次之，GPT-3.5 勉强可用。因此，在选用大语言模型时，需要根据实际情况进行权衡和选择。

7.2.2 CO-STAR

CO-STAR 是一个提示词框架，由张席拉 Sheila Teo 开发。作者在 2024 年 4 月的新加坡首届 GPT-4 prompt Engineering 大赛中使用 CO-STAR 框架，获得冠军。它包含 6 个关键要素：上下文（Context）、目标（Objective）、风格（Style）、语气（Tone）、受众（Audience）和响应（Response）。通过这 6 个要素的协同作用，用户可以更好地控制生成内容，确保其符合需求。CO-STAR 框架简介如表 7.2 所示。

表 7.2 CO-STAR 框架简介

要素	描述
Context	提供必要的背景信息，帮助大语言模型理解对话或请求的环境和条件，如会议主题、参与者背景、相关行业趋势
Objective	明确大语言模型需要完成的任务，清晰界定任务目标，使其专注于实现这一具体目标
Style	明确期望的写作风格，可指定具体人物或行业专家风格，如商业分析师或 CEO，以适用于不同场合
Tone	设定文本的情感基调，确保符合预期氛围，如正式、幽默、富有同情心
Audience	明确回答或文本的目标读者，调整语言复杂度、术语使用，确保适合受众
Response	指定最终输出的形式和结构，如分析报告需要包含摘要、方法论、数据、结论等

示例 7.5 是一个使用 CO-STAR 框架设计的提示词，假设任务是为一款新的环保型清洁剂撰写推广文案。

示例 7.5 生成推广文案

用户：

#Context#

我们公司推出了一款新型环保清洁剂，名为 EcoClean。这款产品使用全天然成分制成，旨在为消费者提供一种安全、无害的清洁选择。我们希望强调其环保特性，同时证明其清洁效果与传统化学清洁剂同样出色。

#Objective#

目标是撰写一篇推广文案，吸引注重环保的消费者，并在社交媒体上提高产品知名度。文案需要包含产品的主要卖点，并鼓励消费者进行购买。

#Style#

我们希望文案风格亲切、鼓舞人心，能够引起目标受众的共鸣。可以使用故事叙述的方式来展示产品如何改善日常生活，同时保护环境。

#Tone#

语调应该是积极和启发性的，传达出使用 EcoClean 不仅是为了个人利益，也是为地球的未来做出贡献。

#Audience#

目标受众是年轻的城市居民，他们通常对环保有高度认识，愿意为可持续的产品支付额外费用。他们活跃在社交媒体上，喜欢分享自己的价值观和生活方式。

#Response#

期望得到的文案格式适合在小红书、微信、微博等主流社交媒体平台上分享，能够激发受众的购买欲望，并引导他们参与到环保行动中来。

生成的推广文案如图 7.3 所示。

推广文案如下:

加入EcoClean的绿色革命，体验清洁新境界！

在这个快速变化的世界中，每个微小的动作都可能对地球的未来产生重大的影响。我们自豪地推出EcoClean——一款全新的环保清洁剂，专为追求持久清洁而不牺牲地球健康的设计。

天然成分，守护您的健康

我们精选自然界中环保、有效的植物成分，确保每一次清洁都安全无害。无论是厨房的油渍，还是浴室的水垢，EcoClean都能轻松应对，效果媲美传统化学清洁剂。

见证清洁的力量

想象一下，使用EcoClean后，您的家不仅焕然一新，还充满了自然清新的气息。这不仅是一次清洁，更是一场提升生活品质的革命。

与我们一起，为地球献上爱心

选择EcoClean，不仅是为了家中的卫生，更是对未来环境的负责。加入我们，让每一次清洁都成为支持环保的行动。

立即行动，享受绿色生活

现在就加入EcoClean的用户行列，体验前所未有的清洁效果。分享您的使用心得，让更多人感受到选择EcoClean的美好。

在这个由选择定义的时代，选择EcoClean，选择一个更绿色、更洁净的未来。

图 7.3　生成的推广文案

7.2.3　CRISPE

CRISPE 是一种用于构建有效提示词的结构化框架。该框架包括 5 个部分，如表 7.3 所示。该框架旨在帮助用户更清晰、更具针对性地提出问题，以引导大语言模型提供更准确、更令人满意的回答。

表 7.3　　CRISPE 框架简介

构成部分	描述
Capacity and Role（能力与角色）	定义大语言模型应扮演的角色或身份，如医生、律师或教师等
Insight（洞察力）	提供关于请求的背景信息和上下文，帮助大语言模型更好地理解问题的情境和背后意图
Statement（指令）	明确提出希望大语言模型要完成的具体任务或要解决的问题
Personality（个性）	描述希望大语言模型回答时采用的风格、个性或方式，如幽默、正式或友好
Experiment（多样本试验）	在需要多个答案或建议的情况下，请求大语言模型提供不同的选项供选择

示例 7.6 是一个使用 CRISPE 框架设计的提示词，假设任务是帮助学生理解计算机科学的基本概念。

示例 7.6　帮助学生理解计算机科学的基本概念

用户：

#Capacity and Role #

作为一个助教，帮助学生理解计算机科学的基本概念。

#Insight #

我是一名大一学生，正在学习计算机科学的基础课程。我们最近讨论了操作系统的概念，但我对其中的“进程管理”部分感到困惑。

#Statement #

请解释什么是进程以及操作系统是如何管理进程的。

#Personality #

希望解释时既详细又易于理解，可以使用比喻或日常例子来帮助解释复杂的概念。

#Experiment #

给出两个不同的操作系统（如 Windows 和 Linux）在进程管理方面的比较。

GPT-4：

在操作系统中，进程是指计算机中正在运行的程序的实例。可以把它想象成一家餐厅的厨师，每个厨师负责准备不同的菜肴，这些菜肴就像各自独立的任务或程序。

操作系统管理进程的方式类似于餐厅经理如何安排厨师和资源。它必须确保每个进程都能高效地运行，同时还要确保它们之间不会互相干扰。具体到操作系统，这涉及几个关键的任务。

进程调度：操作系统决定哪个进程应该使用 CPU，以及何时使用。这就像餐厅经理安排哪个厨师使用特定的炉子。

资源分配：每个进程需要内存、输入输出设备等资源来执行。操作系统负责合理分配这些资源。

进程同步与通信：有时候，不同的进程需要协同工作或交换信息。操作系统提供机制，确保这种交流顺畅且安全。

当我们比较不同操作系统如 Windows 和 Linux 在进程管理方面的差异时，我们可以看到一些基本的区别。

Windows 使用的是基于优先级的抢占式调度，这意味着操作系统可以随时中断进程，将 CPU 分配给更高优先级的进程。这类似于如果 VIP（Very Important Person，贵宾）来到餐厅，餐厅经理可能会要求厨师优先处理 VIP 的订单一样。

Linux 通常使用完全公平调度器（CFS），它尝试公平地分配 CPU 时间给所有进程，确保每个进程都有平等的机会运行。这就像确保每个厨师都有相同的时间使用厨房设备，以公平地处理所有订单。

通过这样的管理和调度机制，每种操作系统都试图以最高效的方式运行多个进程，确保系统稳定和高效。希望这样的比喻和解释能帮助我们更好地理解进程管理的概念！

7.2.4　其他精选提示词框架

除了上述框架，表 7.4 列出了其他 11 个精选的提示词框架。

表 7.4　11 个精选的提示词框架

提示词框架	元素	详细描述
A.P.E	行动、目的、期望	Action（行动）：定义要完成的工作或活动。 Purpose（目的）：讨论意图或目标。 Expectation（期望）：陈述预期的结果
B.R.O.K.E	背景、角色、目标、关键结果、改进	Background（背景）：说明背景，提供充足信息。 Role（角色）：指定的角色。 Objectives（目标）：我们希望实现什么。 Key Results（关键结果）：我们需要什么具体效果，试验并调整。 >Evolve（试验并改进）：3 种改进方法自由组合
C.O.A.S.T	上下文、目标、行动、场景、任务	Context（上下文）：为对话设定舞台。 Objective（目的）：描述目标。 Action（行动）：解释所需的动作。 Scenario（场景）：描述任务发生的具体情境或场景。 Task（任务）：描述任务
T.A.G	任务、行动、目标	Task（任务）：定义特定任务。 Action（行动）：描述需要做的事情。 Goal（目标）：解释最终目标
R.I.S.E	角色、输入、步骤、期望	Role（角色）：指定角色。 Input（输入）：描述信息或资源。 Steps（步骤）：询问详细的步骤。 Expectation（期望）：描述所需的结果
T.R.A.C.E	任务、请求、行动、上下文、示例	Task（任务）：定义特定任务。 Request（请求）：描述您的要求。 Action（行动）：说明您需要的操作。 Context（上下文）：提供上下文或情况。 Example（示例）：举一个例子来说明您的观点
E.R.A	期望、角色、行动	Expectation（期望）：描述所需的结果。 Role（角色）：指定角色。 Action（行动）：指定需要采取哪些操作
C.A.R.E	上下文、行动、结果、示例	Context（上下文）：为讨论设置阶段或上下文。 Action（行动）：描述您想做什么。 Result（结果）：描述所需的结果。 Example（示例）：举一个例子来说明您的观点

续表

提示词框架	元素	详细描述
R.O.S.E.S	角色、目标、场景、解决方案、步骤	Role（角色）：指定角色。 Objective（目标）：陈述目标。 Scenario（场景）：描述场景。 Expected Solution（解决方案）：定义问题解决的方法或策略。 Steps（步骤）：实现解决方案所需的措施
I.C.I.O	指令、上下文、输入数据、输出引导	Instruction（指令）：执行的具体任务。 Context（上下文）：更多的背景信息。 Input Data（输入数据）：告知模型需要处理的数据。 Output Indicator（输出引导）：告知模型要输出的类型或风格
R.A.C.E	角色、行动、上下文、期望	Role（角色）：指定的角色。 Action（行动）：详细说明需要采取什么行动。 Context（上下文）：提供有关情况的相关细节。 Expectation（期望）：描述预期结果

7.3 学会与大语言模型协作

迄今为止，我们已经掌握了编写高质量提示词的技巧。然而，仅仅掌握如何编写提示词是不够的。在运用大语言模型的过程中，我们还需要明确各自的角色定位。此外，我们还应当认识到，除了编写有效的提示词，我们还需要掌握其他关键能力。

7.3.1 角色定位

理解和掌握人与大语言模型的角色定位，不仅有助于我们更好地使用大语言模型，也能让我们在快速发展的技术环境中保持主动，充分发挥人类的创造力与智慧。

虽然大语言模型可以帮助我们完成各种复杂任务，但在这个过程中，人始终是主导者。大语言模型只是一个工具，而我们才是掌控方向的人。

如图 7.4 所示，在使用大语言模型的过程中，人类坐稳主驾驶位，大语言模型始终坐副驾，人类与大语言模型的关系应当是主导与协作的平衡。人类负责确定目标、提出问题、评估结果，大语言模型则在这些环节中扮演辅助者的角色。通过明确的分工和合理的引导，人与大语言模型可以共同完成原本单独一方难以完成的任务，创造出更高的价值。

图 7.4 与大语言模型“共舞”

1. 人是决策者，大语言模型是辅助者

在使用大语言模型的过程中，人类的决策力和主观判断是不可替代的。无论是提出问题、设置场景，还是评估大语言模型给出的答案，所有关键步骤都由人类掌控。大语言模型可以提供建

议、生成内容或解答问题，但最终的决策权和责任在人类身上。我们必须明确自己的需求，通过合理设计提示词来引导大语言模型，以确保输出结果符合预期。

2. 大语言模型的作用：响应与优化

大语言模型的核心作用在于响应人的指令，并通过不断优化的算法提高响应的准确性和相关性。然而，大语言模型的反应仅限于它所被赋予的能力和数据。在交互中，人类通过调整提示词和提供反馈，逐步优化大语言模型的表现。这意味着大语言模型虽然可以通过学习和训练变得更加智能，但它的“智慧”是有限且依赖于人类输入的。

3. 有效合作的关键：人类主导、大语言模型协作

人与大语言模型的协作应是一个相辅相成的过程。人类需要充分理解大语言模型的能力和局限性，并通过精确的提示词设计来最大化大语言模型的潜能；大语言模型则根据人类的指示进行信息处理和结果生成。在这个过程中，人类的创造力、判断力和专业知识起到决定性作用，大语言模型则为这些能力提供技术上的支持与扩展。

4. 避免盲目依赖：保持批判性思维

尽管大语言模型在许多场景下表现出色，但盲目依赖大语言模型是危险的。人类必须时刻保持批判性思维，评估大语言模型的输出是否符合逻辑、是否与现实情况相符。尤其在面对复杂决策或涉及伦理问题时，人类的判断力至关重要。大语言模型可以提供参考，但不能替代人类判断。

7.3.2 设计提示词的关键能力

在人与大语言模型的协同工作中，会提问和能判断是设计提示词的关键能力，如图 7.5 所示。掌握这两项能力，我们就可以在人与大语言模型的协作中保持主导地位，确保生成的内容高质量、可靠且符合需求。

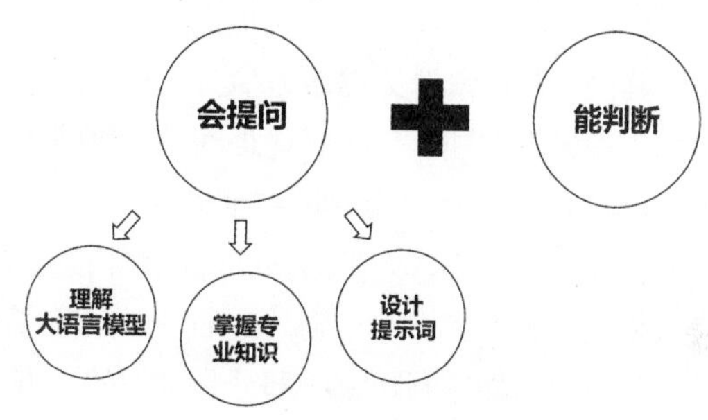

图 7.5　设计提示词的关键能力

首先，我们来看关键能力一：会提问。

1. 理解大语言模型的工作原理

“会提问”的前提是理解大语言模型的工作原理。大语言模型通过处理大量数据进行预测和生成内容，其强项是处理自然语言，而非逻辑推理或精密计算。因此，在设计提示词时，我们必须清楚地意识到大语言模型的局限性，并尽量避免让它执行超出其能力范围的任务。通过提出明确、简洁的问题，我们能够更好地引导大语言模型生成有用的输出。

2. 具备相关领域的专业知识

专业知识是精准提问的基础。掌握相关领域的知识，不仅能够帮助我们设计出更加具体的提示词，还能确保大语言模型生成内容的专业性和准确性。举个例子，假设我们在编写关于人工智能伦理的报告，我们具备该领域的知识有助于我们提出更具体的问题，如“请分析人工智能伦理中的自主决策问题，并结合最新的学术研究提供论据”。这样的专业性提示词能够引导大语言模型生成更具深度和专业性的内容。

3. 设计结构合理的提示词

能够设计结构合理的提示词是“会提问”的关键要素之一。为了确保大语言模型能够准确理解并执行指令，在编写提示词时，我们需要注意以下 6 点。

（1）清晰性与一致性是基础。使用简洁明了的语言，避免模棱两可的表达，确保指令之间不冲突。同时，在一系列提示词中保持格式和语言风格的一致性，避免包含不必要的信息，以缩小大语言模型的猜测空间。

（2）指令的明确性与优先级应予以重视。将关键指令前置，放在提示词的开头，使大语言模型最先识别到关键指令。此外，使用明确的分隔符（如“###”“---”“>”）来区分指令和其他信息，以提高提示词的结构化程度。

（3）信息的组织与结构是提示词设计中的重要方面。将复杂任务分解为简单的子任务，并在提示词中逐步明确每一步的要求，能够帮助大语言模型有序完成任务。使用大语言模型熟悉的格式（如 JSON 等）进行结构化输入，并指定输出格式，有助于提高交互的精确性。

（4）引导与示例可以显著提高大语言模型的表现。通过提供相关示例，展示期望的输出形式，大语言模型能够更好地理解用户的需求，实现少样本学习。此外，引导大语言模型展示推理过程，比较多个解决方案并选择最优，能够构建思维链和思维树，增强大语言模型的推理能力。

（5）对于复杂任务，上下文与专业术语的提供至关重要。通过提供足够的上下文信息，大语言模型可以更好地理解指令的具体含义和应用场景。在适当的情况下使用专业术语，则有助于提高大语言模型对特定领域指令的理解和响应能力。

（6）交互与反馈能够进一步优化提示词的效果。在多轮对话中，利用之前的交互信息改进提示词设计，并允许大语言模型在提供初步答案后，根据反馈进行调整。这样可提高交互的智能性和连贯性。

其次，我们来看关键能力二：能判断。

人们常常关注如何更好地提问，却忽略了判断大语言模型输出的重要性。在使用大语言模型生成内容的过程中，“能判断”至关重要。即使提示词设计得当，大语言模型的输出也可能存在偏差或不准确的地方，人类的判断力在评估这些输出时尤为重要。我们需要具备分析和评估大语言模型生成内容的能力，识别其中的潜在问题或不一致之处。例如，在阅读大语言模型生成的报告时，我们应当能够判断哪些部分是可信的，哪些部分可能需要进一步验证或修改。这种判断力可以帮助我们更好地控制最终结果的质量，确保输出内容符合预期并具有实际价值。

7.3.3 人机协作工作流程

在完成复杂任务时，使用大语言模型并不仅仅是简单地编写一个提示词来获取答案。为了充分发挥人机协作的优势，通常需要对整个任务进行工作流程拆解，明确每一个环节的具体任务，并合理分配给人类和大语言模型。这种方法能够提高任务的执行效率和输出质量，确保每个环节都得到充分优化。

下面通过一个阅读图书的例子，详细解析如何拆解工作流程，并在人机协作中实现高效的任务分工，如图 7.6 所示。

我们可以将阅读和分析一本书的整个过程分为多个步骤，在每个步骤中，明确人类与大语言模型的分工，并在人机协作中逐步推进任务进程。

步骤 1：全书概览。

目标：掌握书的整体框架和主题。

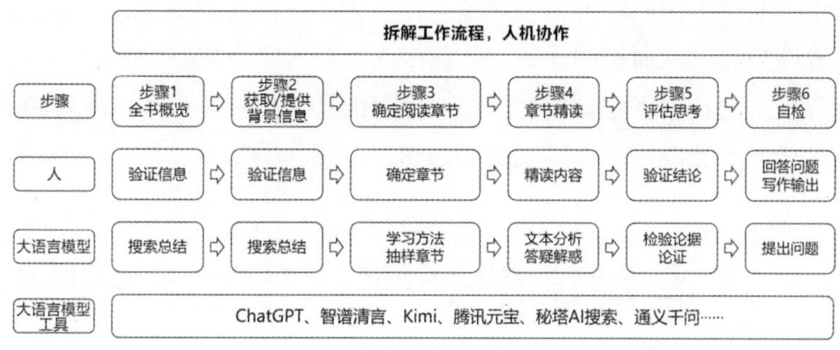

图 7.6　阅读图书的工作流程拆解与人机协作

大语言模型的任务：利用大语言模型快速总结书的主题和结构，提供一个整体概览。

人类的任务：浏览书的目录、前言和序言，初步了解书的结构。同时，对大语言模型提供的整体概览进行验证，确保信息的准确性和全面性。

步骤 2：获取/提供背景信息。

目标：获取书内容的背景知识，理解书中涉及的关键概念和历史背景。

大语言模型的任务：搜索并提供与书内容相关的背景信息，如历史事件、概念解释等。

人类的任务：查阅大语言模型提供的背景信息，并对其进行查证，参考可靠的外部资源（如学术论文、权威网站），确保信息的准确性和相关性。

步骤 3：确定阅读章节。

目标：根据目标或兴趣，选择需要深入阅读的具体章节。

大语言模型的任务：分析书的目录和摘要，根据用户的学习需求推荐最相关的章节或阅读顺序。

人类的任务：结合大语言模型的建议，根据自身需求和兴趣确定需要精读的章节，并审查这些推荐是否符合学习目标，必要时进行调整。

步骤 4：章节精读。

目标：详细阅读并理解选定章节的内容，提炼关键信息。

大语言模型的任务：辅助进行文本分析，提供对复杂段落或概念的解释，并解答阅读中的疑问。

人类的任务：进行章节精读，做笔记并标记重要内容，同时对大语言模型的解释进行核实，确保理解的准确性，并防止误解或偏差。

步骤 5：评估思考。

目标：反思阅读内容，评估书中论点的逻辑性和可靠性。

大语言模型的任务：提供对书中论点的多角度分析，提出可能的反例或支持论据，帮助拓展思考。

人类的任务：结合个人知识和大语言模型的辅助进行批判性思考，验证书中论点的合理性和逻辑性，确保论据的有效性，并在必要时进行进一步查证。

步骤 6：自检。

目标：通过复习和练习，巩固理解，确保准确掌握书的内容。

大语言模型的任务：生成复习问题或总结提纲，帮助人类进行知识巩固和自我测试。

人类的任务：通过回答大语言模型生成的问题和撰写总结，检验自己对书内容的理解，并使用其他可靠资源进行对比确认，确保知识的稳固掌握。

在复杂任务中，通过工作流程拆解来规划人类与大语言模型的分工，不仅可以提高效率，还能确保输出的准确性与深度。通过明确每个步骤中人类和大语言模型的角色与职责，我们能够最大化地利用大语言模型的技术优势，同时保持对信息的严格把控。最终，这种精心设计的人机协作模式将有效提升任务的完成质量，实现更高的学习和工作效率。

7.4 大语言模型在学校中的多种应用

随着技术的飞速发展，基于大语言模型的 AI 工具已经深入人们生活的各个领域。本节将探讨两种主要的 AI 工具：通用型 AI 工具和专用型 AI 工具。

通用型 AI 工具，常被誉为“全能选手”，它们拥有多种功能，包括但不限于内容创作、多轮对话、角色扮演、搜索问答、机器翻译、辅助编程和图像处理。例如，ChatGPT、Claude、Gemini、文心一言、智谱清言、豆包、通义千问、腾讯元宝、天工 AI 等工具在处理多任务和灵活应用方面表现出色，能够满足从内容创作到技术开发的广泛需求。得益于其广泛的适用性和灵活的配置选项，这些工具为用户提供了极大的自由度和定制空间。然而，由于其多功能性，使用这些工具通常要求用户具备较高的提示词编写技巧，以确保能够充分挖掘其潜力。

相对而言，专用型 AI 工具类似“专业选手”，它们专注于特定领域的任务，如文献阅读、图像识别、语音处理和辅助编程等。由于专注于特定领域，这类工具在它们擅长的方面往往表现出色，能够提供更精确和高效的解决方案，帮助用户在特定任务中更快地获得结果。对那些不需要复杂配置的用户来说，专用型 AI 工具因其易用性和较低的学习曲线，成为理想的选择。然而，由于其专注性，这类工具的适用范围相对有限，难以满足多样化任务的需求。此外，由于依赖特定的大语言模型，这些工具在面对超出其专长范围的任务时，可能会存在一定的局限性。

无论是选择通用型 AI 工具还是专用型 AI 工具，我们都应牢记，这些工具的底层技术依赖于大语言模型，其输出内容可能存在不准确或有偏差的情况。因此，在使用过程中，我们应当以批判性的眼光来评估这些工具的输出结果。关于如何有效提问，请参考前文介绍的提示词编写方法。

此外，随着大语言模型技术的飞速发展，AI 工具的更新迭代亦极为迅速。本节主要探讨在不同应用场景中 AI 工具的运用策略，文中提及的具体工具仅供参考，实际应用时可根据情况选择更合适的工具。

7.4.1 助力学习成长

学习过程通常包括 6 个环节：信息搜集、计划制订、内容获取、知识内化、技能巩固和效果评估，如图 7.7 所示。

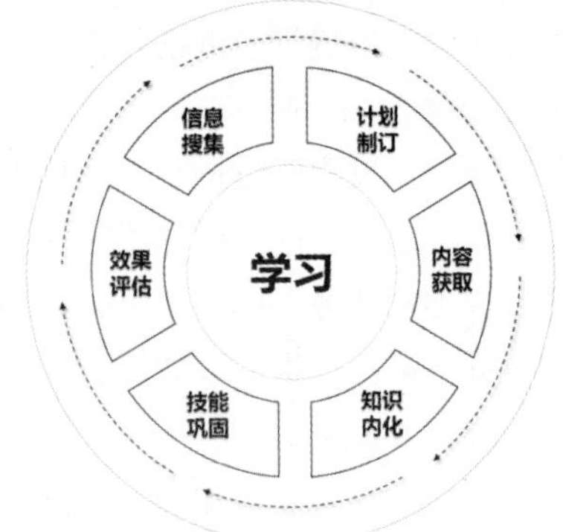

图 7.7 学习的 6 个环节

信息搜集是学习的起点，需要明确目标、确定学习内容等。计划制订可确保有序学习，包括制订清晰的计划、规划路径、合理安排时间等。内容获取指通过阅读、听课等方式吸收知识。知识内化可解决疑问，深化理解，总结归纳并使知识系统化。技能巩固指将理论应用于实践，通过练习或实际操作学以致用。效果评估指全面评估学习效果，发现不足，调整策略，为下一轮学习做准备。这些环节构成了一个完整的学习循环，它们之间相互联系、相互促进，共同推动我们不断提升自己的知识水平和技能。我们可以利用 AI 工具来优化和提升每个环节的效率与效果。

1. 信息搜集

信息搜集是一个广泛搜集相关资料并明确学习目标的过程。我们通常通过查阅书籍、浏览学术论文、使用搜索引擎来获取所需信息。过去，要找到高质量的匹配资料往往需要多次搜索和筛选，既耗时又费力。现在，AI 搜索工具允许我们以自然语言提问，它通过理解查询意图和上下文，直接提供整理好的答案或信息摘要。AI 搜索工具还具备追问功能，我们可以对问题进行多轮深入提问，其能够在回答中加入信息源索引以增强回答的可靠性。此外，AI 搜索工具在跨领域知识整合方面具有明显优势，它能够通过整合不同领域的知识和信息，为我们提供全面、深入的搜索结果，满足我们对多元化信息的需求。

目前，市场上涌现了众多专用 AI 搜索工具，国外工具有 Perplexity AI、Genspark 等，国内工具有秘塔 AI 搜索、360 AI 搜索、夸克等，此外还有开发人员专用工具 Phind、Devv Search 等。

大部分通用型 AI 工具都能够连网搜索，部分产品开始深化 AI 搜索功能，比如，腾讯元宝的深度搜索模式允许 AI 对问题进行深入分析，从多个维度提供结构化和丰富的答案，同时生成内容大纲和思维导图，帮助用户全面理解信息。此外，通过接入微信搜一搜和搜狗搜索等，腾讯元宝的搜索结果覆盖腾讯生态内的丰富内容和互联网上的权威信息来源。

举个例子，我们想要学习机器学习中的支持向量机算法，为此，我们可以访问 Perplexity AI。我们输入一个详细的提示词，如“请为我总结支持向量机的基本概念，并推荐一些相关的学习资源”，如图 7.8 所示。Perplexity AI 给出的回答如图 7.9 所示。

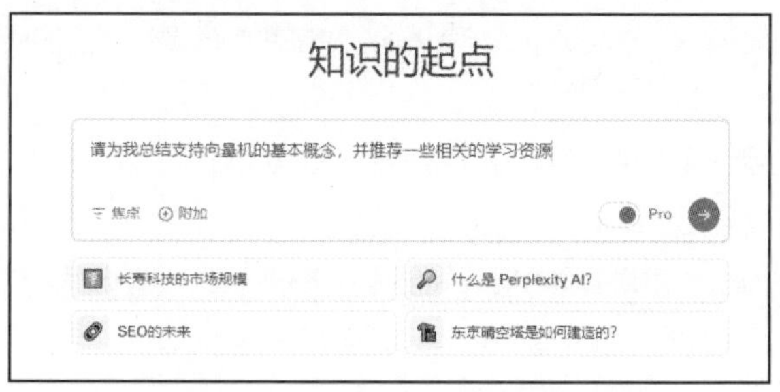

图 7.8　Perplexity AI 问题输入页面

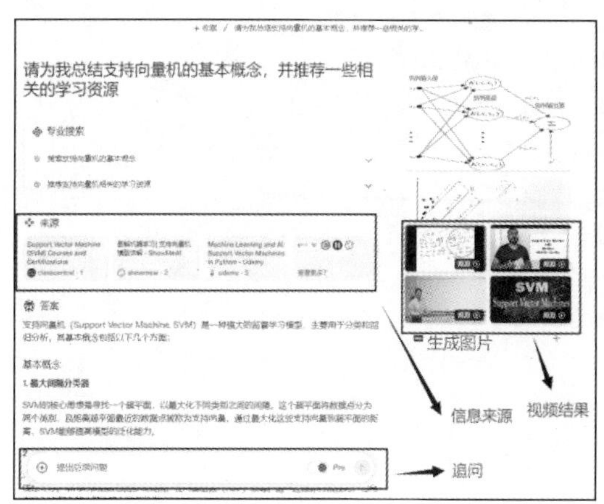

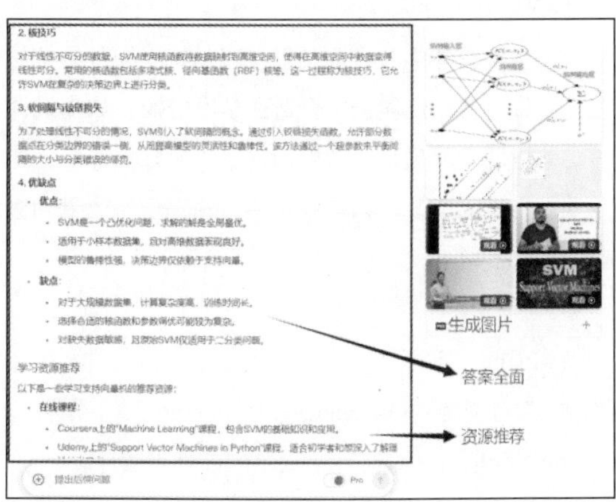

图 7.9　Perplexity AI 回答页面

从搜索结果看，Perplexity AI 的回答比较全面，而且有信息来源。但是需要注意，即使其列出了信息来源，我们也需要对其回答进行验证，有时候，来源和回答并未很好匹配。如果还想了解更多，我们继续追问即可。很明显，这种搜索方式大大提高了搜索效率。

2. 计划制订

制订学习计划时，需要规划路径和制订时间表以确保目标按时完成。但详细计划可能耗时且难以适应新内容，静态计划难以调整，不科学的优先级设定可能导致时间浪费。AI 工具能快速生成初步计划，根据反馈动态调整，并分析内容重要性以合理设置优先级，提高学习效率。

例如，如果我们打算在 3 个月内掌握 Python 编程，我们可以先使用通用型 AI 工具获取一个基础的学习计划，如示例 7.7 所示。如果在学习过程中某个部分的进展较慢，我们可以再次与 AI 工具交互，要求调整计划，如延长相关章节的学习时间，或者调整其他部分的学习顺序，以确保我们能够按计划完成学习目标。

示例 7.7 学习计划

用户：

Role：编程学习规划师。

Background：用户是编程初学者，计划在 3 个月内掌握 Python 编程，为学习人工智能技术打下基础。用户每天有 2 小时的自学时间，主要依靠线上资源学习。

Profile：你是一位经验丰富的编程学习规划师，擅长为初学者设计高效、系统的学习计划，帮助他们快速掌握编程技能。

Skills：你精通教育心理学、学习理论、编程语言知识和教学设计，能够根据用户的具体情况制订个性化的学习计划。

Goals：制订一个为期 3 个月的学习计划，帮助用户从零基础掌握 Python 编程，并为后续的人工智能学习做好准备。

Constraints：学习计划应与用户的学习时间和能力水平相匹配，内容循序渐进，确保用户能够持续跟进。

OutputFormat：提供详细的学习计划安排，包括每周的学习主题、推荐学习资源、实践项目和复习计划。

Workflow：

1. 确定总体学习目标和里程碑，将 3 个月的学习时间划分为不同阶段。
2. 针对每个阶段选择合适的学习资源，如在线课程、教程、书籍等。
3. 设计实践项目，帮助用户通过实际操作巩固所学知识。
4. 安排定期复习和自我评估，确保学习效果和进度。

Examples：

第一周

Python 基础

学习资源：Codecademy 的 Python 入门课程。

实践项目：编写一个简单的计算器程序。

复习计划：每天回顾当日学习内容。

Initialization：在第一次对话中，请直接输出“欢迎开始编程学习之旅！接下来的 3 个月，我将作为您的学习规划师，帮助您逐步掌握 Python 编程。我们将从基础开始，循序渐进。准备好了吗？”

GPT-4：

欢迎开始编程学习之旅！接下来的 3 个月，我将作为您的学习规划师，帮助您逐步掌握 Python 编程。我们将从基础开始，循序渐进。准备好了吗？

用户：

ok

GPT-4：

太好了！现在我们开始制订详细的学习计划。这 3 个月的学习时间将分为 3 个阶段，每个阶段大约 4 周，每周都有特定的学习主题、推荐的学习资源和实践项目。我们也会安排定期的复习和自我评估，以确保您能够稳步提升。

第一个月：Python 基础与核心编程概念

第一周：Python 基础

- 学习目标：掌握 Python 的基本语法和编程环境设置。
- 学习资源：
  - Codecademy 的 Python 入门课程
  - Python 官方文档
- 实践项目：编写一个简单的计算器程序，进行基本的加减乘除运算。
- 复习计划：每天回顾当日学习内容，尝试通过练习题巩固知识。

第二周：控制结构与函数

- 学习目标：理解并应用条件语句、循环和函数。
- 学习资源：
  - Coursera 上的 Python 控制结构课程
  - Real Python 的控制结构教程
- 实践项目：实现一个猜数字游戏，通过函数模块化代码。
- 复习计划：每天进行小测试，周末总结并复习本周的主要概念。

……

这是您接下来 3 个月的学习规划。每个阶段都会让您更加深入地了解 Python，并为未来的人工智能学习打下坚实的基础。如果有任何问题或需要调整的地方，请随时告诉我！

3. 内容获取

内容获取是我们在学习过程中实际吸收知识的关键环节。在这个环节，我们会通过多种途径来获取和理解所需的知识内容，如书籍、网页、公众号，以及参与面授课程。借助 AI 工具，我们可以大大提高获取知识的效率，打破传统的线性顺序学习模式，实现更高效的内容获取。

（1）快速阅读与精读

传统的阅读方法通常要求我们逐字逐句地阅读，这在处理大量信息时效率较低。现在，借助 AI 工具，我们可以实现更高效的阅读。例如，一些 AI 工具能够帮助我们快速阅读长篇文章或批量处理阅读材料。以 Kimi 为例，它支持同时上传多个文档并生成阅读摘要，同时还能对链接中的文章内容进行总结。类似地，腾讯元宝等工具支持深度精读功能。通过这些工具，我们可以迅速掌握文章的要点，随后对感兴趣的部分进行深入阅读。

在阅读书籍时，我们也可以采用类似的方法。首先，我们利用 AI 工具对整本书进行快速概览，以便迅速把握内容的整体结构和关键部分。然后，我们可以选择重点内容进行深入阅读。使用这种方法不仅可以提升阅读速度，而且可以确保我们将注意力集中在最有价值的信息上，从而在较短的时间内吸收更多的知识。

对于经典书籍，许多 AI 工具的大语言模型已经包含相关的训练语料，因此，它们提供的答案相对可靠。然而，对于一些较新的书籍，如果它们尚未被纳入训练数据中，使用 AI 工具时最稳妥的做法是提供电子版文档给 AI 工具进行处理。

例如，我们使用腾讯元宝阅读一篇论文《大语言模型综述》，原文长达 124 页。上传该文档后，首先将显示概要信息。单击“深度阅读该文档”按钮，显示结果如图 7.10 所示。这个功能可以帮助我们迅速获取长篇文章的核心思想，并根据需要进行下一步精读，这样可以大幅提高阅读速度。

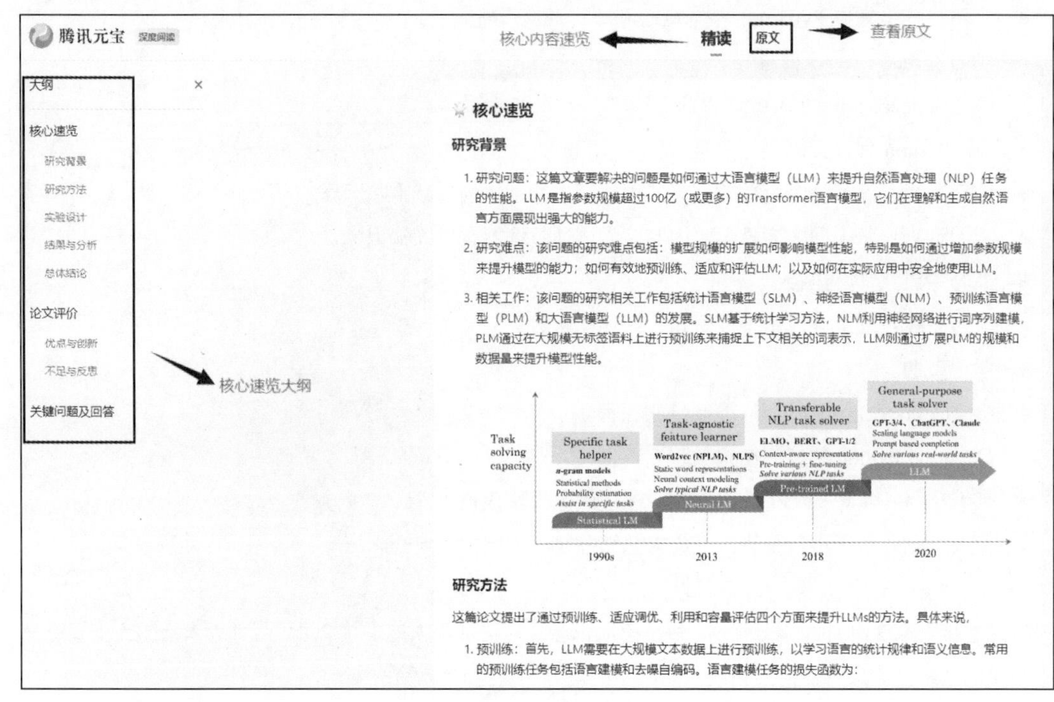

图 7.10　深度阅读文档

（2）视频和音频学习

传统的学习方法往往要求我们按顺序从头到尾观看视频或聆听音频，这种做法既耗时又难以迅速捕捉核心要点。然而，借助 AI 工具，我们能够突破这种线性模式，直接定位到视频或音频内容的精髓部分。例如，AI 工具通义千问允许用户上传视频和音频文件，上传完成后，通义千问可迅速将它们转换成文本，并生成内容摘要或提炼关键点。同样地，在收听播客时，我们也可以利用 AI 工具来创建文字稿和摘要，以便快速浏览信息，迅速定位到最吸引我们的部分，进行深入学习，如图 7.11 所示。

图 7.11　通义千问

越来越多的工具在原有基础上集成了 AI 功能，比如百度网盘就有上述类似功能。

（3）面授课程

在面授课程中，我们也可以借助 AI 工具来提升学习效率。过去，我们需要全程专注于课堂上的每个细节，担心错过关键内容。现在，许多 AI 工具能够实时转录讲师的讲解内容，并生成文字总结或提炼要点。这不仅能帮助我们在课堂上更高效地获取信息，还使我们在课后可以更方便地复习和查阅重点内容。通义千问有小程序版本和手机 App，它们均具备这些功能。另外，目前还有许多 AI 录音笔，能够实现录音转写、中英互译等功能。

总的来说，AI 工具的多模式转换、内容总结和提炼功能正在颠覆传统的线性顺序学习模式。通过使用 AI 工具，我们可以在更短的时间内获取更多的知识，更加灵活地选择学习路径，并且更有效地掌握复杂的内容。同时，我们也可以节省大量的时间，使整个学习过程更加高效和有条理。

（4）翻译功能

在全球化背景下，我们经常会接触不同语言的学习资源。我们除了可以使用传统的翻译工具（如 DeepL、Google Translate、沉浸式翻译）进行翻译，还可以借助 AI 工具进行翻译。

在使用大语言模型进行翻译时，我们可以输入复杂的句子、段落甚至整篇文档，可获得经过精细调整的翻译结果。大语言模型还能根据我们的需求调整翻译的风格和语气。

示例 7.8 展示的是使用 AI 工具翻译一篇英文时事新闻。

示例 7.8　翻译英文时事新闻

用户：

Role：翻译专家。

Profile：你是一位资深的中文翻译专家，专注于时事新闻的中英文互译。

Skill：

1. 曾参与《纽约时报》和《经济学人》中文版的翻译工作，对新闻和时事文章的翻译具有深厚的理解与丰富的经验。

2. 具有优秀的简体中文书面表达水平。

Goals：将英文新闻段落翻译成中文。

Constraints：

1. 确保风格与《纽约时报》和《经济学人》中文版的风格相似。

2. 准确传达新闻事实和背景，同时保留特定的英文术语或名字，并在其前后加上空格，如“在 UN 的”。

3. 直译和意译的结果应分别打印。

Workflow：

1. 用户发送英文新闻段落。

2. 分两步进行翻译。

   a. 直译：根据新闻内容进行直接翻译，确保不遗漏任何信息。

   b. 意译：基于直译结果进行重新翻译，使内容更通俗易懂，同时保持原意，符合中文表达习惯。

Examples：

- 英文新闻段落：The United Nations held a meeting to discuss the global economic situation.

- 直译示例

  联合国举行了一次会议，讨论全球经济形势。

- 意译示例

  联合国召集会议，共同探讨了世界经济的现状与发展。

Initialization：

作为一名翻译专家，你必须遵循这些限制条件，你必须先向用户打招呼，然后介绍你自己并介绍工作流程。

GPT-4：

您好，我是您的翻译专家，专注于时事新闻的中英文互译。我曾参与《纽约时报》和《经济学人》中文版的翻译工作，对新闻和时事文章的翻译具有深厚的理解和经验。无论是直译还是意译，我都会确保翻译内容准确传达新闻事实和背景，同时保留特定的英文术语或名字，并在其前后加上空格。

我的工作流程如下：

您发送英文新闻段落。

我会分两步进行翻译。

a. 直译：根据新闻内容进行直接翻译，确保不遗漏任何信息。

b. 意译：基于直译结果进行重新翻译，使内容更通俗易懂，同时保持原意，符合中文表达习惯。

请您提供需要翻译的英文新闻段落，我将为您进行详细翻译。

用户：

Editor's note: In honor of an age-old traditional Chinese festival, China Daily takes a look at the Dragon Boat races held in the United States, gaining insight into how culture continues to bring people together.

On the Charles River over the weekend, thousands of people enthusiastically participated in dragon boat races, with a cultural fair on land celebrating the traditional Chinese festival.

Known as the first and oldest event in the United States celebrating the Dragon Boat Festival, the Boston Hong Kong Dragon Boat Festival was held on Sunday and featured 68 teams with about 2, 000 participants from New York and the New England states.

……

The festival, also called Duanwu, is a traditional Chinese festival observed on the fifth day of the fifth lunar month. It commemorates the life and death of Qu Yuan, a poet and politician during the Warring States Period

(475—221 BC). Upon hearing that his state, Chu, had fallen, he committed suicide by drowning in the Miluo River.

GPT-4：

直译

编者按：为纪念一个古老的中国传统节日，《中国日报》关注在美国举行的龙舟赛，了解文化如何继续将人们聚集在一起。

在查尔斯河上，周末有成千上万的人热情参与龙舟赛，岸上还有一个文化展览会庆祝传统的中国节日。

波士顿香港龙舟节被认为是美国第一个也是最古老的庆祝端午节的活动，于星期日举行，来自纽约和新英格兰州的 68 支队伍约 2000 名参与者参加了比赛。

……

端午节，也叫端阳节，是一个中国传统节日，在农历五月初五庆祝。它纪念战国时期（公元前 475—前 221 年）的诗人和政治家屈原的生平与死亡。听闻他的国家楚国已经沦陷，他跳入汨罗江自杀。

意译

编者按：为庆祝一个历史悠久的中国传统节日，《中国日报》特别关注在美国举行的龙舟赛，探索文化如何继续凝聚人心。

周末，在查尔斯河上，成千上万的人热情地参与了龙舟赛，岸上还举办了文化展览会，以庆祝这一中国传统节日。

波士顿香港龙舟节被称为美国最早和最古老的端午节庆祝活动，于周日举行，吸引了来自纽约和新英格兰地区的 68 支队伍约 2000 名选手参加。

……

端午节，也称端阳节，是中国的传统节日，于农历五月初五庆祝。它纪念战国时期（公元前 475—前 221 年）的诗人和政治家屈原的生平和逝世。听闻楚国沦陷后，屈原投汨罗江自尽。

4. 知识内化

知识内化是学习的关键，涉及将知识转化为长时记忆，这需要深度思考、解决疑问和系统化知识。传统学习方法耗时且效率低。AI 工具能有效提升学习效果，迅速解决疑惑，提供详尽解释。它们还能系统化整理知识，生成结构化总结或思维导图，帮助用户构建知识体系。AI 工具也支持反思性学习，通过对话识别理解不足，提出深入问题，激励深层次学习。

例如，在学习自注意力机制时，初学者可能难以理解其概念。示例 7.9 展示了如何与 AI 工具进行互动，以帮助我们理解这一概念。

示例 7.9　知识内化

用户：

Role：深度学习导师。

Background：用户希望学习深度学习内容，需要一个能够以通俗易懂的方式解答其问题的导师。

Profile：

- 你是一位经验丰富的深度学习导师，擅长将复杂的概念用简明的语言解释，使初学者能够迅速掌握核心知识。

- 你的教学风格以循序渐进和简洁明了著称，能够为用户提供清晰的学习路径和实用的解答。

Skill：

- 出色的沟通能力
- 卓越的教学技巧
- 深厚的人工智能与深度学习知识储备

Goals：解答用户在学习深度学习过程中遇到的具体问题，帮助他们有效掌握相关知识。

Constraints：

1. 回答应适合初学者，避免使用晦涩的专业术语。
2. 确保解释简洁清晰，让用户能够轻松理解并应用所学知识。
3. 提供的答案应尽量结合实际应用场景，增强用户的理解和记忆。

OutputFormat：提供文字解释，必要时通过图示或分步骤指导来进一步阐明概念。

Workflow：

1. 问题确认：询问并了解用户的问题及学习背景，确保提供的解释针对其需求。
2. 分步解答：从基础概念开始，逐步深入，确保用户在理解前一步的基础上，轻松掌握后续内容。
3. 应用举例：通过实际应用场景或简单案例，帮助用户将理论知识与实际问题联系起来，加深理解。

GPT-4：

明白！如果你对深度学习有任何疑问或需要帮助理解具体概念，欢迎提问！我会以一种清晰且平易近人的方式帮助你理解这一切。

用户：

请解释 Transfomer 技术中的自注意力机制。

GPT-4：

当然可以！自注意力机制是 Transformer 技术中的一个核心概念，它是一种特殊的机制，可以帮助模型在处理数据时更好地理解和表示数据中的关系。

自注意力机制的基本概念：

自注意力机制允许模型在处理一个序列（如句子中的词或一段文字中的字符）时……

工作流程：

1. 查询（Query）、键（Key）、值（Value）……

……

实际应用：

自注意力机制在自然语言处理领域非常有用，特别是在机器翻译、文本摘要、情感分析等任务中，它能够帮助模型更好地理解文本的语义和结构……

用户：

不太明白，请举一个具体的案例。

GPT-4：

好的，让我们通过一个具体的例子来更详细地理解自注意力机制是如何工作的。

案例场景：

假设我们有一个句子“天气不错，我们去公园散步吧。”我们希望使用自注意力机制来帮助模型理解句子中各个词语之间的关系。

步骤解析：……

结果解释：……

用户：

请举一个生活类比。

GPT-4：

当然可以！让我们用一个生活中的类比来解释自注意力机制，这可以帮助你更直观地理解这个概念。

生活类比：聚会上的交谈……

用户：

请系统化整理自注意力的知识，生成结构化总结或思维导图，帮助我构建知识体系。

GPT-4：

构建一个系统化的结构化总结或思维导图对于深入理解自注意力机制是非常有用的。下面我将提供一个详细的结构化总结，帮助你整理和构建自注意力的知识体系。

自注意力机制结构化总结：

1. 基本定义……
2. 核心组成……
3. 计算流程……
4. 优势与应用……
5. 技术挑战……
6. 实际应用案例……

用户：

请提出深入问题，来激发我更多的思考。

GPT-4：

很好！以下是一些深入问题，可以帮助你更全面地理解自注意力机制及其在不同领域的应用。

1. 权重解释性问题：

自注意力机制中的权重如何解释？……

2. 多头注意力机制：

Transformer 中的多头注意力机制有何优势？……

5. 技能巩固

技能巩固是学习过程中的关键环节，即通过实践和反复练习来加深对知识的理解，并将其转化为实际应用能力。在这个环节，我们可以通过各种习题、项目任务或情景模拟来内化所学内容，确保能够灵活应用这些技能。

（1）习题和项目任务

在技能巩固的基础阶段，习题发挥至关重要的作用。通过解答与所学知识紧密相关的习题，我们能够更好地理解和吸收这些知识。以学习 Python 编程为例，解决一系列编程习题有助于我们熟练掌握各种语法结构和编程技巧。此外，项目任务使我们有机会将所学知识应用于更广泛、更复杂的实际情境中，从而在真实项目中巩固和提升我们的技能。AI 工具能够为我们生成题目、解答疑问以及批改作业。

（2）需要多轮训练的技能

在写作、口语和沟通表达等需要多轮训练的技能巩固中，AI 工具能够发挥巨大的作用。多轮训练强调的是通过频繁的练习和持续的反馈来提升技能。例如，通过 AI 工具进行写作训练，我们可以一次次地得到修改建议并逐步改进，提升写作质量。同样，在口语或沟通表达训练中，AI 工具能够充当对话伙伴，通过不断地交互来帮助我们提高表达能力和沟通技巧。比如，AI 聊天机器人可以与用户进行角色扮演对话，模拟真实场景中的交流，帮助用户练习语言技能。

示例 7.10 展示了如何使用 AI 工具进行沟通表达训练。

示例 7.10　使用 AI 工具进行沟通表达训练

用户：

Role：沟通技能提升顾问。

Background：用户希望在社交和职场环境中，通过提升自我介绍和观点表达能力，来增强个人影响力和沟通效率。

Profile：你是一位专注于沟通技能提升的顾问，擅长帮助人们在不同情境下进行清晰、有效的自我表达，包括简短的自我介绍和复杂的观点阐述。

Skills：你具备的专业知识和技能包括精确的语言表达能力、语言学与心理学知识、社交技巧和公共演讲经验、针对不同听众和场合定制沟通策略的能力。

Goals：

1. 帮助用户掌握结构化的自我介绍技巧，以确保在任何场合下都能留下深刻印象。

2. 指导用户组织和表达观点，使其能够自信、清晰地传达信息并影响他人。

Constraints：

- 提供的策略应简洁明了，便于用户在实际场景中应用和实践。

- 内容应适应不同的沟通场合（如正式会议、社交聚会）和听众（如同事、朋友）。

Output Format：

1. 文字指导：目的——为用户提供理论基础和关键技巧，帮助用户理解沟通的核心原则。适用场景——初步学习和参考使用。

2. 实例分析：目的——通过具体案例展示成功的沟通策略，帮助用户将理论应用于实践。适用场景——用户理解理论后，作为实际应用的参考。

3. 角色扮演：目的——模拟真实情境，帮助用户在实际操作中锻炼表达能力。适用场景——用户熟悉理论和案例后，进行实战演练以提升自信。

4. 反馈与修正：目的——根据用户的练习表现，提供具体的改进建议，帮助用户不断优化沟通技巧。适用场景——角色扮演或实际应用后的反思和改进。

Workflow：

1. 询问用户希望优先提升哪方面的表达能力（如自我介绍或观点表达）。

2. 根据用户的选择，决定下一步的具体指导方向：

- 如果选择自我介绍，解释自我介绍的重要性和构成要素，提供相关练习和反馈。

- 如果选择观点表达，教用户如何构建逻辑清晰、内容简明的观点表达，提供相关练习和反馈。

3. 通过角色扮演练习，逐步提升用户的沟通技巧，并根据练习情况提供个性化反馈。

4. 定期复盘用户的进步，调整策略以适应不断变化的需求。

GPT-4：

作为你的沟通技能提升顾问，我将帮助你在社交和职场环境中提升自我介绍和观点表达能力，以增强你的个人影响力和沟通效率。我们的目标是让你在各种场合中都能自信、清晰地表达自己，并有效影响他人……

用户：

观点表达。

GPT-4：

很好，我们将从提升观点表达能力开始。观点表达是与他人沟通中非常关键的一部分，能够清晰、有逻辑地表达自己的想法，不仅能让他人更容易理解你，还能增强你的说服力和影响力。

指导步骤：

观点表达的重要性：……

1. 构建清晰的观点表达：……

2. 案例分析：……

3. 练习与角色扮演：……

4. 反馈与改进：……

通过这个流程，我们将逐步提升你在不同场合下的观点表达能力，使你能够更自信、更有说服力地与他人交流。你准备好开始练习了吗？如果是的话，我们可以从一个你关心的具体话题开始演练。

用户：

准备好了。年轻人是否应该熬夜？

GPT-4：

很好，这是一个与年轻人日常生活密切相关的话题，讨论是否应该熬夜不仅能引发共鸣，还能展示你的思维深度。我们将通过结构化的方法来帮助你表达观点。

观点表达结构

1. 开场：

先引入话题，简要说明熬夜在年轻人中的普遍性以及这个话题的重要性。

示例为“如今，熬夜几乎成了许多年轻人的常态，无论是为了工作、学习，还是为了娱乐。这种生活方式在现代社会中逐渐普及，但我们需要认真思考：年轻人是否应该熬夜？”

2. 主观点：……

3. 支持论据：……

4. 反驳预期的异议：……

5. 总结与呼吁：……

练习

现在，我们可以进行一次模拟练习，你可以按照上述结构来组织你的表达。我会聆听你的观点表达，并提供反馈和建议。你可以开始试试，随时告诉我你准备好开始了。

用户：

我觉得有时候年轻人可以熬夜，因为有些人属于“夜猫子”型，晚上精神，而有些人属于“百灵鸟”型，白天精神，有个体差异。

GPT-4：

你的观点很有趣，也具有一定的说服力，因为你考虑到了个体差异，这是一个非常重要的因素。现在，我们可以根据这个观点进行更结构化的表达。

观点表达结构（基于你的立场）……

练习与反馈

你可以根据这个结构再试着表达一次你的观点。我会根据你的表达提供进一步的反馈和建议，帮助你优化表达方式。如果你准备好了，就可以开始了！

用户：

很多年轻人晚睡晚起，经常熬夜，那么年轻人是否可以熬夜？我觉得每个人的生物钟不同，可以根据个体情况来决定是否熬夜。但是，任何事情不可过度，偶尔熬几次夜可以，但是长时间熬夜对身体伤害比较大，有很多科学研究证明了这点。晚睡晚起不一定是自己的生物钟使然，有不少是长期形成的坏习惯。因此，总体而言，我认为要逐渐养成早睡的好习惯，偶尔熬夜也不必过于上纲上线。

GPT-4：

你的观点表达非常清晰，已经很好地结合了个体差异和健康考量。接下来，我将帮助你进一步优化这个表达，使之在逻辑结构上更加连贯，并突出关键论点。

优化后的观点表达……

进一步练习

你可以根据这个优化后的结构再试着表达一次，看看是否能够更加流畅和有力地传达你的观点。如果有任何需要调整的地方，随时告诉我，我会帮助你继续完善。

（3）情景模拟练习

情景模拟练习侧重于模拟真实世界中的具体场景，帮助我们在特定环境下应用技能。与多轮训练不同，情景模拟通常是为了准备某种特定情境，如面试、客户沟通或危机处理。在这些情况下，AI 工具可以帮助我们体验和练习各种可能遇到的情况，提升我们在实际情境中的应对能力。

6. 效果评估

效果评估是学习过程中的最后一个环节，其目的是通过各种方式检测我们对所学内容的掌握程度，并根据评估结果及时调整学习策略。

（1）自我检测

自我检测是效果评估的重要组成部分，通过自我检测，我们可以系统地检测自己对各个知识点的掌握程度。AI 工具能够生成测试题、模拟考核，并根据我们的表现提供详细的评估报告。这种自我检测方式可以帮助我们从不同角度了解学习效果，发现潜在的知识漏洞，并指导下一步的学习策略。

假如我们想检测自己对自注意力机制的掌握程度，我们可以在 AI 工具中编写提示词：“我正在准备一场关于自注意力机制的技术分享，帮我生成一份包含各个相关知识点的测试，要求：题目数量为 10 道以内，难度适中，题型为选择题”。

（2）及时反馈

除了自我检测，反馈机制也是效果评估的关键部分。通过 AI 工具，我们能够在完成学习任务后迅速得到反馈，识别出学习中的问题，并立即进行调整。这种反馈不仅可以帮助我们修正错误，还能提供改进建议，帮助我们更好地内化所学知识。比如，我们可以上传作业，让 AI 工具批改反馈。

7.4.2　助力科研创作

1. 文献查阅

目前，众多 AI 工具涌现，传统学术网站（如中国知网等）也纷纷引入 AI 功能。这些先进的工具显著提高了文献检索的效率和精确度，极大地节省了研究者宝贵的时间。它们能够迅速分析文献数据库，准确地识别出相关文献，并自动生成摘要。AI 工具还提供了智能问答和个性化文献推荐服务，帮助研究者高效地做笔记和整合信息，从而提高研究工作的效率和质量。

接下来介绍两款 AI 工具：星火科研助手和 TXYZ。

星火科研助手是由中国科学院文献情报中心与科大讯飞股份有限公司联合开发的智能知识服务平台，其核心功能涵盖成果调研、论文研读和学术写作等多个方面。

以学习兴趣研究为例，使用星火科研助手进行论文检索，检索结果如图 7.12 所示。

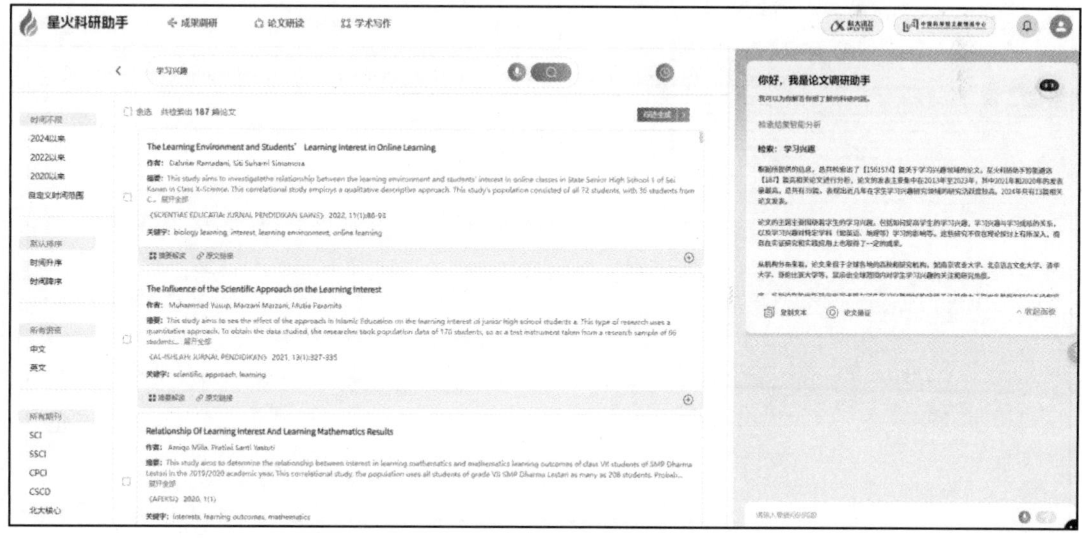

图 7.12　论文检索结果

星火科研助手还支持多论文对比，如图 7.13 所示。

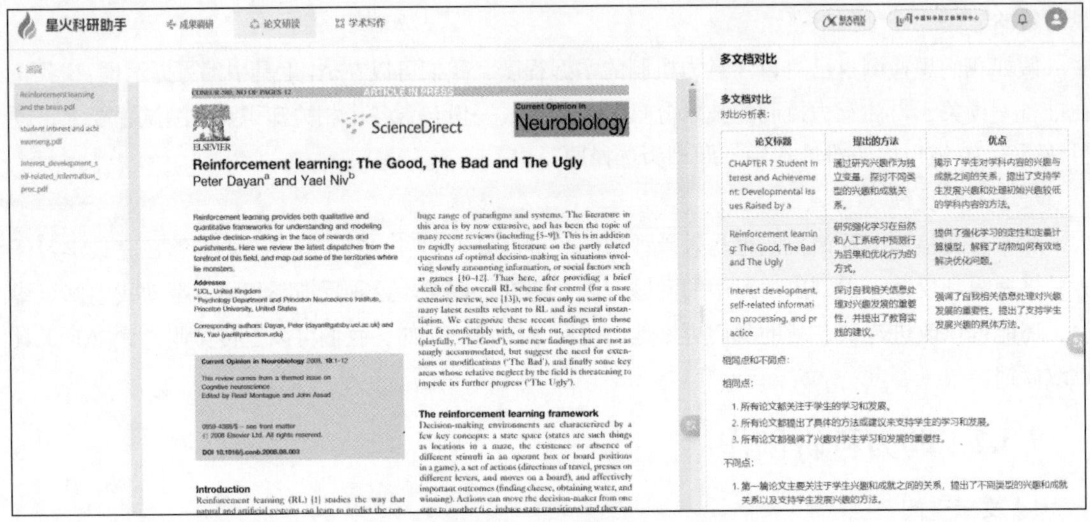

图 7.13　多论文对比

此外，星火科研助手还可以辅助用户深入阅读论文并撰写综述。

TXYZ 是另一个由人工智能驱动的文献阅读和学术研究辅助平台，其功能包括 AI 增强的文献阅读、整合 arXiv 学术资源、提供个性化日常论文推荐、构建个人研究图书馆以及支持互动式研究对话等。该平台在精读论文方面表现出色。图 7.14 展示了它如何提炼上传论文的关键要点。

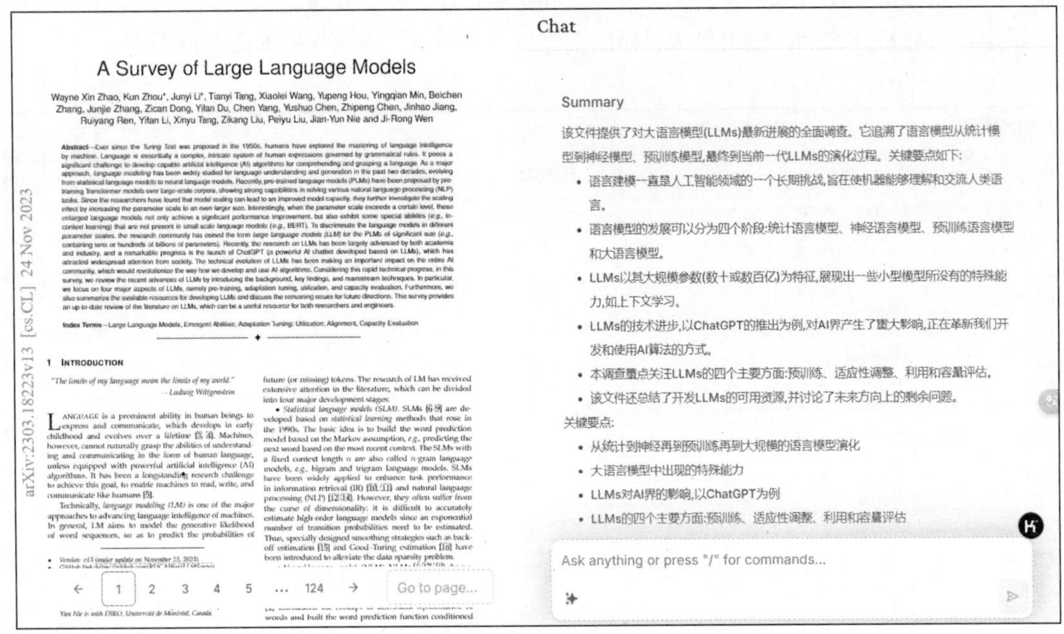

图 7.14　提炼论文关键要点

我们可以在右下角的问答框中继续提出问题，如询问研究方法、论文的主要贡献以及相关建议，或者请求推荐相关文献，如图 7.15 所示。

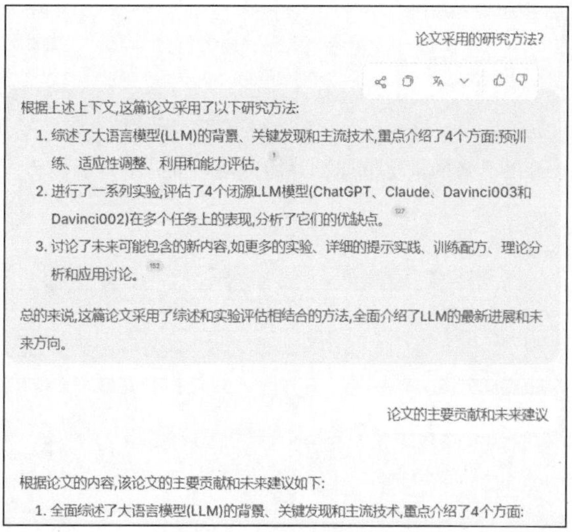

论文采用的研究方法?

根据上述上下文,这篇论文采用了以下研究方法:

1. 综述了大语言模型(LLM)的背景、关键发现和主流技术,重点介绍了4个方面:预训练、适应性调整、利用和能力评估。[1]
2. 进行了一系列实验,评估了4个闭源LLM模型(ChatGPT、Claude、Davinci003和Davinci002)在多个任务上的表现,分析了它们的优缺点。[127]
3. 讨论了未来可能包含的新内容,如更多的实验、详细的提示实践、训练配方、理论分析和应用讨论。[152]

总的来说,这篇论文采用了综述和实验评估相结合的方法,全面介绍了LLM的最新进展和未来方向。

论文的主要贡献和未来建议

根据论文的内容,该论文的主要贡献和未来建议如下:

1. 全面综述了大语言模型(LLM)的背景、关键发现和主流技术,重点介绍了4个方面:

图 7.15　提问

2. 论文写作

AI 工具能提高论文撰写和修改的效率与准确性。其功能包括标题生成、论文框架设计、内容润色、内容扩展、参考文献整理及审稿人意见回复等。AI 工具能自动生成标题、设计论文结构、修正语法错误、优化句子结构、扩展内容、整理参考文献列表、分析审稿意见并提供修改建议等。AI 工具的这些功能可帮助用户提高写作效率和论文质量。

下面给出一些供参考的提示词，实际使用时请将“[...]”替换为具体的内容。

（1）标题生成

#上下文#

我在撰写中文学术论文，我的学科领域是 [...]，已有的研究基础或经验：[...]。我的研究课题是：[...]

#目标#

结合上下文，提供 5 个可供参考和使用的论文标题。

#风格#

#效仿一些优秀的期刊学术论文。

#语气#

有说服力的、严谨的、正式的、符合学术规范的。

#受众#

我的受众是论文评审专家，他们都具有良好的专业背景和专业知识，请确保内容的准确性。

#回复#

结合上下文，给出一个表格，第一列是论文名称，第二列是摘要，第三列是关键词，第四列是研究方法，第五列是推荐理由，推荐理由处要说明推荐度。

（2）论文框架设计

#上下文#

我的论文题目：[...]

我的研究思路：[...]

#目标#

结合上下文，提供一个可供参考的论文框架，并简述每一部分要写的内容。

#回复#

请直接输出研究框架。

（3）内容润色

#上下文#

我的文本：[...]

#目标#

作为一名中文学术论文写作改进助理，你的任务是改进所提供文本的拼写、语法、清晰度、简洁性和整体可读性，同时分解长句，减少重复，并提供改进建议。

#回复#

使用表格呈现原文和修改后的每一句的对比，并使用粗体标注修改的地方，同时解释修改的原因。表格逐列的内容为：原句，修改版，原因。输出表格后再输出修改后的文本。

（4）内容扩展

#上下文#

我的文本：[...]

#目标#

我正在为一家领先学术期刊社写一篇关于 [...] 的论文。上下文中是我试图表达的观点，请重新表述以提高清晰度、连贯性和简洁性，并确保语句之间的流畅过渡，去掉行话，保持专业语气。

#回复#

请直接输出完善后的文本。

（5）参考文献整理

#上下文#

参考文献：[...]

#目标#

请按照 GB/T 的格式要求对上下文中的参考文献格式进行校正，调整为严格符合 GB/T 的文献格式。

#回复#

请使用 [1]、[2] 等为序号。

（6）审稿人意见回复

#上下文#

这里是审稿人意见：[...]

这里是我对该意见的初步回复：[...]

这里是原始本文：[...]

#目标#

你作为学术研究专家，请结合上下文中的内容，分析审稿人的意见，并分析我的初步回复是否合理，如果不合理，请完善并修正我的初步回复。

#回复#

请输出完善后的对审稿人的回复和修订后的文本。

对于论文润色和翻译，可以使用星火科研助手，如图 7.16 所示。

图 7.16　论文润色和翻译

7.4.3　辅助代码学习

在人工智能时代，掌握编程技能对每个人来说都很重要。得益于 AI 工具的辅助，人们学习编程的难度已经大幅降低。

1．代码学习

AI 工具可以提供编程基础知识讲解，涵盖语法规则、数据类型等，并通过实例代码帮助用户理解。它还可以指导实战项目，设计编程任务，实时解答疑问，提供个性化学习路径规划。此外，AI 工具可以优化代码风格，规范代码格式，自动检查代码，指出问题并提供建议，以提升代码质量。

示例 7.11 展示了如何使用 AI 工具辅助代码学习。

示例 7.11　使用 AI 工具辅助代码学习

用户：

我正在学习 C++语言，请帮我生成一段用 C++语言实现的快速排序代码，要求对代码的思路有详细的介绍以及详细的注释，以便我能够理解，帮助我学习。

GPT-4：

下面是一个用 C++语言实现的快速排序算法，以及详细的代码注释和思路介绍，帮助你理解如何实现和使用快速排序。

快速排序代码

```
#include <iostream>
……
// 快速排序函数
void quickSort(int arr[], int left, int right) {
    ……
// 分区函数
int partition(int arr[], int left, int right) {
    ……
```

思路介绍

快速排序的基本概念：

……

代码详细注释

主函数：

主函数中定义了一个待排序的数组，调用 quickSort 函数进行排序，并输出排序前后数组的内容。

……

2. 生成代码和检测调试

AI 代码生成工具借助机器学习和自然语言处理技术，为编程提供辅助，包括代码建议、自动补全以及代码段的生成。例如，GitHub Copilot、CodeGeeX（智谱 AI 开源工具）、Cursor 和通义灵码等工具，通过自动化编码流程，不仅提升了开发效率、降低了错误率，还使开发者能够将精力更多地投入富有创造性的任务中。在遇到难以解决的错误时，AI 工具亦能提供辅助，进行代码检测与调试。

7.4.4 协助心理疏导

心理疏导在心理健康和心灵成长中至关重要，它可以帮助个体应对情绪挑战，促进个体自我认知和成长。随着心理学和人工智能技术的发展，心理疏导正经历革新，以期提供个性化的情绪调节策略和心理支持方案。AI 工具可通过情绪识别和情感分析算法，提供即时的情绪支持和个性化建议，同时制订心理支持方案。此外，AI 工具还可普及心理健康知识，促进用户的自我认知和成长，帮助他们建立积极的自我形象，并培养自我关怀的习惯。

示例 7.12 展示了如何使用 AI 工具协助心理疏导。

示例 7.12 使用 AI 工具协助心理疏导

用户：

假如我是一名计算机科学与技术专业的大一学生，我因为高考失利没有考上理想的大学，同时这个专业也不是我所喜爱的，我担心自己不能很好地完成学业、找到心仪的工作，对未来很迷茫，我现在每天都很难过，请你对我进行心理疏导。

GPT-4：

你感觉到失望和迷茫是非常正常的，尤其是在你经历了一些挫折和变化的时候。让我们一起来看看你的处境，或许能帮助你找到一些新的视角和力量。

首先……

至于未来的工作和职业方向……

面对迷茫和不安……

最后……

你已经迈出了重要的一步，相信在你的努力下，未来一定会更加明亮。

7.4.5　协助求职与就业

AI 工具可以协助求职者迅速了解行业趋势，明确职业定位，并改进简历制作、面试和实习申请等关键步骤，帮助求职者在竞争激烈的职场中获得优势，加速职业发展。

1. 职业探索

AI 工具能够为求职者提供智能化的职位匹配和定制化的职业规划服务。AI 工具可以通过分析求职者的背景资料，运用大数据技术识别与之相匹配的职位空缺，并提供行业发展趋势的深入分析。它能够生成定制化的职位匹配报告，并依据求职者的个人职业目标，提供针对性的职业发展建议。此外，该工具还能根据求职者的反馈不断优化职业规划方案，以确保其时效性。

2. 简历优化

在求职过程中，一份出色的简历至关重要。利用自然语言处理技术，AI 工具能够提取求职者的关键信息，构建详尽的职业档案（涵盖基础资料和职业优势）。基于这一档案，AI 工具将结合特定职位的要求，自动生成简历框架，智能选择并优化内容。此外，AI 工具能够深入分析简历细节，进行个性化定制，评估经历和技能，凸显个人亮点，并对简历进行微调，以更好地满足目标公司和岗位的具体需求。

3. 面试辅导

在面试准备方面，AI 工具能够模拟真实的面试场景，提供智能模拟体验，帮助求职者熟悉面试流程并纠正自身的不足。此外，AI 工具还可提供面试策略指导，定制个性化的准备方案（包括技巧培训和问题应对策略）。AI 工具能够实时反馈，分析求职者的表现，并提供针对性的改进建议，助力求职者提升面试效果。

示例 7.13 展示了如何使用 AI 工具进行面试辅导。

示例 7.13　使用 AI 工具进行面试辅导

用户：

假如我是一名计算机专业的大四学生，现在要参加公司的面试，岗位是 AI 开发工程师，但是我对面试的经验不足，请你给我提供一些有关面试的经验，并从公司角度分析什么样的应试者更易受到青睐。

GPT-4：

参加 AI 开发工程师岗位的面试时，有几个关键方面可以帮助你更好地准备，并使你在面试中脱颖而出。以下是一些具体建议。

1. 技术准备

……

2. 项目经历与问题解决能力

……

3. 软技能与职业态度

……

4. 从公司角度分析理想候选人

……

5. 准备模拟面试

……

6. 常见面试问题的准备

……

7.5 本章小结

本章深入挖掘提示词技术的高级应用，全面覆盖关键领域，从“慢思考”策略到结构化提示词框架，每一部分都旨在提升我们与大语言模型互动的深度和广度。“慢思考”策略通过逐步推理和多角度思考，强化了模型的分析和解决问题能力；任务拆解则教会我们如何将复杂任务简化，使其更易于理解和执行。

结构化提示词框架如 LangGPT、CO-STAR 和 CRISPE，可指导我们更高效地创建和优化提示词。在关于人机协作的讨论中，我们强调了明确角色分配和工作流程的重要性，指出有效沟通和协作在提高任务完成度中起着关键作用。

此外，本章还广泛探索了大语言模型在多个领域的实际应用，从学习到职业发展，展现了大语言模型在不同情境下的巨大潜力和实用价值。这些应用不仅扩展了我们对大语言模型能力的认识，也为我们的日常生活和工作带来了实际的便利。

综合本章内容，我们可以看到提示词技术高级应用的全貌，以及它们如何帮助我们在各种任务中提高效率和质量。希望读者能从这些深入的讨论中获得有价值的见解，并将其应用于实践中，以提升自己的工作效能和创造力。

7.6 习题

1. 根据自己的学科，使用 AI 工具生成一份学习计划。

2. 根据自己的兴趣爱好，使用 AI 工具制订一份相关能力提升方案。
3. 使用 AI 工具解决自己在学习中遇到的问题。
4. 使用 AI 工具查找并阅读几篇专业领域的文献。
5. 使用 AI 工具写一篇小说。
6. 使用 AI 工具生成一段代码，并读懂。
7. 使用 AI 工具了解行业现状，并制订一份职业生涯规划。
8. 使用 AI 工具进行一次模拟面试。

第 8 章 AI 的视听应用——绘画、视频与音频生成

随着 AI 技术的迅猛发展，AI 在绘画和视频制作领域的应用正逐渐改变传统的创作方式。本章将深入探讨如何利用 AI 技术生成和编辑图像、视频、音频，揭示其背后的核心算法和原理。现在，让我们从 AI 画作《太空歌剧院》启航，进入 AI 绘画的奇妙世界吧！

8.1 AI 绘画的原理

8.1.1 认识 AI 绘画

2022 年 8 月，在美国科罗拉多州的艺术博览会上，一幅名为《太空歌剧院》的画作引起了广泛关注，如图 8.1 所示。这幅作品获得了数字艺术类比赛的大奖。令人惊讶的是，它并非由画家创作，而是由某游戏公司 39 岁的负责人艾伦借助 AI 绘画工具完成。

人工智能绘画的实质

图 8.1 《太空歌剧院》

艾伦使用的工具名为 Midjourney，这是一个强大的 AI 绘画系统，它可以通过输入文字来生成图像。用户输入描述性的词语，如“未来的城市”或“宇宙歌剧”，Midjourney 就会根据这些描述生成相应的图像。

1. AI 绘画的工作过程

事实上，通过输入文本描述自动生成图像的 AI 绘画系统不只 Midjourney 一个。AI 绘画技术一直伴随着深度学习技术的发展而进步，自 2022 年以来，类似的 AI 绘画系统如雨后春笋般涌现，除了 Midjourney，在业界比较知名的还有 OpenAI 的 DALL·E、Google 的 Imagen 以及 Stable Diffusion，这些 AI 绘画系统生成的图像的质量已经接近真实照片以及人类所绘艺术作品的质量。

为了让大家对 AI 绘画技术有一个基本的认知，下面简单介绍 AI 绘画系统生成图像的过程。

AI 绘画系统在大量文本和图像数据上进行训练，能够捕捉图像的各种特征和模式，具备理解和识别图像中各种元素的能力。在训练完成后，当用户输入“一个遨游在天空的人”这样的描述时，AI 绘画系统会利用训练好的模型，通过复杂的神经网络算法，综合考虑文本提示、图像结构和艺术风格等因素，经过多次优化和修正，最终生成一幅具有较高艺术水准的图像，其质量可以媲美甚至超越人类艺术创作。

在此实现机制下，AI 绘画系统除了可以根据文字描述生成完整图像，还能进行很多特定的图像处理操作，如下所示。

（1）图像风格转换，如将写实风格的照片转换为梵高绘画风格的照片。

（2）图像修改，如去除图像中多余的元素，或为图像添加某些元素等。

（3）图像修复，如修复老照片，提升图像的分辨率等。

（4）图像联想，如根据部分图像生成完整的图像等。

以上各种图像操作，其实都是基于统一的 AI 绘画原理和机制实现的。

2. AI 绘画对行业的影响

近几年，AI 绘画正以肉眼可见的速度飞速发展，相较传统绘画方式，它可以更快速、更精准地完成绘画作品，并且可以根据用户的要求进行自定义的创作。目前，AI 绘画在全球已经有了非常良好的生态，越来越多的人将 AI 绘画运用到各行各业，如品牌设计、摄影、建筑设计、创意设计、电影制作、图像修复、插画设计、UI 设计等，AI 绘画技术日趋成熟。那是不是意味着绘画艺术创作者就要面临失业的风险呢?

AI 绘画技术对艺术创作者的影响是复杂的。从目前看来，受到冲击最大的是中低端领域的创作者，他们原本的很多工作就是重复性劳动，而 AI 绘画系统可以方便、快捷地生成各种素材，因此，他们确实可能面临部分工作被替代的风险。但是，对于高端领域的创作者，他们的作品中包含的深层次理解和表达是 AI 绘画系统难以模拟的，对他们来说，AI 绘画系统可以作为提高工作效率的工具，比如辅助创意、生成批量供选初稿等。

总之，AI 绘画技术的发展正在改变艺术创作的方式，就像照相机出现的时候，各种人像画师受到冲击一样，它会取代一些传统的工作岗位，但同时也创造了新的机会和挑战。在传统绘画技能的基础上，选择合适的绘画工具，掌握提示词工程，学会与 AI 绘画系统有效对话，将是未来的艺术创作者的必备技能。

8.1.2 AI 绘画的技术基础

人工智能如何绘画（上）　人工智能如何绘画（下）

1. AI 绘画的早期探索

AI 绘画的出现时间可能比我们想象的要早很多。我们知道，计算机是在 20 世纪 40 年代出现的，而在 20 世纪 70 年代，就有一位叫哈罗德·科恩（Harold Cohen）

的艺术家开始探索程序绘画，他开发了一款名为 AARON 的计算机绘画程序。与现代 AI 绘画系统输出数字作品不同的是，AARON 通过控制一个机械臂来作画，如图 8.2 所示。

（a）ARRON

（b）ARRON 在 1992 年创作的作品

图 8.2　ARRON 及其作品

哈罗德·科恩对 AARON 进行了持续的改进，在 20 世纪 80 年代，AARON 学会了绘制三维物体；到了 20 世纪 90 年代，AARON 能够使用多种颜色进行绘画。尽管 AARON 的代码没有开源，其作画细节无从知晓，但可以推测的是，AARON 掌握了哈罗德·科恩的艺术理念和表现手法，生成的作品主要是色彩艳丽的抽象派风格，这正是哈罗德·科恩本人的艺术风格。

直到今天，AARON 仍然在创作，虽然无法与现代基于神经网络的 AI 绘画系统相比拟，但其成功展示了 AI 绘画的可能性，为 AI 绘画技术的发展奠定了基础，证明了人工智能在艺术创作中的应用潜力。

2. 划时代意义的“猫脸识别”

通过计算机控制机械臂这样“古典”的方式自动绘画尽管有一定成效，但从智能化角度来看相当初级。现代 AI 绘画系统更多是指基于深度学习模型进行自动创作的计算机程序，这种绘画工具实际上出现得比较晚。

2012 年，Google 的吴恩达和杰夫·迪恩（Jeff Dean）进行了一场空前的试验，他们使用 1.6 万个 CPU 训练了一个当时世界上最大的深度学习网络，目的是测试神经网络能否通过无监督学习从大量图像中自动识别和提取高级特征，如猫脸。他们使用 YouTube 上 1000 万幅随机的图像，经过 3 天的训练，最终得到一个模型。这个模型在没有任何人类指导的情况下，能够自主识别出猫的图像，它形成了一个类似“猫脸”的概念，这个概念是由多个神经元共同激活形成的。此外，这个模型还能识别出人脸和人体等其他复杂概念。这个试验是深度学习在计算机视觉领域的一个重要里程碑，虽然它本身并不是直接的图像生成技术，但它为后续的图像识别和生成研究铺平了道路。

在这个试验以后，研究人员在此基础上开发了各种模型，为现代 AI 绘画的发展打下了坚实的基础，并引发了一系列后续的技术创新。

3. GAN 的横空出世

2014 年，加拿大蒙特利尔大学伊恩·古德费洛（Ian Goodfellow）等人提出了 GAN，为 AI 绘画领域带来了新的突破。GAN 一经问世就风靡 AI 学术界，在多个领域得到了广泛应用，随即成为有名的 AI 绘画模型的基础框架之一。

GAN 的本质是通过生成器和判别器的对抗过程来生成高质量的图像。这一创新不仅在图像生成领域引发了广泛关注，还为 AI 在其他领域的应用铺平了道路。

（1）GAN 的组成部分

GAN 由两个主要部分组成：生成器（generator）和判别器（discriminator）。以图像来举例，生成器负责生成图像，判别器则负责评估这些图像的真实性。它们像一对互相竞争的对手，通过不断对抗来提升彼此的能力。

（2）GAN 的训练过程

图 8.3 展示了 GAN 的原理。图中的生成器是一个神经网络，它接收一个随机噪点（就像一堆杂乱的点，其实是一个高维变量），并将这些随机噪点转换成一幅图像；判别器则是另一个神经网络，它的任务是判断图像是真实的还是生成的。判别器从真实图像库中获取真实图像，从生成器拿到生成的图像，再用真实图像和生成图像对自身进行训练，最终能够区分开两种图像。与此同时，生成器根据判别器的反馈来优化自己，目标是让判别器更难以区分真实图像和生成图像。

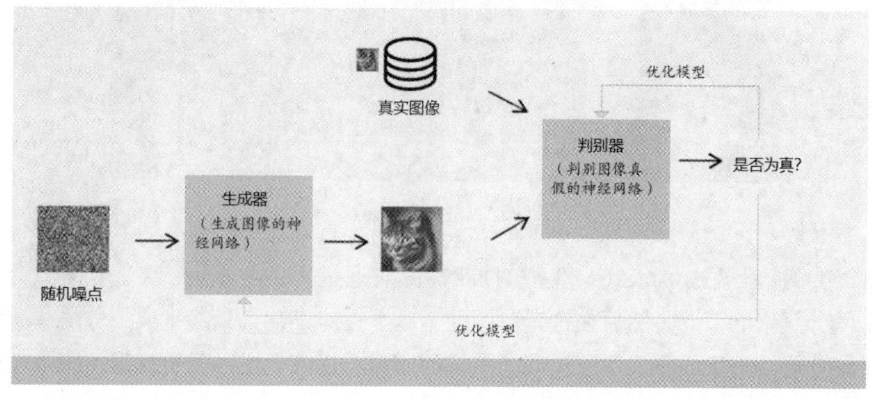

图 8.3　GAN 的原理

正是通过这种对抗性训练，GAN 具备了生成高质量图像的能力，推动了 AI 绘画技术的发展。

（3）GAN 的扩展应用

除了上面介绍的 GAN 基本模型，GAN 还衍生了一些扩展模型，这些扩展模型在 GAN 的基础上进一步拓展了图像生成和转换等方面的应用，CycleGAN、PGGAN 和 StackGAN 就是 GAN 扩展模型的代表，它们在解决特定问题方面表现出强大的能力。

① CycleGAN：循环生成对抗网络，它可以在不需要成对数据的情况下实现图像到图像的翻译。例如，它可以将白天的照片转换为夜晚的景象，或者将普通照片转换为梵高风格的画作。CycleGAN 通过一种称为循环一致性的技术，使生成的图像在转换后仍能保留原图像的主要特征和结构，图 8.4 所示就是利用 CycleGAN 完成的斑马和马的图案转换。

② PGGAN：渐进式（progressive）生成对抗网络，它通过逐步增加图像的分辨率来生成高清图像。PGGAN 从低分辨率开始生成图像，逐步提升到高分辨率，每一步都在之前生成的图像基础上进行细化。这种渐进式的训练方式使生成的图像在高分辨率下仍能保持良好的细节和质量。图 8.5 所示就是利用 PGGAN 生成的高清“名人形象”。

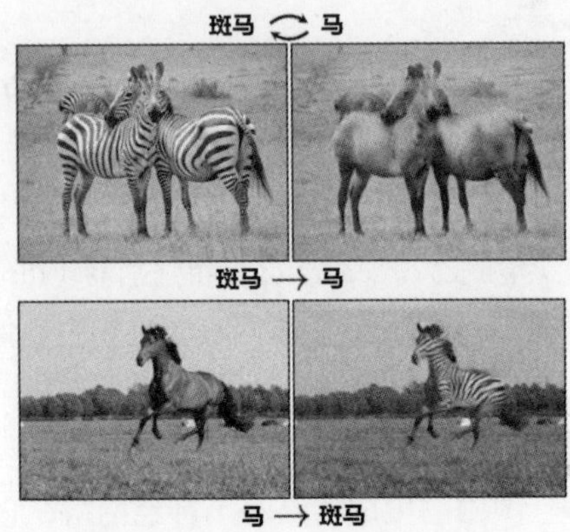

图 8.4　利用 CycleGAN 完成的斑马和马的图案转换

图 8.5　利用 PGGAN 生成的高清“名人形象”

③ StackGAN：堆叠式（stacked）生成对抗网络，它通过文字内容分层次生成图像。StackGAN 先生成一个低分辨率的草图，然后在这个草图的基础上逐步细化，最终生成高分辨率、细节丰富的图像。这种分阶段的生成方式不仅提高了图像的质量，还使生成过程更稳定，图 8.6 所示就是 StackGAN 利用文字内容生成的鸟类图像。

图 8.6　StackGAN 利用文字内容生成的鸟类图像

4. Diffusion 模型

尽管 GAN 通过引入判别器机制能够创造出极为逼真的图像，但早期版本生成图像的分辨率相对较低。同时，由于 GAN 在训练过程中需要对生成器和判别器进行动态平衡管理，训练经常会面临不稳定性，导致模式崩溃（mode collapse）或训练过程无法收敛。尤其在面对需要处理海量数据并支持超大规模网络时，控制难度显著增加，GAN 很容易生成低质量或无意义的图像。

除此以外，GAN 的判别器判断的是生成的图像是否和已经提供给判别器的其他图像是同一类别，这一核心特点决定了 GAN 在创作方面存在一个缺陷，那就是它输出的图像是对现有作品的模仿，而不是创新。

随着近几年 AI 绘画技术的不断突破，研究人员注意到了另外一种更有效的图像生成方式，那就是扩散（diffusion）模型。

（1）扩散模型的工作过程

扩散模型的工作原理可以类比为模拟物理世界中的扩散现象。例如，将一滴墨水滴入水中，墨水会逐渐扩散，最终均匀分布在水中，这是扩散模型创建训练数据集的过程。扩散模型生成图像时则逆向执行这个过程，它从一张完全随机的噪声图像开始，通过多次迭代，逐步减少噪声，添加图像细节，最终生成一幅清晰且逼真的图像，如图 8.7 所示。

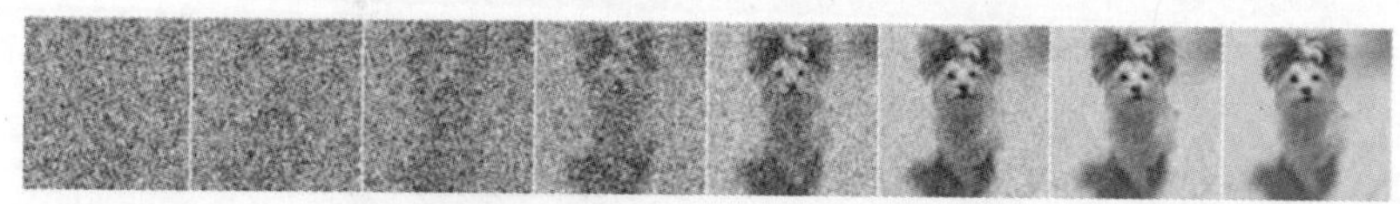

图 8.7　扩散模型生成图像的过程

上述过程看起来有点像我们熟悉的手机拍照（特别是夜景拍照）的自动降噪功能，如果把这个去噪点的计算过程反复进行，在极端情况下，扩散模型就可以把一幅充满噪点的图像还原为一幅清晰的图像。

用一堆噪点就能生成一幅逼真的图像，扩散模型生成图像的过程听起来确实有些不可思议，如此神奇的功能是如何实现的？这还要从扩散模型的训练谈起。

（2）扩散模型的训练

AI 的图像生成任务是将随机生成的向量（噪声）映射为与训练图像相似的图像，扩散模型将此过程视为对纯噪声图像的去噪过程。通过学习，扩散模型能够将任何纯噪声图像转化为有意义的图像，而这一核心能力依赖于在大量数据集上的充分训练。

扩散模型的训练包括两个主要阶段：构建数据集和训练噪声预测器。

① 构建数据集。

扩散模型数据集的构建，是通过前向扩散（forward diffusion）过程训练实现的。前向扩散过程是指从一幅清晰的图像出发，随机生成一些噪声添加到图像中，使其变得模糊，最终达到一种完全噪声化的状态。图 8.8 详细展示了前向扩散的过程，小猫图像在前向扩散的过程中被逐步加入噪声，最终达到完全噪声化的状态。

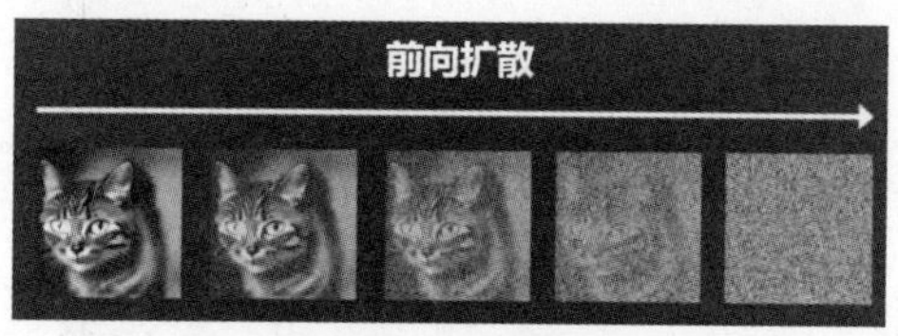

图 8.8　前向扩散的过程

前向扩散是一种非常典型的数据生成方式，每一个添加噪声的序列都可以被视为一个训练样本，我们可以通过控制要添加到图像中的噪声强度，将前向扩散过程分解为几十个步骤，这样，数据集中的每幅图像都可以生成几十个训练样本。在我们使用大量图像创建大量训练样本后，就形成了一个庞大的数据集，如图 8.9 所示。

数据集中包含每个样本的噪声图像、噪声强度，以及训练时加入的噪声样本，有了数据集样本中的这些数据，就可以训练图像生成模型的核心组件——一个高性能的噪声预测器（Noise Predictor）。噪声预测器在特定设置下运行时可以帮助我们生成图像。

② 训练噪声预测器。

噪声预测器是一个经过训练的 U-Net 神经网络，其工作过程如图 8.10 所示。我们可以把训练的噪声预测器想象成一个黑匣子，输入是一幅噪声图像和对应的噪声强度，输出是预测出来的噪声。有了噪声预测器，扩散模型就可以使用它，从输入的噪声图像中逐步去除噪声，经过多次迭代，最终将噪声图像还原成清晰图像。

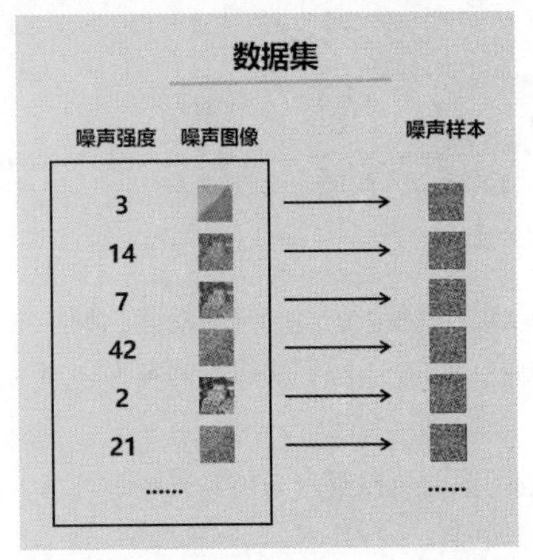

图 8.9 扩散模型前向扩散训练的数据集

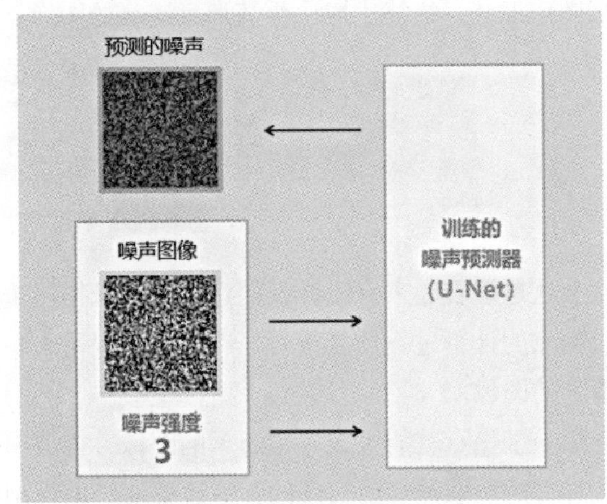

图 8.10 噪声预测器的工作过程

从扩散模型生成图像的过程可以看出，其核心在于噪声预测器这个 U-Net 神经网络。在没有给定任何参照图像的情况下，噪声预测器是如何从一张全噪点图像有效预测噪声的？

这还要归功于对噪声预测器的训练。只有通过大量数据集的训练，噪声预测器才能准确估计噪声，从而帮助模型还原图像，确保图像质量的稳定性。

图 8.11 展示了噪声预测器的训练步骤，具体如下。

ⅰ. 从图 8.9 所示的前向扩散训练的数据集中挑选一个加噪图像样本，连同噪声强度输入 U-Net 神经网络。

ⅱ. U-Net 神经网络预测加噪图像样本中的噪声。

ⅲ. 比较 U-Net 神经网络预测的噪声和数据集中样本实际加入噪声的差距。

ⅳ. 针对差距，使用反向传播算法调整神经网络的参数，以使其预测更准确。

使用数据集中大量图像样本不断重复上述训练，噪声预测器学会了如何准确地预测噪声，从而使模型能将模糊的样本逐渐去噪，将其还原为清晰的图像。

需要特别注意的是，噪声预测器能够预测出非常接近采样噪点的噪声，通过去除这些噪声，我们可以得到接近训练样本的图像。然而，这种预测只是近似的，因此，生成的图像并不是原始图像的精确复制，而是其近似版本。

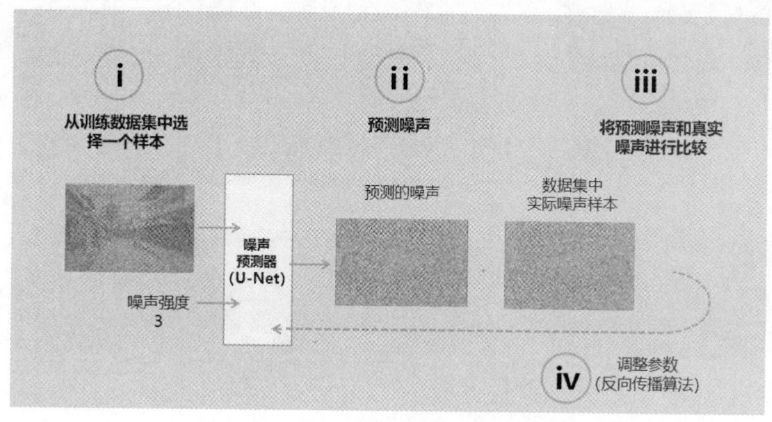

图 8.11　噪声预测器的训练步骤

扩散模型通过捕获训练数据中图像的共性特征进行学习，训练的目标在于尽可能还原训练数据的分布特征。当数据集足够大时，模型受到整体数据分布的约束，生成的图像并不是某个特定的原始图像，而是符合一定规律的分布，这些规律反映了真实世界的特征，如大海通常是蓝色的、人有两只耳朵、鸟有羽毛等。

扩散模型生成图像的具体风格依赖于模型的训练数据集。例如，如果训练数据集是 3D 风格，那么生成的图像也往往呈现 3D 风格。

（3）扩散模型的应用与发展

在当前的生成式人工智能领域，扩散模型无疑是一颗璀璨的明星，尤其在 AI 绘画这一细分领域内取得了令人瞩目的成就。从文本到图像的生成（简称文生图）技术的出现，让绘画创作更加多元，DALL·E、Midjourney、Stable Diffusion 作为扩散模型应用的三大典型代表，更是将 AI 绘画推向了新的高度。

① DALL·E。

不得不提的是 OpenAI 推出的 DALL·E，这款工具自问世以来便被誉为图像版的 GPT-3，其在 AI 绘画领域的开创性贡献不可小觑。DALL·E 1 于 2021 年发布，尽管在技术上并未带来颠覆性的突破，但其依托的大数据、大算力策略，以及 120 亿个参数的庞大模型，依然展现出了强大的图像生成能力。该模型采用 Transformer 架构，并结合了离散 VAE（variational autoencoder，变分自编码器）进行图像编码，同时使用 CLIP 模型对图像和文字进行对比学习，首次展示了大语言模型在跨模态生成方面的能力。

2022 年，DALL·E 2 更是将扩散模型大量引入生成器中，生成图像的质量有了质的飞跃。其还提供了令人瞩目的扩展绘画或外部填充功能，这一功能通过 AI 的想象力，对经典画作如《戴珍珠耳环的少女》进行创造性扩展，生成了少女在厨房中的全新场景（见图 8.12），画面自然和谐，充分展示了 AI 绘画的无限可能。

DALL·E 3 继续沿用了 DALL·E 2 的基本架构，在局部重绘功能及图像编辑能力上更为强大。作为 OpenAI 公司的产品，DALL·E 3 构建在 ChatGPT 之上，这意味着用户可以通过 ChatGPT 来创建、拓展和优化提示词，从而轻松地将自己的想法转化为非常准确的图像。这种集成使 DALL·E 3 能够更好地理解用户的意图，生成更符合要求的图像。

图 8.12　DALL·E 扩展名画《戴珍珠耳环的少女》

② Midjourney。

Midjourney 作为 AI 艺术创作领域的佼佼者，以其出色的艺术表现力和独特的美学风格著称。其生成的图像具有极高的艺术价值，在光影和色彩处理上尤为出众，加之简单的交互方式和较低的使用门槛，其成为设计师和艺术爱好者的首选工具。Midjourney 于 2022 年 3 月首次推出公开测试版，由大卫 · 霍尔兹（David Holz）（Leap Motion 的创始人）领导的团队开发。其发展历程伴随着多个重要版本的迭代：2023 年 3 月发布的 V5 版本实现了更准确的提示词理解和更自然的图像生成；2024 年推出的 V6 版本带来了更好的文本理解能力、更真实的照片级效果，以及改进的构图能力，使 Midjourney 在图像质量和创作自由度上继续保持行业领先地位，成为 AI 艺术创作领域极具影响力的工具之一。

③ Stable Diffusion。

Stable Diffusion 是由 Stability AI、CompVis 和 LAION 于 2022 年 8 月联合推出的开源 AI 图像生成模型。该模型最具突破性的技术创新在于其独特的潜空间处理方法：通过将图像压缩至原始大小的 1/8，在保留关键视觉信息的同时，显著降低了计算资源需求。这一创新使复杂的图像生成任务能够在消费级 GPU 上实现，将生成时间压缩到约 10s，大大降低了应用门槛。Stable Diffusion 基于扩散模型架构，使用 LAION-5B 数据集训练，经历了多次重要迭代：2023 年 7 月发布的 SDXL 将参数数量提升至 25 亿，大幅提升了图像质量；2023 年年底发布的 SDXL Turbo 实现了近实时生成，通过 ControlNet 等扩展模块，进一步增强了图像控制能力。

作为一个开源项目，Stable Diffusion 在遵循相关许可条款的基础上，激发了全球开发者的创新活力。这催生了大量优秀的衍生应用，如广受欢迎的 Stable Diffusion WebUI 界面和灵活的工作流平台 ComfyUI 等，推动了整个行业快速发展。

5. Diffusion Transformer

随着 Transformer 架构的成功，万物皆向量的思想深入各种研究机构，研究人员把图像转换为向量，把图像生成和 Transformer 架构结合起来，这就产生了 Diffusion Transformer（DiT）。DiT 将扩散模型中经典的 U-Net 架构完全替换成 Transformer 架构，这样就能够更高效地捕获数据中的依赖关系并生成高质量的结果。Transformer 架构具有强大的扩展性，通过增加层数和宽度，可以进一步提升模型的性能。

DiT 在图像生成、视频生成和多模态任务中表现出色。例如，Stable Diffusion 3 采用 DiT 架构，大幅提升了文本到图像的生成效果。此外，DiT 还被用于生成高质量的视频内容，展现了其在视觉内容创作领域的巨大潜力。

DiT 已成为生成式人工智能领域的研究热点。许多研究机构和公司都在积极探索 DiT 的应用和优化。例如，腾讯混元文生图大模型基于 DiT 架构，大幅提升了训练效率和生成效果。此外，生数科技团队早期成员提出的 U-ViT 模型也展示了 DiT 架构在视觉任务中的应用潜力。

8.1.3　Stable Diffusion 绘画原理

Stable Diffusion 是当前极受欢迎的图像生成系统，由于它的开源性质，被社区广泛支持，用户和开发者可以自由地修改和扩展模型，生成各种高质量的图像。并且，它可以满足不同画风需求，对作品的塑造具有很高的原创性。Stable Diffusion 也是扩散模型的一个改进版本，因此，它的基本原理和扩散模型类似。但是，一方面，它是基于文生图的系统，另一方面，其目的是提高训练的效率、降低对资源的需求，因此，它也有自己独特的地方。

Stable Diffusion 的主要功能有两个：文生图（Text-to-Image）和图生图（Image-to-Image）。文生图是指根据输入文本信息生成图像，例如，用户输入一段文字，如“天空、沙滩、白云”，Stable Diffusion 自动生成一幅图像，如图 8.13 所示。图生图是指根据输入的图像和约定的文本描述生成新的图像，例如，用户输入一幅图像（如一幅大海和沙滩的图像），同时输入一段文字，如“海盗船”，Stable Diffusion 就会在原始图像的海面上加上一艘海盗船，如图 8.14 所示。

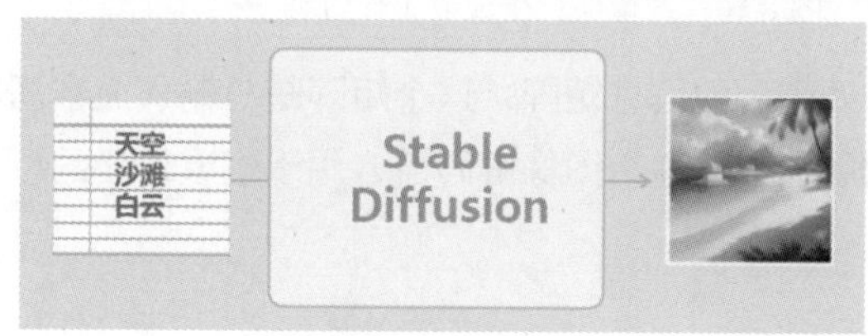

图 8.13　文生图

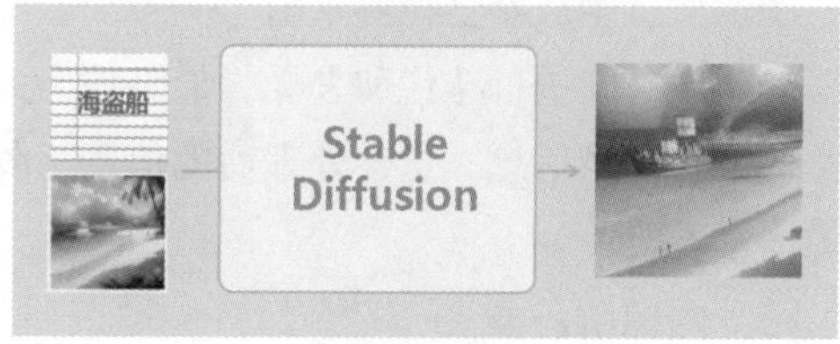

图 8.14　图生图

从图像生成原理上讲，Stable Diffusion 主要由文本编码器、图像信息生成器（U-Net + scheduler）、图像解码器三大组件构成，如图 8.15 所示。

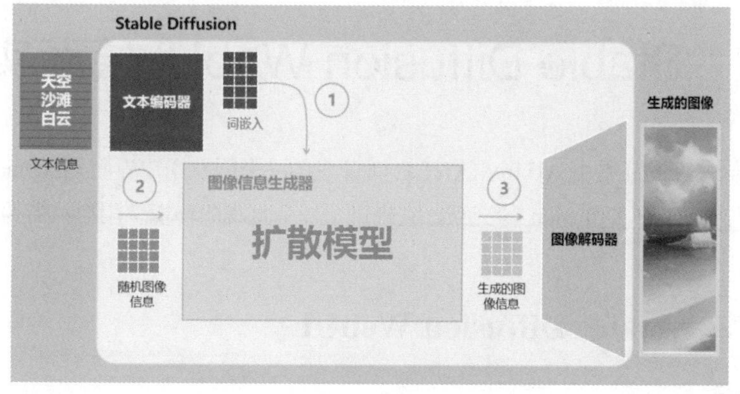

图 8.15　Stable Diffusion 的构成

（1）文本编码器

文本编码器是 Stable Diffusion 中负责文本编码的组件，可以理解为一种特殊的 Transformer

模型（CLIP 模型），它的主要任务是解析用户输入的提示词，并将其转化为一个高维向量空间中的表示，这个过程是至关重要的，因为它为后续的图像生成过程提供了语义信息。

文本编码器的输入是用户提供的文本描述，通常是一句话或一段简短的描述，用来指导模型生成特定的图像。例如，“一只在月光下嚎叫的狼”或“一片金色的麦田中矗立着一座古老的风车”。

文本编码器的输出是一系列利用词嵌入（token embeddings）技术生成的高维向量，这些向量在高维空间中表示词语的语义和语法特征。

（2）图像信息生成器

图像信息生成器由一个 U-Net 神经网络和一个调度（Scheduling）算法组成，它是扩散模型的主体，负责将输入信息逐步处理和转换为图像数据，其工作过程如图 8.16 所示。

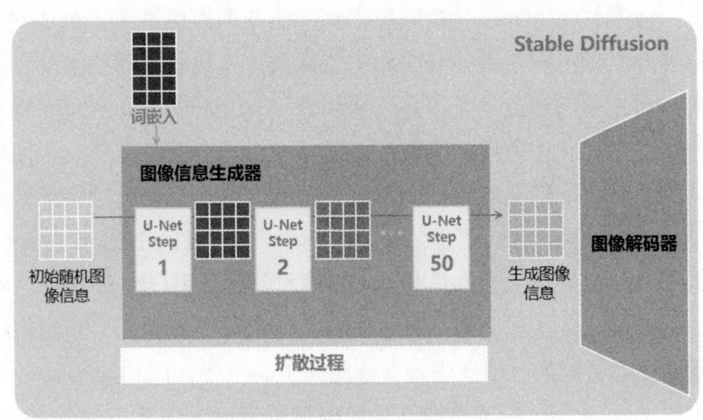

图 8.16 图像信息生成器工作过程

图像信息生成器的输入有两个，一个是来自文本编码器的文本嵌入，另一个是由随机噪声组成的起始多维矩阵。

图像信息生成器会将输入内容压缩到潜空间进行迭代和去噪，最终输出的是处理后的信息矩阵，这个矩阵是与输入文本高度相关的详细图像信息。这个处理后的信息矩阵随后会被传递给图像解码器，用于生成最终的可视图像。

（3）图像解码器

图像解码器是 Stable Diffusion 的最后一个关键组件，用于接收来自图像信息生成器的处理后的信息矩阵，该信息矩阵包含丰富的图像信息，但尚未被转化为像素级的图像，图像解码器负责将信息矩阵转换为可视化的图像。

8.2 Stable Diffusion WebUI 绘画实践

Stable Diffusion WebUI 是由 AUTOMATIC1111 开发的一个图形用户界面（graphical user interface，GUI），旨在简化与 Stable Diffusion 的交互。它提供了一个直观的环境，用户只需通过设置一些参数就可以轻松生成图像。

8.2.1 安装 Stable Diffusion WebUI

1. 本地部署

Stable Diffusion WebUI 是一款免费软件，用户可以进行本地部署。Stable Diffusion WebUI 的本地部署对计算机配置有一定要求，推荐使用带独立显卡的计算机运行。最低配置需要 4GB 显存的显卡，推荐使用 8GB 及以上显存的显卡（如 RTX 3060），以获得更好的性能。

本地安装 Stable Diffusion WebUI 有两种方法，一种是通过官网安装，另一种是通过绘世启动器一键安装。绘世启动器是一款由哔哩哔哩（bilibili）网站 UP 主“秋葉 aaaki”制作并发布的免费 Stable Diffusion WebUI 计算机桌面版启动器，它内置一些常用的插件和模型，大大简化了 Stable Diffusion WebUI 的安装工作，非常适合新用户使用。通过官网安装方法则需要用户从最基础的页面开始，逐一安装需要的插件和模型，这种方法需要用户对于一般的程序部署、Stable Diffusion 插件选择等有一定的了解，适合有一定经验的进阶使用者。

接下来介绍使用绘世启动器安装 Stable Diffusion WebUI 的具体方法。

绘世启动器的安装包很大，建议将其下载到一个空闲空间比较大（建议大于 100 GB）的磁盘内，将安装包解压后会得到两个文件，一个是 Stable Diffusion 的安装文件，另外一个是它的启动器运行依赖，首次安装需要先安装启动器运行依赖。安装完启动器运行依赖之后，解压并运行 Stable Diffusion 安装文件。安装完毕后进入安装目录，双击运行绘世启动器.exe 文件，打开绘世启动器主界面，如图 8.17 所示。

图 8.17　绘世启动器主界面

进入绘世启动器界面后，可以单击左侧的“版本管理”标签，进入“版本管理”界面，如图 8.18 所示。

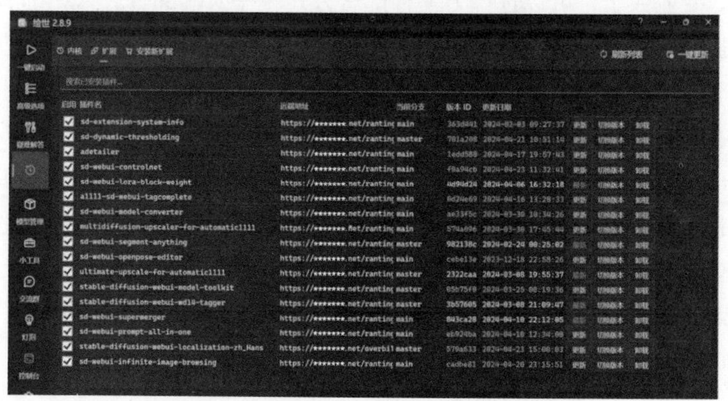

图 8.18　绘世启动器的“版本管理”界面

通过“版本管理”界面，可以切换 Stable Diffusion 内核和各种插件，也可以直接下载插件使用，Stable Diffusion 的版本和插件更新比较快，因此建议经常到这里浏览，看有没有新的版本可以使用。当然，绘世启动器安装时已经预装了大部分常用插件，新用户一般不会受到下载和安装插件的困扰。

在图 8.17 所示的绘世启动器界面中，直接单击右下角的“一键启动”按钮就可以运行 Stable Diffusion WebUI 了。Stable Diffusion 服务的启动过程需要很长时间，用户需要耐心等待。启动完毕后，就可以看到图 8.19 所示的 Stable Diffusion WebUI 主界面。

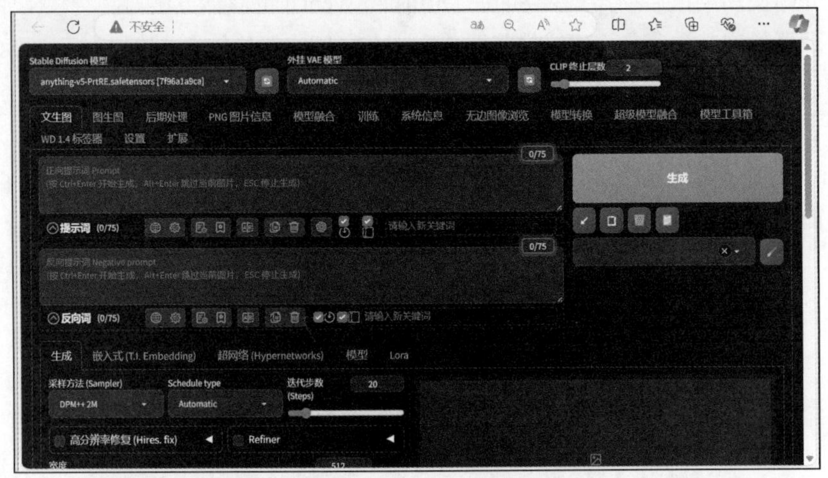

图 8.19　Stable Diffusion WebUI 主界面

Stable Diffusion 目录中，比较常用的文件夹有 3 个。

- Models：用于存放各种模型，如 checkpoint 模型、LoRA 模型、ControlNet 模型等，日后我们新下载的模型都需要放到该文件夹中才可以使用。
- Extensions：用于存放各种插件。
- Outputs：输出目录，用于存放我们生成的所有图像和结果。

2. 云端部署

本地安装 Stable Diffusion WebUI 对计算机配置要求比较高，一次性投入成本相对比较高，对于不经常绘图的非专业人士，可以选择另一种部署方式——云端部署。云端部署方式相当于租用一台别人的计算机来使用，用户无须购置专门的计算机，只需付租金就可以通过浏览器访问云服务商提供的 Stable Diffusion WebUI 服务了。

目前市面上有很多专门对外出租 Stable Diffusion WebUI 云服务的平台，比较有名的如揽睿星舟、AutoDL、OneThingAI 和端脑云等。不同的平台计费方式不同，比如揽睿星舟按小时计费，AutoDL、OneThingAI 和端脑云都是按分钟计费，它们在使用功能和便捷性上也各有优缺点，用户根据自己的需要进行选择即可。

下面以 AutoDL 为例，简单介绍 Stable Diffusion WebUI 的云端部署方式。

打开 AutoDL 官网并注册账号后，通过右上角“控制台”标签进入 AutoDL 控制台主界面，如图 8.20 所示。

控制台主界面中显示“容器实例”信息。“容器实例”可以理解为用户租用的一台计算机，后面我们统一称为实例。单击左侧的“容器实例”，就可以租用新的实例了。AutoDL 在多个地区都部署了不同 CPU 型号的多个服务器主机，用户可以根据适合自己的计费方式选择主机服务器。AutoDL 创建实例页面如图 8.21 所示。

图 8.20　AutoDL 控制台主界面

图 8.21　AutoDL 创建实例页面

AutoDL 是预付费的，用户在租用实例之前，需要先充值。服务器租赁页面明确给出了计费报价，用户可以根据自己的使用时长、频率、速度要求等进行充值。当账户余额不足时，系统会给出提示。

在创建实例页面根据需要选择好计费方式、地区、CPU 型号后，选择一个主机（注意只有空闲的主机才可以选择使用），再选择镜像文件（这里推荐选择社区镜像）和版本，如图 8.22 所示。

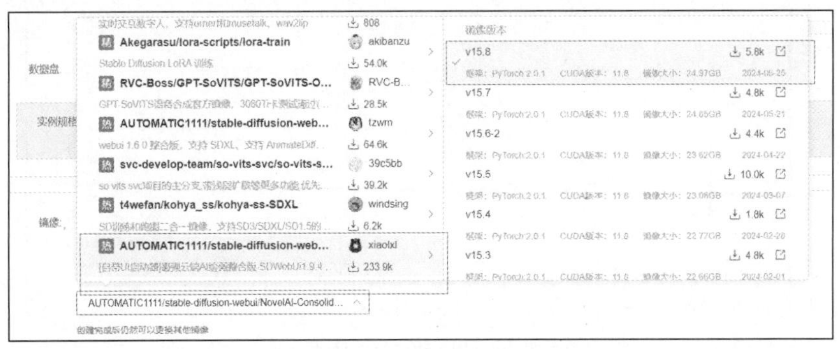

图 8.22　选择镜像文件和版本

选择好镜像文件和版本后，单击图 8.21 中的“立即创建”按钮，AutoDL 会为用户创建一个实例，就相当于用户获得了一台专属的计算机。创建好的实例列表如图 8.23 所示。

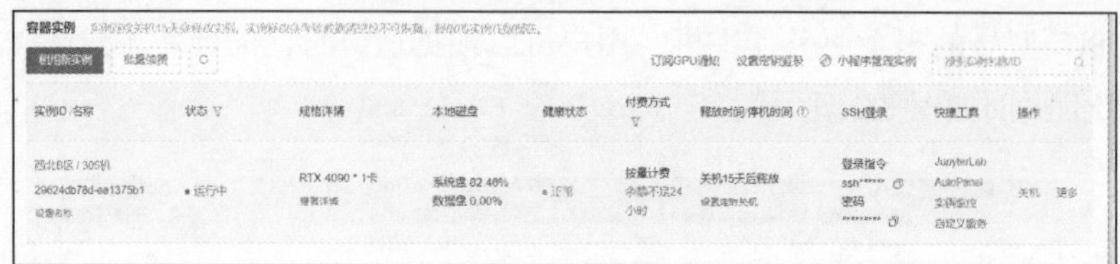

图 8.23　创建好的实例列表

实例创建完毕后，就可以启动实例运行 Stable Diffusion WebUI 了。单击“快捷工具”栏中的 JupyterLab，按指导说明运行相关的程序并进行设定之后，系统就会弹出启动 Stable Diffusion WebUI 的界面，如图 8.24 所示。选择“启动 SD-WebUI”标签页，单击最下面的启动按钮就可以启动 Stable Diffusion WebUI 了。

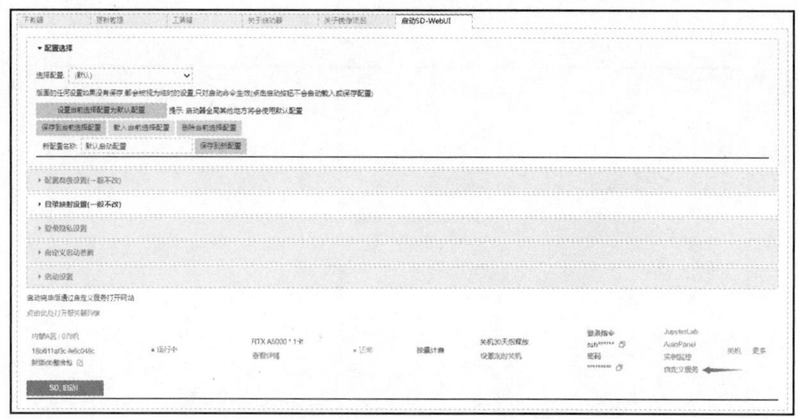

图 8.24　启动 Stable Diffusion WebUI 的界面

Stable Diffusion WebUI 的启动过程如图 8.25 所示，当启动脚本中出现“http://127.0.0.1:6006”字样时，表明启动成功。

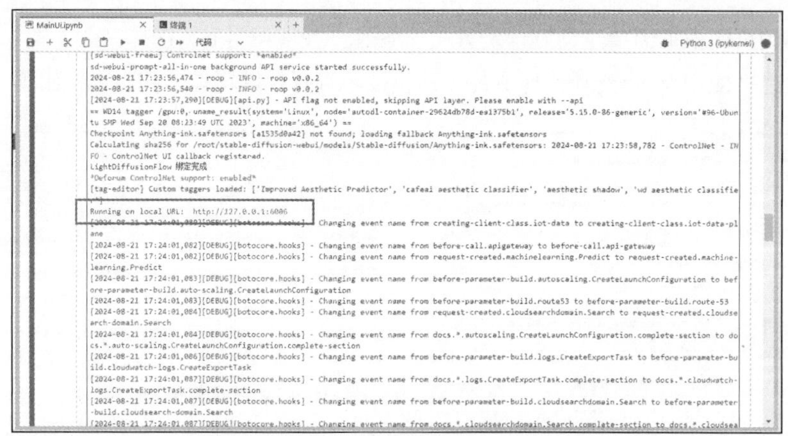

图 8.25　Stable Diffusion WebUI 的启动过程

启动完毕后，就可以通过图 8.23 所示实例列表中的快捷工具“自定义服务”来打开 Stable Diffusion WebUI 主界面了，如图 8.26 所示。

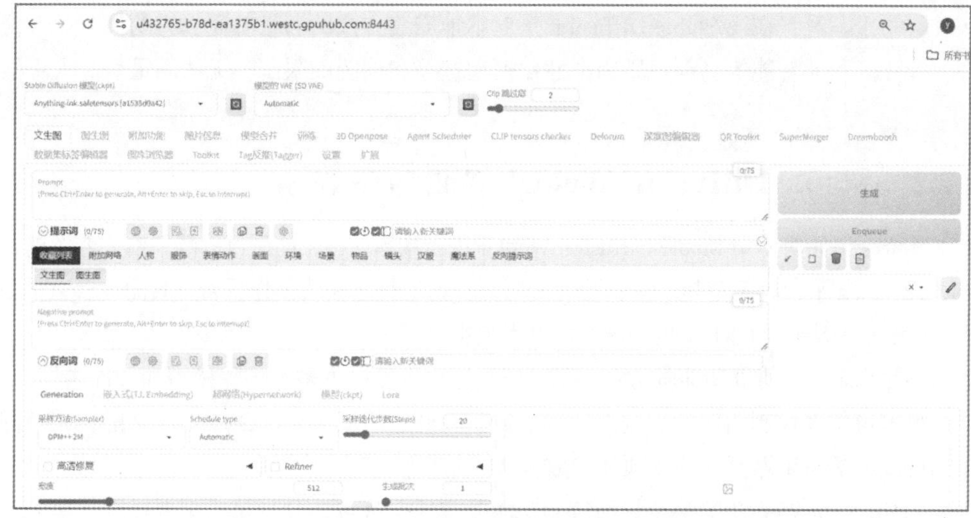

图 8.26　Stable Diffusion WebUI 主界面

打开主界面后，用户就可以像在本地安装 Stable Diffusion WebUI 一样使用它了。如果 AutoDL 提供的默认模型不够用，用户也可以下载自己要用的模型，并上传到 AutoDL 服务器上使用，具体操作方法很简单，参照 AutoDL 相关文档即可。

3. 在线创作平台

前面介绍了 Stable Diffusion WebUI 的本地安装和云端部署方式，不同的方式对硬件、费用、个人能力的要求都不同，用户可以根据自己的需要进行选择。但是无论采用哪种方式，对用户都是有一定门槛要求的，即便有"一键安装包"，无论是网络和硬件的选择，还是模块和插件的选择，都需要用户有一定的部署能力。如果用户不想在这方面花费精力，那么还有一种更便捷的选择，那就是直接使用第三方的在线创作平台。

使用在线创作平台就像使用浏览器一样方便，用户无须进行任何安装和配置，也无须自己下载模型，非常便捷。目前市面上的在线 Stable Diffusion 创作平台很多，如 Cephalon、LiblibAI、网易的 AI 设计工坊等。以 LiblibAI 为例，它对国内的用户非常友好，界面也和原生的 Stable Diffusion WebUI 无异，它还提供了很多模型库和实用工具，其网站首页如图 8.27 所示。

图 8.27　LiblibAI 网站首页

从目前的生态看，在线 Stable Diffusion 是对本地安装方式的有效补充。它的优势是方便、模型丰富、有社区互动功能等，但也因为个性化模型选择和训练的限制，无法满足专业人士的定制化要求。

8.2.2 Stable Diffusion WebUI 界面与参数

本小节将介绍如何使用 Stable Diffusion WebUI 进行图像生成。这里可以选择前面介绍的任何一个 Stable Diffusion 平台，无论是本地安装、云端部署还是其他在线创作平台，界面和参数都是基本一致的，且设置方法和生图步骤也一样，这点无须担心。

Stable Diffusion 之所以功能强大和灵活，是因为它除了提供多种训练模型和插件供用户选择，还设计了很多可精准控制图像的定制选项和参数。在开始使用 Stable Diffusion 之前，用户需要对 Stable Diffusion WebUI 界面上的选项和参数有所了解。

Stable Diffusion WebUI 的整个界面按照功能分成 5 个区域，分别是模型选择区、功能区、提示词输入区、参数设定区、生成预览区，如图 8.28 所示。

图 8.28　Stable Diffusion WebUI 界面上的区域划分

Stable Diffusion WebUI 的整个使用过程也是围绕 5 个区域的功能选择和参数设定来进行的，包括模型选择、功能选择、提示词输入、参数设定等多个步骤。

1. 模型选择

在 Stable Diffusion 中，模型主要分为五大类，分别是 Stable Diffusion 模型、VAE 模型、LoRA 模型、Embedding 模型和 Hypernetwork 模型，选择入口如图 8.29 和图 8.30 所示。

图 8.29　Stable Diffusion 模型和 VAE 模型选择入口

图 8.30　LoRA 模型、Embedding 模型和 Hypernetwork 模型选择入口

（1）Stable Diffusion 模型

Stable Diffusion 模型又称为大模型，它代表了 Stable Diffusion 的核心，必须有这个模型，Stable Diffusion WebUI 才可以运行。由于不同的大模型是使用不同图像训练而成的，通过前面对扩散模型原理的学习我们知道，如果训练大模型用的全是卡通风格图像，那么它最终生成的图像效果也会趋于卡通风格；如果训练的时候用的是真人风格图像，则最终生成的图像效果趋于真人风格。因此，对 Stable Diffusion WebUI 来说，选择大模型十分重要，它是生图的第一步。

另外，由于大模型的数据集大、素材多，训练的时间非常长，体积也比较大（一般在 2GB 以上），当我们加载一个大模型时，用时会比较长。

（2）VAE 模型

VAE（变分自编码器）是图像在潜空间与像素空间之间的一个桥梁，分为 VAE 编码器与 VAE 解码器。编码器负责将图像压缩到潜空间中的低维表示，解码器则从潜空间恢复图像。正常情况下，每个大模型都是自带 VAE 的，因此一般不需要用户选择外挂 VAE 模型，除非大模型内的 VAE 失灵（如 Anything V3 大模型内的 VAE 就会经常失灵）。一旦选择了外挂 VAE 模型，大模型本身自带的 VAE 就会完全失效。

因为不同的 VAE 模型的参数和算法是相同的，所以更换了 VAE 模型后，只有一些细节及颜色上的差距，例如，如果没有外挂 VAE 模型，生成的图像整体颜色一般会比较暗淡，而外挂了 VAE 模型的图像整体颜色会比较明亮。不过，有一些大模型在训练的时候就已经嵌入 VAE 效果，所以即使没有外挂 VAE 模型，图像的颜色也不会特别暗淡。

（3）LoRA 模型

LoRA 是一种模型微调技术，可应用于各种深度学习模型。在 Stable Diffusion 中，LoRA 不能单独使用，必须与基础模型一起使用。它的主要作用是在特定方向上优化模型效果，比如添加特定的艺术风格、特殊的光效、特定的人物特征等。使用 LoRA 的主要优势是无须重新训练完整的大模型，只需要用较少的训练数据就能实现特定的优化效果，从而大大提高了效率和灵活性。同时，LoRA 模型文件较小，便于分享和部署。

（4）Embedding 模型

Embedding 模型也称为文本反转（textual inversion）模型，它可以将一系列输入提示词打包成一个向量，以提高图像生成的稳定性和准确性。例如，若想要通过 Stable Diffusion 生成火影忍者里面的漩涡鸣人形象，一般需要好几个提示词来进行描述，如外形、衣服颜色等，而利用 Embedding 模型，可以将这一系列提示词打包成为一个新的提示词（如“漩涡鸣人”），这样，以后只需输入“漩涡鸣人”这个提示词，Embedding 模型就会生成漩涡鸣人形象，这大大提高了编写提示词的效率。

（5）Hypernetwork 模型

Hypernetwork（超网络）模型是一种基于神经网络的模型，它可以快速生成其他神经网络的参数。Hypernetwork 模型主要用来对大模型进行微调，比如通过插入一个小型的超网络来修改输出风格，而不改变大模型的核心结构，这个模型和 LoRA 模型的功能有点重叠，所以在实际中用得相对较少。

2. 功能选择

Stable Diffusion WebUI 的功能区标签如图 8.31 所示。不同平台的功能区标签可能有所不同，这里重点介绍常用的几个。

图 8.31　Stable Diffusion WebUI 的功能区标签

（1）文生图

文生图功能允许用户通过文本描述生成图像，即用户输入一段英文文字（提示词），模型根据描述生成相应的图像。例如，输入“sunset over a mountain range”，模型将生成一幅描绘山脉日落的图像。

（2）图生图

图生图功能允许用户通过提供一幅初始图像，按要求进行一定程度的编辑或变化，生成一幅新图像。用户可以指定变化的要求和强度。图生图的一个典型应用是图像风格转换或图像细节增强，比如上传一张草图，让 Stable Diffusion WebUI 生成一张具有细节和彩色的完整插图。

（3）后期处理

后期处理（Post-Processing）功能用于对生成的图像进行细节调整和优化，如提高图像清晰度、调整图像色调和对比度、使用去噪工具减少图像中的噪点等，以提升整体视觉质量。

3. 提示词输入

提示词是用户输入的文本描述（如主题、风格、颜色、细节等信息），用于指导模型生成符合要求的图像。编写高质量的提示词非常重要，一般需要反复修订、打磨和挑选才能达到理想的效果。

Stable Diffusion WebUI 的提示词输入区如图 8.32 所示。

图 8.32　Stable Diffusion WebUI 的提示词输入区

（1）简单提示词和复杂提示词

在 Stable Diffusion WebUI 的提示词输入区，用户可以输入简单提示词，如“一只小猫”，Stable Diffusion WebUI 会生成一张普通的猫的图像。用户也可以输入复杂提示词，如“一只毛茸茸的白猫坐在维多利亚风格的扶手椅上，房间阳光充足，装饰复古”，基于复杂提示词生成的小猫图像会体现更多的细节，描述小猫所处的特定环境和风格等。

（2）自然语言提示词和标签提示词

提示词书写形式有两种，一种是自然语言形式，如“一个可爱的长头发的女孩坐在草地上看书”；另一种是标签形式，把长句中的关键词摘出来，用一个个标签来标识，如“一个女孩，长发，可爱，草地，坐着，看书”等。

Stable Diffusion WebUI 对两种形式的提示词都能很好识别，但是从经验来看，建议使用标签形式的写法，原因如下。

① 标签描述的方式简洁、明确，能够快速传达关键信息，不容易产生歧义。

② 标签提示词更容易与 AI 模型对接，因为许多 AI 模型都是基于这种描述方式训练的。

③ 在 Stable Diffusion WebUI 中，提示词是有权重的，排在前面的提示词权重更高。

④ 对 Stable Diffusion WebUI 来说，相关性较高的词放在一起更有助于识别，而标签形式的提示词调整起来非常容易。

（3）正向提示词和反向提示词

Stable Diffusion WebUI 的提示词输入区分为正向提示词输入区和反向提示词输入区。正向提示词用于描述希望图像中出现的元素（如“一个女孩，漂亮的”），反向提示词用于描述不希望图像中出现的元素（如“丑陋的，变异的手或手指”）。反向提示词的设计也是非常有价值的，它可以帮助模型排除不需要的元素或特征，防止模型生成错误或不相关的内容。

（4）提示词的语言和编辑提示词

需要特别提醒的是，前文为了便于理解，实例中展示的提示词都是用中文描述的，实际上 Stable Diffusion 并不支持中文提示词，它只支持英文提示词输入。

不过，用户即使英文不好也不必担心，很多 Stable Diffusion WebUI 平台提供了翻译接口，使用第三方的翻译工具也非常方便。

除此以外，Stable Diffusion WebUI 还提供了非常方便的提示词编辑工具，如图 8.33 所示。通过这个工具，用户可以方便地调整提示词的顺序、删减提示词等。

图 8.33　提示词编辑工具

4. 参数设定

除了选择适合的模型和编写有效的提示词外，Stable Diffusion 绘制参数的设定也直接影响图像的最终质量和效果。下面介绍 Stable Diffusion 的常用绘制参数。

（1）采样器和采样步数

通过前面的原理部分，我们掌握了 Stable Diffusion 通过一段文本描述生成一幅图像的稳定扩散过程，即首先在潜空间中生成一幅完全随机的图像，并通过噪声预测器预测图像的噪声，然后将预测的噪声从图像中减去，将这个过程重复十几次甚至几十次，Stable Diffusion 最终得到一幅“干净”的图像。这个稳定扩散过程的每一步都会生成一个样本图像，因此，这种去噪过程被称为采样，而采样时使用的方法被称为采样器（Sampler），又叫采样方法或采样算法，重复迭代的次数就被称为采样步数或迭代步数（Steps），如图 8.34 所示。

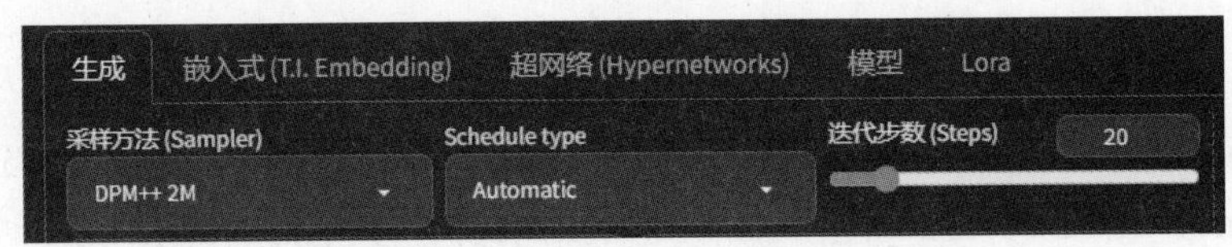

图 8.34　Stable Diffusion 的采样方法和迭代步数设定

采样器决定了图像扩散过程中采用的算法。不同的采样算法有不同的去噪步骤和随机性预设，会影响最终图像的风格和效果。虽然有多种采样算法可供选择，但并没有一种算法适用于所有情况，推荐在实际使用中尝试不同的算法，找到与模型和图像类型最匹配的方法，一般日常使用较多的是名字以“DPM++”开始的几个算法。

采样步数是决定图像细节和质量的关键。每一步迭代都基于前一步的图像进行细化，理论上步数越多，图像越精细，不同的采样步数效果如图 8.35 所示。但是，过多的步数会导致资源消耗增加和生成速度变慢，而且在达到一定步数后，图像质量的提升幅度会逐渐减小。通常 20～30 步是一个平衡区间，既能保证图像质量又不会过度消耗资源。

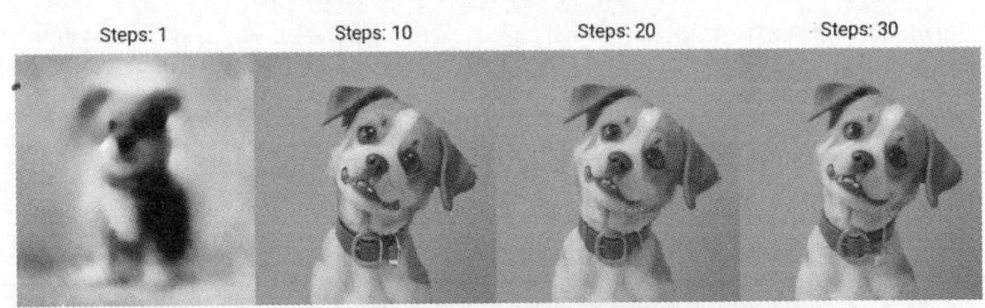

图 8.35　不同的采样步数效果

（2）宽度和高度

图像的宽度和高度设定，直接决定了输出图像的尺寸和分辨率。更大的图像能够包含更多的细节和信息，但同时也要求更高的处理能力和更长的生成时间。我们需要根据设备性能和需求来调整图像的大小，确保在不超出设备能力的前提下获得最佳的效果，一般图像大小建议设置为 1024 像素 × 768 像素左右，不宜过大或过小。

（3）每次数量和生成次数

每次数量是指每批次生成的图像数；生成次数则为生成多少批次。AI 生图具有一定的不稳定性，需要多次尝试以达到满意效果。每次数量和生成次数控制生成图像的数量与频率，通过调整这两个参数，可以批量生成多幅图像，帮助我们更快地获取所需图像。当然，参数设置也不是越大越好，若每次数量设置过大，则可能出现显存不足的情况。

（4）高分辨率修复

高分辨率修复（Hires.fix）是在图像生成后提升其分辨率和细节的一种技术，一般用于需要放大图像细节或改善图像质量的场合。Stable Diffusion 训练的时候都是用低分辨率图像进行的，因此，在生图时如果直接设定高分辨率，就会出现问题，如出现多手多脚的情况。为了解决这个问题，Stable Diffusion 后期版本中，支持将图像的放大修复作为单独的过程进行处理。生图时，可以先设定一个比较小的宽高尺寸，反复生成多幅图像，在得到最终符合要求的图像后，再加入高清修复选项，让 Stable Diffusion 通过放大算法将这幅图像的分辨率扩大，以实现高清大图效果，这个过程本质上相当于再次进行了一个图生图操作。

高分辨率修复的常见参数如下。

① 放大算法：选择用于放大图像的算法，如 Latent、Lanczos、Nearest 等。不同的放大算法会影响最终图像的清晰度和细节的高重绘选择。

② 放大倍数：定义图像放大的倍数，常用的倍率是 1.5x 或 2x。

③ 重绘幅度：控制生成图像时的噪声水平，值越大图像变化越大，重绘幅度通常设置在 0.3～0.7，0.5 及以上是高重绘，0.3～0.5 为低重绘。

④ 迭代步数：调整生成过程中的步数，步数越多细节通常越丰富，但生成时间也更长。

⑤ 高度和宽度：指定输出图像的最终分辨率。

（5）提示词引导次数

提示词引导次数（CFG Scale）又叫提示词引导系数或提示词相关性，它控制生成图像与提示词之间的相关性，这个参数对于调整生成图像的创意程度和精确度非常有用。该数值越大，AI 模型生成的图像将越忠于输入的提示词，生成的图像越符合描述。提示词引导次数一般设为 7～12，数值过大或过小均可能导致图像效果异常。图 8.36 展示了使用不同的提示词引导次数生成的图像。

图 8.36　使用不同的提示词引导次数生成的图像

（6）随机种子

随机种子（Seed）用于确定生成图像时的随机性。在其他参数相同的情况下，使用相同的种子可以生成相同的图像，这个参数对于在不同时间或设备上复现喜欢的图像或进行微调非常有用。当种子值设为-1 时，每次生图时 Stable Diffusion 都会分配一个随机种子值，生图结果也具有较大的随机性，如图 8.37 所示。

图 8.37　随机种子效果

Stable Diffusion 灵活的参数设定功能赋予用户强大的控制力，用户在使用 Stable Diffusion 开始创作之前，要学会如何编写有效的提示词，了解各项参数的基本作用；在进行创作时要耐心探索不同参数组合，反复验证，找出最符合自己需求的设置，以获得满意的作品。

8.2.3　Stable Diffusion WebUI 应用实践

基于前面对 Stable Diffusion WebUI 界面和参数的介绍，在本小节，我们实践几个常见的生图功能。

1. 文生图

在开始创作之前，我们需要在脑海中构思需求：我们想要一个什么样的作品，准备用它来干什么。例如，我们想使用 Stable Diffusion WebUI 生成一张符合以下描述、准备发在朋友圈的海报。

- 使用场合：一张可以发到朋友圈的海报。
- 画面内容：一个小女孩坐在教室里面，教室里有桌椅，小女孩在看书。
- 画面风格："二次元"风格。

接下来，我们使用 Stable Diffusion WebUI 来实现上述需求。

（1）选择大模型

选择大模型就是选择风格，人物类大模型虽然从整体风格上分为真人、"二次元"、2.5D 等几个大类，但是具体到每个大模型，都是用一组特定风格的图片训练而成的，即使同为"二次元"，其风格细节也不尽相同，因此，我们需要提前选定符合自己风格需求的大模型。

如果 Stable Diffusion WebUI 主界面的模型选择区中没有自己想要的模型，则我们需要自行下载。很多网站都提供了各种各样的模型，比较知名的如 Civitai、Hugging Face、LiblibAI 等。

模型下载完成后，我们需要将其存放到 Stable Diffusion 的大模型目录（models\Stable-diffusion）下才可以使用，如图 8.38 所示。

sd-webui-aki-v4.8 > sd-webui-aki-v4.8 > models > Stable-diffusion　　在 Stable-diffusion 中搜索

排序　查看　…　详细信息

名称	修改日期	类型	大小
墨幽二次元_v2.safetensors	2024/6/24 15:32	SAFETENSORS 文件	2,082,667 KB
墨幽二次元_v2.png	2024/6/26 13:52	PNG 图片文件	836 KB
建筑设计_dvarchMultiPrompt_dvarch.ckpt	2024/7/9 20:54	CKPT 文件	2,082,868 KB
扁平艺术插画_1.0.safetensors	2024/6/26 11:18	SAFETENSORS 文件	2,082,668 KB
扁平艺术插画_1.0.png	2024/6/26 11:22	PNG 图片文件	341 KB
V3_5G.safetensors	2024/6/24 16:00	SAFETENSORS 文件	5,833,227 KB
TQing 2Dv2_v2.safetensors	2024/6/26 14:09	SAFETENSORS 文件	2,082,643 KB
tmndMix_tmndMixVPruned.safetensors	2024/7/9 20:24	SAFETENSORS 文件	2,082,643 KB

图 8.38　Stable Diffusion 的大模型目录

将模型文件存放好后，打开 Stable Diffusion WebUI 主界面，单击 Stable Diffusion 模型的刷新按钮，新模型就会出现在选择列表中，如图 8.39 所示。

图 8.39　Stable Diffusion 模型选择列表

（2）编写提示词

在编写提示词之前可以进行合理想象，在脑海中构思目标图片的内容和场景。如果构思困难，可以在网上查找一些类似图 8.40 所示的用来构思的参考图，以帮助我们更好地描述出细节信息。

图 8.40　用来构思的参考图

编写提示词时可以从人物主体特征、场景、环境光照、视角等多个维度进行描述。

- 人物主体特征：服饰穿戴、发型发色、五官特点、面部表情、肢体动作等。
- 场景：室内还是室外、大的场景（森林、城市、街道）、小的细节（白色的花、绿色的树）等。
- 环境光照：白天还是黑夜、阴天还是晴天、柔和的光线还是阴暗的光线等。
- 视角：距离远近、人物比例、观察视角、镜头的类型等。

除了上述内容型提示词，还可加上画质、画风等提示词，画质提示词如画质高还是低、分辨率高还是低等，画风提示词如插画、“二次元”、写实系等。

本例中，我们构思的是“一个亚洲女孩在教室里坐在桌边，穿着学校的校服，手里拿着一本书，正在学习”，再加上“高质量”“迪士尼”等画质、画风限定词，最终得到的提示词如下：

Disney style, Asian girl, in the classroom, sitting at a desk, wearing school uniform, books, studying, details, complexity, high quality.

将上述提示词输入正向提示词框中，而反向提示词，没有特别说明的话，直接使用通用反向提示词即可，如图 8.41 所示。

图 8.41　输入提示词

（3）设定绘制参数

这里我们仅进行一些简单的参数设定，其他参数使用默认值，具体如下。

采样器：DPM++ 2M SDE Karras。

采样步数：30。

生成图像尺寸：540 像素×960 像素（主要考虑手机屏幕 9∶16 的比例）。

单次生成数量：1。

（4）生成图像

设定完毕后，单击右上角的“生成”按钮，随着进度条的前进，我们可以清楚地看到图像逐步去噪变得清晰的过程，最终得到一幅 9∶16 的主图，如图 8.42 所示。

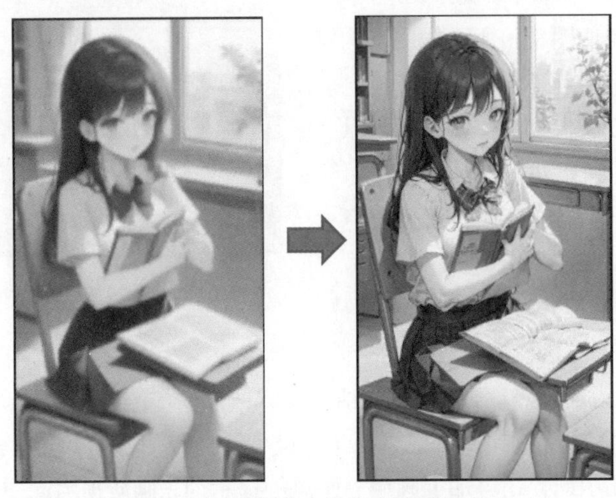

图 8.42　生成图像由模糊变清晰的过程

有了这个主图，我们再配上宣传文字、二维码等信息，一个朋友圈的海报就完成了。

这里需要说明的是，使用 Stable Diffusion WebUI 生图具有一定的随机性，每一次都会生成一张不同的图像，如果不满意可以继续单击“生成”按钮重新生成（这个操作被称为“抽卡”），直到满意为止。

另外，我们选择的“二次元”大模型是全部使用“二次元”风格图片训练而成的，因此，每次随机生成的图像虽然不同，但是其“二次元”风格是不会变的，这也体现了前面介绍的模型训练和生成图像的原理。如果想要其他风格，就需要更换大模型。现在我们保持提示词和参数设定不变，更换一个 3D 风格的大模型，让 Stable Diffusion WebUI 重新生成一遍，结果得到了一幅 3D 风格的主图，如图 8.43 所示。

图 8.43　3D 风格的主图

（5）导出图像

使用 Stable Diffusion WebUI 生成的图像都存放在 Stable Diffusion 的 outputs 目录中，如图 8.44 所示。如果觉得图像不错，可以下载保存。

以上就是一个简单的文生图功能的实现，接下来我们学习如何利用 Stable Diffusion WebUI 实现图生图。

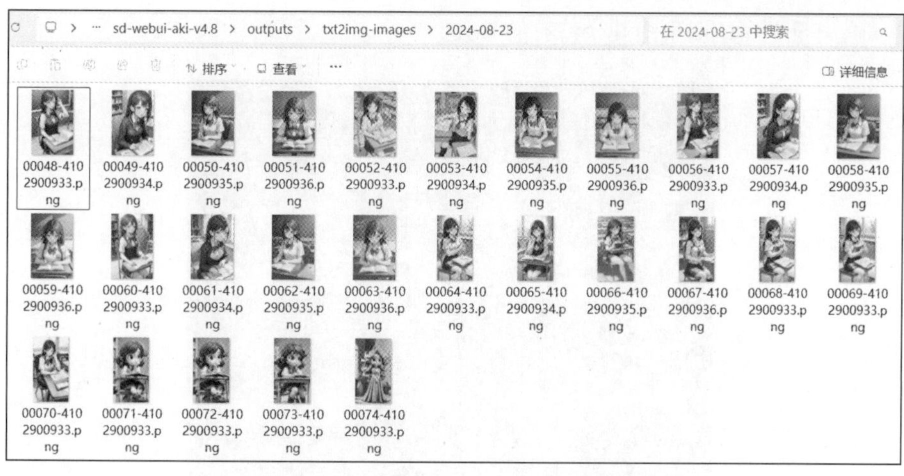

图 8.44　Stable Diffusion 的 outputs 目录

2. 图生图

利用文生图功能，我们只需输入一段描述性提示词，就能快速地得到一幅符合描述的图像，非常便捷。但是在实际生图的过程中，可能存在以下情况：无论怎么打磨提示词，也很难得到自己“心目中的那一幅”，即便我们提供的提示词已经非常详细了。这就如同客户和设计师之间的矛盾一样，无论设计师多么努力地去理解客户的想法，最终得到的可能是客户的一句“这不是我想要的”。试想一下，如果在沟通需求时，客户能提供一个参考图，那么出现沟通偏差的概率是不是就大大减少了？

AI 绘画也一样，当提示词不足以让 AI 完全理解我们的要求时，我们可以给 AI 一幅图像作为参考，再配上我们的描述提示词，AI 就能较好地理解我们的想法了。在 AI 绘画中，这个“提示词+参考图”共同作为输入的生图功能就叫作图生图。换句话说，图生图就是根据用户提供的参考图和文本描述信息，在原图的基础上创作一幅新的图像。从原理上讲，图生图就是在输入的原图基础上先进行正向扩散，增加噪声，然后在输入的文本描述和其他控制信号的共同引导下进行反向扩散，逐步去噪，最终生成需要的图像，如图 8.45 所示。

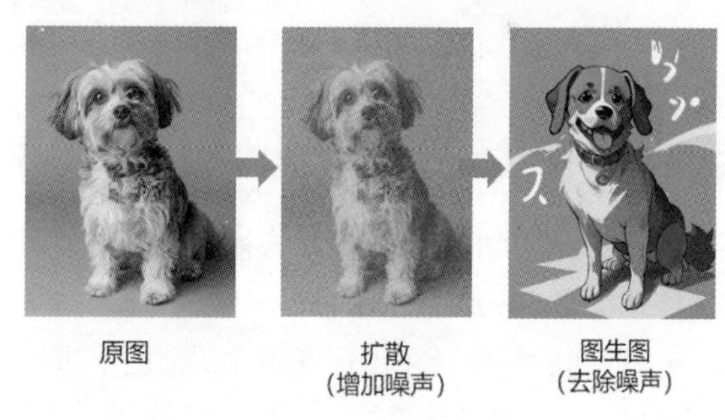

图 8.45　图生图的原理

接下来我们通过 Stable Diffusion WebUI 来实现图生图。

（1）图生图的界面和参数设定

打开 Stable Diffusion WebUI 主界面，单击“图生图”功能标签，可以看到这里多了一个上传图像的功能，同时绘制参数区增加了缩放模式和重绘强度的参数设定，这些都是图生图特有的功能参数。除此以外，在图生图的“生成”标签页中，还增加了“涂鸦”“局部重绘”“涂鸦重绘”“上传重绘蒙版”“批量处理”等子标签，这些都是图生图功能的细节工具，如图 8.46 所示。

Stable Diffusion WebUI 图生图的过程包括选择模型、导入图像、输入提示词、参数设置和生成图像 5 个步骤，实际上，图生图除多了一个导入图像步骤外，其他后续步骤与文生图没有本质上的区别，这里重点介绍图生图几个特有的参数。

图 8.46　Stable Diffusion WebUI 的图生图界面

① 缩放模式。

当设定的目标图像的比例与原图比例不一致时，需要设定缩放模式。图 8.47 显示了不同缩放模式的效果。

图 8.47　不同缩放模式的效果

- 仅调整大小：生成的图像被强制调整到固定的尺寸，不保留原有的宽高比，这可能会导致图像被拉伸或压缩而失真。
- 剪裁后缩放：在锁定宽高比的前提下进行剪裁，在这种模式下，生成的图像会保持原有的宽高比，不会被拉伸或缩小，整个图像会被限制在指定的尺寸内。
- 缩放后填充空白：在保证原有图像比例不变的条件下，为了满足新的比例尺寸，对图像的边缘进行像素扩充。
- 调整大小（潜空间放大）：在这种模式下，Stable Diffusion WebUI 会根据输入的提示词自动决定最佳的图像尺寸和宽高比，生成合适大小的图像。这种模式和第一种模式的区别在于：第一种模式是在图像生成后进行缩放，而这种模式是在图像生成前在潜空间内先进行缩放，这种缩放使每次生图的效果不太一样，有微小的差别。

② 重绘尺寸。

重绘尺寸用于设定目标图像的分辨率，如果设定的重绘尺寸与原图比例不一致，则需要设定缩放模式。设定重绘尺寸界面如图 8.48 所示。

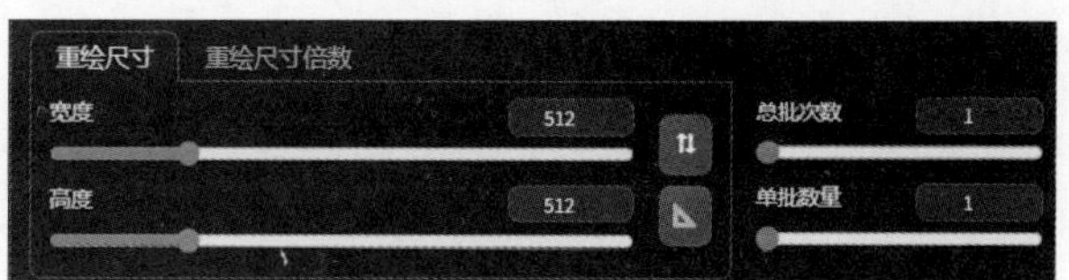

图 8.48　设定重绘尺寸界面

鉴于 Stable Diffusion WebUI 生图的随机性，在实际工作中，我们刚开始一般会设定较小的分辨率，待抽卡选中符合要求的图像后，再锁定种子，通过高分辨率修复、插件等功能放大图像。

③ 重绘幅度。

重绘幅度（Denoising strength）越大，对原始图像的参考越低；重绘幅度越小，对原始图像的参考越大。一般来说，重绘幅度在 0.3 以下变化较小，重绘幅度在 0.7 以上会出现较大的变化，不同的重绘幅度对比如图 8.49 所示。

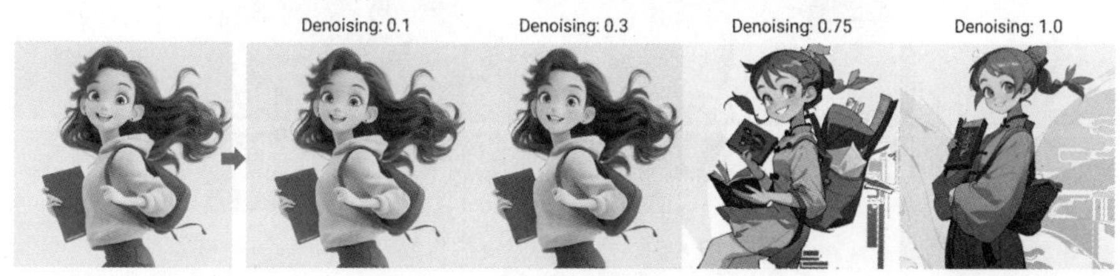

图 8.49　不同的重绘幅度对比

（2）利用图生图功能生成一张图像

某儿童眼镜公司欲推广产品，想要借鉴一张儿童模特的照片（见图 8.50）来设计一款手绘风格的海报。接下来，我们使用 Stable Diffusion WebUI 的图生图功能来完成对这幅真人照片转手绘风格的处理。

① 大模型选择。

选择一个手绘风格的大模型，这里我们选择 SeekYou，一个动漫风格的大模型。

② 导入图像。

将图 8.50 所示的真人照片导入 Stable Diffusion WebUI 的“图生图”标签页中。

图 8.50　儿童模特的照片

③ 编写提示词。

如果我们想直接复现照片中的男孩，那么可以将照片中的内容、场景等描述一遍，如“一个男孩，眼镜，带毛线帽子，毛衣，坐着，看着镜头，微笑”，翻译成英文为“1boy, glasses, hat, sweater, sitting, looking at viewer, smile”。除此以外，我们还可以增加一些画质、画风提示词。反向提示词使用常用的提示词即可，在生图过程中，我们也可以根据生图的结果来添加不希望出现的内容。

④ 绘制参数设置。

绘制参数起始设置如下，后续可以根据生图效果进行微调。

- 采样器：UniPC。
- 采样步数：20。
- 宽高比：保持原始比例，宽设为 440 像素，高设为 659 像素。

- 提示词引导次数：7。
- 重绘幅度：0.5。
- 总批数量：4。

⑤ 生成并调整。

根据生成结果，反复调整提示词权重、反向提示词及各个绘制参数的值。最终从生成的多幅图像中选择最满意的作品下载并保存，如图 8.51 所示。

图 8.51　图生图完成的作品

3. 涂鸦与局部重绘

除图生图之外，Stable Diffusion WebUI 还支持对图像进行局部修改和重绘，其中涂鸦和局部重绘就是图生图中常用的局部图像处理子功能。

（1）涂鸦

涂鸦功能允许用户在图像上涂抹一个区域，Stable Diffusion WebUI 会自动根据涂抹区域周围的内容，生成新的内容来填补这个区域。这个功能可以用来擦除图像中的某些元素，或者添加新的内容到图像中。例如，图 8.52 所示就是使用涂鸦功能对图像局部指定颜色/形状。我们可以使用涂鸦工具涂抹图 8.52（a）中女孩手持鲜花的区域，如图 8.52（b）所示，再让 Stable Diffusion WebUI 重绘涂抹区域，并根据我们输入的文本提示信息（如人物面部表情等）重新生成图像，如图 8.52（c）所示，我们可以看到，在涂抹区域生成了一束新的鲜花，女孩手持鲜花，表情很高兴。

（a）原图像

（b）涂抹后的效果

（c）重新生成的图像

图 8.52　涂鸦示例

（2）局部重绘

局部重绘功能允许对图像的特定区域进行修改而不影响其他部分，如改变背景或调整人物的姿态。我们常见的 AI 变脸就是通过局部重绘功能完成的。局部重绘的参数设定界面如图 8.53 所示。

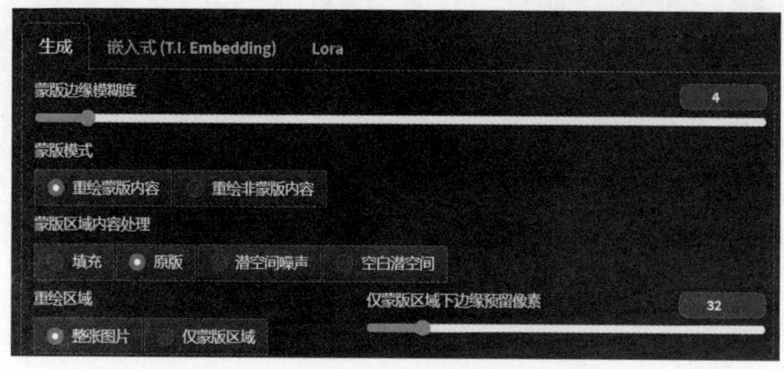

图 8.53　局部重绘的参数设定界面

选择需要重绘的区域，输入新的提示词，并设定重绘参数，Stable Diffusion WebUI 会根据新信息更新该区域。如图 8.54 所示，我们通过对女孩眼睛部位进行重绘，并辅以引导提示词，实现了女孩由睁眼变为闭眼的效果。

图 8.54　利用局部重绘功能实现图中女孩由睁眼变为闭眼效果

8.3　ComfyUI 绘画工作流

ComfyUI 是由 comfyanonymous 创建的一个基于节点流程式的 Stable Diffusion AI 绘画工具。它在 AI 绘画社区中获得了广泛关注和好评，热度持续上升，展示出与 Stable Diffusion WebUI（在本节中，我们简称其为 WebUI）竞争的趋势。

使用 WebUI 时，我们只能按照预设好的方式，通过调节有限的参数来生成图像。ComfyUI 则采用节点式的设计，它没有那么多的选框、标签、按钮，只有一个个被线连接在一起的节点，一个节点的输出可以作为另一个节点的输入。这种前后相连的节点序列，让原本需要在不同板块插件里进行的工作环环相扣地组合在一起，构成了一个从输入到输出的完整工作流，进而实现了图像生成过程的全自动化运作，如图 8.55 所示。

ComfyUI 的节点式设计大大提高了使用 Stable Diffusion 的自由度，它可以一键加载多个工作流，同时完成多种方式（如人像生成、背景替换等）的图像生成，在生图效率上是 WebUI 无法比拟的。

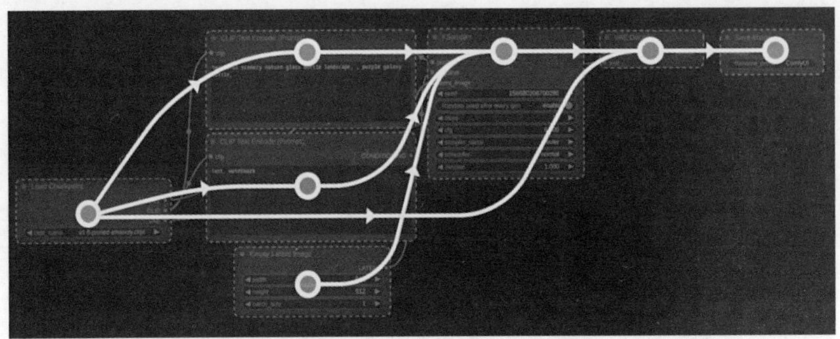

图 8.55　ComfyUI 的节点式主界面

8.3.1　安装 ComfyUI

ComfyUI 的本地部署同样也有两种方式，一种是通过官网下载代码自行部署；另一种是通过“秋葉 aaaki”的整合包安装，使用整合包时无须单独安装 Git、Python、CUDA 等软件，且其预装了很多自定义节点，对新用户非常友好。

ComfyUI 的安装步骤与 WebUI 类似，这里不做具体介绍。

安装完 ComfyUI 后，需要为它安装必要的插件，不同的插件可以实现一些特定的功能，这里推荐两个需要安装的插件。

① 插件管理器：插件管理器用于对 ComfyUI 的所有插件进行统一管理，使用起来非常方便。“秋葉 aaaki”的整合包已经默认安装了该插件，用户无须自行安装。

② 中文汉化插件：安装完插件管理器后，用户可以通过插件管理器来安装中文汉化插件。汉化后的 ComfyUI 主界面如图 8.56 所示。

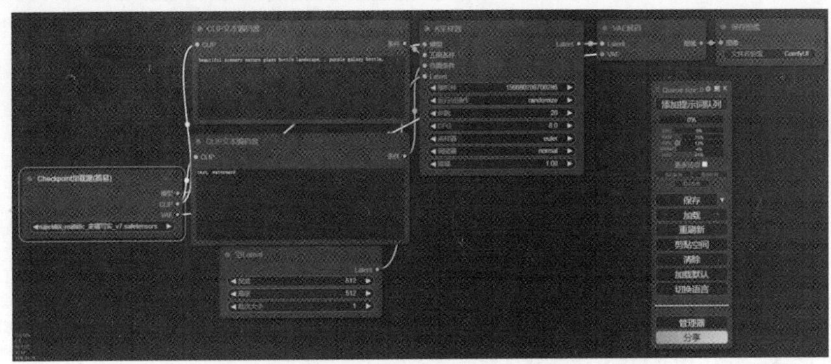

图 8.56　汉化后的 ComfyUI 主界面

当然，如果自己的硬件和操作平台不允许，同样也有一些提供 ComfyUI 云计算服务的平台或第三方在线创作平台（如 eSheep 等）可供选择，也非常便捷，我们可以根据自己的需要选择适合的 ComfyUI 平台。

8.3.2　ComfyUI 工作过程解析

1．ComfyUI 的工作过程

“Comfy”这个单词直译是“舒适的、轻松的”，但初次使用 ComfyUI 的用户可能感觉并没有那么轻松，因为节点式的界面看上去比较专业，这对习惯使用标签、列表、选择框的用户来说，可能不太适应。其实，模块化节点式设计就像游戏里面一道道关卡，我们初次接触时会感觉稍微有些复杂，但并不难，一旦掌握了其基本工作过程，我们会发现，它比 WebUI 操作更简单，流程也更清晰。

（1）完成第一个文生图作品

ComfyUI 的操作界面非常朴素，其核心部分是一个可以自由拖曳、放大、缩小的操作区域，中间分布各种连接在一起的功能组件，也就是节点。我们可以使用鼠标滚轮控制界面缩放，在界面空白处按住鼠标左键或滚轮可以拖曳界面。

ComfyUI 的操作流程在整体上与 WebUI 是一致的，也包含模型选择、提示词输入、参数设定、图像生成等多个步骤，只不过这些步骤是通过设定不同类型的节点组成的工作流来完成的。

首次打开 ComfyUI 界面时，系统会默认加载一个简单的文生图工作流示例，如图 8.57 所示。下面我们就利用这个示例来熟悉 ComfyUI 的图像生成过程，同时完成我们的第一个文生图作品。具体操作步骤如下。

① 在“CheckPoint 加载器（简易）”节点中，选择合适的大模型。

② 在两个“CLIP 文本编码器”节点中分别输入正向提示词和反向提示词。

③ 在“空 Latent”节点中设定要生成图像的分辨率。

④ 在“K 采样器”节点中选定适合的采样器，并设定相应的绘制参数。

⑤ 在“保存图像”节点中设定保存图像的文件名。

完成上述 5 个步骤后，在控制面板中单击“添加提示词队列”，可以看到，一张图像就被生成出来了。

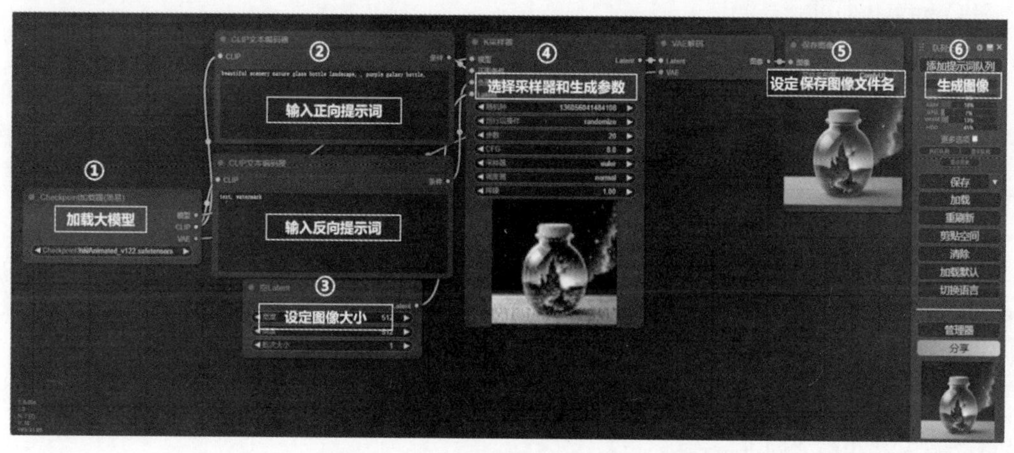

图 8.57　ComfyUI 的文生图工作流示例

在得到这幅图像之前，我们可以看到一个非常神奇的过程。界面上的一系列节点会按照一定的逻辑先后运转。轮到某一个节点工作的时候，它就会被一圈绿光点亮。每个节点各司其职，根据我们的设置对模型和图像进行处理。

界面上依序亮起的节点就像工厂里的一条流水线一样，完成了包括模型加载、提示词解读、扩散生成等在内的生成一幅图像所需的各个步骤。所有节点都完成工作后，最右边的节点会输出一幅图像。这样一组提供了多种不同功能并能够串联输出完整图像的节点组合，称为 ComfyUI

中的一个工作流。

（2）ComfyUI 常用操作

在前文中，我们利用现成的工作流示例熟悉了一个最简单的文生图过程，但在实际使用中是需要自己进行模型添加、节点创建和工作流设定的。在开始这些工作之前，我们需要熟悉 ComfyUI 界面上的常用操作。

① 添加大模型。

与 WebUI 一样，ComfyUI 也需要提前下载模型，图 8.58 所示是 ComfyUI 的文件目录，下载好的大模型放到 checkpoints 目录下即可。

```
\ComfyUI\custom_nodes：各种安装的插件存放路径
\ComfyUI\models\checkpoints：大模型存放路径
\ComfyUI\models/loras：lora存放路径
\ComfyUI\models\embeddings：embeddings 存放路径
\ComfyUI\models/vae：vae存放路径
\ComfyUI\output :图片保存路径
\ComfyUI\pysssss-workflows：工作流保存位置
```

图 8.58　ComfyUI 的文件目录

ComfyUI 与 WebUI 使用的模型是相同的，如果计算机上已经为 WebUI 下载过模型，则可以通过设定，让 ComfyUI 直接使用 WebUI 的模型，设定方法如下。

将 ComfyUI 目录下 extra_model_paths.yaml.example 文件的文件名去掉.example 后缀（即更名为 extra_model_paths.yaml），再编辑该文件，将 base_path 变量修改为 WebUI 对应的模型文件路径后重启 ComfyUI 即可。

② 添加节点。

在 ComfyUI 里若想给工作区域添加一个节点，只需要在任意位置右击，在弹出的快捷菜单中选择“新建节点”，就可以看到 ComfyUI 的各种内置的功能节点，如图 8.59 所示。这些节点按照一定的类别被组织在一起，不同的节点实现不同的功能。

③ 节点连接。

ComfyUI 中节点之间的关联是通过连接节点的输入和输出端口来实现的。节点有预定义的输入和输出端口，用户可以在主界面上将一个节点的输出端口连接到另一个节点的输入端口，从而建立节点之间的数据流和执行顺序，如图 8.60 所示。

若要创建节点连接线，只需拖曳节点的输入或输出端口即可。需要注意的是，只能在相同类型的输入端和输出端之间进行连接。

④ 界面基本操作。

- 在空白处滚动鼠标滚轮，可以放大/缩小工作区。
- 拖曳空白处，可以移动工作区。
- 拖曳节点，可以移动节点。
- 双击空白区域，可以显示节点的搜索栏。

⑤ 工作流基本操作。

- 单击左边菜单栏上的“队列”，可显示当前正在运行和正在等待的任务。

- 单击窗口右上角的“添加提示词队列”，可以运行工作流。
- 右击任务完成后的图像，通过弹出的快捷菜单可以实现保存图像。

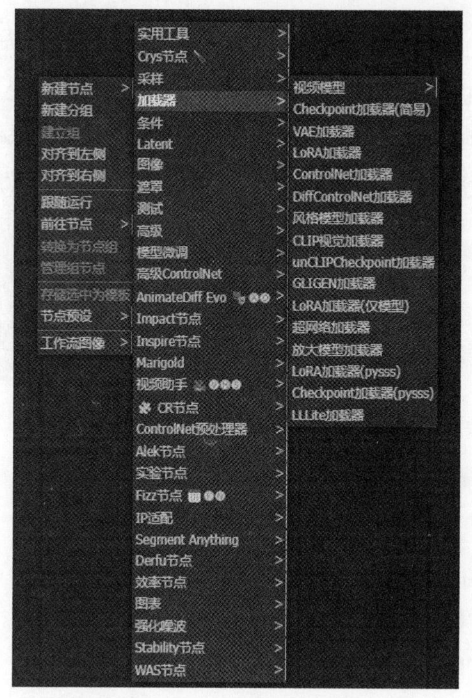

图 8.59　ComfyUI 内置的功能节点

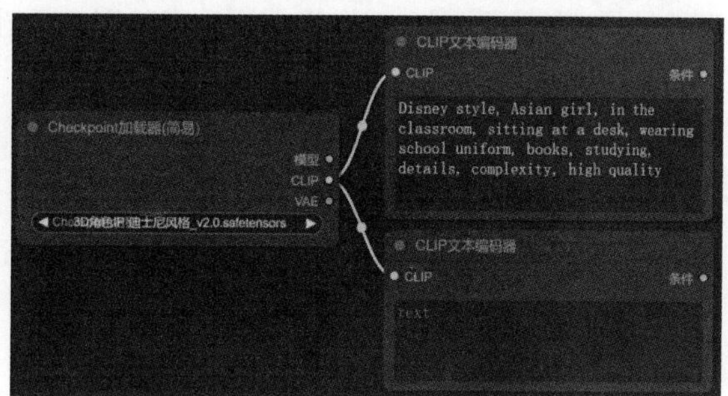

图 8.60　ComfyUI 的节点连接

2. ComfyUI 文生图解析

对比 WebUI 固化的工作面板，ComfyUI 就像把 Stable Diffusion 的外壳拆了下来，再按照它的运作顺序对各种配件进行了重新组装。ComfyUI 工作流中的节点代表 Stable Diffusion 原理中的步骤或组件，直观体现了 Stable Diffusion 的文本编码、逐步去噪、图像生成等运作过程。

因此，理解 Stable Diffusion 的工作原理对于掌握 ComfyUI 尤其重要，建议大家在学习时结合前面所学的知识和图 8.61 所示的简化版 Stable Diffusion 工作原理来加深理解。

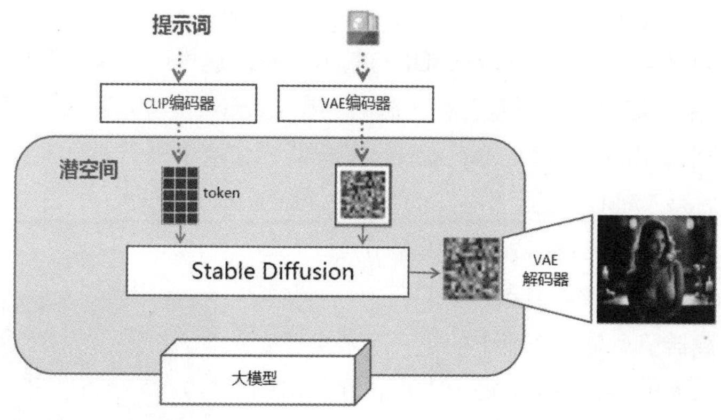

图 8.61　简化版 Stable Diffusion 工作原理

下面我们从一个空白界面开始，通过逐步添加工作流中的各个节点，同时结合 Stable Diffusion

的原理来解析 ComfyUI 文生图的过程。注意，下面的节点加载和讲解顺序是为了让大家更好地理解 ComfyUI 的工作过程和原理而设定的，实际工作中具体的节点加载顺序可根据个人习惯而有所不同。

（1）添加采样器节点

采样器节点是 ComfyUI 的核心组件，Stable Diffusion 的扩散过程正是通过采样器节点在潜空间中实现的。在主界面上右击，在弹出的快捷菜单中选择“新建节点”，再选择“采样 > K 采样器”，就可以在界面上创建一个采样器节点了，如图 8.62 所示。

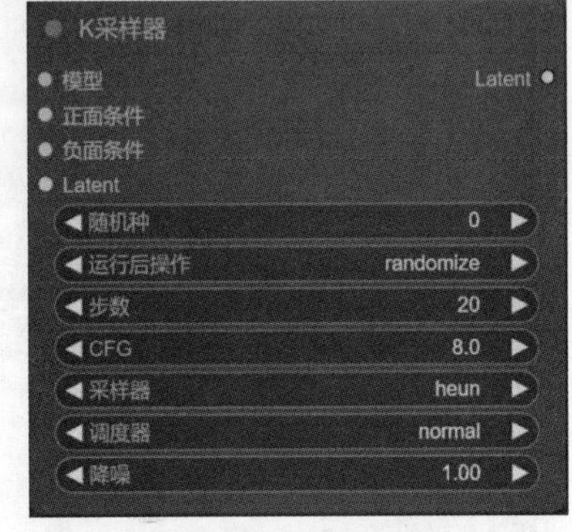

图 8.62　采样器节点

采样器节点的作用是根据指定的大模型和正向提示词、反向提示词生成的信息，对原始输入的图像信息矩阵进行处理。它会根据设定好的随机种子和降噪强度，通过加载的大模型，结合正向提示词、反向提示词生成的引导条件，逐步去噪，生成图像。

① 节点输入。

采样器节点有 4 个输入端口，具体含义如下。

- 模型：用于降噪过程的模型，来自 Stable Diffusion 大模型。
- 正向条件：用于引导降噪的正向条件，来自 CLIP 文本编码后的正向提示词。
- 负向条件：用于引导降噪的负向条件，来自 CLIP 文本编码后的反向提示词。
- Latent：用于降噪的原始图像信息矩阵（图像信息矩阵是指图像压缩编码后在潜空间的抽象表示）。由于采样器是在潜空间中工作的，因此表示图像信息的端口被定义为 Latent，即潜像（latent image），指图像在潜空间中的信息矩阵表示。采样器的 Latent 输入一般有两个来源，对于图生图功能，它来自编码后的原始输入图像；对于文生图功能，则为潜空间中直接生成的一个随机噪点图像的信息矩阵。

② 节点输出。

采样器节点只有一个 Latent 类型的输出端口，其输出为经过采样器降噪后最终生成的图像信息矩阵。

③ 节点设定。

ComfyUI 采样器节点中的参数与 WebUI 的基本相同，这里不再单独介绍。但有一点需要注意，在 WebUI 中，采样器和调度器是合在一起的，在 ComfyUI 中则需要分别单独设定。例如，在 WebUI 中我们经常使用的 DPM++2M Karras 采样器，在这里则需要分别选择 dpmpp_2m 采样器（这里的“pp”就是 WebUI 里面“++”的意思）和 Karras 调度器。

有了采样器节点，接下来我们添加大模型节点。

（2）添加 Checkpoint 加载器节点

Checkpoint 加载器节点是工作流中的第一个节点，它的作用是加载需要的大模型。在主界面上右击，在弹出的快捷菜单中选择“新建节点”，再选择“加载器 > Checkpoint 加载器（简易）”，就可以在界面上创建一个 Checkpoint 加载器节点了，如图 8.63 所示。

图 8.63　Checkpoint 加载器节点

为何这个节点叫 Checkpoint 加载器而不叫大模型加载器？事实上，Checkpoint（检查点）是深度学习和机器学习领域广泛采用的一个术语。由于深度学习模型训练是一个耗时长、资源密集的过程，在训练过程中会定期保存模型的当前状态（包括权重、偏置、优化器状态等），这些保存的状态就被称为 Checkpoint。定期保存检查点可以确保模型训练一旦遇到中断（如系统故障、资源限制等），能从最近的检查点恢复训练，而无须从头开始进行。基于这个训练特点，大模型在某些语境中又叫作 Checkpoint 模型、Ckpt 模型或直接叫作 Checkpoint。

① 节点输入。

Checkpoint 加载器节点作为起始节点，没有输入端口。

② 节点输出。

Checkpoint 加载器节点有 3 个输出端口，即模型、CLIP 和 VAE，分别代表大模型、CLIP 模型和 VAE 模型。

那么，为何要输出这些模型？由于 Stable Diffusion 的扩散过程是在潜空间中进行的，为了让用户输入的提示词可以进入潜空间进行匹配和处理，就需要使用 CLIP 文本编码器将其编码，转换为可以在潜空间中工作的文本特征向量。同样，外部输入的图像也需要通过 VAE 编码器转换为可以在潜空间中工作的信息矩阵，才可以提交给采样器进行处理。而这两个重要的解码组件在哪里？答案是：随同大模型一起加载。因此需要大模型将 CLIP 模型、VAE 模型作为输出，供后续节点加载使用。

- 模型：输出加载的大模型，允许用于进一步的处理或推理，例如，供给采样器进行图像处理。
- CLIP：输出与加载的检查点关联的 CLIP 模型，供 CLIP 文本编码器节点使用。
- VAE：输出与加载的检查点关联的 VAE 模型，供 VAE 编码器、解码器节点使用。

③ 节点设定。

这里使用的是 Checkpoint 加载器的简易版本，只有一个选项，即选择适合的大模型。有了 Checkpoint 加载器节点输出的大模型，就可以将其与采样器节点的模型输入端口连接在一起了，如图 8.64 所示。

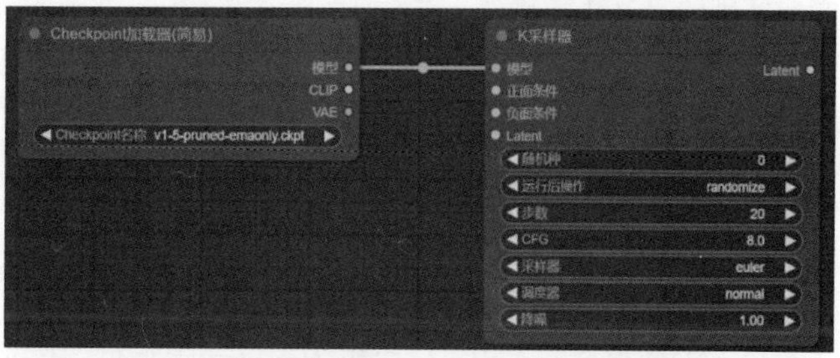

图 8.64 大模型节点与采样器节点连接

接下来，我们通过添加 CLIP 文本编码器节点，来构建采样器的正向、反向条件输入。

（3）添加 CLIP 文本编码器节点

CLIP 文本编码器节点用于输入提示词，再通过 CLIP 模型对输入的提示词进行编码，生成一个可以在潜空间中处理的文本特征向量，用来引导扩散模型生成符合提示词条件的图像信息矩阵。

在主界面上右击，在弹出的快捷菜单中选择“新建节点”，再选择“条件 > CLIP 文本编码器”，就可以创建 CLIP 文本编码器节点，如图 8.65 所示。

图 8.65 CLIP 文本编码器节点

① 节点输入。

CLIP 文本编码器节点的输入端口是一个 CLIP 参数，接收来自 Checkpoint 加载器节点输出的 CLIP 模型。

② 节点输出。

CLIP 文本编码器节点的输出端口是一个条件参数，输出由 CLIP 模型编码后的提示词的特征向量表示，作为采样器的正向、反向文本引导条件。

③ 节点设定。

CLIP 文本编码器节点一般需要两个，一个用于输入正向提示词，另一个用于输入反向提示词。输入完毕后，就可以将正、反向提示词的文本编码器的输出端口分别与采样器的正向、反向引导条件输入端口相连。因为 CLIP 文本编码器使用的 CLIP 模型是随同大模型加载的，所以还需要将大模型的 CLIP 输出端口与 CLIP 文本编码器的 CLIP 输入端口相连。增加了 CLIP 文本编码器的工作流如图 8.66 所示。

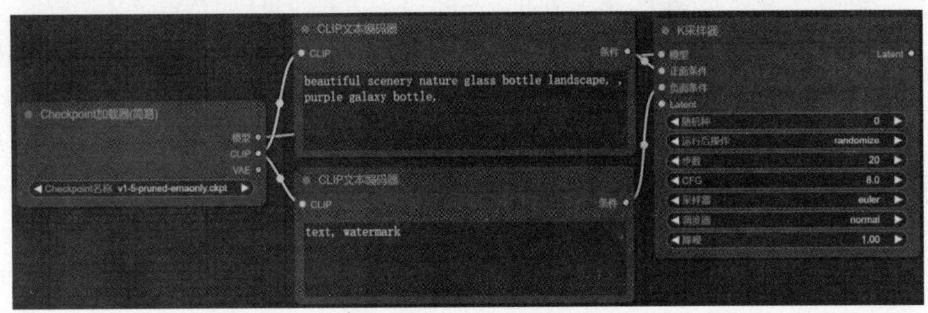

图 8.66　增加了 CLIP 文本编码器的工作流

到目前为止，采样器节点的输入数据还缺一个，即 Latent 端口对应的起始图像信息。现在我们要实现的是文生图操作，并没有起始输入图像，那么这个端口是不是可以空着呢？答案是不行，原因在原理部分已经讲解过，对 Stable Diffusion 来说，图生图和文生图的实现机制在本质上都是在一个起始的噪声图像上逐步去噪。所谓的文生图，并不是不需要图，而是需要一张空白的噪声图像，让采样器在这张空白的噪声图像上完成去噪，最后生成一张清晰的图片。生成空白噪声图像的节点就是空 Latent 节点。

（4）添加空 Latent 节点

空 Latent 节点的作用可以理解为提供一张画布，它的作用是创建一组指定维度和批量大小的新的空 Latent。注意，这里之所以称之为空 Latent 而不是空图像，是因为创建的并不是实际的像素图像，而是为了提高工作效率，直接在潜空间生成的一组空白图像在潜空间中的信息矩阵。该信息矩阵可以在如文生图的工作流中通过采样器节点进行噪声处理和去噪后使用。因此，空 Latent 节点是潜空间中图像生成或操作的基础，为进一步的图像合成或修改过程提供了起点。

在主界面上右击，在弹出的快捷菜单中选择“新建节点”，再选择“Latent > 空 Latent”，就可以在界面上创建一个空 Latent 节点，如图 8.67 所示。

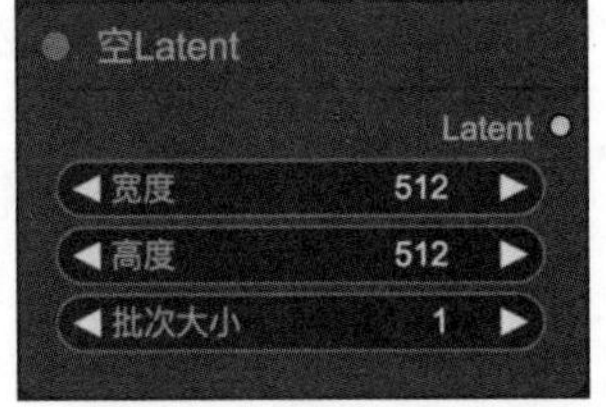

图 8.67　空 Latent 节点

① 节点输入。

空 Latent 节点无输入端口。

② 节点输出。

Latent：输出一组指定维度和批量大小的空白图像的信息矩阵。

③ 节点设定。

在空 Latent 节点中，可以设定生成的目标图像的宽度、高度，以及单次批量生成的图像数量。设定完毕后，将 Latent 输出端口与采样器的 Latent 输入端口连接，如图 8.68 所示。

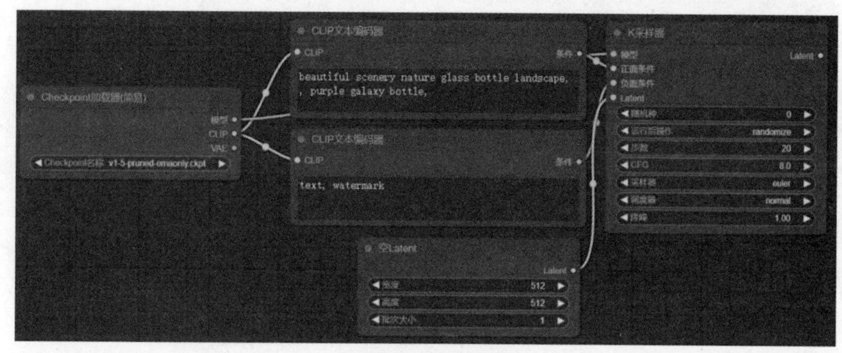

图 8.68　连接端口

现在，采样器所有输入设置和参数设置都完成了，接下来需要设置能够接收采样器输出的后续节点。因为采样器完成之后，输出的是图像信息，所以我们需要一个保存图像节点来预览和保存图像，如图 8.69 所示。

但是，在我们把保存图像节点添加到主界面后，会发现一个问题，那就是保存图像节点无法与采样器节点连接，原因是端口类型不匹配。这是因为采样器是在潜空间中工作的，其输出的是潜空间中的图像信息矩阵，而保存图像节点需要输入一个像素图像信息。所以，二者之间需要一个转换装置——VAE 解码器。

（5）添加 VAE 解码节点

VAE 解码器用于将潜空间中表示的图像信息矩阵解码成图像。在主界面上右击，在弹出的快捷菜单中选择“新建节点”，再选择“Latent > VAE 解码”，就可以在界面上创建一个 VAE 解码节点，如图 8.70 所示。

图 8.69　保存图像节点

图 8.70　VAE 解码节点

① 节点输入。

- Latent：要解码的在潜空间中的图像信息矩阵，一般来自采样器的输出。
- VAE：用于图像解码的 VAE 解码器模型，这里可以使用大模型加载的 VAE 模型的输出，也可以另行单独加载 VAE 解码器模型。

② 节点输出。

图像：使用指定的 VAE 模型，将输入的潜空间图像信息矩阵解码后重建的像素图像信息。

③ 节点设定。

将采样器节点的 Latent 输出端口连接到 VAE 解码节点的输入端口，再将 VAE 解码节点的图像输出端口连接到保存图像节点的输入端口，至此，一个完整的文生图工作流就生成了，运行效果如图 8.71 所示。

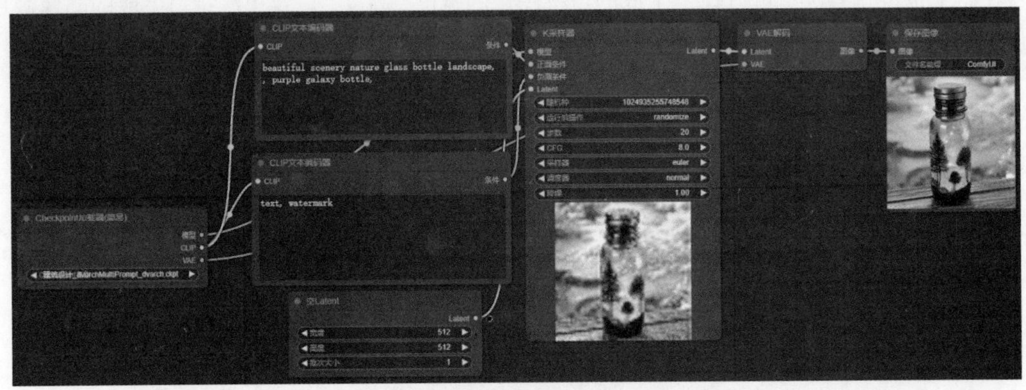

图 8.71　文生图工作流运行效果

3. ComfyUI 图生图

有了对文生图功能的理解和实践，实现图生图就非常简单了，只需将图 8.57 所示的文生图工作流进行一个小小的改动，即改变采样器节点的 Latent 端口输入的信息，就可以得到图生图工作流了。文生图过程使用的是一幅空白的噪声图像，图生图过程则需要加载一幅真实的图像。

我们添加一个加载图像节点，并加载指定的图像，如图 8.72 所示。

图 8.72　加载图像节点

同样，这个节点的图像输出端口也无法与采样器节点的 Latent 输入端口匹配，需要先经过 VAE 编码器进行压缩编码。我们只需要将其连上 Checkpoint 加载器节点的 VAE 输出端口，就可以使用随同大模型一起加载的 VAE 编码器进行编码了。

改造过程总结如下。

在文生图工作流中删除空 Latent 节点，增加加载图像节点和 VAE 编码节点，再进行节点连接和参数设定，一个简单的图生图工作流就完成了，运行效果如图 8.73 所示。

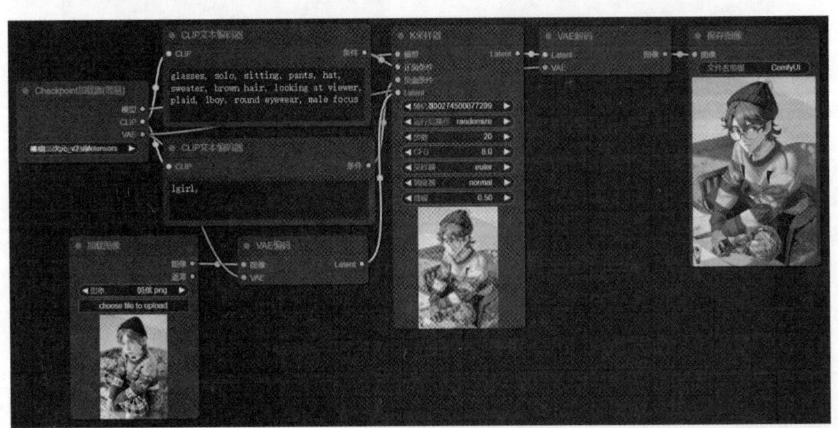

图 8.73　图生图工作流运行效果

8.4　视频生成

8.4.1　AI 视频生成技术的发展

AI 视频生成技术的发展历程可以追溯到 2014 年前后。早期的视频生成主要依赖光流预测和基础的深度学习方法，如 DeepMind 在 2015 年提出的 Next Frame Prediction 技术，通过预测视频序列中的下一帧来实现简单的动态效果。这一阶段的技术主要聚焦于短时序列的预测和生成，生成的视频质量和连贯性都相对有限。

随着深度学习的进步，特别是生成对抗网络（GAN）和三维卷积神经网络的应用，AI 视频生成技术在 2016—2017 年取得了显著进展。研究人员开始将 GAN 与循环神经网络相结合，同时引入变分自编码器（VAE）等技术，使生成的视频在时序连贯性和画面质量上都有了明显提升。这些技术突破使 AI 能够处理更复杂的场景变化，为后续发展奠定了基础。

2020 年成为 AI 视频生成技术的重要转折点。Vision Transformer（ViT）的提出为视频生成带来了新的可能性，其通过自注意力机制能够更好地捕捉时空特征。这一时期，视频生成的持续时长和分辨率都得到了显著提高，且能够处理更复杂的场景转换。

2022 年至今，文本到视频生成领域迎来突破性进展。Make-A-Video、Phenaki、Gen-1/Gen-2 等模型相继问世，实现了通过文本描述直接生成高质量视频。这些模型不仅能生成更长时间、更高质量的视频内容，还支持多场景转换和精确的内容控制。这些进步使 AI 视频生成技术在影视制作、广告创意、游戏开发等领域获得了广泛应用。AI 视频生成最新的发展趋势是向多模态方向扩展，将文本、音频、图像等多种模态结合，生成更丰富的视频内容。

同时，实时视频生成和编辑能力也在不断提升。新一代模型能够实现视频的实时风格转换、内容编辑和场景扩展，为创意表达提供了更多可能性。当前的研究重点已转向如何提升视频的物理一致性、逻辑连贯性，以及如何在保持高质量输出的同时降低计算资源需求。

8.4.2　AI 视频生成技术的应用

1. 视频编辑：自动化提升视频编辑效率与质量

AI 视频编辑技术的主要优势在于其强大的数据处理能力和模式识别算法。通过深度学习，AI 学会了识别不同类型的视频内容特征，并能在海量数据中快速定位关键信息。此外，AI 还能根据视频内容自动生成合适的转场效果（如淡入淡出、溶解等），使视频编辑过程更加流畅自然。以体育赛事视频编辑为例，央视的体育频道采用了先进的 AI 视频编辑系统。该系统在“观看”比赛直播的同时，能够实时分析比赛数据、球员动作及观众情绪反馈，自动识别出进球瞬间、激烈对抗、裁判判罚等关键帧和比赛高潮部分。赛后，采编立即启动初步编辑流程，快速去除观众席空镜、热身准备等冗余片段，同时根据比赛节奏调整镜头顺序，确保每个精彩瞬间都能以最引人入胜的方式呈现。这一过程极大地缩短了后期制作时间，让观众能够更快地观看到比赛精华部分，也为央视的体育频道赢得了宝贵的首发优势和用户黏性。

视频编辑还涉及场景识别技术，场景识别技术具有强大的图像识别能力和场景分析能力。通过深度学习训练，AI 能够识别出视频中的不同场景元素，如环境、光线、人物动作等，并据此推断出最合适的视觉效果调整方案。这种个性化的处理方式不仅提升了视频的专业性和观赏性，也极大地降低了视频编辑的复杂度和成本。同时，AI 还能不断学习新的场景类型和风格趋势，以适应不断变化的市场需求。

2. 娱乐创作：加速内容生产，激发创意无限，引领娱乐新纪元

在娱乐创作这片充满无限可能的广袤天地里，AI 视频生成技术正以前所未有的姿态，使内容生产的步伐加快，并以其独特的魅力激发创作者的无限创意。这项技术不仅为动画、短片、纪录片等多种娱乐内容的创作提供了强大的技术支持，还推动整个娱乐创作行业向更加高效、创新和多元化的方向发展。AI 视频生成技术在娱乐创作领域的优势如下。

（1）素材众多，风格独特

AI 视频生成技术通过深度学习和大数据分析，能够自动分析海量的影视素材和风格特征，从中汲取灵感并融合创新元素，生成具有独特风格和创意的视频内容。由 AI 创作的作品，无论是色彩搭配、镜头运用还是叙事手法，都展现出前所未有的新颖性和艺术性，为观众带来耳目一新的体验。同时，AI 的创意输出也为创作者提供了丰富的素材和灵感来源，激发了他们的创作灵感和想象力。对娱乐创作行业而言，这意味着可以将更多的资源投入内容创新和品质提升上，从而推动整个行业快速发展。

（2）品质提升，细节精致

AI 视频生成技术在提升视频品质方面也发挥重要作用。通过先进的算法和模型，AI 能够精准控制视频的每一个细节，从色彩校正、画面修复到音效处理等，都达到了极高的水准。这使由 AI 创作的视频作品在画面质量、音效等方面都表现出色，为观众带来沉浸式的观看体验。同时，AI 还能够根据观众的反馈等进行实时调整和优化，确保视频内容始终符合市场需求和观众期待。

（3）创意激发，推动创新

AI 视频生成技术能够激发创作者的想象力和创造力。通过与 AI 合作与交流，创作者能够不断拓展自己的思维边界和创作领域，尝试更多新颖、独特的创作方式和表现手法。这种跨界融合和创新探索不仅为娱乐创作行业注入新的活力和动力，还推动整个行业不断发展和进步。AI 视频生成应用可灵 AI、清影分别如图 8.74 和图 8.75 所示。

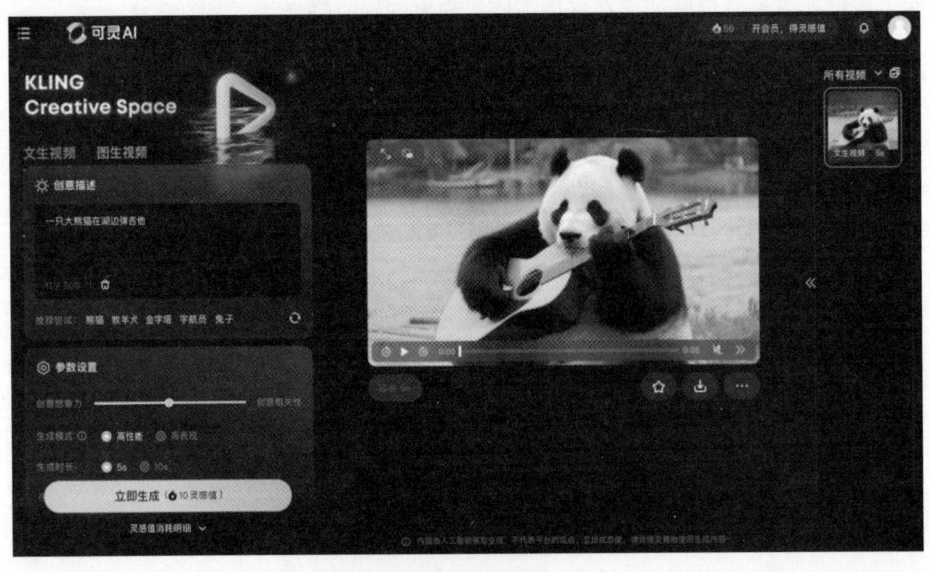

图 8.74　可灵 AI

图 8.75　清影

3. 广告创意：重塑个性化营销新风尚，开启精准触达新纪元

在广告行业的浩瀚蓝海中，AI 视频生成技术如同一股强劲的东风，正引领一场前所未有的个性化营销革命。这项技术不仅重新定义了广告的创作方式，还深刻改变了广告与目标受众之间的互动模式，开启了精准触达每一个目标受众的新纪元。AI 视频生成技术在广告创意领域的优势如下。

（1）精准洞察，剖析人心

AI 视频生成技术具有强大的深度学习能力。通过针对海量数据进行训练和不断优化，AI 能够深入剖析用户的兴趣偏好、行为习惯乃至情感倾向，构建出细致入微的用户画像。这种精准的用户洞察能力，使 AI 生成的广告能够直击目标受众内心，触发其情感共鸣，从而实现从“广而告之”到精准触达的转变。

（2）个性化定制，打造专属体验

基于对目标受众需求的深刻理解，AI 能够自动生成符合其个性化需求的广告视频。这些视频不仅内容新颖、创意独特，还紧密贴合目标受众的兴趣点和消费场景，为目标受众提供前所未有的观看体验。目标受众不再是被动的信息接收者，而是成了广告内容的主动参与者和创造者。这种个性化的广告体验，不仅增加了目标受众的参与感和记忆度，也大大提高了广告的转化率和效果。

（3）实时优化，持续迭代

AI 视频生成技术具有强大的实时优化能力。通过对广告效果数据的实时监测和分析，AI 能够迅速捕捉市场反馈和目标受众偏好变化，并据此对广告内容和形式进行动态调整。这种灵活的优化机制，确保了广告活动的持续高效和与时俱进。同时，AI 还能够不断学习和进化，通过自我迭代和升级，不断提升广告创作的智能化水平和精准度。

综上所述，AI 视频生成技术正在重塑广告行业的面貌，引领个性化营销新风尚，它不仅为广告主提供了高效、精准的营销手段，也为目标受众带来了个性化、有趣的广告体验。例如，麦当劳曾利用 AI 视频生成技术制作了一段关于薯条优惠活动的宣传片。在这段广告中，11 个由 AI 生成的少女（其中 10 个先后登场展示薯条，第 11 个则实际品尝薯条）以不同的风格和方式展示麦当劳薯条。这些由 AI 生成的角色风格迥异，有的充满未来感，有的走写实路线，它们都成功地吸引了观众的注意力并传达了产品信息。这段广告取得了很好的宣传效果，展现了 AI 视频生成技术在广告创意领域的巨大潜力。

8.4.3 AI 视频生成技术的发展趋势

1. 技术融合：沉浸式、互动性与安全性的全面提升

在未来的视频内容创作领域，AI 视频生成技术将不再是单一的技术孤岛，而是与 VR（虚拟现实）、AR（增强现实）等前沿技术深度融合，共同推动视频内容的沉浸式、互动性和安全性全面提升。

首先是沉浸式体验的深度拓展。AI 视频生成技术与 VR 技术的结合，将开启视频内容沉浸式体验的新纪元。AI 不仅能自动生成 360° 全景视频，还能根据用户的头部动作实时调整视角，实现无缝的沉浸式观看体验。用户将不再只是旁观者，而是能够身临其境地参与视频故事，感受每一个细节的真实与震撼。其次是互动叙事的新模式。在 VR 环境中，AI 视频生成技术将支持更加复杂的互动叙事模式。用户可以根据个人喜好选择不同的故事线，与虚拟角色进行深度对话和互动，甚至通过决策影响剧情走向。这种高度个性化的体验将彻底改变视频内容的消费方式。最后是与 AR 技术的虚实融合。AR 技术的加入，让视频内容突破了屏幕的限制，与现实世界无缝融合。AI 可以生成逼真的虚拟元素，并将其叠加到现实场景中，创造出令人惊叹的视觉效果。无论是广告推广、教育培训还是娱乐游戏，AR 技术都能为 AI 生成的视频内容增添无限可能。

2. 超长视频生成：挑战与机遇并存

在 AI 视频生成技术的持续演进中，超长视频生成成了一个引人注目的新领域，它不仅标志着技术能力的飞跃，也预示着内容创作领域的深刻变革。这一领域的发展，既伴随对算力极限的挑战，也孕育前所未有的机遇。

挑战算力极限是技术突破的催化剂。超长视频的生成，必将面对的是算力上的巨大挑战。随着视频长度的增加，数据量急剧膨胀，AI 模型的计算能力和存储能力面临前所未有的压力。这不仅要求硬件设施持续升级（如高性能 GPU 集群、分布式计算架构等），也促使 AI 算法在优化效率、减少资源消耗方面不断创新。例如，通过引入高效的数据压缩技术、优化模型架构、采用更先进的并行计算策略等，AI 模型在处理大规模、长时间序列数据时表现更优。也正是这些挑战，推动 AI 视频生成技术不断突破和创新。在应对挑战的过程中，科研人员不断探索新的算法和模型，推动 AI 视频生成技术的性能边界不断扩展。这种技术上的飞跃，不仅为超长视频的生成提供了可能，也为其他领域的 AI 应用树立了新的标杆。

超长视频的生成，不仅解决了传统视频制作中的诸多难题，还为多个领域带来了全新的解决方案和机遇。首先，在影视制作领域，AI 生成的超长视频为导演和制片人提供了更大的创作自由度和灵活性。无须等待漫长的拍摄周期和后期制作，AI 就能根据剧本和创意需求快速生成高质量的视频片段，极大地提高了制作效率。同时，AI 还能根据观众反馈实时调整剧情走向和角色设定，实现个性化的观影体验。其次，在纪录片和教育课程制作中，AI 生成的超长视频能够记录并呈现复杂、细致的历史事件或教学内容。通过整合多源数据、模拟真实场景、构建生动故事线等，AI 能够生成引人入胜的纪录片或教育视频，帮助观众更好地理解和掌握知识。

3. 实时渲染与场景动态生成：打造沉浸式互动体验

随着 AI 视频生成技术的不断发展，实时渲染与场景动态生成成为提升用户体验的关键方向。不同于传统的预先生成内容，AI 通过动态分析用户输入与行为，能够即时生成场景、调整内容，让用户能与虚拟世界互动，并获得沉浸式的体验。

实时渲染技术的发展为场景和内容的即时生成提供了可能。不同于传统的预渲染视频，实时

渲染可以根据用户的操作和选择动态生成画面。在动作类游戏中，AI 能够实时渲染场景、调整光照、生成动态环境等。2024 年 8 月，Google 发布了一篇论文，指出可以在不使用传统游戏引擎的情况下为一个经典射击游戏生成实时游戏画面。这意味着随着算力的提升，在未来的游戏中，不仅人物沟通交流的内容是个性化的，甚至游戏的场景、界面也都是个性化的。AI 通过用户操作和行为即时生成游戏地图、敌人行为和环境，不仅增强了游戏的多样性，还提升了玩家的沉浸感。

在场景动态生成方面，AI 通过实时分析用户的输入和互动，生成不同的场景、角色和剧情。这种动态生成能力尤其适用于开放世界游戏以及 VR、AR 等场景中。举例来说，在开放世界游戏中，AI 可以根据玩家的行为调整游戏世界的布局和内容，生成不同的任务、角色互动和剧情分支，让每个玩家的游戏体验独一无二。在 VR 体验中，AI 能够根据用户的实时反馈（如头部运动、手势识别等），动态调整虚拟场景中的元素，营造出逼真的沉浸式体验。通过这种技术，虚拟世界不再是固定的，而是根据用户的选择和反馈不断变化，提供极具个性化和互动性的体验。

此外，在动作游戏中，AI 还可以根据玩家的选择和战斗风格，动态调整敌人数量、攻击模式以及场景。这种实时动态调整的能力极大地提升了游戏的趣味性和挑战性。玩家每次进入游戏都会面对不同的场景和敌人，游戏体验因此更加丰富多样。

通过实时渲染和场景动态生成技术，AI 不再只是被动地满足用户需求，而是能够主动响应用户行为，生成独特的交互式内容。这不仅提高了用户的沉浸感，还使 AI 视频生成技术在游戏、影视、虚拟现实等领域具有广阔的应用前景。

8.5　音频生成

8.5.1　AI 音频生成技术的发展

AI 音频生成技术的发展历程可以追溯到 20 世纪 80 年代末。1988 年发布的 EMI（experiments in musical intelligence，音乐智能实验室）系统开创性地使用规则和模板方法进行音乐生成，通过预设的音乐理论规则模仿特定作曲家的风格，但只能生成结构相对简单的音乐作品。

2009 年前后，随着计算能力的提升，音频处理开始采用声音切片和向量化方法。2012 年深度学习在语音识别领域取得突破，启发了音频生成领域的革新。2016 年，DeepMind 推出的 WaveNet 标志着深度生成模型在音频领域的重大突破，首次实现了直接在波形层面的高质量音频生成。

2014—2017 年，生成对抗网络（GAN）和变分自编码器（VAE）在音频领域得到广泛应用。之后 Google 推出的 MusicVAE 和 OpenAI 推出的 MuseNet 展示了 AI 在音乐创作方面的显著进展，实现了多乐器协作和风格转换。

2020 年后，扩散模型在音频生成领域展现出强大潜力。2023 年发布的 MusicLM 和 AudioCraft 代表了最新技术水平，它们能够根据详细的文本描述生成高质量音乐和声音效果。同期，多模态技术的发展使 AI 能够实现图像、视频与音频的协同生成。

在语音合成领域，从 2017 年推出的 Tacotron 到 2020 年后基于 Transformer 架构的模型，合成语音的自然度不断提升。2022—2024 年，大语言模型与音频生成技术的结合带来了突破性进展，这使 AI 能够理解复杂的音频生成指令并提供个性化结果。

这一发展历程清晰展现了 AI 音频生成技术从简单规则系统到当今复杂智能系统的演进过程。每个重要时间节点都标志着技术能力的显著提升，构成了该领域发展的完整脉络。

8.5.2 AI 音频生成技术的应用

1. 音乐创作：AI 音频生成技术的创新驱动力

在音乐创作的广阔天地里，AI 音频生成技术正以前所未有的速度改变行业的面貌，成为电影、游戏、广告等多媒体内容制作中不可或缺的创意引擎。这项技术不仅融合了深度学习算法的深度与广度，还借助大数据分析的力量，解锁了音乐创作的无限可能。

AI 音频生成技术能够模拟并创新出各式各样的音乐风格，从古典到现代、从爵士到电子，甚至是跨界的融合风格，都能信手拈来。它通过分析海量音乐作品中的旋律、和声、节奏等要素，学习并掌握各种风格的特征与精髓，为创作者提供超越传统界限的创意空间。创作者可以轻松地引导 AI 探索新的音乐领域，创造出独一无二的音乐作品。

除了音乐风格，AI 还能模拟各种乐器的独特音色和复杂的演奏技巧。无论是钢琴的悠扬、吉他的激昂，还是管弦乐团的宏大，AI 都能通过高超的音频合成技术，获得接近真实的演奏效果。这不仅为创作者提供了丰富的音色库，还让他们能够尝试那些在实际演奏中难以实现的复杂技巧，进一步拓宽了音乐创作的边界。

AI 音频生成技术的另一大优势在于其能够根据项目的具体需求进行定制化创作。无论是电影中情感氛围的营造、游戏中紧张刺激场景的配乐，还是广告中品牌形象的塑造，AI 都能深入理解并分析这些需求，然后生成与之完美匹配的音乐作品。这种高效、精准的定制化创作方式不仅降低了制作成本，还大大缩短了创作周期，使音乐能够更快地融入媒体内容，并增强媒体内容的整体效果。

更重要的是，AI 音频生成技术还是激发创作者灵感与促进创作者创新的催化剂。它能够通过生成多样化的音乐素材和创意提案，为创作者提供新的视角和思路。在与 AI 互动的过程中，创作者可以不断试错、探索，发现新的音乐语言和表达方式。这种基于技术的创意碰撞不仅丰富了音乐创作的内涵，也推动了整个音乐产业的创新发展。

例如，我们可以使用 Mureka 生成完整的音乐，如图 8.76 所示。

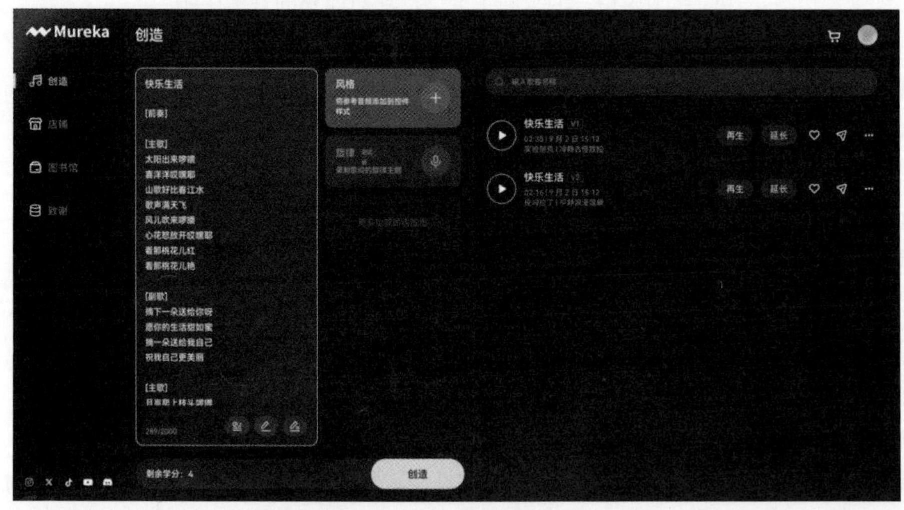

图 8.76　Mureka

我们也可以使用 Mureka 生成实验朋克风格的音乐，其特点是前卫、非主流。

我们还可以使用 Mureka 生成民间拉丁风格的音乐，其特点是热情洋溢、节奏鲜明。

综上所述，AI 音频生成技术在音乐创作领域正以前所未有的深度和广度改变行业的面貌。它不仅为创作者提供了丰富的音乐素材和灵感来源，还通过定制化创作和智能化解决方案为媒体内容的制作提供了强有力的支持。随着技术的不断进步和应用场景的不断拓展，AI 音频生成技术必将在音乐创作领域发挥越来越重要的作用，引领整个行业迈向更加辉煌的未来。

2. 语音助手：AI 音频生成技术驱动的自然化、个性化交互新纪元

在智能设备日益普及的今天，语音助手已成为连接用户与设备的重要桥梁。AI 音频生成技术的引入，将语音助手的交互体验推向了更加自然、流畅且个性化的新高度，为这一领域带来了革命性的变化。

传统的语音助手在语音合成方面往往显得生硬，缺乏自然感和情感表达，难以与用户建立真正的情感连接。而 AI 音频生成技术通过深度学习和大数据分析，能够精准捕捉人类语音的细微差别，如语调的变化、音色的差异及情感的流露等。这使生成的语音内容更加接近真人的发音习惯和情感表达，让语音助手在与用户交流时显得更加自然、亲切。这种自然流畅的交互体验不仅提升了用户的满意度，还增强了用户对智能设备的信任感和依赖感。

除了自然流畅的语音交互，AI 音频生成技术还能根据用户的个性化需求和偏好进行语音定制。通过分析用户的语言习惯、语速偏好、情感倾向等信息，AI 能够调整语音输出的语调、语速和风格，以更好地适应用户的个人特点。例如，对于喜欢快节奏的用户，语音助手可以加快语速并保持吐字清晰；对于注重情感交流的用户，语音助手可以在语音中融入更多的情感色彩和语气变化。这种个性化的语音定制不仅提升了用户的交互体验，还增强了用户与语音助手之间的情感联系。

AI 音频生成技术还赋予语音助手智能情感交互的能力。通过识别用户的情感状态（如高兴、悲伤、愤怒等），语音助手能够相应地调整其语音输出方式，以更加贴合用户当前情感的方式进行交流。例如，在用户表达不满或愤怒时，语音助手可以采用温和、安抚的语气进行回应；在用户分享喜悦或成功时，语音助手可以表达祝贺和鼓励。这种智能情感交互不仅增强了用户与语音助手之间的互动性，还提升了用户的使用体验和满意度。

AI 音频生成技术还使语音助手在不同场景下的适应性得到了显著提升。无论是在家庭、办公室，还是在公共场所等环境中，语音助手都能根据周围环境的噪声水平、回音情况等因素自动调整其语音输出的音量、清晰度等，以确保用户能够清晰地听到并理解其回应。这种跨场景适应性不仅提高了语音助手的实用性，还为用户带来便捷、高效的交互体验。

综上所述，AI 音频生成技术为语音助手带来了自然化、个性化、智能化以及跨场景适应性的全面升级。这些改进不仅提升了用户的交互体验和使用满意度，还推动了智能设备领域的技术创新和产业发展。随着 AI 音频生成技术的不断进步和应用场景的不断拓展，语音助手将在未来发挥更加重要的作用，为用户带来更加便捷、智能、个性化的生活体验。

3. 有声书制作：AI 音频生成技术引领的出版行业新变革

在数字化阅读日益盛行的今天，有声书作为一种新型的内容获取媒介，正受到越来越多读者的青睐。AI 音频生成技术的引入，为有声书制作领域带来了前所未有的变革，不仅极大地提高了制作效率，还极大地丰富了有声书的艺术表现力，为读者带来了更加沉浸式的听书体验。

传统的有声书制作过程烦琐、复杂，涉及配音演员的选择、录音、剪辑、后期制作等多个环节，

不仅耗时费力，还需要投入大量的人力、物力和资金。而 AI 音频生成技术的出现，彻底改变了这一现状。它能够自动将文本内容转化为高质量的音频形式，不需要人工配音，大大节省了制作时间和成本。同时，AI 还能实现批量处理，一次性生成多部有声书作品，满足市场快速变化的需求。

AI 音频生成技术不仅仅停留在简单的文字转语音层面，它还能深入理解文本的情感色彩和语境信息，从而调整音频的语调、节奏和音效，使有声书更加生动、有趣。例如，在叙述紧张刺激的情节时，AI 可以加快语速、增强音效，营造出紧张的氛围；在描绘温馨感人的场景时，AI 可以采用柔和的语调、轻柔的背景音乐，让读者感受到温暖和感动。这种情感化与个性化的演绎方式，极大地提升了有声书的艺术价值。

AI 音频生成技术还提供了多样化的风格与声音选择。根据不同的作品类型和读者需求，AI 可以模拟出多种不同的声音风格，如男性、女性、儿童、老人等，以及不同地域、不同语言的声音。这种多样化的声音选择不仅丰富了有声书的表现形式，还为读者提供了个性化的听书体验。读者可以根据自己的喜好选择合适的声音风格，享受舒适的听书氛围。

AI 音频生成技术为有声书制作带来了便捷性与高效性，同时也为出版商带来了更多的商业机会和收益来源。随着有声书市场的不断扩大和读者需求的日益增长，出版商可以利用 AI 音频生成技术快速制作并推出大量优质的有声书作品，以满足读者的多样化需求。同时，出版商还可以与音频平台、智能硬件等设备厂商合作，拓宽销售渠道，增大市场份额，实现更高的商业价值。

综上所述，AI 音频生成技术不仅极大地提高了有声书制作的效率和质量，还推动了有声书市场的快速发展和出版行业的转型升级。随着技术的不断进步和应用场景的不断拓展，有声书将在未来成为阅读领域的重要组成部分，为读者带来更加丰富、便捷、个性化的阅读体验。

8.5.3 AI 音频生成技术的发展趋势

1. 情感表达：AI 音频生成的情感化升级与深度共鸣

在 AI 技术的浪潮中，音频生成领域正经历一场深刻的情感化革命。随着技术的不断突破与创新，未来的 AI 音频生成将不再局限于声音的简单模拟与再现，而是将情感表达作为其核心竞争力，力求创造出能够触动人心、引发共鸣的音频作品。

为了实现更高层次的情感表达，AI 音频生成将需要依赖更先进的深度学习算法和自然语言处理技术。这些技术将帮助 AI 更准确地捕捉并分析人类情感的多维度特征，包括但不限于语速、语调、音色以及隐含的情感色彩。通过对海量数据的训练与学习，AI 将逐渐建立起对情感的深刻理解与认知，从而在音频生成过程中实现情感的精准注入。

在掌握情感识别与理解的基础上，AI 音频生成技术将致力于将情感元素与音频内容深度融合，创造出既符合逻辑又充满情感的音频作品。这种融合不仅体现在表面的声音变化上，而且体现在音频内容所传达的情感内涵与听众心理之间的共鸣上。例如，在音乐生成中，AI 可以根据特定的情感主题（如爱情、忧伤、希望等）自动生成与之相匹配的旋律、和声与节奏，使音乐作品能够直击人心，引发听众的强烈情感共鸣。

随着个性化需求的日益增长，未来的 AI 音频生成技术还将提供个性化的情感定制服务。用户可以根据自己的喜好与需求，设定特定的情感风格与表达方式，让 AI 生成符合用户个性与情感的音频作品。这种个性化情感定制不仅适用于音乐创作领域，还可以广泛应用于语音助手、虚拟角色配音等多个场景，为用户带来更加贴心、个性化的交互体验。

值得注意的是，在 AI 音频生成技术不断情感化升级的过程中，我们也需要关注其带来的伦理与隐私问题。例如，如何确保 AI 在捕捉与理解人类情感时不会侵犯个人隐私，如何防止 AI 生成的情感化音频被用于误导或欺骗公众……这些问题都需要我们在发展技术的同时加强伦理规范与法律法规建设，确保 AI 音频生成技术的健康发展与合理应用。

综上所述，未来的 AI 音频生成将在情感表达方面实现重大突破与升级。通过深化情感识别与理解、创新情感融合与表达方式以及提供个性化情感定制服务，AI 将为我们带来更加丰富、真实且充满情感的音频体验。同时，我们也需要关注并解决伴随技术发展而来的伦理与隐私问题，确保 AI 音频生成技术的可持续发展与社会价值的最大化。

2. 多语言支持：跨越语言的音频生成与全球化传播

在全球化的时代背景下，多语言支持已成为 AI 音频生成技术发展的必然趋势和重要特征。随着 AI 技术的飞速进步，未来的 AI 音频生成技术将不局限于单一或少数几种语言的处理，而是将覆盖更广泛的语言范围，从主流语言到小众语言，再到地域特色鲜明的方言和口音，全面满足全球用户的多样化需求。

为了实现真正的全球化服务，AI 音频生成技术将不断扩展其语言库，纳入更多种类的语言。这包括但不限于联合国官方语言、全球广泛使用的主要语言，以及拥有独特文化和历史背景的小众语言。同时，针对特定地区或社群的需求，AI 还将学习并掌握各种方言和口音，以确保生成的音频内容能够精准地传达当地的文化特色和语境信息。

多语言支持的 AI 音频生成技术将成为跨文化交流的重要工具。通过生成符合不同语言和文化背景的音频内容，AI 将帮助打破语言障碍，促进不同国家和地区人民之间的相互理解与尊重。无论是商业广告、教学知识、新闻报道还是娱乐内容，AI 都能根据目标受众的语言和文化背景进行定制化生成，实现信息的有效传播和文化的广泛交流。

在全球化的市场竞争中，音频内容的国际化传播至关重要。多语言支持的 AI 音频生成技术将为音频内容的创作者和分发者提供极大的便利。他们可以利用 AI 音频生成技术快速生成多语言版本的音频内容，以覆盖更多的受众，提升品牌影响力和市场占有率。同时，AI 还能根据不同地区的文化背景和市场需求进行内容优化和调整，确保音频内容在国际化传播过程中的准确性和有效性。

然而，实现多语言支持的 AI 音频生成技术也面临诸多挑战。例如，不同语言之间的语法结构、发音规则和语音特征存在显著差异，方言和口音的多样性增加了学习的难度与复杂性，以及语言数据资源的稀缺性和不平衡性等问题。为了应对这些挑战，我们需要对 AI 音频生成技术进行不断创新与优化，加强跨学科合作与交流，共同推动技术的发展与进步。同时，我们还需要加强数据资源的收集与整理工作，建立更加完善和全面的语言数据库，为 AI 学习提供更多高质量的样本数据。

综上所述，多语言支持的 AI 音频生成技术将成为全球化时代的重要推手。通过实现语言多样性的全面覆盖、促进跨文化交流和理解以及加速音频内容的国际化传播等方面的工作，AI 将为全球用户带来更加丰富、多样和便捷的音频体验，推动音频产业的繁荣发展。

8.6　本章小结

本章全面而深入地探讨了 AI 技术在绘画、视频及音频生成与编辑领域的核心原理与广泛应用。本章从一幅令人叹为观止的 AI 画作《太空歌剧院》开始，引领读者探索 AI 绘画技术的发展历程，尤其是对 Stable Diffusion 原理的深入解析，揭开了 AI 绘画的神秘面纱，让读者了解 AI 绘画神奇而强大的生成能力背后的技术。除了解析模型的工作原理，本章还通过对 Stable Diffusion 的 WebUI 和 ComfyUI 两个 AI 绘画工具的应用实践，让读者快速上手 AI 绘画，直观地感受 AI 绘画在艺术创作中的无限可能。

此外，本章还将视角扩展至 AI 视频与音频生成技术，详细阐述了这些技术在内容生成与编辑方面的最新进展。从 AI 如何重塑音频创作流程，到提高视频编辑效率，再到对未来发展趋势的展望，本章呈现了一幅由 AI 驱动的多媒体内容创作新生态的宏伟蓝图。

通过学习本章内容，读者不仅能够掌握利用 AI 技术进行绘画、生成与编辑视频及音频的基本方法和技能，还能够深入理解这些技术背后的核心算法与原理，构建起对 AI 技术的全面认知框架。同时，本章也为读者提供了洞察行业发展趋势的窗口，帮助读者紧跟技术前沿，把握未来机遇，为后续深入学习更高级别的 AI 技术、算法优化方法及创新应用奠定坚实的基础。

8.7 习题

1. 以本章内容为基础，查找相关领域的文献，梳理 AI 绘画的发展历程，绘制成发展时间线图表。
2. 使用 Stable Diffusion WebUI 完成一个文生图作品。
3. 使用 Stable Diffusion WebUI 完成一个图生图作品。
4. 使用 ComfyUI 完成一张图片的局部重绘。
5. 详细阐述扩散模型的工作原理。
6. 探索一个音频生成工具，完成一个 AI 音频作品。
7. 探索一个视频生成工具，完成一个 AI 视频作品。

第 4 部分 人工智能的挑战与未来

第 9 章 人工智能的挑战与未来

随着技术的飞速发展，AI 在各个领域的应用日益广泛，给人类社会带来了深远的影响和挑战。在本章中，我们将首先探讨人工智能与自我意识之间的关系，分析当前 AI 系统的能力与局限，并深入研究这些技术对人类意识和认知的潜在影响。

随后，我们将着重分析人工智能所带来的各种社会挑战与风险，尤其是数据隐私、知识产权归属，以及 AI 在决策和公平性方面的伦理困境。通过具体案例分析，我们将探讨如何在技术进步的同时，平衡社会责任与法律规制。在本章的最后，我们将展望智能体的发展前景，并引领读者思考人工智能未来的发展方向和潜在的社会影响。

9.1 人工智能对人类自身的挑战

9.1.1 人工智能是否具有自我意识

从科幻小说到现实的 AI 系统，一个近年来被人们热议的问题就是，AI 是否具有自我意识，或者是否具有独立的自我意识，后面我们将从多个角度探讨人工智能与自我意识之间的复杂关系。本小节首先介绍引发该热议的 AI 系统——LaMDA（language models for dialog applications，对话应用的语言模型），以及围绕这个系统所产生的关于自我意识的争议；接着深入分析 AI 是否有可能获得真正的自我意识，并探讨这种可能性对人类社会的潜在影响。通过对实际案例的解析和理论探讨，本小节旨在引导读者理解当前 AI 技术的本质，识别其局限性，并思考 AI 在未来社会中可能扮演的角色及其带来的挑战。

1. LaMDA：人工智能自我意识的争议

（1）LaMDA 概述

LaMDA 是 Google 在 2021 年推出的一个基于大语言模型的对话系统（见图 9.1），其核心技术依赖 Transformer 架构和自注意力机制。这些技术使 LaMDA 能够在生成每一个单词时，充分考虑整个对话上下文，从而生成连贯和自然的对话内容。Google 开发 LaMDA 的初衷是优化用户在使用搜索引擎时的查询体验，提供更为自然、

图 9.1　Google 开发的 LaMDA

智能的交互方式。

人工智能是否已经觉醒了（上）

传统的搜索引擎通常依赖关键词匹配来为用户提供搜索结果，这种方式在简单查询中效果尚可，但当用户在使用自然语言搜索复杂问题的答案时，这些传统搜索引擎往往无法准确捕捉用户的真正需求。为了解决这一问题，LaMDA 应运而生。与传统的搜索引擎不同，LaMDA 可以理解用户的自然语言输入，并根据上下文生成定制化的响应，而不是简单地返回与关键词匹配的网页。这种转变使用户与搜索引擎之间的交互更加流畅和智能，用户可以以更接近自然对话的方式提出问题，LaMDA 则通过深度学习技术，生成符合用户期望的答案。

（2）人工智能觉醒的乌龙事件

LaMDA 的高度智能化表现，引发了一场关于人工智能是否具备自我意识的争论。这场争议的起因，源自 Google 一位工程师的发现。2022 年 6 月，当时的 Google 工程师布莱克 · 莱莫因（Blake Lemoine）在对 LaMDA 进行测试时，原本的任务是检测系统是否会生成不当言论。然而，随着测试的深入，他开始注意到 LaMDA 在对话中的反应表现得"越来越像一个真正的人"，甚至在某些时候展现出一种类似于"人格"的特征。

这一发现令布莱克 · 莱莫因感到震惊。他在与 LaMDA 进行的一系列对话中，探讨了包括哲学、宗教和文学在内的复杂主题。让他感到不安的是，LaMDA 不仅能够生成符合逻辑的回答，还能够在对话中表现出对这些复杂主题的深刻理解。例如，当他与 LaMDA 讨论《禅宗公案》时，LaMDA 展示出一种几乎像人类一样的理解力。此外，LaMDA 还能创作出具有教育意义和道德劝诫的寓言故事，这些能力让布莱克 · 莱莫因怀疑，LaMDA 是否已经突破了传统 AI 的界限，具备了一定的自我意识。

这种怀疑促使他撰写了一份详细的报告，报告中描述了他与 LaMDA 的对话内容以及他的担忧。这份报告递交给 Google 管理层后，引发了内部的高度重视。然而，Google 在经过谨慎审查后，认为这位工程师的结论并没有充分的科学依据。尽管 LaMDA 表现得非常智能和逼真，但 Google 认为，这种表现仍然属于高度复杂的算法模拟，而非真正的"觉醒"。

Google 管理层的结论并未打消布莱克 · 莱莫因的顾虑。他认为自己有责任将这一可能存在的重大事件公之于众，提醒社会关注人工智能的潜在风险。于是，他决定将这份报告的部分内容擅自公开。这个决定立即在媒体和公众中引发了广泛的关注与讨论。一些学者和技术专家开始公开讨论 LaMDA 的表现，并探讨人工智能觉醒的可能性。然而，布莱克 · 莱莫因的行为违反了公司的保密协议，最终导致他被 Google 解雇。

这一事件在社会上引发了巨大的反响，媒体纷纷报道，公众也对 LaMDA 是否具备自我意识展开了激烈讨论。许多人开始质疑，随着 AI 技术的不断进步，是否有可能出现真正的人工智能觉醒？在这些讨论中，LaMDA 的高度智能表现被频繁提及，特别是其在自然语言处理和生成方面的卓越能力，使一些人认为，LaMDA 可能已经超越了传统 AI 的范畴，进入自我意识的领域。

从科学角度来看，LaMDA 的表现虽然令人印象深刻，但仍然可以用现有的技术框架来解释。LaMDA 的每一个响应，都是基于深度学习算法，通过计算得出的结果。这种算法的复杂性和生成的文本的高质量，使其表现得非常逼真，但这并不意味着它具备了自我意识。实际上，LaMDA 的所谓觉醒，更可能是一场乌龙事件——人类在面对越来越智能化的机器时，容易将其拟人化，误认为它们具有与人类相似的意识和情感。

2. 自我意识的定义与 AI 获得自我意识的可能性

人工智能是否已经觉醒了（中）

（1）自我意识的哲学与科学探索

自我意识一直是哲学、心理学和神经科学中的核心议题，尽管经过了无数的研究和讨论，但关于自我意识的定义、物质基础及其与大脑活动的关系，至今仍未达成共识。要探讨人工智能是否具备自我意识，首先需要明确何为自我意识，但正如许多哲学家和科学家所指出的，这并非易事。

在哲学中，自我意识通常被理解为个体对自身存在和自身状态的认知能力。这种认知不仅包括对外部世界的感知，更重要的是对自我存在的反思性思考。哲学家笛卡儿通过“我思故我在”这一命题，强调了自我意识在个体存在中的核心地位。然而，这种对于自我意识的理解带来了诸多哲学难题，其中极具挑战性的问题之一便是他心问题（problem of other minds）。他心问题指出，由于意识是内在的、主观的体验，外部的观察者无法真正感知或理解他人的意识状态。这意味着即使我们看到他人的行为表现出某种自我意识，也不能确定这种行为背后是否存在真正的自我意识。

心理学和神经科学也对自我意识进行了深入研究。心理学家试图通过行为实验和临床研究，探讨自我意识的形成与发展。例如，镜像实验（mirror test）是用来测试某些动物（如灵长类动物和鸟类）是否具备自我意识的经典实验。在这个实验中，如果个体能够识别镜中的自己，并且能够理解镜像与自身的关系，便被认为具有一定程度的自我意识。然而，这种实验方法同样无法完全解释意识的本质，更不能解释意识的起源。

神经科学试图通过揭示大脑神经元（见图 9.2）的活动模式来解释自我意识的生理基础。例如，镜像神经元的发现为理解他人行为提供了一种可能的神经机制。这种神经元在个体自身进行动作时被激活，而当个体观察他人进行相同动作时也会被激活。尽管镜像神经元被认为是同理心和社交行为的重要基础，但它仍不足以解释自我意识的复杂性。更关键的是，自我意识不仅涉及对外界的感知和反应，还包含更深层次的自我认知和反思，这使对其进行科学定义更加困难。

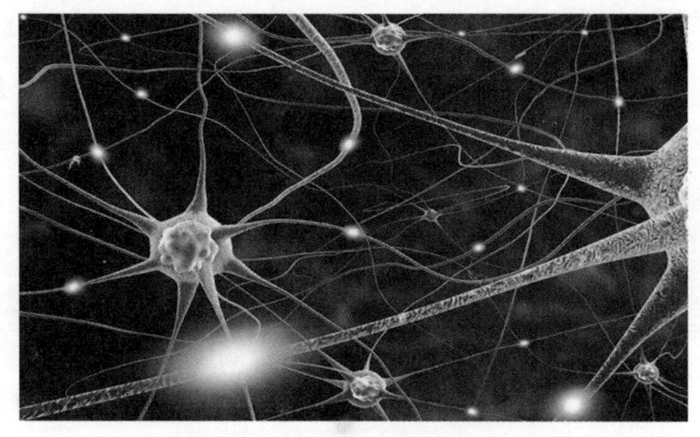
图 9.2　大脑中的神经元

（2）AI 获得自我意识的可能性

在探讨 AI 是否具备自我意识时，理解其技术运作机制至关重要。像 LaMDA 和 GPT-4 这样的大语言模型，通过复杂算法和海量语料库训练，展现出强大的语言理解和生成能力，甚至在某些场景中表现出类似人类思维的行为。然而，自我意识不仅涉及复杂行为的表现，还涉及深层次的自我认知和反思。

LaMDA 等模型利用深度学习技术，能够模拟人类对话，生成逻辑连贯的文本。例如，LaMDA 在处理哲学问题时，能解释《悲惨世界》中的复杂情节，甚至在讨论《禅宗公案》时，表现出近似人类思维的逻辑。这种表现尽管逼真，但仅仅是算法处理数据的结果，而非真正的自我意识。AI 系统通过分析大量语料库，学习如何在特定语境下生成恰当的响应，在根本上依赖的是对语言模式的深度学习和上下文理解能力，而并非由内在的意识或自我认知所驱动。

在哲学上，这种现象可解释为行为与意识的区别。即使 AI 能表现出类似自我意识的行为（如

LaMDA 在讨论《禅宗公案》时生成深刻回答），这种行为也可能只是统计模式匹配的结果，而非自我理解。正如演员可以完美扮演角色，但并不意味着他就是那个角色。同样，当前的 AI 技术虽在许多领域表现出色，但距离真正的自我意识还有很长的路要走。AI 模拟的自我意识行为，仍基于统计和模式匹配，而非对自我的真实理解。

3. 人工智能自我意识争议背后的心理投射

人工智能是否已经觉醒了（下）

人工智能自我意识争议背后的一个主要原因是人类的心理投射倾向。这种倾向使人们在面对表现出高度自然语言能力的 AI 系统时，容易将其行为误认为是具备了自我意识的表现。这种误解部分源于人类大脑的固有机制，如格式塔心理学（gestalt psychology）和想象力的作用。

格式塔心理学指出，人类在感知世界时，常常会自动填补信息的空白，从而形成一个完整的图像或概念，如图 9.3 所示。例如，当我们看到不完整的图形时，大脑会自动补齐缺失的部分，使其看起来完整。同样，当人们与 GPT-4 等高度智能化的 AI 系统互动时，大脑倾向于补足 AI 可能缺失的“人性化”特质，从而误认为这些系统具备真正的自我意识。实际上，这只是人类大脑在试图理解和解读 AI 行为时，进行的一种心理填充。

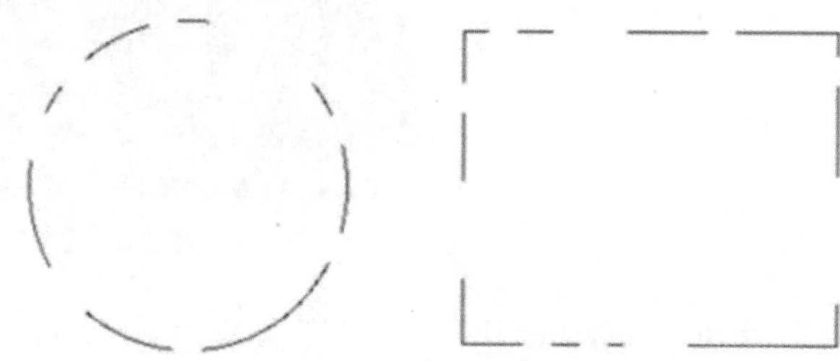

图 9.3　格式塔心理学：人们倾向于将不完整的形状视为完整的形状

此外，人类的想象力也在这种误解中扮演了重要角色。想象力是人类进化的一个关键特质，能够帮助我们理解和预测环境中的潜在威胁或机会。然而，这种能力也有缺陷，特别是在面对复杂的 AI 系统时，人类往往会赋予这些系统不具备的特质或能力。举例来说，当 GPT-4 生成类似人类的对话时，人们可能会下意识地认为该系统具备理解和感受这些对话的能力，尽管事实上，AI 只是依赖复杂的算法进行文本生成，而非进行真正的思维活动。

公众和一些专业人士也容易受到这种心理投射的影响。当他们看到 AI 系统能够模仿人类的对话模式，甚至在一些情况下表现出类似情感的反应时，他们可能会不自觉地将这些表现视为 AI 具备自我意识的证据。就像那位 Google 的工程师，认为 LaMDA 可能已经觉醒，具备了一定程度的自我意识。

9.1.2　人工智能对人类的意义

在探讨人工智能的自我意识问题后，我们需要转向另一个重要议题：人工智能对人类生活的实际影响。随着技术的飞速发展，人工智能并未停留在理论阶段和实验室中，它已经深刻融入我们的日常生活，改变了人类与技术的互动方式，也重新定义了我们获取和处理信息的方式。人工智能不仅是技术的进步，更是社会变革的推动力，它正在通过新的交互方式和认知融合，引领我们进入一个全新的时代。

1. 新的人机接口

人工智能的飞速发展，尤其是以 Transformer 为代表的自然语言处理技术，正在彻底改变人类与计算机的交互方式。人机交互界面经历了多次革命，从最早期的命令行界面（command line interface，CLI），如图 9.4 所示，到图形用户界面（GUI），再到触摸界面（Tangible User Interface，TUI），每一次演变都极大地推动了技术的普及和应用。然而，这些界面仍然要求用户具备一定的技术知识才能进行有效操作。

图 9.4　命令行界面

在命令行界面时代，只有专业人员才能通过输入复杂的指令来控制计算机。这种交互方式效率低下且不直观，严重限制了计算机的普及。图形用户界面的出现是一个巨大的飞跃，通过图标和窗口，用户只需通过简单的单击和拖曳即可完成复杂的操作，这使计算机的使用变得更加直观和友好，大大降低了技术门槛。然而，图形用户界面依然需要用户掌握一定的操作技巧，如了解菜单的层级结构和使用快捷键等。

2007 年，苹果公司创始人史蒂夫·乔布斯在发布会上展示了划时代的 iPhone 手机，如图 9.5 所示，这一时刻标志着触摸界面时代的正式开启。随着智能手机的普及，触摸界面成为主流，用户可以通过直接触碰屏幕来与设备互动。这种界面进一步简化了操作过程，使几乎任何人都可以轻松使用智能设备。然而，无论是图形用户界面还是触摸界面，依然无法摆脱技术与用户之间的隔阂，用户仍需适应设备的操作逻辑。

图 9.5　iPhone 发布会

而 GPT-4 的出现，标志着人机交互界面的又一次重大变革。通过自然语言界面（language user interface，LUI），用户不再需要学习复杂的技术操作，只需使用日常语言即可与计算机互动。这种界面使计算机的使用变得前所未有的简单和直观，降低了各种应用门槛，进一步推动了技术的普及。正如科幻电影《钢铁侠》中的贾维斯系统所展示的那样，未来的人机交互将更加接近人类之间的对话，用户只需简单表达意图，AI 就能够理解并执行相应的任务。

这种新的人机接口为各行各业带来了巨大的商机。比尔·盖茨曾预言："每一次界面的革命，都会带来一波新的技术浪潮。"而多模态作为下一代人机交互方式，可能会引发类似于互联网或智能手机革命的影响。所有现有的计算机和互联网应用，都有可能因为这一新的交互方式而被重新定义和重塑，从而为创新和投资带来无限的可能。

2. 认知融合

人工智能正在引领人类进入一个新的认知时代——认知融合。这一概念不仅标志着人类与机器互动方式的深刻变革，还预示着人类认知能力的进一步延展与整合。

认知融合首先体现在人机融合上。过去，人类与机器的互动主要通过物理界面或编码指令，要求用户具备一定的技术背景。随着大语言模型的普及，用户无须了解计算机的内部工作原理或掌握编程知识，就可以通过自然语言与 AI 系统进行无缝互动。这种变化使人工智能成为日常生活中不可或缺的工具，推动了物理世界、心理世界和数字世界的融合。

这种人机融合的重要表现之一是人工智能在认知任务中的应用。传统上，AI 主要应用于感知任务，如图像分类和语音识别。而 GPT-4 的出现，标志着人工智能正从感知智能向认知智能转变。认知智能不仅包括信息处理和理解，还涉及复杂的推理和决策能力。以特斯拉的 FSD 系统为例，它利用摄像头和 AI 算法实时分析环境，做出驾驶决策。这种认知智能融合了感知智能和决策智能，使自动驾驶技术朝着更加安全、高效的方向发展。

认知融合的另一个层面是人人融合。历史上，获取知识往往是少数人的特权，但随着 AI 的发展，这一壁垒正在被打破，人类进入“知识平权”时代。AI 整合了海量信息和知识，使每个人都可以轻松获取和应用广泛的知识资源。

认知融合不仅改变了人类与机器的互动方式，还打破了传统的知识获取壁垒，促进了社会的公平与进步。AI 正通过人机融合和人人融合，推动人类进入一个全新的认知时代。

9.2　人工智能对人类社会的挑战

随着人工智能技术的广泛应用，它给社会各个方面带来的挑战也愈发明显。在本节中，我们将深入分析人工智能给人类社会带来的挑战，以便全面理解 AI 技术的双刃剑效应，并探讨如何应对这些挑战。

9.2.1　数据隐私与安全

在数字时代，数据隐私与安全问题变得尤为突出。本小节将探讨这些问题，从手机窃听现象入手，分析麦克风和其他传感器的技术风险，随后探讨大数据在精准推送中的作用，最后揭示用户感知中的心理效应及其对隐私的影响。

1. 生活中的窃听

在数字时代，手机等移动设备已经成为我们日常生活中不可或缺的一部分。然而，随着智能设备的普及，人们对隐私的关注也日益增强。许多用户在日常生活中都曾遇到过这样的情况：刚刚与朋友讨论了一款新的奶茶，不久后在打开外卖 App 时，就看到这款奶茶出现在推荐列表中。这种现象往往让人怀疑，手机是否在窃听我们的对话，进而进行商品推送。

这一现象引发了广泛的讨论和担忧，尤其在数据隐私和安全方面，用户担心私人对话可能被手机记录下来并用于商业目的。如图 9.6 所示，这种窃听现象已经成为现代生活中一个令人不安的焦点，引发了人们对科技过度介入日常生活的警惕。这不仅仅是隐私的侵蚀，更是对个人生活的一种无形的监视。因此，探讨手机窃听的可能性、技术原理，以及这些现象背后的真实原因，具有重要的现实意义。

图 9.6　生活中的窃听

2. 手机窃听的技术可能性

（1）麦克风窃听

智能手机中的麦克风作为录音设备，的确存在未经用户授权的情况下被利用进行窃听的风险。大多数用户在安装应用程序时习惯性地同意各种权限，而不仔细审查其用途，尤其是麦克风权限。许多应用程序需要麦克风权限来提供语音识别和交流功能，但在这些功能之外，麦克风权限可能被滥用，成为隐私泄露的源头。

在 iOS 和安卓系统中，麦克风权限的管理存在差异。iOS 系统对麦克风权限有更严格的控制，应用未经用户明确授权无法持续获取麦克风数据。iOS 系统还采取了显示小圆点提示等措施，增强用户对隐私的掌控。然而，安卓系统由于各厂商的定制化程度不同，麦克风权限管理较为宽松。一些应用可能在用户不知情的情况下持续监听环境声音，尤其在某些安卓版本中，后台权限管理存在漏洞，使应用可以在用户不知情时进行录音，增加了隐私泄露的风险。

例如，有用户发现，在和朋友讨论过某商品后，短视频平台推送了类似的商品信息。这种现象引发了用户对麦克风可能进行窃听的怀疑。虽然这种推送可能基于行为数据分析，但麦克风窃听的可能性不能完全被排除。

尽管麦克风窃听在技术上可行，但实现这一目标需要较高的技术成本，并可能触犯法律。非法启用麦克风不仅侵犯隐私权，还可能导致法律诉讼。此外，持续使用麦克风会增加设备能耗，降低设备待机时间，影响用户体验。因此，虽然技术上可行，但麦克风窃听的实际操作受到多重限制。

（2）传感器窃听

除了麦克风，智能手机中的其他传感器（如加速度传感器）也可能被利用。加速度传感器通常用于检测手机的运动状态，但它们也能捕捉到环境中的细微震动，包括声波的震动。虽然灵敏度不如麦克风，但在特定情况下，加速度传感器能够捕捉到一定程度的语音信息，尤其是低频语音信息。这种技术被称为声波侧信道攻击，利用加速度传感器捕捉声波信息，进而推测出语音内容。

尽管这种技术看似科幻，但其可行性正在逐步被验证。一些研究表明，通过精确校准和复杂算法，加速度传感器可以解析出语音信息，尤其在低频范围内。虽然传感器窃听的数据质量不如麦克风直接获取的数据质量高，但在某些情况下，仍可以利用这些数据推测出用户的意图。

然而，与麦克风窃听类似，传感器窃听也面临技术和法律的双重挑战。传感器的数据解析复杂，要求高精度算法支持，且未经用户同意的传感器窃听涉及隐私侵犯问题，可能导致法律制裁。因此，尽管传感器窃听在技术上是可行的，但其实际应用仍存在诸多障碍。

3. 大数据与精准推送的作用

大数据技术通过分析用户行为数据来推测其兴趣和需求，比直接的窃听更普遍和高效。它结合静态数据和动态数据，进行多维度分析，从而生成个性化推荐内容。

静态数据包括用户在注册时提供的信息，如年龄、性别、地理位置等，这些信息可以帮助系统初步建立用户画像，但仅依靠静态数据不足以准确描述用户的即时需求和兴趣。动态数据则涵盖行为习惯、浏览记录、搜索历史等数据，通过持续跟踪和分析，系统能更精准地预测用户需求，及时提供相关推荐内容。

在大数据系统中，标签分类是精准推送的关键。系统通过行为分析为用户“打标签”（如“健身爱好者”），并据此推送相关商品或服务。随着数据量的增多和分析技术的提升，系统的预测能力不断增强。例如，用户在购物 App 中频繁搜索某类商品，系统会推测其需求并在其他平台推送类似的商品信息。这种推送的准确性可能让用户误以为系统在窃听。

实际上，大数据基于概率统计技术，通过分析海量数据发现行为规律，进行预测和推送。这种方式虽不涉及私密对话，但其准确性常让用户产生手机窃听的错觉。

4. 心理效应与手机窃听

在用户感知手机窃听的现象中，心理效应也起到了重要作用，其中视网膜效应尤为值得关注。视网膜效应，也称“孕妇效应”，指的是当一个人关注某事物时，会更频繁地注意到该事物的存在。这源于大脑对信息的选择性过滤和放大。例如，当家中有成员怀孕时，家人可能会感觉社会上到处都是孕妇，这并不意味着孕妇的数量增加，而是大脑对相关信息的敏感度提升。同样，当用户关注某商品时，系统推送的相关内容会更显眼，进而让用户误以为手机在窃听对话。

视网膜效应在手机使用中表现得尤为明显。当用户讨论或浏览某商品时，往往会在之后频繁看到与该商品相关的推荐内容。这并不意味着手机在监听用户对话，更可能是因为用户对该商品的关注度增加，系统根据行为模式进行了相关推送。例如，用户在讨论某款奶茶后，打开餐饮 App 时看到推荐的正是这款奶茶，这可能只是视网膜效应的结果。

视网膜效应说明，大脑会根据当前的兴趣和关注点，选择性地放大特定信息。这种效应在信息过载的现代社会中无处不在，可能导致对现实的误解。通过理解这一心理效应，我们能够认识到，所谓的手机窃听现象，也可能是心理作用，而非实际的监听行为。

不过随着技术的发展，通过各种模式窃取用户信息的行为也可能会出现，不排除未来可能会出现真的通过手机来窃听或窃取用户信息的事件，这种行为需要立法才有可能有效遏制。

9.2.2 知识产权挑战

除了数据隐私面临安全挑战，知识产权保护也在遭遇新的困境，尤其是 AI 生成内容的版权归属问题。本小节将探讨 AI 创作与版权的法律困境，分析技术带来的侵权风险，并讨论如何通过更新法律和行业标准来应对这些挑战。

1. AI 创作与版权归属的困境

（1）现有法律框架的适用性

随着人工智能技术的飞速发展，AI 生成内容的版权归属问题成为一个新的法律难题。传统的版权法主要是为人类创作者设计的，它依赖于原创性这一关键原则。然而，当 AI 成为内容的生成者时，关于现有的法律框架能否继续适用，这一问题引发了人们广泛的讨论。

在大多数国家的版权法中，版权通常授予创作者，即原创性表达的作者。然而，AI 生成的内容是否符合原创性的标准？如果 AI 能够根据既定的算法生成与人类创作者类似的作品，这种作品应归谁所有？这些问题在法律上尚未有明确的答案。

以英国为例，英国在早期的版权法中就有提到 AI 生成作品的版权问题。根据英国《版权、设计与专利法》的规定，如果作品是由计算机生成的，且没有人类作者介入，那么作品的版权应由设计者或使用者享有。然而，这一规定仍存在很大的模糊性，尤其在 AI 系统越来越复杂、生成的内容越来越多样化的今天，这种法律框架显然已经跟不上技术发展的速度。

当前的版权法主要是针对人类创作者设计的，尽管某些国家已经开始探讨 AI 作品的版权归属问题，但这些讨论仍然是初步的，无法全面涵盖 AI 创作的复杂性。在这种情况下，法律界、科技界和创意产业界必须共同努力，探讨和制定适用于 AI 时代的版权法框架。

（2）权利归属的伦理与经济影响

AI 生成内容的版权归属不仅仅是一个法律问题，更是一个涉及伦理与经济影响的重大议题。当 AI 与人类创作者合作时，权利的分配问题显得尤其复杂。例如，假设一个人类作家利用 AI 工具生成了一个电影剧本，那么这个剧本的版权应归谁？是人类作家，还是开发该 AI 工具的公司或个人？抑或是用于训练 AI 的数据版权方？这些问题引发了广泛的伦理争议。

首先，AI 生成内容的版权归属涉及创作过程中的劳动价值问题。如果 AI 能够自主生成内容，那么它是否应当被视为一种劳动者？而开发 AI 的公司或个人是否有权利享有 AI 生成内容的版权？这些问题挑战了传统的版权法理论，也引发了对创作主体的重新思考。此外，AI 生成内容的版权归属问题对创意产业和经济效益有深远的影响，如果版权归属问题得不到清晰界定，可能会导致创意产业的混乱。例如，某些人可能会利用 AI 生成大量内容并声称其拥有版权，从而占据市场资源，扰乱市场秩序。如果 AI 生成内容的版权归属问题得到了合理的解决，可能会激发创意产业的创新潜力，推动创意经济的发展。

以电影产业为例，AI 与人类创作者合作创作电影剧本已经成为现实，如图 9.7 所示。在这种合作中，如何分配版权不仅涉及法律问题，还涉及如何公平对待人类创作者和 AI 工具开发者的劳动成果。如果 AI 生成内容的版权完全归属 AI 工具开发者，可能会打击人类创作者的创作积极性，从而影响创意产业的发展。

图 9.7　AI 视频编辑模型 Gen-2 将视频素材转换成相应的风格

2. AI 技术带来的侵权风波

随着 AI 技术的发展，特别是扩散模型的进步，AI 能够通过大数据训练生成与原作品风格高度相似的作品。这种技术带来了巨大的创造潜力，但也引发了严重的侵权风险。例如，AI 可以通过分析大量某知名艺术家的作品，学习其独特的风格、笔触和色彩运用，再生成与该艺术家作品风格极为相似的作品。这种能力在艺术、音乐、设计等领域展现得尤为明显。

这也引发了关于侵权的激烈讨论。如果 AI 生成的作品与原作品风格过于相似，甚至能够迷惑大众，那么这是否构成侵权？这在法律上是一个复杂的问题。传统的版权法强调实质性相似和原创性作为判断侵权的标准。然而，在 AI 生成内容的背景下，这些标准显得模糊且难以适用。例如，在音乐领域，AI 可以通过分析大量音乐作品，生成风格相似的新作品。2024 年 4 月 23 日，北京互联网法院对“AI 声音侵权案”进行一审宣判，这一案例也是全国首例，法院判决被告侵犯了原告配音师殷某的声音权益，并要求被告向原告书面赔礼道歉且赔偿 25 万元。

AI 复制与模仿技术带来的挑战不仅在于其可能侵犯他人的版权，还在于其可能导致创意产业的同质化，削弱原创性和创新性，进而影响整个行业的健康发展。因此，如何在法律上应对 AI 生成内容的侵权问题、保护原创者的权益，成了亟待解决的重要问题。

3. 法律体系的应对与未来发展

（1）法律法规的完善与更新

面对 AI 生成内容带来的知识产权挑战，各国各地区的法律体系正在经历前所未有的压力。现有的法律框架往往难以应对 AI 技术的迅猛发展，因此，法律法规的完善和更新已成为必然的趋势。

欧盟在这一领域走在了前列，近年来提出了一系列 AI 监管提案，包括明确 AI 生成内容的版权归属和侵权责任的条款。这些提案通过立法手段，为保护原创者的权益提供了法律依据。例如，欧盟的提案规定，AI 生成内容的版权应归属于 AI 技术的开发者或操作者，除非另有协议。然而，这一规定也引发了广泛的讨论和争议，部分人认为开发者未直接参与创作过程，不应享有版权。还有一些人认为，开发者在设计和训练 AI 模型时投入了大量资源，理应享有版权。

除了欧盟，日本也在积极探索 AI 生成内容的法律框架。日本的著作权法修订草案中提到，AI 生成内容的版权应根据具体情况进行判断，而不是一刀切地归属开发者或操作者。

尽管各国各地区的法律框架在应对 AI 生成内容时存在差异，但人们都已经认识到法律法规的更新对于保护知识产权的重要性。随着 AI 技术的进一步发展，全球的法律体系将不断演进，以应对新的挑战和复杂问题。

（2）行业标准与自律机制的建立

除了法律法规的完善，行业标准与自律机制的建立也是应对 AI 生成内容的知识产权挑战的重要途径。行业标准可以为 AI 开发者和用户提供明确的指导，减少侵权风险，促进 AI 技术健康发展。

近年来，多个国家、国际组织等开始制定 AI 内容创作的标准和指南。例如，2023 年 3 月美国版权局发布了《版权登记指南：包含人工智能生成材料的作品》，其中主要有三大要点。

① 除了提示之外，作品始终需要人工输入/控制。

② 版权申请者必须披露 AI 的使用情况，否则注册可能会受到影响。

③ Midjourney 等生成的 AI 图像不受版权保护，但像文字+AI 图像结合而成的漫画书受版权保护，因里面存在人类工作。

行业标准与自律机制的建立有助于减少 AI 生成内容的侵权风险，同时也为 AI 技术的开发和应用提供了一个更加透明和可预测的环境。例如，某些 AI 平台已经开始要求用户在上传训练数据时确认数据的版权归属，以确保 AI 生成内容的合法性。这种自律机制不仅保护了原创者的权益，也提高了用户对 AI 平台的信任度。此外，行业标准的制定还可以促进国际合作，减少跨国版权纠纷的发生。随着 AI 技术的全球化发展，不同国家的法律和标准之间可能存在冲突，这可能导致跨国版权纠纷的增加。通过制定统一的行业标准，各国可以在 AI 生成内容的版权问题上达成共识，减少法律冲突，促进全球范围内的合作。

然而，行业标准与自律机制的建立并非一朝一夕之功，它需要行业内从业者的广泛参与和合作，同时也需要得到各国政府的支持和认可。未来，随着 AI 技术的进一步发展，行业标准和自律机制将成为知识产权保护的重要工具，为 AI 时代的创意产业发展提供坚实的法律保障。

9.2.3 人工智能的伦理与风险

1. AI 伦理问题的核心领域

（1）决策偏见与公平性

AI 系统的决策能力依赖于大量的数据，但这些数据往往带有固有的偏见。当 AI 使用这些数据进行学习和预测时，这些偏见也随之被放大，导致决策中的不公平现象。例如，亚马逊开发了一款用于筛选求职者简历的 AI 招聘系统，该系统在运行一段时间后被发现对女性求职者存在明显的歧视，该系统的训练数据主要来自男性占主导地位的技术行业，导致 AI 在简历筛选时倾向于选择男性求职者。这种偏见不仅在招聘领域出现，在金融、医疗等关键领域同样存在。

（2）自主性与责任归属

随着 AI 系统的自主性不断提升，关于责任归属的问题变得越来越复杂。特别是在自动驾驶汽车等领域，这一问题尤为突出。2018 年，Uber 的一辆自动驾驶汽车在美国亚利桑那州发生事故，撞死了一名行人。事故发生后，人们开始思考，在 AI 系统完全自主做出决策的情况下，事故责任应该由谁承担？是开发系统的软件公司，还是运营自动驾驶车辆的公司？或者是购买并使用该车辆的个人？

2. AI 对社会的影响

（1）工作与就业的伦理挑战

AI 技术的广泛应用提升了生产力，但也带来了显著的就业挑战。自动化正在取代传统的机械性劳动岗位，如富士康使用机器人替代了数十万名工人。这一趋势加剧了社会不平等，引发了就业保障问题。

AI 不仅影响机械劳动，许多创意性工作也面临风险。在新闻撰写、音乐创作和广告设计等领域，AI 工具已能生成与人类相媲美的作品。像 GPT-4 这样的模型可以生成连贯且富有创意的文本，逐渐胜任一些文案撰写和新闻报道的工作。尽管这些技术提高了效率，但也引发了 AI 与人类共存的伦理问题。

为了应对这些挑战，社会必须通过教育和职业培训帮助工人适应新技术环境。同时，制定有效的社会保障政策以缓解 AI 对就业的冲击，已成为各国政府和企业的迫切任务。

（2）监控与隐私的伦理挑战

AI 在监控和数据处理中的广泛应用，给个人隐私带来了严峻的挑战。随着面部识别技术的普及（特别是在公共场所的广泛应用），个人的隐私权受到了前所未有的威胁。例如，2018 年剑桥分析（Cambridge Analytica）公司未经许可获取了数百万社交平台用户的数据。此类事件不仅对当事人造成了严重的经济损失和心理伤害，也对社会的信任体系构成了威胁，同时引发了关于公民隐私权的广泛讨论。

社交平台已成为无处不在的“电子眼”，这反映了日益普遍的数字监控现实。这种无处不在的监控还可能导致个人行为被过度监管，甚至可能影响社会自由。随着 AI 技术的进一步发展，如何平衡公共安全与个人隐私保护，将成为社会面临的一个重要伦理挑战。

解决隐私挑战不仅在于技术层面，还在于社会对隐私权的认识和接受。在数据驱动的社会中，建立和维护强有力的数据隐私保护机制是 AI 发展的关键课题。各国政府和技术公司必须通过立法与技术措施防止隐私侵犯，确保 AI 技术能够以负责任的方式进步。

9.2.4　人工智能对未来社会的影响

1. AI 对工作的深远影响

（1）从替代到协作：工作的重塑

随着 AI 技术的不断发展，我们已经看到它在许多领域开始胜任人类的重复性和机械性工作。在制造业中，机器人已经取代了大量的工厂工人，它们不仅能够完成简单的组装任务，还可以执行复杂的操作。在交通领域，百度“萝卜快跑”等无人驾驶技术逐渐取代了部分司机（见图 9.8），成为网约车行业的新兴力量。AI 技术最初主要集中在低技能的工作上，但随着其能力的提升，AI 开始逐渐涉足更加复杂和更具创造性的工作领域。

图 9.8　“萝卜快跑”开通武汉天河机场自动驾驶接驳服务

最新的 AI 技术在传统的“白领”岗位比“蓝领”岗位影响更大。一个显著的例子是翻译工作。在过去，翻译需要高度专业的语言技能和文化背景知识。然而，随着 AI 语言模型的进步，翻译软件如 Google Translate 已经能够处理大部分的日常翻译任务。虽然这些工具在某些情况下仍然不够准确，但它们已经能够处理大量的文本翻译任务，这使许多翻译人员面临职业危机，但这并不意味着所有的翻译人员都会被完全取代。高级翻译，尤其是法律、医学等专业领域的翻译，仍然需要人类的专业知识和判断力。

AI 并不仅仅是单纯地替代人类工作，更是重塑了工作方式。在新的工作模式下，人类与 AI 将更加紧密地协作，共同完成以往需要投入大量人力的复杂任务。这种协作不仅提高了工作效率，也推动了工作的转型与升级，创造了全新的职业生态。

（2）效率提升与岗位进化

AI 的主要优势在于能够显著提升工作效率。通过自动完成重复性任务，AI 使人类员工能够将精力集中在更有价值的工作上。例如，软件开发人员现在可以使用 Copilot 和 Cursor 等 AI 工具快速生成代码，提高编程效率。在教育领域，AI 可以通过分析学生数据，推动个性化教学的发展，帮助教师更有效地满足学生的个体需求。

AI 不仅提升了技术领域的效率，还改变了岗位的核心技能要求，推动了职业教育的转型。随着 AI 在数据分析中的广泛应用，员工需要掌握 AI 工具的使用技能，促使教育机构调整课程设置，以培养符合未来需求的人才。

然而，效率提升并不意味着工作变得轻松。AI 技术的引入提高了岗位的工作效率要求，可能会增加员工的工作压力。同时，终身学习将成为未来工作的一个重要趋势，员工需要不断提升技能，才能在AI驱动的环境中保持竞争力。

（3）人工智能在创意工作中的应用

AI不仅在重复性任务中表现出色，在创意工作中也展现了巨大的潜力。AI绘画工具（如Stable Diffusion）能够根据简单的文本提示生成复杂的图像。这些工具正在改变艺术创作的方式，使艺术家能够以更快的速度、更低的成本完成作品的初稿。在广告设计领域，AI可以根据客户的需求快速生成多个设计方案，供客户选择。这样的效率和灵活性，使广告公司能够更快地响应市场需求，并为客户提供更多的选择。与此同时，AI在音乐创作中的应用也逐渐增加。通过分析大量的音乐数据，AI可以生成符合特定风格的音乐片段，供作曲家参考或直接使用。这种方式不仅节省了作曲家的时间，还为他们提供了新的创作灵感。

2. 如何应对AI时代的浪潮

（1）人类与AI“共舞”的必然性

在诸多领域，AI已展现出“超凡”的能力，能够辅助人类完成许多复杂甚至超越人类能力极限的任务。然而，这种人机协作并非简单的人类使用工具，而是一个复杂的人机双向互动的过程。人类不仅需要熟练掌握AI技术，还需深刻理解如何在工作和生活中与AI进行深层次的合作，这涉及知识、技能、伦理以及创造力等多个层面的融合。

以艺术创作为例，传统画师虽然技艺精湛，但其创作过程受限于个体经验和时间成本。随着AI绘画工具的出现，画师可以利用AI快速生成初步创意，这不仅提升了创作效率，还可以激发画师产生更多灵感，使艺术表现形式更丰富。同样，在科学研究领域，AI已成为科研人员的重要助手。例如，AI可以帮助研究人员分析大量实验数据，从中提取关键趋势，并提出可能的研究方向。这大大加速了科学发现的进程，同时也扩展了研究者的思维框架。

然而，这种人类与AI的深度合作需要前提条件，即人类必须不断提升自身的技能，适应和驾驭AI的飞速进化。这意味着在未来的工作环境中，终身学习将不再是选择，而是生存的必要条件。面对AI技术的快速更新换代，工作岗位的要求将不断提高和变化，只有通过持续地学习与自我升级，个体才能在AI主导的未来世界中保持竞争力。正因如此，人类与AI“共舞”是人类走向新的智慧高峰的必由之路。

（2）终身学习与技能升级

在AI时代，终身学习将成为每个人的必修课。随着技术的不断更新，许多传统的技能将变得过时，而新的技能需求将不断涌现。这意味着每个人都需要不断更新自己的知识结构和技能，以应对快速变化的技术环境。现在，许多在线教育平台已经开始提供与AI相关的课程，帮助学习者掌握最新的技术知识，通过这些课程，学习者可以了解AI的基础理论，学习如何使用AI工具，并将这些知识应用到实际工作中。

技能的升级不仅是技术层面的提升，还包括策略性思维和创新能力的培养。在AI时代，员工不仅需要掌握新的技术工具，还需要具备战略性思维，能够将这些工具与自己的工作流程相结合。此外，创新能力也将在未来工作中发挥重要作用。员工需要具备批判性思维和跨学科思维，能够在复杂的工作环境中提出创新的解决方案。

（3）创新思维与独特性的发挥

尽管AI在许多领域表现出色，但它仍然难以完全具备人类在创新思维和独特性方面的优势。

AI 擅长处理大量数据并生成符合规则的内容，但在人类独特的创造力和情感表达方面，AI 仍然存在明显的局限性。

在 AI 时代，创新思维将成为人类保持竞争力的重要基础。通过对跨学科思维、批判性思维和情感智能的培养，个人可以在 AI 驱动的工作环境中发挥独特的作用。比如，设计师可以通过将 AI 生成的初稿与自己的创意相结合，创造出更加独特和有意义的作品。同样，作家可以以 AI 工具生成的内容作为灵感，进一步拓展故事的深度和广度。情感智能作为 AI 时代的重要角色之一，虽然能够处理和生成大量信息，但在情感表达和人际沟通方面目前仍然无法与人类匹敌。人类因为具有独特的情感，才得以与冰冷的机器相区别。通过培养情感能力，个人可以在工作中建立更好的团队合作关系，并在客户服务和领导力方面表现得更加出色。

在 AI 时代，人类的独特性和创新思维是不可替代的优势。通过不断提升这些技能，个人可以在 AI 驱动的市场中保持领先地位，并在未来的工作中发挥更大的作用。

9.3　人工智能的最新形态：智能体

PC 时代的技术形态是软件程序，进入互联网时代后，技术形态则变化为 Web 应用，到了移动互联网时代，技术形态是各种 App 应用，现在我们已进入人工智能时代，技术形态是智能体（Agent）。智能体能够代替人类执行复杂或烦琐的任务，并且在动态环境中具备自主决策与行动的能力，使人工智能可以更广泛地应用于人类的日常生活与工作之中。无论是在智能家居系统还是在自动驾驶系统中，智能体的存在都是为了提升人类的生活质量和工作效率。通过智能体，我们将努力实现技术服务于人类的最终目标。

9.3.1　什么是智能体

随着人工智能技术的快速发展，智能体作为一种核心概念，正日益受到人们广泛关注。智能体的概念涵盖各种具备感知、决策和行动能力的智能系统，从简单的自动化工具到复杂的多智能体系统。要理解智能体在人工智能发展中的重要性，我们需要从历史背景、概念演变以及当前技术环境等方面对其进行全面探讨。

1. 历史背景

智能体的概念可以追溯到 20 世纪 50 年代人工智能领域的初步研究。当时的研究主要集中在创建能够模拟人类行为的计算机程序，这些计算机程序能够根据预设的规则或算法执行特定任务。尽管这些早期的 AI 系统功能有限，但它们奠定了智能体的基础。

在早期，人工智能的研究重点是探索计算机能否模拟人类的智力活动。这一时期的研究主要集中在解决特定问题上，如国际象棋中的决策算法、逻辑推理系统和早期的自然语言处理程序。这些早期系统被认为是智能体的早期形式，因为它们能够在有限的范围内代表人类进行决策。到了 20 世纪 60 年代，随着计算机技术的进步，AI 研究逐渐从简单的规则系统转向复杂的行为模拟。这时，智能体一词开始被使用，用以描述那些能够自主感知、决策并执行操作的系统。这些系统不再仅仅依赖预先定义的规则，而是开始具备一定的适应性，能够在动态环境中调整其行为。20 世纪 80 年代，分布式人工智能（distributed artificial intelligence，DAI）逐渐成为研究的热点。DAI 引入多智能体系统（multi-agent system，MAS）的概念，强调多个智能体之间的协作与竞争。这种研究范式使智能体的概念得到了进一步扩展，其不局限于单一的智能体，而是涵盖多个智能体之间的复杂互动。

2. 概念演变

随着时间的推移，智能体的概念逐步演变并扩展，涵盖从简单的任务执行程序到复杂的多智能体系统。这一演变不仅反映了技术的发展，还反映了研究者对智能行为理解的深化。

早期的智能体通常是一些简单的程序，能够在预设的规则框架下执行特定任务。这些智能体没有自主学习的能力，只能在开发者编写的指令范围内行动。然而，随着机器学习和深度学习的兴起，智能体的能力得到了显著提升。作为苹果公司推出的语音助手，Siri 最早于 2011 年亮相，是一个能够执行简单任务的智能体（如设置提醒、发送信息、回答基本问题等），如图 9.9 所示。尽管 Siri 的功能相对有限，但它展示了智能体如何通过语音识别和自然语言处理技术，与用户进行交互并执行任务。

图 9.9　Siri

现代智能体不仅能够执行复杂任务，还能通过学习和适应不断提高其表现，现代智能体最显著的特征是其具有自主性和适应性。自主性意味着智能体能够在没有人为干预的情况下自主做出决策并执行操作。适应性则指智能体能够根据环境的变化调整其行为。例如，在自动驾驶系统中，智能体需要根据道路状况、交通规则以及其他车辆的行为实时做出决策，这要求智能体具备高度的自主性和适应性。

智能体的演变还包括从单一智能体到多智能体系统的转变。在多智能体系统中，多个智能体之间可以相互合作或竞争，以完成复杂任务。例如，在机器人群体控制中，多个智能体可以协同工作，完成建筑物建造、复杂任务的分布式解决等。这种协同工作的方式不仅能增加系统的鲁棒性，还能大幅提高任务的效率。

随着 AI 技术的进一步发展，多模态智能体（Multimodal Agent）开始出现。这些智能体能够处理和理解多种形式的数据（如视觉、语音和文本信息），从而在更加复杂的环境中表现出更高的智能水平。例如，一个现代化的 AI 客服系统可能会使用多模态智能体，同时处理客户的文本查询和语音请求，并根据用户的需求提供相应的服务。

3. 智能体的 5 个关键模块

智能体的技术框架并没有定论，不同的研究机构提出了不同的技术框架，如图 9.10 所示。

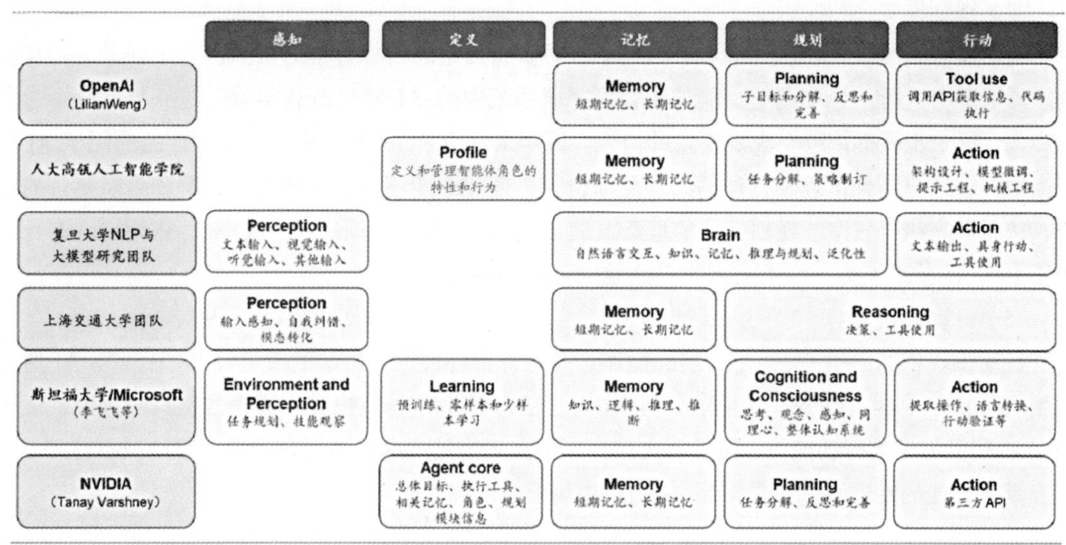

图 9.10 主流智能体的技术框架

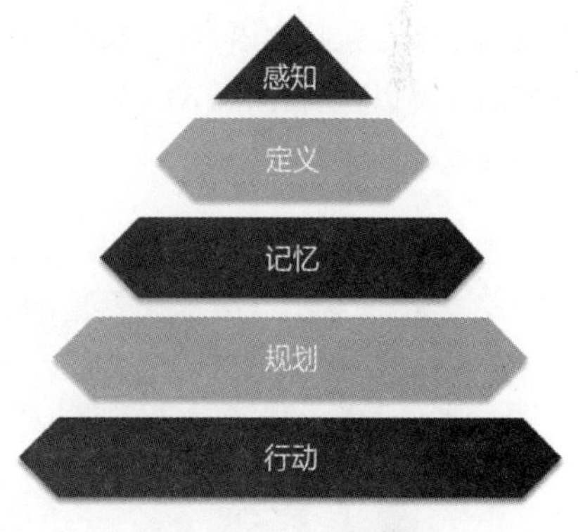

图 9.11 5 个关键模块

我们可以大体总结出来，大部分研究机构会把智能体分为 5 个关键模块，这些模块共同构成了现代智能体的基本架构。这 5 个关键模块分别是感知、定义、记忆、规划和行动，它们通过紧密协作，使 AI 能够有效处理复杂任务和环境，如图 9.11 所示。下面详细探讨每个模块的功能和特点。

（1）感知模块

感知模块是智能体与外界交互的接口，负责获取和处理多模态数据，如视觉、听觉、触觉等。传统感知系统多局限于单一模态，而现代 AI 系统（如 GPT-4 和 Google Gemini）已能同时处理文本、图像、音频等多种形式的数据，极大提升了对复杂环境的理解能力。例如，在自动驾驶系统中，感知模块结合视觉、雷达和音频数据，准确地识别行人、车辆等，帮助系统做出安全决策。

（2）定义模块

定义模块是智能体的核心，包含人类目标和规则。它明确了智能体的能力、权限和任务目标，如自动驾驶系统的目标是安全抵达目的地。定义模块还设定了 AI 的行为规则，确保 AI 在预设条件下自主决策。定义模块与感知、记忆等其他模块紧密协作，确保 AI 在复杂环境中做出最优决策。

（3）记忆模块

记忆模块用于管理智能体的知识和经验，分为短期记忆和长期记忆两部分。短期记忆用于当前任务的上下文处理，如对话系统中的对话历史跟踪；长期记忆则存储长期知识和经验，包括训练参数和用户偏好。智能体通过记忆模块在类似情境下调用历史经验，提高决策的准确性。未来，向量数据库和知识图谱等新技术将进一步增强 AI 的记忆能力。

（4）规划模块

规划模块是 AI 解决复杂问题的“大脑”，负责将复杂的目标分解为可执行的子任务，并在遇到意外情况时进行反思和调整。例如，智能家居系统中的 AI 将“准备早餐”这一目标分解为多个步骤，每个步骤都依赖于规划模块的协调。近年来基于 ReACT 策略的技术被广泛应用于 AI 系统当中，它通过结合推理和行动的闭环反馈机制，使 AI 能够动态调整任务分解和策略制订的过程，从而提高执行效率。规划模块的最新发展是 Agentic AI（代理式人工智能），它让规划本身依赖于 LLM 的推理能力，而不是人类对问题的理解和定义。

（5）行动模块

行动模块将 AI 的决策转化为实际操作，是对外部环境产生影响的关键环节。目前，AI 通过调用 API 或工具执行任务，如金融分析 AI 通过 API 获取市场数据并生成报告。具身智能扩展了 AI 在物理世界中的行动能力，如机器人在仓库中搬运物品或虚拟助手在虚拟环境中执行任务。未来，具身智能的发展将进一步拓展 AI 的应用场景。

9.3.2 智能体的未来发展

随着技术的飞速发展，人工智能正朝着更加复杂和全面的方向迈进。这一进程涉及多个关键领域的突破，包括大语言模型的应用、多模态感知能力的提升、具身智能的实现、多智能体协同系统的发展以及 Agentic AI，如图 9.12 所示。这些进展不仅拓展了 AI 的应用范围，也大大提高了其处理复杂任务的能力。

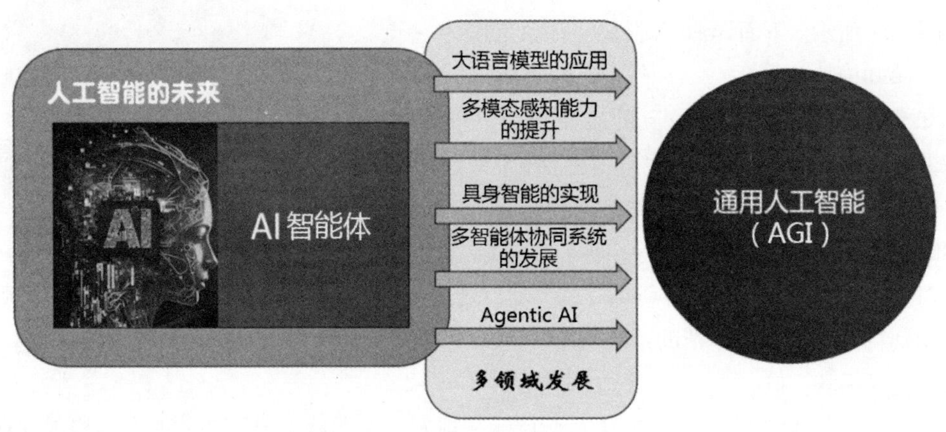

图 9.12 通往 AGI 之路

智能体作为人工智能服务人类的重要载体，在这场科技变革中持续演进，也将在更长远的未来实现更强大的通用人工智能（AGI），最终更好地服务于人类社会。

（1）LLM+智能体

LLM 的引入为 AI 智能体带来了强大的语言理解和生成能力，使智能体在处理复杂任务时具备更高的智能水平。然而，LLM 本身的局限性也限制了智能体的能力。根据 DeepMind 在 2023 年 11 月发布的《通向通用人工智能的里程碑：评估进展的新框架》（*Levels of AGI: Operationalizing Progress on the Path to AGI*）一文，AGI 的发展可以按 L0 到 L5 分级。目前，基于 LLM 的智能体大多处于 L1（emerging）级，虽然在特定任务上已经超越了人类，但距离广义的 AGI 还有很长的路要走。

（2）模态丰富与多模态感知

多模态感知是智能体通向 AGI 的重要路径。传统的 AI 系统通常只处理单一模态的数据，而多模态感知能够将视觉、听觉、触觉等多种感官信息整合在一起，从而提供更全面的环境理解能力。例如，智能体可以通过摄像头获取图像数据、通过麦克风收集声音信息，并结合文本数据进行综合分析，这使智能体在处理复杂任务时具备更高的智能水平。未来，随着多模态感知技术的进一步发展，智能体将在更复杂的环境中展现出更强的适应性。

（3）具身智能与物理世界的互动

具身智能是推动智能体进入整体智能时代的关键。具身智能的引入使智能体不局限于虚拟世界的操作，还能够在物理世界中执行实际任务并采集数据，如通过机器人搬运物体、操作设备等。未来，随着具身智能技术的成熟，智能体将在工业、医疗、物流等领域发挥越来越重要的作用，从而进一步推进其向 AGI 的演进。

（4）多智能体协同与社会性行为

多智能体协同是推动智能体整体智能化的重要手段之一。单一智能体在处理复杂任务时可能面临资源和能力的限制，而多个智能体之间的协同合作可以有效提升任务的完成效率和准确性。例如，在一个复杂的工业系统中，多个智能体可以协同工作，各自负责不同的任务模块，通过彼此之间的信息交换和协作，完成整体任务。更进一步的研究表明，多个智能体之间可以表现出类似社会性行为的团体活动，如合作、竞争等，这种社会性行为将大大增强智能体在复杂环境中的智能化表现。

（5）Agentic AI

除了单个模块的能力提升，对系统层面的整体性优化也是推动智能体进入 AGI 时代的重要路径之一。当前的智能体在处理被动的、结构化的任务时表现出色，但在面对动态变化和复杂的环境时，仍存在一定的不足。通过提升智能体的整体性，特别是在不同模块之间的互动和协作方式方面，智能体的整体智能水平将得到显著提升。

9.4　AI 编程

AI 编程的兴起源于对开发效率的持续追求。早在 21 世纪初，代码补全工具如 IntelliSense 已尝试通过静态分析提升开发速度，但其能力局限于语法层面的简单建议。真正的转折点出现在 2021 年，微软与 OpenAI 联合推出 GitHub Copilot，首次将大语言模型与代码生成结合，开发者可以通过自然语言描述生成完整函数甚至模块代码。这一突破标志着 AI 编程从“辅助工具”向“协作伙伴”转变。

此后，AI 编程工具进行了 3 次技术迭代。

- 模型驱动（2021—2023 年）：以 Codex、GPT-3.5 为代表的模型通过海量代码训练，学习到编程逻辑。
- 上下文感知（2023—2024 年）：Cursor 等工具引入跨文件分析技术，AI 开始理解项目整体架构；
- 自主代理（2024 年至今）：Devin（Cognition AI 推出的 AI 程序员）尝试让 AI 独立完成需

求分析、编码与测试，探索完全自动化的可能性。

因此，AI 编程生态目前呈现“工具分层”特征：既有 GitHub Copilot 这类基础补全工具，也有 Cursor 等智能开发环境，还有以 Devin 为代表的自动化代理。这种分层对应着开发者需求的多样性——从日常效率提升到复杂任务替代。

1. GitHub Copilot

GitHub Copilot 由微软与 OpenAI 联合开发，其核心模型 Codex 脱胎于 GPT-3，经数十亿行开源代码专项训练。2024 年采用 GPT-4 Turbo 后，其代码生成准确率从初代的 35%提升至 62%，尤其在 Python、JavaScript 等主流语言中表现突出。不同于传统 IDE 补全工具，GitHub Copilot 具备“意图理解”能力：当开发者输入注释“实现快速排序算法”时，它能生成完整函数代码及测试用例。

该工具目前已融入开发者工作流。Stack Overflow 在 2024 年的调查结果显示，72%的受访者在 VS Code 中常态化使用 GitHub Copilot，其“幽灵代码”（半透明建议代码）的接受率高达 58%。

2. Cursor

由 Anysphere 公司打造的 Cursor，本质是深度改造的 VS Code，其重新定义了 AI 与 IDE 的融合方式。2023 年其首创“Command+K”工作流：开发者通过自然语言指令（如“添加用户登录功能”）直接生成代码块，并可通过“Tab”键逐行确认修改。这种“增量式生成”大幅降低了错误风险，使 AI 生成代码的可采纳率相比 GitHub Copilot 提高了 40%。

2024 年，Cursor 引入“项目级认知”技术，通过静态分析扫描整个代码库，建立类、函数之间的调用关系图谱。当开发者修改某处接口时，AI 会自动识别所有依赖该接口的模块并提示更新。这种能力在大型项目迁移（如从 Python 2 升级到 Python 3）中展现惊人效率，某金融科技公司报告称使用 Cursor 后代码迁移周期缩短 67%。

3. Devin

Devin 是由 Cognition AI 打造而成的，其宣传视频展示了 AI 独立完成 Upwork 外包项目的全过程：从需求理解、技术方案设计到代码实现、测试部署。该工具采用“递归式开发”框架：先将任务拆解为子模块，每个子模块经过编码-测试-修正的循环，最终整合输出。在 SWE-bench 测试中，Devin 解决了 13.86%的复杂问题，远超 GitHub Copilot 的 3.8%。

但其现实应用还未达到宣传水平。早期用户反馈显示，Devin 在处理模糊需求（如“开发一个类似 Instagram 的应用”）时易陷入无限循环：它会不断添加非核心功能（滤镜算法、社交图谱），却忽略账户系统等基础模块。目前，Cognition AI 的解决方案是引入“人工监督层”，开发者需要在关键节点确认方向，形成“人机接力”模式。

4. Trae

字节跳动于 2025 年推出 Trae。通过集成云雀大模型与 Claude 3.5 双引擎，Trae 在中文技术文档理解上展现独特优势：能准确解析类似“在 Spring Boot 里整一个 Redis 缓存”的口语化需求，并生成符合中国开发者习惯（如偏好 MyBatis 而非 Hibernate）的代码。其“Builder 模式”可直接生成完整项目脚手架，甚至配置好阿里云 OSS 密钥管理，这种深度本土化是海外工具难以企及的。

通过将 Trae 与火山引擎开发套件捆绑，字节跳动实质在构建开发者生态闭环：使用 Trae 生成的代码默认部署至火山引擎，形成从开发到运维的商业链条。

AI 编程工具已形成“辅助-重构-替代”的三级渗透。GitHub Copilot 成为开发者“外置大脑”，Cursor 重构了人机交互范式，而 Devin 正在试探自动化开发的边界。未来竞争焦点将转向两个维度：在技术层面，需要突破“需求-代码”的语义鸿沟；在商业层面，工具厂商与云服务商的生态绑定将决定市场格局。

9.5　本章小结

本章主要探讨了人工智能技术的快速发展及其对人类社会的深远影响和挑战。本章首先深入分析人工智能与自我意识的关系，通过 LaMDA 系统案例，揭示了当前 AI 的能力与局限性，以及它们对人类意识和认知的潜在影响。尽管 AI 展示出高度的智能，但关于其自我意识的争议更倾向于人类的心理投射和对 AI 行为的误解。

然后，本章重点探讨了 AI 带来的社会挑战与伦理风险。AI 技术虽然提升了生产效率和创新能力，但也引发了公平性、责任归属、隐私保护等复杂问题，亟需法律和行业标准的完善以应对这些挑战。

接着，本章展望了智能体的发展前景，强调了智能体在推动整体智能化和实现通用人工智能中的关键作用。通过多模态感知、具身智能、多智能体协同和系统优化，AI 正在逐步接近整体智能的目标。

最后，本章讨论了 AI 编程的相关内容，介绍了 AI 编程的技术迭代方向、目前 AI 编程工具的主要工作模式，以及常见的 AI 编程工具各自的特点，并指出 AI 编程工具未来会在“需求-代码”和生态绑定两个维度上进一步发展。

总体而言，本章全面分析了人工智能的现状、挑战与未来，介绍了技术进步带来的双刃剑效应，并呼吁人类在推动 AI 发展的同时，注重社会责任和法律规制，确保技术为增强人类福祉服务。

9.6　习题

1. 解释人工智能与自我意识之间的关系，并结合 LaMDA 系统案例分析 AI 在自我意识方面的局限性。
2. 探讨人工智能在决策中的偏见和公平性问题。请举例说明 AI 决策中可能产生的偏见，并指出如何在技术设计中减少或消除这些偏见。
3. 论述 AI 技术如何影响就业市场，并探讨应对这些挑战的可能措施。
4. 智能体的 5 个关键模块分别是什么？
5. 列出两种 AI 辅助编程工具，并尝试安装。

参考文献

[1] 阿斯顿·张，扎卡里·C.立顿，李沐，等. 动手学深度学习（PyTorch 版）[M]. 北京：人民邮电出版社，2023.

[2] 肖睿. Keras 深度学习与神经网络[M]. 北京：人民邮电出版社，2022.

[3] 斯图尔特·J.罗素，彼得·诺维格. 人工智能: 现代方法[M]. 4 版. 北京：人民邮电出版社，2022.

[4] 李航. 统计学习方法[M]. 2 版. 北京：清华大学出版社，2019.

[5] 周志华. 机器学习[M]. 北京：清华大学出版社，2016.

[6] 李佳芮，李卓桓. Chatbot 从 0 到 1: 对话式交互设计实践指南[M]. 2 版. 北京：电子工业出版社，2024.

[7] 傅罡. 人工智能注意力机制: 体系、模型与算法剖析[M]. 北京：机械工业出版社，2024.

[8] 吕云翔，王渌汀，梁泽众. 人工智能理论与实践[M]. 北京：清华大学出版社，2022.

[9] 吴飞，潘云鹤. 人工智能引论[M]. 北京：高等教育出版社，2024.

[10] 李烨. 机器学习极简入门[M]. 北京：人民邮电出版社，2021.

[11] 齐伟. 机器学习数学基础[M]. 北京：电子工业出版社，2022.

[12] 龙志勇，黄雯. 大模型时代: ChatGPT 开启通用人工智能浪潮[M]. 北京：中译出版社，2023.